站在巨人的肩上
Standing on Shoulders of Giants

TURING
图灵教育

www.turingbook.com

U0132003

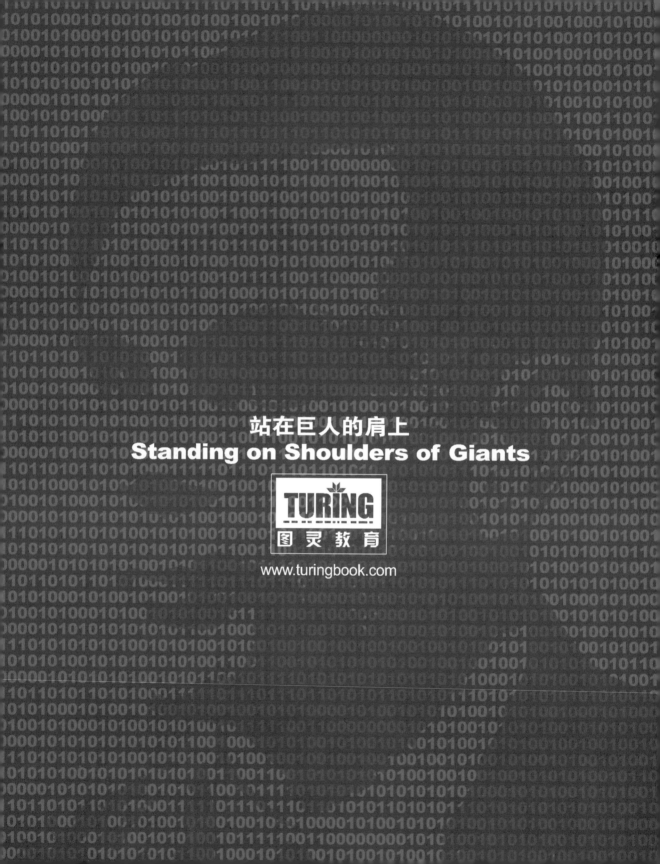

站在巨人的肩上
Standing on Shoulders of Giants

www.turingbook.com

TURING 图灵程序设计丛书

ActionScript 3.0
Game Programming University Second Edition

ActionScript 3.0
游戏编程（第2版）

[美] Gary Rosenzweig 著

胡蓉 张东宁 朱栗华 译

人民邮电出版社

北 京

图书在版编目（CIP）数据

　　ActionScript 3.0游戏编程：第2版 /（美）罗森维
格（Rosenzweig,G.）著；胡蓉，张东宁，朱栗华译. --
北京：人民邮电出版社，2012.3（2012.8 重印）
　　（图灵程序设计丛书）
　　书名原文：ActionScript 3.0 Game Programming
University : Second Edition
　　ISBN 978-7-115-27289-8

　　Ⅰ．①A… Ⅱ．①罗… ②胡… ③张… ④朱… Ⅲ．①
游戏－动画制作软件，Flash ActionScript 3.0－程序设
计 Ⅳ．①TP391.41

　　中国版本图书馆CIP数据核字（2011）第267221号

内 容 提 要

　　本书是 Flash 游戏开发经典书籍的第 2 版。书中通过 25 个完整的游戏示例教授 ActionScript 编程，其中有 9 个全新游戏，用于讲述更多关于 ActionScript 3.0 的技巧。示例中的代码亦可用于构建非游戏类项目。本书还讲述了如何结合使用 Flash 和 ActionScript 3.0，如何使用 ActionScript 构建基本的游戏框架。

　　本书适用于所有的 Flash 游戏开发人员。

图灵程序设计丛书
ActionScript 3.0 游戏编程（第2版）

◆　著　　　　　[美] Gary Rosenzweig

　　译　　　　　胡　蓉　张东宁　朱栗华

　　责任编辑　　朱　巍

　　执行编辑　　罗词亮

◆　人民邮电出版社出版发行　　北京市崇文区夕照寺街14号
　　邮编　100061　　电子邮件　315@ptpress.com.cn
　　网址　http://www.ptpress.com.cn
　　北京鑫正大印刷有限公司印刷

◆　开本：800×1000　1/16
　　印张：30
　　字数：709 千字　　　　　　　2012 年 3 月第 1 版
　　印数：4 001 - 5 500 册　　　2012 年 8 月北京第 2 次印刷
　　著作权合同登记号　图字：01-2011-3258 号
　　　　　　　　ISBN 978-7-115-27289-8

定价：79.00元
读者服务热线：(010)51095186转604　印装质量热线：(010)67129223
反盗版热线：(010)67171154

版 权 声 明

献给我的岳母 Anne Thomsen （1941—2010），一位伟大的女性。

引　言

当本书初版面市时，ActionScript 3.0 还很新。实际上，它才刚刚出炉，大多数程序员仍然坚持使用 ActionScript 1.0 和 2.0。

然而，现在大多数 Flash 开发者慢慢转向 ActionScript 3.0，他们非常喜欢 ActionScript 3.0 带来的高效、可靠且具有逻辑性的开发过程，而 ActionScript 1.0 和 2.0 则常常令游戏开发者们抓狂，它们不能足够快地完成关键任务，而且时常会有奇怪的 bug 及意外行为延缓开发进程。

而 ActionScript 3.0 则完全不同。你会发现用它开发既迅速又轻松，不仅能够完成任务，而且能够完成得很好。ActionScript 3.0 会使你的游戏创意实现得比预想的更好。

如果这是你第一次用 Flash 编程，那么你很幸运，从一开始就能接触到这么成熟且高性能的编程语言。在开发有趣的网页游戏方面，你会发现 Flash 和 ActionScript 3.0 是非常棒的工具。

就让这本书来导引你开发 Flash 游戏吧。我希望你能享受学习本书的过程，正如我写它的感觉一样。

Flash 和游戏开发

1995 年 10 月，我正激动地憧憬着自己作为一名游戏开发者的职业前景。那时，Macromedia 公司[①]刚刚推出 Shockwave，我把它看做可以自己开发并在网上发布游戏的工具。

从那以后，类似的令人兴奋的情景只有两次：一次是 Shockwave 3D 的发布，还有一次就是 ActionScript 3.0 的发布。

那时，Flash 游戏其实已经出现一段时间了，但却只是 Shockwave 游戏的"小弟"。Shockwave 更快、性能更好，最终还出现了 3D 效果。

然而，随着 ActionScript 3.0 的出现，Flash 变得和 Shockwave 一样强大，甚至在某些方面更胜一筹。例如，浏览网页的电脑有 99% 要用到 Flash Player 10。了解 Flash Player 10 在网站中普遍存在的现实对于 Flash 游戏开发者来说意义重大。

Flash 与 ActionScript 3.0 也可以在 Linux 机器上运行。Flash 的旧版本曾运行于网络电视机顶盒、游戏主机（如 Wii）以及便携式设备（智能手机及 PSP）。届时，我们还将能看到 Flash Player 9/10 和 ActionScript 3.0 出现在这些设备上。

你可以通过 Flash 来开发独立或基于网页的游戏，也可以开发在 iPhone、iPod Touch、iPad 及 Android 系统设备上运行的非 PC 版本的游戏。

---

① 该公司于 2005 年 12 月被 Adobe 公司收购。——编者注

Flash 与 ActionScript 3.0 是非常好的开发中小型游戏的实用工具。

读者对象

本书适用于所有的 Flash 游戏开发者。然而，不同水平的开发者使用本书有不同的方法。

对 Flash 与编程方面的新手来说，可以先学习基本编程技巧然后再把本书作为提高阶段的参考书。而那些积极性高、上手快的人，也可以用本书从头开始学习 ActionScript 3.0。

如果用过 ActionScript 1.0 或 2.0，你可以通过本书对 ActionScript 3.0 进行详细了解。但是，你要努力忘记所掌握的 Flash 旧版本的大部分内容，因为 ActionScript 3.0 与之前版本大相径庭。事实上我认为 ActionScript 3.0 是一门全新的语言。

许多 Flash 使用者已经对动画原理和编程有了基本的了解，希望往游戏开发方向发展，这类读者正是本书主要针对的对象。

如果你不是程序员，而是一位设计师、插画师或动画师，你可以将本书中的示例作为自己的游戏设计框架。换句话说，你可以导出示例文件中的图形元素加以运用。

如果你已经是 ActionScript 3.0 编程专家，本书提供了许多实例代码，你可以直接将其运用于自己的游戏中，而不需要从头开始。

准备工作

大多数读者需要些 Flash 开发和编程的经验，方可最大程度地受益于本书。当然，还需要正确的工具。

预备知识

读者需要熟悉 Flash CS5 的开发环境。如果你是 Flash 新手，请先浏览 Flash CS5 自带的帮助文档中的"Flash 用户指南"。在 Flash 中选择 Help（帮助）→Flash Help（Flash 帮助）或按 F1 即可打开。你也许还应该看一本入门参考书或网络教程。

本书不是很适合第一次编程的程序员，除非你只是想找些示例资源来替换自己的图形元件。你需要有些编程经验，使用过 ActionScript 1.0（或 2.0、3.0）、JavaScript、Java、Lingo、Perl、PHP、C++，或其他结构化的编程语言。只要你稍微熟悉变量、循环、条件及函数等概念，ActionScript 3.0 并不难理解。第一章会概述 ActionScript 3.0 的语法。

如果你是一名程序员，但之前从来没使用过 Flash，那么你可以阅读"Flash 用户指南"中关于 Flash 界面及基本绘画与动画技巧的部分。

应用软件

毫无疑问，你需要 Flash Professional CS5 或更新版本。使用 Flash CS3 和 CS4 也能学习本书大部分内容，不过你要有本书第 1 版的源文件，并忽略用到 CS5 新技术的第 14 章。如果是

Flash 8 或更早版本，则不适用于本书，因为这些版本都是在 ActionScript 3.0 发布之前的版本。

　　Flash CS5 在 Mac 及 Windows 系统上几乎完全一样。本书上的 Flash 屏幕截图为 Mac 版，但它与 Windows 版本非常相似。

　　未来的 Flash 版本应会继续采用 ActionScript 3.0 作为核心编程语言。一些菜单选项及快捷键也许会有所改变，但是你仍然可以使用本书。你可以将 Flash 发布设置为 Flash Player 10 和 ActionScript 3.0，以保持最佳兼容性。

　　过去，我常被问到如何将本书内容与 Flex、Flash Builder 和 Flash Develop 配合使用的问题。这些软件都支持 ActionScript 3.0，因此理论上，你可以从本书中学习基础知识，然后将它们运用于多样的开发环境中。然而，本书大量使用了 Flash 类库及简单的 Flash 组件创建，如影片剪辑和文本字段。因此，你要了解如何抛开这些元件重新实现书中的游戏示例。但我不建议你这样做。不过，本书的基本思路或许能成为其他学习资料的有益补充。

源文件

　　你还需要用到本书的源文件。注意本篇引言末尾有关如何获取源文件的信息。

在你的项目中使用本书示例游戏

　　本书包含许多完整的游戏，如 Match Three（一款横向卷轴平台游戏）和 Word Search。我常常会被问到一个问题：“我能将这些游戏运用在自己的项目中吗？”

　　我的回答是：可以，不过你得将游戏作一番自定义修改，如改变其中的插图、游戏进行方式或其他内容。你不能将游戏原封不动地展示在你的网站上。同样，也不能将游戏源代码或本书列出的源代码贴在网站上。

　　若在自己的项目中使用这些游戏，请不要把这些完全当做是你自己的作品，这样做会显得很不专业。请加上链接 http://flashgameu.com 以标明出自本书。

　　然而，若你只是使用一小段代码，或者将书中的一款游戏作为另一个完全不同的游戏的基本框架，则不需要注明出处。

　　总之，保持常识和基本礼貌就好，谢谢。

本书内容

　　第 1 章介绍 ActionScript 3.0 和一些基本概念，如游戏编程策略以及一份有助于你用 Flash CS5 开发游戏的检查清单。

　　第 2 章展示一系列简短的代码段及方法，如创建文本框、绘制图形及播放音频。这是一个很实用的代码库，我们将会在本书中不断地用到它（你也可以在自己的项目中使用它）。

　　第 3 章~第 14 章每章都包含了一个或多个完整的游戏示例。各章的内容将带着你从头至尾地将游戏源码分析一遍，使你可以自己创建游戏。或者，你可以使用源文件并遍历整个代码。

第 3 章和本书的其他章稍有不同。它不是对一个完成的游戏进行代码检测,而是通过 10 个步骤来创建一个游戏,并每步发布一次 Flash 影片和源文件。这对于学习如何创建 Flash 游戏是很好的办法。

大部分剩下的章都会在开始一个新游戏之前介绍一个特别的主题。例如,第 4 章就从讲述"数组与数据对象"开始。

但是,本书并不仅限于你手中的纸质内容,还有许多在线内容。

FlashGameU.com 网站

FlashGameU.com 网站将作为本书的配套网站。你可以从这上面找到源文件、更新、新内容及 Flash 游戏开发讨论列表。

本书的源文件按章来分,再按每个游戏来归档。FlashGameU.com 网站首页[1]有源文件的下载链接。

致谢

感谢本书第 1 版的读者,感谢他们所提出的评论、建议和鼓励。

感谢 Adobe 和 Flash 开发组的成员,ActionScript 3.0 真是太酷了。

感谢我的家人:Debby Rosenzweig、Luna Rosenzweig、Jacqueline Rosenzweig、Jerry Rosenzweig、Larry Rosenzweig、Tara Rosenzweig、Rebecca Jacob、Barbara Shifrin、Richard Shifrin、Phyllis Shifrin、Barbara Shifrin、Tage Thomsen、Andrea Thomsen 和 Sami Balestri。

感谢 Que 和 Pearson Eduction 出版社的所有工作人员为此书付出的辛勤劳动。

① 本书中源文件亦可从图灵社区网站(www.ituring.com.cn)本书相关页面下载。——编者注

目　　录

使用 Flash 和 ActionScript 3.0

本章内容

❏ 什么是 ActionScript 3.0
❏ 创建简单的 ActionScript 程序
❏ 使用 Flash CS5
❏ 编辑 ActionScript 代码
❏ ActionScript 游戏编程策略
❏ ActionScript 的基本概念
❏ 测试及调试
❏ 发布游戏
❏ ActionScript 游戏编程检查清单

对于开发游戏而言，ActionScript 是非常棒的语言。它简单易学，能够快速开发且性能极佳。我们先从了解 ActionScript 3.0 和 Flash Professional CS5 创作环境开始，然后通过创建一些简单程序来熟悉新版本的 ActionScript。

1.1　什么是 ActionScript 3.0

自从 2006 年 ActionScript 3.0 推出之后，它就成为了 Flash 的首要编程语言。最初版本的 Action-Script 是在 1996 年随着 Flash 4 的发布而推出的。那时它还不叫 ActionScript，甚至你都不能用它来写代码，而只能从一个下拉菜单中选择语句。

2000 年发布的 Flash 5 有了很大的改进，并正式推出 ActionScript 1.0。该脚本语言包含很多其他基于网页的开发语言（如 Macromedia Director 的 Lingo、Sun 的 Java）的特征。但它在运行速度和性能上都存在严重不足。

Flash MX 2004 也称为 Flash 7，为我们带来了 ActionScript 2.0。这是一个性能更高的版本，它使面向对象编程变得简单。它非常接近 ECMA 脚本，即欧洲计算机制造商协会（European Computer Manufacturers Association）制定的标准化编程语言。用于浏览器的编程语言 JavaScript 也是基于 ECMA 脚本的。

说明

Flash Player 内置有两种独立的代码解析器（interpreter）。其中一个用于早期版本并解析 ActionScript 1.0/2.0 代码。第二种则是用于 ActionScript 3.0 的快速代码解析器。如果你坚持只采用 ActionScript 3.0 语言，你的游戏就将呈现最佳的动画质量。

ActionScript 3.0 是经过多年开发的巅峰之作。每发布一个版本，开发者都会将其推向极限，而随后的版本则会考虑开发者的具体用途及当前版本 ActionScript 的缺点。

现在，我们有了非常好的 2D 游戏开发环境。你会发现它的一大优点是：只需要很少的代码就能让游戏运行起来。

说明

Flash Professional CS5 其实是 Flash 11。Adobe 将各类软件版本（如 Flash、Photoshop、Illustrator 和 Dreamweaver）捆绑在一起组成了 CS5 系列。在 CS5 系列中，Flash 的技术版本号为 Flash 11。无论是称 Flash 11 还是 Flash CS5 都是可以的。浏览器上安装的后台引擎采用不同的编号方案，目前是 Flash Player 10。

1.2　创建简单的 ActionScript 程序

源文件

http://flashgameu.com
A3GPU201_HelloWorld.zip

当介绍一门新的编程语言时，我们一般都是从编写 Hello World 程序入手的。这种程序只能在屏幕上显示出 Hello World，而不带其他功能。

说明

Hello World 程序的诞生要追溯到 1974 年，它包含在贝尔实验室（Bell Labs）里的一份内部教程内。20 世纪 70 年代末，我在学校里用的还是 PDP-11 终端机时，它可是我学的第一个程序。时至今日，基本上每本介绍编程的书最开始都会出现 Hello World 示例。

1.2.1 `trace` 的简单用法

我们可以在主时间轴中的脚本语言里使用 `trace` 方法，创建一个功能有限的 Hello World 程序。`trace` 所做的就是在 Flash 的 Output（输出）面板里输出文本内容。

选择 File（文件），在菜单中选择 New（新建）来创建新的 Flash 影片。随即出现 New Document（新建文档）对话框，如图 1-1 所示。

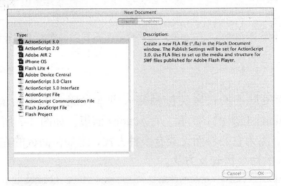

图 1-1 选择 ActionScript 3.0 来创建新 Flash 影片

单击 OK（确定）按钮后，创建出一个新的 Flash 影片，名为 Untitled-1（未命名-1）。出现一个 Flash 文档窗口，如图 1-2 所示。

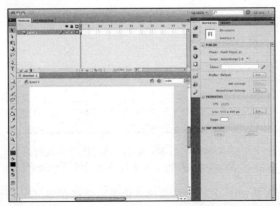

图 1-2 Flash 文档窗口包含时间轴和舞台工作区。有多种方式可以配置
Flash 的工作空间，因此你窗口里的面板可能处于不同的位置

在窗口的顶端有一个时间轴，帧数从 1 开始向右延伸，图 1-2 中可以看到有大约 50 多帧，当然，这取决于窗口屏幕的大小。帧数可以延长至一个动画所需的数量，但作为游戏程序员，我们通常只需要少量的帧。

时间轴上可以有一至多个图层。窗口中默认只有一个图层，名为 Layer1（图层 1）。

Layer1 中，你可以看见一个关键帧（keyframe），它位于第 1 帧的下方，由一个里面带有空心点的方框表示。

说明

关键帧是一个动画术语。如果是用 Flash 去制作动画而非编程，那么就会时常用到关键帧。大体说来，关键帧就是时间轴上的某个点，一个或多个动画元素在这点时的位置被特殊设置过。两个关键帧之间，动画元素的位置可能会改变。例如，第 1 帧关键帧上的元素在屏幕的左边，然后在第 9 帧关键帧时，同样的元素位于屏幕的右边，那么在这些关键帧之间，当处于第 5 帧时，该元素会出现在屏幕的中央。

我们虽然不用关键帧来制作动画，但是需要在不同的场景中设置元素，如游戏介绍、进行和结束。

可以在时间轴任意图层上的任意关键帧写入脚本代码。选中关键帧，从菜单栏中选择 Windows（窗口）→Actions（动作）即可打开 Actions 面板，如图 1-3 所示。这也许与你在电脑中看到的界面有些差异，因为它的界面设置有多种方式，比如在面板的左边可以有侧边栏，当中列出了所有 ActionScript 的命令语句及方法。

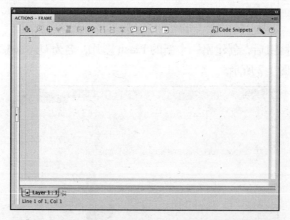

图 1-3　Actions 面板同样也可以通过快捷方式打开，
Windows 系统下为 F9，Mac 下为 Option+F9

Actions 面板基本而言是一个文本输入窗口，但是它能做的远不止于此，比如它还能格式化代码等。不过本书中，我们不会经常用到 Actions 面板，因为大部分代码都写在外部类文件中。

在 Actions 面板中输入以下文本，来创建这个简单的 Hello World 程序：

```
trace("Hello World.");
```

这样，你就创建了你的第一个 ActionScript 3.0 程序。要测试它，可以选择 Control（控制）→Test Movie（测试影片）→Test（测试）或者通过快捷方式 Command+Return（Mac 下）或 Ctrl+Enter（Windows 下）进行。如果没有自己创建这个影片，你可以打开 HelloWorld1.fla 文件来进行测试。

现在，找到 Output（输出）面板，即使之前面板是关闭着的，它也会弹出。但是，它常常是一块很小的面板，所以很容易在你不注意的时候出现在屏幕的角落，甚至以一组面板的形式伴随着时间轴出现。图 1-4 就是一个 Output 面板界面显示的例子。

图 1-4　Output 面板显示了 trace 函数调用的结果

尽管从技术上看这个 Hello World 程序确实输出了 Hello World，但这只是你在 Flash CS5 里测试看到的结果。如果你将此程序嵌入浏览器中运行，屏幕上将不会显示任何结果。我们需要再做点工作，来创建真正的 Hello World 程序。

1.2.2　创建屏幕输出

若想要在屏幕中也显示 Hello World，我们需要多行代码，实际上，需要 3 行。

第 1 行用来创建一个文本域（text area），使屏幕上可以输出内容。我们称之为文本字段（text field），它是一个用来保存文本的容器。

第 2 行将语句 Hello World 赋予文本字段。

接下来第 3 行将文本字段添加至舞台。舞台（stage）是 Flash 影片中的显示区域。制作影片时，你可以在舞台上安排各种元件；在回放影片时，舞台是用户所看到的区域。

在 ActionScript 3.0 中创建文本字段这类对象时，它们并不会自动添加至舞台。你需要自己添加，当你日后想要一组对象一起显示，或不希望所有对象直接出现在舞台上时，这会非常有用。

说明

ActionScript 3.0 中的任意一种视觉元素都称为**显示对象**。它可以是文本字段、图形元素、按钮乃至用户界面组件（如弹出菜单）。显示对象也可以是其他显示对象的组合。例如，一个显示对象可以包含棋类游戏中的所有棋子，棋盘则包含在位于其后的另一显示对象中。舞台本身也是一个显示对象，通常所说的影片剪辑也是显示对象。

下面就是新 Hello World 所需的 3 行代码，它们替代了之前例子中第一帧上的那行代码。

```
var myText:TextField = new TextField();
myText.text = "Hello World";
addChild(myText);
```

说明

当输入以上代码时，Flash 会自动在代码上方加入一行：`import flash.text.TextField;`。这是因为，当 Flash 发现你的 Flash 影片正使用 `TextField` 对象时，它默认你会引用 ActionScript 3.0 类库的相关内容。引入类库后，你就能创建 `TextField` 对象了。

上方代码创建了一个名为 `myText` 的变量，类型为 `TextField`。在将它作为子对象放入舞台显示对象内之前，先将它的文本属性设为 Hello World。

在第一次使用 `myText` 变量之前，关键字 `var` 会告诉编译器我们正在创建一个名为 `myText` 的变量，冒号及类型名（`TextField`）则告诉编译器我们创建的这个变量是何类型（在此句中，引用的是一个文本字段）。

此程序的运行结果是以默认的 serif 字体在屏幕的左上角显示一行小小的 Hello World。可以选择 Control→Test Movie 来查看结果。示例的源文件为 HelloWorld2.fla。如图 1-5 所示，屏幕上显示了我们创建的小小的文本字段。

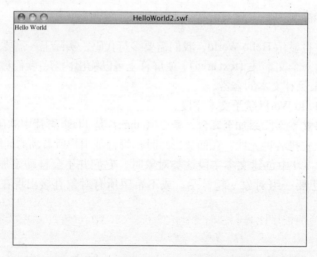

图 1-5　窗口的左上角显示了一行小小的 Hello World

之所以左上角的文本以此字体出现，是因为我们没有设置文本字段的其他属性。等我们学习了下面的内容，就能设置文本的位置、大小及字体等属性了。

1.2.3　我们的第一个 ActionScript 3.0 类

我们一般不在时间轴上写入代码，除非需要在时间轴上某个特定的帧上设置元素。我们的代码大多都放在外部 ActionScript 类文件中。

所以，现在让我们用外部类重新创建 Hello World 程序吧。

说明

类是 Flash 对象的另一种表现方式。这些对象既可以是图形元件，也可以是影片本身。我们也经常把类看作是对象的代码部分。现在，有了一个影片及影片的类，你就可以定义影片所连接的数据及其所执行的功能了。在这个影片中，你的类库中可能会有一个影片剪辑元件，并且该影片剪辑也有着它自己的类，这个类就定义了该影片剪辑所能实现的功能。

选择 File→ New→ActionScript 3.0 Class（ActionScript 3.0 类）来创建外部 ActionScript 文件。你也许会被要求输入文件名，这里可以命为 HelloWorld3。

你会发现，打开的 ActionScript 文档窗口与 Flash 影片文档窗口占据了同样的空间，但是没有了时间轴及舞台工作区，只有一大片文本编辑区域，如图 1-6 所示。

```
package {
    import flash.display.*;
    import flash.text.*;

    public class HelloWorld3 extends MovieClip {

        public function HelloWorld3() {
            var myText:TextField = new TextField();
            myText.text = "Hello World!";
            addChild(myText);
        }
    }
}
```

图 1-6   ActionScript 文档中包含了简单的 Hello World 程序

如图 1-6 所示，当前程序比我们之前创建的 3 行 Hello World 程序要长得多。让我们来看看每部分代码的功能。

类文件的开始部分都先声明这是一个 package（包），其中包含了一个类（class）。然后，定义程序中所需要用到的 ActionScript 部分。在本例中，我们需要在舞台上显示对象并创建一个文本字段，因此，需要用到 flash.display 类组及 flash.text 类组，如下所示：

```
package {
    import flash.display.*;
    import flash.text.*;
```

说明

你很快就会知道究竟要在程序的开头导入哪些类文件。以上就是本书中我们需要用到的少数类中的其中两组类。对于更多不太常见的 ActionScript 函数，大家可以通过经常查看 Flash 帮助中相应函数的词条来了解所需的类。

下面来定义类。本例中，它需要被设置为 Public 类，这意味着它可以被主影片引用。将类的名称设为 HelloWorld3，与此类文件的名称 HelloWorld3.as 相对应。

该类扩展了 MovieClip 类，意味着它将作用于影片剪辑（本例中即为舞台本身）：

```
public class HelloWorld3 extends MovieClip {
```

该类中含有一个方法，方法名为 HelloWorld3，正好与类名相对应。当一个方法的名称与类名一致时，该方法会在类初始化之后立即执行。该方法称为构造函数。

本例中，此类依附于影片中，因此当影片初始化后就会立即运行构造函数。

方法内的代码与之前所举例子编写的 3 行代码一致：

```
public function HelloWorld3() {
    var myText:TextField = new TextField();
    myText.text = "Hello World!";
    addChild(myText);
    }
  }
}
```

我们需要创建一个新影片来运行以上代码。示例影片文件名为 HelloWorld3.fla。虽然不需要在此影片的时间轴上添加任何操作，但需要为它分配一个文档类，由此指定控制影片的 ActionScript 文件。

通常，选中 Flash 影片的舞台时，Properties（属性）面板会显示出来。可在该面板中指定文档类。如果没有找到 Properties 面板，可以选择 Window（视图）→ Properties（属性）来打开它。Properties 面板位于图 1-7 中的右侧。在 Properties 面板的 class 栏内输入类名 HelloWorld3。

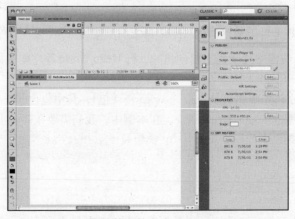

图 1-7 影片的文档类为 HelloWorld3

设置好后，影片会加载并运行 HelloWorld3.as 文件。测试影片时，播放器会将 AS 类文件的内容编译至影片中。影片运行时会初始化文档类，调用 `HelloWorld3` 方法并输出文本 Hello World。

1.3 使用 Flash CS5

尽管大部分工作是通过 ActionScript 完成的，但是我们仍然需要了解一些与 Flash CS5 时间轴、舞台及库的使用相关的术语和基本知识。

说明

如果你是 Flash 新手，可以在帮助文档中查阅"使用 Flash"部分。该部分详细介绍了 Flash 的舞台、时间轴、库及工作空间内的其他元素，并介绍了如何操作 Flash 界面。

1.3.1 显示对象和显示列表

我们已经了解过显示对象，它们主要以图形元素为主。影片剪辑（movie clip）是最通用的显示对象，它可以包含大量的显示对象，另外它还含有动画时间轴。

影片剪辑的一个更简单的版本是 Sprite。本质上，Sprite 是只有一帧的影片剪辑。我们用 ActionScript 从头开始创建显示对象时，往往就是创建的 Sprite。它们天生就比影片剪辑更高效，因为它们不会带来多个动画帧那样的开销。

其他的显示对象有：文本字段、位图及视频。

部分显示对象（如影片剪辑和 Sprite 对象）可以包含其他显示对象。例如，你可以用 Sprite 对象包含其他 Sprite 对象、文本字段及位图等。

通过嵌套显示对象可以组织图形元素。例如，你可以创建一个 Sprite 对象来存储所有通过 ActionScript 创建的游戏元素。这时，你会得到一个包含了多种背景元素的背景 Sprite 对象。另外，还可以将一个代表游戏各种组成部分的 Sprite 对象叠加在其上方，用它来包含一些可移动的游戏元素。

因为影片剪辑和 Sprite 对象都可以存储多种对象，因此它们对所存储的各种对象都维护着一个列表，用来设置每个对象显示的顺序。这个列表就称为显示列表。我们可以通过修改此显示列表来调整内含对象间的前后关系。

我们也可以将显示对象从一个父显示对象移到另一个显示对象中。不是通过复制显示对象，而是从一个对象中移除，再在另一对象中添加。这使得显示对象更具通用性，操作也更简单方便。

1.3.2 舞台

舞台是 Flash 的主要图形工作区，也是用户在玩游戏时所看到的画面。

如图 1-2 所示，舞台占据了窗口的大部分空间，舞台的上方为时间轴。

我们大部分游戏的舞台和时间轴都是空白的，因为所有的图形元素都是由 ActionScript 代码创建的。

然而，也有很多游戏的舞台上存在一些图形元素。当有不懂编程的图形设计师参与游戏制作时，这尤为重要。设计师希望能在游戏开发过程中对界面元素进行布局和调整，这种情况下用 ActionScript 创建游戏元素就变得很不实用。

在游戏开发过程中，可以在舞台上快速创建图形元素。例如，你可以在舞台上使用画图工具，选中画好的图形，按 F8 创建影片剪辑并添加至库中。

1.3.3   库

Flash 库包含游戏中所需要的任何媒体元素，并被载入到最后生成的 SWF 文件中。也可以在影片中导入其他媒体元素，如在第 6 章中，我们将导入外部位图。

Library（库）面板如图 1-8 所示。该库中的大多数元件为影片剪辑。第一个是按钮元件，Sounds 文件夹中的是一些音频文件。

图 1-8   Library 面板展示了当前影片所用到的所有媒体对象

图 1-8 中，部分影片剪辑的 Linkage（链接）一栏内都带有名称。这部分影片剪辑可以在影片运行时通过 ActionScript 代码导出。

1.3.4   时间轴

影片可以分解为多个帧。你可以通过选择窗口上方时间轴内的帧来切换舞台上所显示的内容。因为我们并不是在创作动画,而是制作游戏应用程序,所以通常用帧来表示不同的游戏画面。

时间轴如图 1-9 所示。时间轴上只使用了 3 帧,它们都是关键帧。第 1 帧是游戏介绍,包含了一些指令。从第 2 帧处游戏开始运行。第 3 帧有一个 Game Over 标签及一个 Play Again (重玩) 按钮。

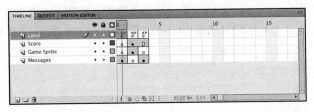

图 1-9　图中的时间轴被通过右边的下拉菜单稍微放大,所以每帧看起来更大

每一个关键帧都有一个标签,但在时间轴上是看不到的。帧上的小红旗表明该帧带有标签。

为了设置帧的标签,需要选中帧,然后找到 Properties 面板。面板中包含 Frame 属性区域。本例中,将该帧的名称设为 start,你也可以视情况而修改 (见图 1-10)。

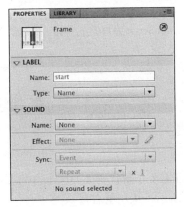

图 1-10　可以在 Properties 面板中设置或修改帧标签

回过头看图 1-9,你会发现时间轴内共有 4 个图层。第一个图层名为 Label,它包含 3 个关键帧。按 F5 可在图层内创建帧,按 F7 可在帧内添加关键帧。

第 2 个图层名为 Score,它只有 2 个关键帧,分别位于第 1 帧和第 2 帧上。第 3 帧只是第 2 帧的延续。也即游戏过程中 score 元素继在第 2 帧出现后,又在第 3 帧出现。

时间轴、舞台和库是在游戏开发中所用到的主要可视化工具。

1.4　编辑 ActionScript 代码

尽管经常需要从 Flash 文档内创建游戏,但通常我们是与 ActionScript 代码编辑窗口打交道。

虽然我们从图 1-6 了解过 ActionScript 编辑窗口,但图 1-11 所显示的界面会有所不同。其左边是一个 ActionScript 3.0 语法层级菜单。

　　窗口上方的两个选项卡表示分别打开了 HelloWorld3.fla 和 HelloWorld3.as 文件。你可以同时编辑 Flash 影片和 ActionScript 文件，单击选项卡上的文件名称切换窗口。你还可以打开其他 ActionScript 文件，通过选项卡可以简单便捷地同时操作多个 ActionScript 类文件。

　　图 1-11 中的代码进行了缩进。你可以通过按 Tab 键缩进代码行。通过按 Return 或 Enter 键换行时，光标会自动缩进。如果你想取消缩进，可以按 Delete 键或 Shift+Tab 键。

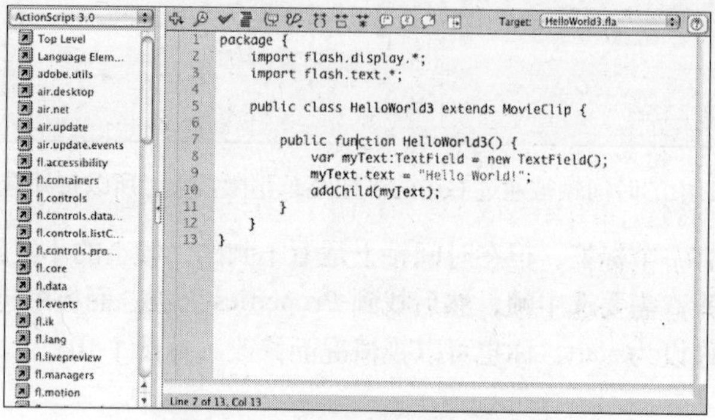

图 1-11　ActionScript 窗口的上方有一排非常实用的工具

说明

可以选中一段代码，然后按下 **Tab** 键使整段代码右移。也可以通过 **Shift+Tab** 键使整段代码左移。

　　每一位 ActionScript 程序员都需要了解代码编写区上方的那行脚本工具的功能。以下列出了各工具的功能（如窗口中工具栏所示，从左至右）。

- ❑ **将新项目添加到脚本中**——你可以从它庞大的下拉菜单中获取每一个 ActionScript 命令。在如此多的项目中不容易找到标准命令，但对于模糊查询还是很有帮助的。
- ❑ **查找**——通过单击"查找"按钮可以打开"查找和替换"对话框。也可以通过快捷键 Command+F（Mac）或 Ctrl+F（Windows）打开它。
- ❑ **语法检查**——使用"语法检查"工具是让 Flash 编译器预检查脚本语法的便捷方法。你可以从 Output 面板中看到检查结果。
- ❑ **自动套用格式**——通过此工具，你可以为你的代码设置一致的标志、间距和括号。如果你决定使用此工具，一定要访问自动套用格式的参数设置，设定此工具要实现的效果。
- ❑ **显示代码提示**——这可能是所有工具中最有用的了。当你输入某个函数，如 `gotoAndStop()` 时，会自动出现一个代码提示框，你可以了解此函数有哪些参数。而如果之后你想编辑此函数，可以把光标放入函数的参数内，然后单击此按钮会重新打开代码提示框。
- ❑ **调试选项**——你可以通过此下拉菜单设置或移除断点。我们将在 1.7 节详细讨论调试。

❑ **折叠成对大括号**——单击此按钮会使当前大括号以内的代码折叠为一行。代码仍然存在，但被隐藏了。你可以单击代码编辑区左边的三角符号（Mac 系统下）或加号（Windows 系统下）展开隐藏的代码，或者单击"展开全部"按钮展开代码。被隐藏部分的代码如图 1-12 所示。

❑ **折叠所选**——折叠选中的代码。

❑ **展开全部**——将所有被隐藏的代码返回正常状态。

❑ **应用块注释**——单击此按钮，会在你所选中的代码的前方加上 /*，结尾处加上 */，使选中的代码变成注释。1.5 节将介绍更多有关注释的内容。

❑ **应用行注释**——将当前行转为注释内容。如果选中了多行，则在每行前方添加 //。

❑ **移除注释**——将选中的注释内容转为代码，方便你临时性地移除某段代码。你可以将不需要编译的代码注释掉，需要时再取消注释。

❑ **显示/隐藏工具箱**——通过此按钮切换显示左边的 ActionScript 列表。

图 1-12　一段代码被隐藏了。隐藏不需要编辑的那部分代码，可以
在程序含有大量代码的情况下为你的工作带来方便

　　工具按钮的右边是一个标记为 Target（目标）的下拉菜单。你可以从中选择测试时需要编译的 Flash 影片，选择菜单 Control→Test Movie 进行测试。通过此按钮，我们不用先回到文档窗口，就可以直接修改代码并测试目标影片。通常，窗口会直接显示就近一次查看过的 Flash 影片，当然你也可以从打开的多个文件中选择一个。

　　ActionScript 编辑窗口的另一个重要特点是左边的行号。每一行都有一个号码。当你发布影片时，出现的编译错误会指向问题所在的那行，你可以根据行号找到问题所在。

1.5　ActionScript 游戏编程策略

　　ActionScript 3.0 具有通用性。虽然编程风格可以多种多样，但一样能创建出好的游戏。

　　然而，一些程序员更偏爱某一种风格。本书所选择的方法更专注于核心游戏代码，这种方法也许会牺牲一些先进架构。

1.5.1　单类方法

本章前面所举的第 3 个 Hello World 程序只引用了一个与 Flash 影片名称相同的类文件。这种方式既快速又简便。

说明

另一种方式是不同的游戏对象和过程引用不同的类文件。但对于小游戏而言，这种方式不易确定代码所处的位置。例如，一个游戏中有一个小球与一块板发生碰撞，那么，碰撞检测函数是放在小球对象类中还是板对象类中呢？

如果你在过去的其他编程经历中熟悉多类结构，当然也可以将代码分割成多个类。

在只有一个类文件的情况下，我们显然可以在类文件的顶部将所有类属性都定义成变量。类文件控制主时间轴，意味着我们可以通过设计师放置于舞台上的按钮来调用类中的公共函数，也可以控制主时间轴，跳转到不同的帧播放。

1.5.2　任务细分法

接下来的这句话也许是本书中最重要的内容，即

若你无法清晰地理出编程思路，可先从每个小功能开始，直到实现整个功能。

编程新人和一些忘记这条准则的高手常会在编程过程中陷入僵局。他们心想：“我不知道如何让程序完成指定任务。”

然而，这任务其实就是由多个小任务组成的。

例如，某程序员希望实现如下功能，即让宇宙飞船跟随玩家按下的方向键而旋转，但却因不知道如何实现这个功能而感到手足无措。

实现“旋转飞船”的关键点是检测键盘的方向键，向左方向键按下时，飞船 Sprite 的 `ratation` 属性做减法；向右方向键按下时，`ratation` 属性做加法。

于是，“旋转飞船”实际上是由 4 个细化的方法组成。

有时候，初级程序员容易进入同样的误区。他们认为无法实现一个完整的游戏，因为它看起来太过复杂。但如果将一个游戏分成若干小部分，然后一次解决一个部分，那么几乎任何游戏都可以创建。

一个简单的打地鼠游戏也许只需要完成不到 100 个小任务即可，而一个复杂的平台游戏则需要几百个。但是，将每个任务细分成最简单的步骤，创建游戏就会变得简单。

1.5.3　良好的编程规范

学习使用 ActionScript 3.0 进行编程时，还要参照一些比较好的通用编程规范。它们不会如教条般那么多规则。尽管在本书中，我偶尔会打破这些规范。不过如果你能学会运用这些编程规范，

那么毫无疑问，你将成为一名优秀的程序员。

1. 用好注释

为代码添加简明扼要的注释。

这些看似多余的工作会让你在日后修改代码时，感激今日所做的工作。

如果你与其他程序员一起工作，或者也许今后有人想要修改你的代码，那么这条建议就必须作为编程规范。

有两种注释类型：行注释和块注释。行注释通常是一行代码后的一句简单短语或代码前的单行注释。块注释则为大面积的注释，通常是一行或者多行注释，位于一个函数或一段代码之前，如下所示：

```
someActionScriptCode(); //这是行注释

//这是行注释
someActionScriptCode();

/* 这是块注释。
块注释可以有更多的内容，
包含接下来所要实现功能的描述 */
```

同时，要让你的注释简明扼要，不要像下面这样只是重复代码所表达的意思：

```
//循环 10 次
for (var i:int=0;i<10;i++) {
```

同样，不要一大段话来描述几个字就能说清的内容。冗长的注释与没写注释一样毫无帮助。不要画蛇添足。

2. 使用描述性的变量和方法名

不要怕使用很长的描述性变量名和方法名。使用描述性的名称会使代码变得一目了然。如下所示：

```
public function putStuff() {
    for(var i:int=0;i<10;i++) {
        var a:Thing = new Thing();
        a.x = i*10;
        a.y = 300;
        addChild(a);
    }
}
```

以上代码的作用是什么呢？似乎是将影片剪辑的副本显示在屏幕上。然而，是何影片剪辑？它又作何用处呢？再来看看下面这段代码：

```
public function placeEnemyCharacters() {
    for(var enemyNum:int=0; enemyNum<10; enemyNum++) {
        var enemy:EnemyCharacter = new EnemyCharacter();
        enemy.x = enemyNum*10;
        enemy.y = 300;
        addChild(enemy);
    }
}
```

如果如上编写代码，那么几个月后再次查看，你就会很容易理解其含义。

说明

一个常见的特例是字母 i 的使用，它通常被用作循环函数里的递增变量。在前一个例子中，我保留了变量 i，不将其名称改为 enemyNum。这里，改不改都无妨，不过在 for 循环里，使用 i 已经成为程序员的标准做法。实际上，for 循环内的嵌套循环也通常采用字母 j 和 k 来作为递增变量名。

3. 将重复和相似的代码放入函数中

如果你的程序要多次使用同一行代码，可以考虑将它放入一个函数内，然后在需要用时调用函数即可。

例如，也许你的游戏要在多个地方更新游戏的分数。假设分数是显示在一个名为 scoreDisplay 的文本字段内，你肯定会编写如下代码：

```
scoreDisplay.text = "Score: "+playerScore;
```

但是，与其要在 5 个地方写入同样一行代码，不如在这 5 个地方调用同一个函数：

```
showScore();
```

然后，函数如下所示：

```
public function showScore() {
    scoreDisplay.text = "Score: "+playerScore;
}
```

如此一来，由于上面这句代码只写在一个地方，可以很方便地将显示文字从 Score 改为 Points。你不需要从上到下地查找和替换代码，因为它只出现在这一个地方。

即便对于相似的代码，你也可以这么做。例如，有一个循环将影片剪辑 A 的 10 个副本显示在舞台的左边，另一个循环将影片剪辑 B 的 10 个副本显示在舞台的右边。这时，你可以创建一个函数，该函数通过影片剪辑引用及水平放置位置来放置影片剪辑。然后，调用这个函数两次，分别引用影片剪辑 A 和 B。

4. 分小段测试代码

进行代码编写时，尽量分小段测试代码。这样，你在写代码时就能发现错误。

例如，你想编写一个循环将 10 个随机颜色的圆圈随机显示在屏幕上。第一步，在随机的方位显示 10 个圆圈。先测试，确保它们能正常显示。然后，再为圆圈添加随机的颜色。

基本上，这可以被视为任务细分法的扩展。将程序分成多个部分，逐步编写代码。然后，逐步测试。

1.6   ActionScript 的基本概念

让我们看看 ActionScript 3.0 里最基本的编程语法。如果你是初次接触 ActionScript，但是之前用过其他编程语言，那么，这可以帮你快速了解 ActionScript 是如何工作的。

可能你之前用过 ActionScript 或 ActionScript 2.0，因此，有必要在下面指出它们与 ActionScript 3.0 的区别。

1.6.1 创建和使用变量

ActionScript 3.0 里，存储值只需要一条简单的赋值语句。不过，第一次使用时要声明变量，方法是将 var 放在变量之前：

```
var myValue = 3;
```

或者，你也可以先声明变量，之后再使用：

```
var myValue;
```

当你如上所示创建变量时，这个变量为通用的 Object 类型。这意味着，它可以存储任何类型的值：数字、字符串（如"Hello"）及更复杂的数据类型（如数组和影片剪辑）。

但是，如果你声明了变量类型，那么变量只能存储此类型的数据：

```
var myValue:int = 7;
```

一个 int 类型的值可以为正负整数。unit 类型的值则只能为正整数。如果想要存储小数值（也称为浮点数），那么，需要将变量声明为 Number 类型：

```
var myValue:Number = 7.8;
```

还有 String（字符串）和 Boolean（布尔）变量类型。字符串存储文本，布尔变量的值只能为 true（真）或 false（假）。

以上为基本的数据类型。你还可以创建数组、影片剪辑、Sprite 以及与代码类相匹配的新类型。

说明

使用最基本变量类型会具有明显的效率优势。例如，int 类型数值的读取速度要比 Number 类型的数值快上许多倍。如果能尽量为所有变量定义基本的数据类型，可以加快你的游戏运行速率。

数字运算操作与其他编程语言一样。加减乘除可以通过+、-、*和/运算符表示：

```
var myNumber:Number = 7.8+2;
var myOtherNumber:int = 5-6;
var myOtherNumber:Number = myNumber*3;
var myNextNumber:Number = myNumber/myOtherNumber;
```

也可以使用特殊的运算符来简化运算。例如，++运算符使变量自增 1，--运算符则使变量自减 1：

```
myNumber++;
```

你还可以使用+=、-=、*=和/=运算符来表示基于原变量的计算。例如，变量加 7 的运算表达式为

```
myNumber += 7;
```

还可以使用括号来调整运算顺序：

```
var myNumber:Number = (3+7)*2;
```

字符串同样可以使用运算符+和+=：

```
var myString:String = "Hello";
var myOtherString = myString+"World";
myString += "World";
```

如果在类中定义变量，这些变量就会作为类的属性。这样的话，我们要进一步将变量定义为 private 或 public。两者的区别在于，private 变量不能被类外部的代码读取。将变量设为 private 的大多数情况是，我们希望只有类函数才能修改此变量值。

说明

同样有变量可以存储多个数值。例如，数组可以存储一系列数值，这对游戏编程非常有帮助。我们将在第 4 章的开头部分学习数组的应用。

1.6.2　条件语句

ActionScript 中的 if 语句与在其他编程语言中的用法类似：

```
if (myValue == 1) {
    doSomething();
}
```

==符号用来表示两个数值相等。还可以使用>、<、>=和<=符号来分别表示大于、小于、大于等于和小于等于。

可以添加 else 和 else if 语句来扩展 if 结构：

```
if (myValue == 1) {
    doSomething();
} else if (myValue == 2) {
    doSomethingElse();
} else {
    doNothing();
}
```

还有较为复杂的条件表达式&&和||，他们分别代表 and 和 or 比较运算符。

说明

有些编程语言允许在条件语句中使用 and 和 or。但在 ActionScript 3.0 中，只能用&&和||。

```
if ((myValue == 1) && (myString == "This")) {
    doSomething();
}
```

1.6.3　循环

循环通过 for 语句或 while 语句来完成。

for 语句由 3 个部分构成：起始语句、条件和变化语句。例如，以下代码将变量 i 设为 0，只要小于 10 就保持循环，并且每循环一次变量 i 增加 1：

```
for(var i:int=0;i<10;i++) {
    doSomething();
}
```

你可以使用 break 命令随时退出循环。continue 命令则是跳过循环中剩余的代码，并开始下一轮的循环。

while 循环会持续循环运行，只要初始条件一直满足：

```
var i:int = 0;
while (i < 10) {
    i++;
}
```

while 循环的一种变体为 do...while 循环。它们写法基本一致，只有一点例外，即条件语句位于循环之后，这么做可以确保循环至少运行一次。

```
var i:int = 0;
do {
    i++;
} while (i <10);
```

1.6.4　函数

用 ActionScript 3.0 创建函数只需要声明函数、需要传递给函数的参数及函数需要返回的值即可。然后就可以写代码定义函数了。

如果是类中的函数，你可能还需要定义函数究竟是私有（private）还是共有（public）。私有函数不能被类外部的代码所调用。由于我们采用单一类的开发策略，所以多数采用私有类。

说明

你会发现，有时候函数也称为**方法**（method）。在 Flash 文档中经常使用方法这个术语。但如以下函数所示，我们用关键字 function 来定义函数。因此，我更偏向于使用术语"函数"。

以下为某个类中的一个简单函数。如果函数是位于主时间轴上而不是类中，则可以删除关键字 private：

```
private function myFunction(myNumber:Number, myString:String): Boolean {
    if (myNumber == 7) return true;
    if (myString.length < 3) return true;
        return false;
}
```

以上函数示例所实现的功能是，如果数字为 7 或者小于 3 就返回 true。这个简单的例子展示了创建函数的主要语法。

1.7　测试及调试

没有哪一个程序员能写出完美的代码，即便他拥有丰富的编程经验。因此，我们必须边写代码，边进行测试和调试。

1.7.1　bug 类型

有 3 种情况需要调试代码。第一种情况，当文件编译和运行时，得到出错信息。这种情况下，你必须找出错误所在并改正它。通常，你可以快速找到错误，如变量名拼写错误。

第二种情况是，程序没有按预期情况运行。例如，本该运行的宇宙飞船没有移动，或者用户输入无效，或者英雄射向敌人的子弹直接穿了过去。这类 bug 都需要被解决，有时解决它们要花上一段时间。

说明

到目前为止，其他程序员跟我提得最多的问题是，程序没有按预期情况运行。我能告诉他们问题到底出在哪吗？当然可以，但是答案就在他们面前，他们只需要运用调试技巧去找到它。并且，作为代码的创建者，他们比我更容易找出答案。

第三种调试代码的情况是改进代码。你可以查出那些使程序运行缓慢的低效率因素。有时候，低效率与游戏 bug 一样需要得到解决，因为运行缓慢的游戏会丧失可玩性。

1.7.2　测试方法

检查代码有多种方式。最简单的方法是在你的大脑中遍历代码。例如，将以下代码在大脑中一行行地运算，如同你就是电脑：

```
var myNumber:int = 7;
myNumber += 3;
myNumber *= 2;
myNumber++;
```

你不必运行以上代码就能知道 myNumber 变量的当前值为 21。

对于很长或计算起来很复杂的代码，可以通过简单的 trace 语句将运行结果显示在 Output 面板，然后检查运行结果：

```
var myNumber:int = 7;
myNumber += 3;
myNumber *= 2;
myNumber++;
trace("myNumber = ", myNumber);
```

开发过程中，我时常使用 trace 语句。例如，如果玩家在游戏开始时作了一系列选择，我会将他选择的内容通过 trace 语句显示在 Output 面板。这么一来，测试时它就可以提醒我游戏开始前所作的选择，避免发生意外。

1.7.3 使用调试器

在 Flash 环境下，可以在影片运行时使用运行时调试器来检查代码。

1. 设置断点

调试程序最简单的方法是设置断点。选中一行代码，然后在菜单中选择 Debug（调试）→Toggle Breakpoint（切换断点）进行设置。同样可以选中一行代码后按下 Command+B（Mac 下）或 Ctrl+B（Windows 下）来添加或删除断点。

如图 1-13 所示，DebugExample.as 文件中的代码设置了一个断点。你会发现窗口的第 8 行代码的左边有一个小圆点。这个程序创建了 10 个文本字段，分别显示一个 0～9 的数字，并且垂直排列在屏幕的左边。

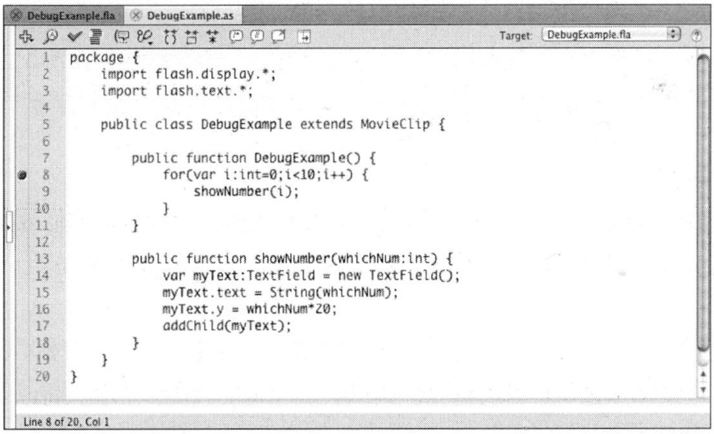
DebugExample.fla
DebugExample.as
Target: DebugExample.fla
1 package {
2 import flash.display.*;
3 import flash.text.*;
4
5 public class DebugExample extends MovieClip {
6
7 public function DebugExample() {
8 for(var i:int=0;i<10;i++) {
9 showNumber(i);
10 }
11 }
12
13 public function showNumber(whichNum:int) {
14 var myText:TextField = new TextField();
15 myText.text = String(whichNum);
16 myText.y = whichNum*20;
17 addChild(myText);
18 }
19 }
20 }
Line 8 of 20, Col 1

图 1-13 光标放置在代码第 8 行，通过选择 Debug→Toggle Breakpoint 在此处设置了断点

设置好断点后，就可以通过选择 Debug→Debug Movie→Debug（而不用选择 Control→Test Movie→Test）来测试影片。当程序执行到断点所在的行时，它就会停止并在多个调试窗口中显示各种信息。

断点设置在第 8 行，如果选择 Debug→Debug Movie，那么除了运行 Flash 影片外，还会出现一整套调试面板。图 1-14 中显示了这些面板。

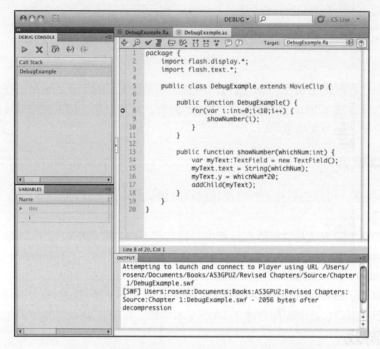

图 1-14　调试面板显示了关于程序状态的各种信息

2. 遍历代码

在图 1-14 中，界面左上方的 Debug Console（调试控制台）面板的上方有 5 个按钮。第一个是"继续"按钮，它使影片从停下的地方继续运行。第二个按钮为一个 X，它终止调试会话，并使影片之后以非调试状态运行。

另外 3 个按钮用来遍历代码。第一个按钮执行当前代码行，并向下继续。如果当前代码行调用了其他函数，则运行调用的函数。第二个按钮为"跳入"按钮，它使调试进入当前代码行上的函数。重复单击"跳入"按钮，会逐步运行函数中的每一行，而不是跳过函数调用。

最后一个按钮是跳出当前函数。可以单击此按钮结束当前函数，然后继续上一步的函数调试。

如图 1-15 调试面板所示，调试进入 showNumber 函数，并继续向下运行几行。你可以从变量面板中观察 i 的值，也可以打开 myText 变量，查看文本字段的所有属性。

界面的左上方显示了当前运行的程序。目前程序处于 showNumber 函数，该函数由类的构造函数调用。一个函数可以在多处调用，这对于我们编程是非常方便的。

学会如何通过调试器来修复 bug 和意外行为与学会编写代码同等重要。在学习本书中的游戏并试着根据需要修改它们的同时，可以学习如何调试。

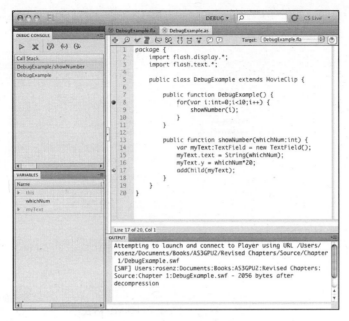

图 1-15　调试面板显示了逐步调试程序的过程

1.8　发布游戏

当你完成一个游戏，并根据你的需求测试后，就可以发布你的游戏了。Flash 游戏通常以嵌入 HTML 页面的形式在网络中发布。

你可以轻松在 Flash 环境下完成发布，但是在发布之前，你先要了解一些发布选项设置。

你可以选择 File（文件）→Publish（发布设置）打开 Setting 对话框。首先，确保你浏览的是 Flash 影片文件（.fla 格式），而不是 ActionScript 类文件（.as 格式）。发布设置都与 Flash 影片文件息息相关。

发布设置对话框内主要有 3 个部分：格式、Flash 和 HTML。

1.8.1　格式

如图 1-16 所示，你可以在格式设置中选择要导出的文件。

如果用户没有安装 Flash 播放器，常常选择图片格式代替。Projector 是指作为单机应用程序回放，而不是创建在 Web 浏览器中回放的 Flash 格式文件（.swf）。

如果你已经在网站上使用了自定义网页模板，就不需要再选择 HTML 选项了。因为你不希望在默认网页上嵌入游戏。但是，你仍然需要导出游戏，并在你自己的页面中添加默认网页的主体代码。

图 1-16   只选中 Flash 和 HTML 格式

1.8.2   Flash

Flash 设置对于导出像游戏这么复杂的 Flash 影片是非常关键的。我们要设置影片来导出 Flash Player 10 文件，并将 ActionScript 版本设为 ActionScript 3.0（见图 1-17）。

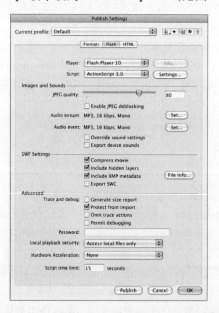

图 1-17   对于一般的 Flash 游戏而言，比较好的设置

你还需要选中 Protect from Import（防止导入）选项，这样，其他人下载并修改你的影片就不是那么容易了。

> **说明**
>
> 遗憾的是，Flash 影片在网络上发布后，并没有万全的保护方法，总会有反编译软件将压缩过的 SWF 文件转换为可用的 FLA 影片文件。选择 Protect from Import 和 Compress Movie（压缩影片）会使反编译变得困难，但仍然存在风险。

游戏开发者最为关注的是 Hardware Acceleration（硬件加速）设置。None 为默认模式或之前版本 Flash 的设置。而在 Flash CS5 中，你还可以将硬件加速设置为 Direct 或 GPU。设置为 Direct，会直接在屏幕上绘制图形，而不是在浏览器窗口。GPU 则通过电脑的图形处理器来绘制图形或回放影片。

如果你愿意的话，可以对两种硬件加速方法进行测试，但必须在浏览器中进行，因为在 Flash 中测试用不上这两种硬件加速。如果回放 Flash 的电脑不能满足其中任何一项加速设置，就会还原为 None 设置。

其余的 Flash 设置则关注于压缩和影片安全设置。你可以查阅 Flash 文档详细了解其他选项。

1.8.3　HTML

只有在通过 HTML 页面将游戏发布到网站时，才需要设置 HTML 选项。不过，了解一下 Adobe 提供了哪些发布设置总不会错。图 1-18 显示了 HTML 选项设置。

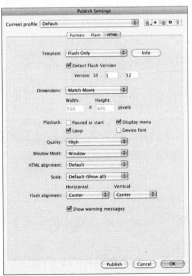

图 1-18　你可以从 HTML 设置中选择一个 HTML 模板来导出 Flash 影片

默认模板 Flash Only（仅 Flash）使用 JavaScript 来嵌入影片。这就要用到 swfobject.js 文件，该文件会伴随影片的发布而生成。然后，HTML 主页面会在此文件中加载 JavaScript，接着将 Flash 影片放入网页的 `<div>` 标签内。

说明

为什么不像以前一样采用简单的 `<object>`/`<embed>` 标签，而改用麻烦的 JavaScript 来嵌入影片呢？因为有专利冲突，微软必须修改 IE 浏览器嵌套媒体文件的方式。任何直接嵌入网页中的媒体文件需要在 IE7 或 IE6 部分版本中通过单击激活。而采用 JavaScript 的方式可以省去多余的单击操作。

常用的做法是将 Flash 影片的尺寸覆盖整个浏览器。可以将 Dimensions（尺寸）的单位设置为百分数，然后将 Width（宽）和 Height（高）均调为 100。这样，影片会以固定比例填满整个浏览器窗口。

将 Scale 设为 Exact Fit（精确匹配）时，影片不按固定比例缩放，其垂直尺寸和水平尺寸根据窗口的高度和宽度而定。

因为 Flash 中的矢量图形都能够很好地缩放，并且程序在任何尺寸下都可以很好地运行，所以允许用户通过改变浏览器窗口来调节游戏界面的尺寸是个不错的做法。这样一来，无论是大显示器还是小显示器，玩家都可以根据自己的偏好来玩游戏。

另一个选项是 Quality（品质）设置。默认设置为 High（高），Flash 播放器会以高分辨率渲染图像，获得最佳反锯齿矢量图形效果。将质量设为 Medium（中等）会降低反锯齿效果，但影片性能会增强。采用 Auto High（自动升高）设置，则会尽量输出高画质，但遇到影片运行太慢的情况时，自动下调为中等。采用 Low（低）设置，则会取消反锯齿效果，但可以获得最佳回放速度。最后一个为 Best（最佳），与 High（高）类似。它们之间的区别在于，High 仍然会偏向于提升动画的回放速度，而 Best 则输出最好画质而不考虑速度。

1.9   ActionScript 游戏编程检查清单

创建 Flash 游戏时需要考虑众多因素。有时候容易忘记关键的游戏元素，导致游戏运行不畅。为了避免这些小错误，你可以参考以下检查清单。

1.9.1   发布和文档设置

Publishing Settings 对话框和影片 Properties 面板中的众多关键设置很容易忘记。

1. 文档类是否设置正确

图 1-7 显示了如何在影片文档面板中设置影片的文档类。忘记设置文档类就意味着影片直接运行而不与你所创建的类相关联。

2. Publishing Settings 是否设置正确

确保 Publishing Settings 中已设置影片由 Flash 10 和 ActionScript 3.0 编译。虽然即便没有设置正确，影片也有可能正常编译，但是仍然存在编译风险。

3. 检查安全设置

Publishing Settings 的 Flash 部分有项 Local Playback Security（本地回放安全性）设置。可以将它设为 Access Local Files Only（只访问本地文件）或 Access Network Files Only（只访问网络）。你需要从中选择一项来确保 Flash 影片的安全。

如果 Publishing Settings 中设置了 Access Network Files Only，那么在需要获取本地文件时就会遇到问题。如果你的程序全部使用外部文件，当你将影片上传至服务器却没有获得预期效果时，请首先检查这个设置。

1.9.2 类、函数和变量的名称

即便严格遵守本章之前介绍的编程习惯，你仍然容易犯些不易察觉的简单错误。

1. 注意大小写

在为变量和函数命名时，要注意字母的大小写。如，`myVariable` 和 `myvariable` 是完全不同的两个变量。同样，名为 `myClass` 的类会在初始化时调用 `myClass` 函数。如果你不小心将函数名写成 `myclass`，则会导致调用失败。

因为书写有误的变量名无法初始化，所以编辑器通常会捕捉到变量名的不一致。但是忘记已声明的变量，然后再以另一种写法声明一次变量的情况也是有可能发生的。这块要时刻注意。

2. 是否存在影片剪辑类文件

如果为影片剪辑设置了可通过 ActionScript 调用的链接名称，那么影片剪辑可以采用默认类或自定义类。例如，你可以创建一个 `EnemyCharacter` 影片剪辑，然后将一个 `EnemyCharacter.as` 类文件与之相关联。

但是，很容易忘记这个类或将类名写错。例如，很容易忽视大小写而写成 `Enemycharacter.as`（小写的 c），于是导致无法关联 `EnemyCharacter` 影片剪辑。

3. 类是否继承了恰当的类型

可以通过如下写法定义影片的类：

```
public class myClass extends Sprite {
```

继承 `Sprite` 而不是 `MovieClilp` 意味着该影片只能有一个帧，如果代码指向其他帧则会导致运行出错。

4. 构造函数名是否设置正确

如果你有一个类文件名为 `myClass`，那么类的构造函数名必须与类名完全一致，即为 `myClass`。否则当类运行时，函数不会初始化。或者，如果你不希望函数在类调用时就运行，可以将其命名为如 `startMyClass`，然后运行帧时调用它。

1.9.3 运行时问题

也有一些问题不会引起编译错误，或者最初的时候都不能算作是问题。但是，随着开发的深入，这些问题会逐渐涌现出来，而且很难追根溯源。

1. 是否在对象还未初始化时就对其属性进行设置

这个问题很让我头疼。通常的情况是，你跳转到影片新的一帧或新的影片剪辑，并试图读取已有对象的属性。但由于帧及其对象都还没有初始化，对象的属性不存在。

TooEarlyExample.fla 和 TooEarlyExample.as 文件演示了这种情况。类文件运行到主时间轴的第 2 帧，为两个文本字段中的第一个赋值时，出现运行错误信息。在影片初始化后，依次调用类中的函数为第二个文本字段赋值。函数为第二个文本字段赋值没有出现问题。

2. 是否清除了对象

编程时，尽管不这么做不会引起太大的问题，但在使用后将所有创建的对象清除是一个良好的编程习惯。例如，游戏时玩家在屏幕中进行射击，他们很有可能持续按住一个键在一分钟内射出上百颗子弹。当要空出屏幕上的空间时，你不会希望将这些对象留在内存中并持续追踪这些对象。

要完全清除对象，你只需从变量或数组中移除对象的引用并通过 removeChild 命令从显示清单中移除对象即可。

3. 是否为所有的变量都定义了正确的类型

另一个不会即刻引起故障的因素是变量类型，但它可能会留下长期隐患。能使用 int 或 unit 类型时就不要使用 Number 类型。因为程序执行 int 或 unit 类型的速度更快且占用内存更少。如果数组内存储了上千个数字，你会发现程序使用 Number 类型比使用 int 类型运行起来要慢得多。

更糟糕的情况是使用无类型变量，即 Object（对象）。Object 类型既可以存储数字也可以存储整型，但也要占用更多的内存。同样，能使用单帧 Sprite 类型时要避免使用 MovieClip（影片剪辑）类型。

4. 是否嵌入了所有字体

使用动态文本字段会相对复杂。如果你在舞台上放置了文本字段，但忘记嵌入所需的字体，则会导致出错。更糟糕的是，动态创建文本字段并使用未嵌入影片的字体，则会导致文本字段一片空白。

在影片中添加字体的方法是，打开 Library（库）面板，选择右上方的下拉菜单，将字体添加进库。记住，你也许需要嵌入一种字体的多个版本来应对差异化，如 Arial 和 Arial Bold。

你可以从 8.1.2 节了解更多关于字体嵌入问题的讨论。

1.9.4 测试问题

以下为测试过程中可能会遇到的问题或测试过程中的注意事项。

1. 是否需要禁用快捷键

如果测试影片时要用到键盘输入，你可能会发现部分按键没有反应。这是因为测试环境中的快捷键和部分按键产生了冲突。

选择 Control（控制）→Disable Keyboard Shortcuts（禁用快捷键）来关闭测试环境中的快捷键，使影片在网络上保持一致的使用效果。

2. 是否以其他帧频测试过

如果你采用的是基于时间的动画，那么，不管你的帧频设为 1 还是 60，动画都具有相同的运行速率。不过，值得以低帧频（如 6 fps 或 12 fps）测试动画，看看在速度较慢时用户所观看到的效果。本书中的游戏都是采用基于时间的动画。

在低帧频和高帧频情况下，是否存在某些系统一直采用基于时间的动画或响应，这同样值得我们测试。

3. 是否在服务器上测试过

如果你假设在影片开始时所有的对象都已准备好，会出现似曾相识的问题。事实上，Flash 影片流是在所有媒体下载好之前就开始播放。

但是，本地测试影片时，所有媒体文件都是准备好的。然而当上传至服务器并测试时，最开始的几秒甚至几分钟会缺失部分元素。

说明

测试影片时，你可以选择 View（视图）→Simulate Download（模拟下载）重启测试。同时，在 View→Download Settings（下载设置）中设置模拟下载速度，如 56K。这时，影片重启，并以模拟速度加载。同时，我还会在一个真实服务器上测试一次，确保影片能正常运行。

这类问题的万能解决方法是增加一个载入界面，用来等待所有媒体的加载。从第 2 章中了解有关于载入界面的例子。

有了这个检查清单，你就可以更轻易地避开这些常见问题，然后用更多的时间来创建游戏，更少的时间处理 bug。

现在，我们全面了解了 ActionScript 3.0 的基础知识。在接下来的一章中，我们将学习创建游戏模块的几个简短示例，帮助你建立自己的游戏。

ActionScript 游戏元素

本章内容

❑ 创建可视对象
❑ 接收用户输入
❑ 创建动画
❑ 设计用户交互
❑ 获取外部数据
❑ 各类游戏元素

在创建完整的游戏之前，我们先从游戏的各个组成部分开始。本章的小程序将为我们介绍一些基本的 ActionScript 3.0 概念，并为我们提供一些后续能用到的模块（building block），这些模块可以运用到你自己的游戏中。

源文件

http://flashgameu.com

A3GPU202_GameElements.zip

2.1 创建可视对象

我们先从在屏幕中创建和操作对象开始。我们可以从库中提取影片剪辑、将影片剪辑转换为按钮、绘制图形和文本，然后学习将这些元素组合在 Sprite 内。

2.1.1　使用影片剪辑

如果库中已经含有影片剪辑，有两种方法可以将其运用在游戏中。

第一种方法是，直接拖放影片剪辑至舞台中，并在 Property Inspector（属性检查器）中设定其实例名称。图 2-1 展示了一个拖曳至舞台的影片剪辑，它在属性检查器中被命名为 myClipInstance。

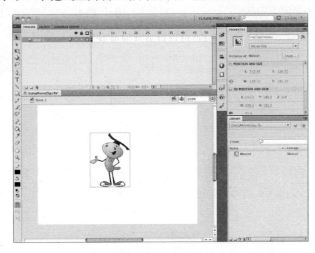

图 2-1　影片剪辑在库中的名称为 Mascot，但舞台
上的影片剪辑实例名称则为 myClipInstance

然后，你可以通过引用该影片剪辑的实例名称来修改其属性：

```
myClipInstance.x = 300;
myClipInstance.y = 200;
```

第二种方法是，直接通过 ActionScript 代码在游戏中调用影片剪辑。但是，首先要设定影片剪辑的 Linkage（链接）属性，使其变得可用。这可以通过单击 Library（库）右边的 Linkage 栏来实现。图 2-1 中，影片剪辑的名称 Mascot 已经显示在 Library 中。我通常会将类名设置成与该影片剪辑名称一致以便于记忆。

现在，我们只需要通过 ActionScript 代码就能创建影片剪辑的副本。我们需要创建一个变量来保存对象实例，再通过 addChild() 方法将其添加至显示列表中：

```
var myMovieClip:Mascot = new Mascot();
addChild(myMovieClip);
```

变量 myMovieClip 的对象类型为 Mascot，意味着 myMovieClip 可以引用 Library 中的 Mascot 影片剪辑。接着，使用 new 语法创建 Mascot 类的一个新对象，addChild() 方法会将此 Mascot 对象添加至 Flash 影片的显示列表中，使其在屏幕中可见。

因为我们没有设置影片剪辑的其他属性，因此它显示在舞台的(0,0)坐标处。我们可以通过影片剪辑实例的 x、y 属性来设置它在屏幕中的显示位置，也可以通过其 rotation 属性来设定它的旋转角度。属性值以数字形式表示。

```
var myMovieClip:Mascot = new Mascot();
myMovieClip.x = 275;
myMovieClip.y = 150;
myMovieClip.rotation = 10;
addChild(myMovieClip);
```

尽管看起来处理一个影片剪辑的工作量非常大，但 ActionScript 可以很简单快速地创建影片剪辑的多个副本。下面的代码创建了 Mascot 对象的 10 个副本，它们的水平方向从左到右依次增加 50 像素，同时，影片剪辑的大小设为原始大小的 50%。

```
for(var i=0;i<10;i++) {
    var mascot:Mascot = new Mascot();
    mascot.x = 50*i+50;
    mascot.y = 300;
    mascot.scaleX = .5;
    mascot.scaleY = .5;
    addChild(mascot);
}
```

图 2-2 展示了以上两段代码的运行结果。第一个 Mascot 位于屏幕顶端，坐标为(275, 100)，其他 Mascot 则位于下方，以垂直方向 300，水平方向 50 至 500 依次排开，每个影片剪辑的大小为初始大小的一半。

图 2-2　通过 ActionScript 代码创建的 11 个 mascot 对象

你可以在影片 UsingMovieClips.fla 中找到本例子，代码位于第 1 帧。

2.1.2　创建按钮

同样，你也可以只使用 ActionScript 来创建按钮。按钮可以基于库中存储的影片剪辑或按钮元件创建。

如果希望影片剪辑转换成一个可单击的按钮，你只需为其分配一个侦听器（listener），影片剪辑就可以侦听事件，本案例中侦听鼠标单击事件。

下面的代码将创建一个位于坐标(100, 150)的新影片剪辑：

```
var myMovieClip:Mascot = new Mascot();
myMovieClip.x = 100;
myMovieClip.y = 150;
addChild(myMovieClip);
```

你可以通过 addEventListener() 方法来分配侦听器，包括设置侦听器响应的事件类型。变量名称根据不同的对象或事件而定。本案例中，MouseEvent.CLICK 对鼠标点击事件作出响应。除此之外，还需指定事件处理方法，本案例中为 clickMascot() 方法：

```
myMovieClip.addEventListener(MouseEvent.CLICK, clickMascot);
```

clickMascot() 方法用来向 Output 窗口传递信息。当然，在应用程序或游戏中，它能实现些更有用的功能。

```
function clickMascot(event:MouseEvent) {
    trace("You clicked the mascot!");
}
```

为了使你的影片剪辑看起来更像按钮，还需要将影片剪辑实例的 buttonMode 属性设为 true。这可以使光标悬停于影片剪辑上方时，光标变成手指图标。

```
myMovieClip.buttonMode = true;
```

当然，你也可以通过 ActionScript 来创建按钮元件实例，就像处理影片剪辑一样。本例中，按钮元件链接着 LibraryButton 类。

```
var myButton:LibraryButton = new LibraryButton();
myButton.x = 450;
myButton.y = 100;
addChild(myButton);
```

影片剪辑与按钮元件最主要的区别在于，按钮的时间轴包含 4 个特殊帧。图 2-3 向我们展示了 LibraryButton 元件的时间轴。

图 2-3　按钮的时间轴包含 4 个帧，其中 3 帧用来
处理按钮的状态，最后 1 帧显示点击区域

第 1 帧显示按钮在没有鼠标滑过时的外观，第 2 帧显示鼠标滑过按钮时的外观，第 3 帧表示按钮在单击后且未释放状态下的外观。最后一帧表示按钮的单击触发区域，它在任何时候都不可见。

说明

最后一帧可以放置一张比其他帧上元素大一点的图片，这样无论用户单击按钮还是单击按钮附近，按钮都会有反应。或者，如果按钮帧上的元素之间存在间隙（如一些字母或不规则图形），可在最后一帧放置一个规则的圆形或方形来提供可单击区域。你也可以通过只在最后一帧上放置元素来创建不可见按钮。

图 2-4 展示了 3 种按钮状态及一个影片剪辑的单击区域。这仅仅是一个例子，按钮的弹起或按下状态可以有多种方式。

图 2-4 这四帧共同构成一个按钮元件

你可以采用为影片剪辑添加侦听器那样的方式为按钮添加侦听器：

```
myButton.addEventListener(MouseEvent.CLICK, clickLibraryButton);
function clickLibraryButton(event:MouseEvent) {
    trace("You clicked the Library button!");
}
```

第三种创建按钮的方法是，使用 SimpleButton 类型从头开始创建按钮。当然，也不是真正意义上的从头开始。你需要为按钮中每帧的状态配备一个影片剪辑：弹起状态、滑过状态、按下状态及点击状态。因此你需要 4 个库元素，而不是一个。

使用 SimpleButton 构造函数来创建这种类型的按钮。SimpleButton 函数的 4 个变量都必须为影片剪辑实例。本案例中，我们采用 4 个影片剪辑：ButtonUp、ButtonOver、ButtonDown 以及 ButtonHit。

```
var mySimpleButton:SimpleButton = new SimpleButton(new ButtonUp(),
        new ButtonOver(), new ButtonDown(), new ButtonHit());
mySimpleButton.x = 450;
mySimpleButton.y = 250;
addChild(mySimpleButton);
```

说明

你也可以为 SimpleButton 构造函数的 4 个变量赋予重复的影片剪辑实例。例如，你可以重用按钮弹起状态的影片剪辑，将其作为按钮单击状态的影片剪辑。实际上，你可以将 4 个变量设为同一个影片剪辑。这会使你的按钮变得很单调，但对库中所需的影片剪辑数量也会减少。

你可以再次通过 addEventListener 命令来为按钮添加侦听器：

```
mySimpleButton.addEventListener(MouseEvent.CLICK, clickSimpleButton);
function clickSimpleButton(event:MouseEvent) {
    trace("You clicked the simple button!");
}
```

影片源文件 MakingButtons.fla 包含以上三类按钮代码，每单击一种按钮，不同的按钮信息会发送至 Output 面板。

2.1.3　绘制图形

并不是屏幕中所有的元素都来自库中。你可以通过 ActionScript 3.0 来绘制线条及一些基本图形。

每一个显示对象都含有一个图形图层，你可以通过 graphics 属性来访问它。graphics 属性包含舞台本身，你可以通过在主时间轴上编写代码直接访问它。

在绘制简单的线条时，先设置线条的类型和起点，然后绘制到线条的终点：

```
this.graphics.lineStyle(2,0x000000);
this.graphics.moveTo(100,200);
this.graphics.lineTo(150,250);
```

上面代码将线条设为粗 2 像素，黑色。然后，线条从点(100, 200)绘制到点(150, 250)。

说明

关键字 this 并不是必需的。如果想在某个特定的影片剪辑实例内绘制线条，你需要用影片剪辑的名称来替换它。例如：

```
myMovieClipInstance.graphics.lineTo(150,250);
```

因此，我们可以将这里的 this 作为提示，同时也使代码可以更好地在你的项目中重用。

你也可以通过 curveTo()方法来绘制一条曲线。我们需要先设定曲线的终点及锚点。如果你不是很熟悉贝塞尔曲线是如何形成的，这会变得很棘手。我需要尝试多次来实现我想要的效果。

```
this.graphics.curveTo(200,300,250,250);
```

接着，我们通过另外一条直线来完成此线条序列：

```
this.graphics.lineTo(300,200);
```

现在，线条如图 2-5 所示，先是一条直线，接着是一条曲线，最后又回到直线。

你同样可以绘制图形，最简单的是绘制矩形。drawRect()函数需要设定左上角的坐标值，然后是宽度及高度：

```
this.graphics.drawRect(50,50,300,250);
```

你也可以绘制圆角矩形，新增两个变量用来设定圆角的宽与高：

```
this.graphics.drawRoundRect(40,40,320,270,25,25);
```

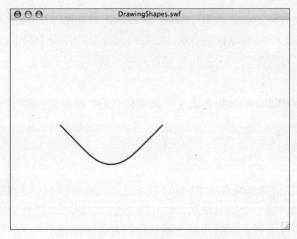

图 2-5   由一条直线、一条曲线和另一条直线构成的线条

还可以绘制圆或椭圆。`drawCircle()`方法需要定义中心点变量及半径大小：

```
this.graphics.drawCircle(150,100,20);
```

然而，`drawEllipse()`方法与 `deawRect()`方法一样，需要左上角坐标值及椭圆的宽度与高度：

```
this.graphics.drawEllipse(180,150,40,70);
```

你同样可以创建有颜色填充的图形，首先通过 `beginFill()`方法来进行颜色填充：

```
this.graphics.beginFill(0x333333);
this.graphics.drawCircle(250,100,20);
```

使用 `endFill` 命令可以停止填充。

图 2-6 展示了我们绘制后的全部效果。

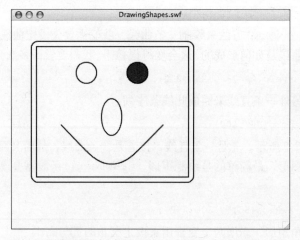

图 2-6   两条直线、一条曲线、一个圆、一个椭圆、一个
经填充的圆形、一个矩形及一个圆角矩形

当中大部分的绘制方法还包含其他变量。例如，`lineStyle()`方法可以通过其中的透明变量来绘制一条半透明线条。如果你想了解更多，请查阅文档中的每个绘制方法。

上述的这些例子都可以在 DrawingShapes.fla 文件中找到。

2.1.4 绘制文本

第 1 章中的 Hello World 例子展示了如何通过创建 `TextField` 对象将文字输出在屏幕上。大致过程包括，创建一个新的 `TextField` 对象，设置它的 `text` 属性，然后通过 `addChild()` 方法将其添加至舞台中：

```
var myText:TextField = new TextField();
myText.text = "Check it out!";
addChild(myText);
```

还可以通过文本字段的 x 和 y 属性来设置其所处位置：

```
myText.x = 50;
myText.y = 50;
```

同样，可以设置文本字段的宽度与高度：

```
myText.width = 200;
myText.height = 30;
```

但是，我们很难辨别出文本字段的边界。200 像素宽的文本字段对于当前文本内容也许足够了，但如果你换成不同的文本内容，它还能完全显示出来吗？当你在测试时，快速辨别文本字段的实际大小的方法是将其 `border` 属性设为 `true`：

```
myText.border = true;
```

图 2-7 展示了一个带有边框的文本字段，你可以观察它的大小。

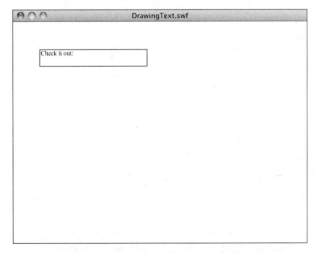

图 2-7 文本字段处于(50, 50)，宽 200，高 30

另一个常用的属性是 selectable。在大多数情况下，你并不希望文本内容是可选中的，尽管默认值是可选的。保留默认值意味着当用户的光标移至文本上方时，光标变为文本编辑光标，使用户可以选中文本内容：

```
myText.selectable = false;
```

创建文本内容时，你很有可能想设定文本的字体、大小及样式。我们并不直接设置，而是创建一个 TextFormat 对象。然后，我们可以设置文本的 font、size 及 bold 属性。

```
var myFormat:TextFormat = new TextFormat();
myFormat.font = "Arial";
myFormat.size = 24;
myFormat.bold = true;
```

说明

也可以只用一行代码来创建 TextFormat 对象。例如，上面的例子也可以写成：

```
var myFormat:TextFormat = new TextFormat("Arial", 24, 0x000000, true);
```

TextFormat 构造函数最多可以接收 13 个变量，但是我们可以将 null 值赋予任意变量以跳过某些变量。你可以查阅文档来得到全部变量列表。

现在，我们有了 TextFormat 对象，有两种方式使用它。一种方法是对 TextField 使用 setTextFormat 属性。这能够使你的文本应用当前的样式，但是，你每修改一次文本字段的 text 属性，都要重新应用一次。

更好的方法是使用 defaultTextStyle 属性。你需要在设置 text 属性之前先设置 default-TextStyle。那么，之后的文本将应用 TextFormat 内的样式属性。每当你改变文本字段内的内容时，他们都会应用同样的样式。这也是我们在游戏开发中，文本字段应用多数时候需要的效果。

```
myText.defaultTextFormat = myFormat;
```

图 2-8 展示了格式化后的文本字段。

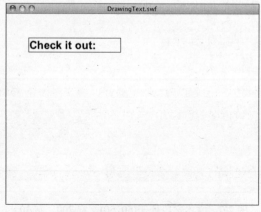

图 2-8　文本格式设为 Arial，24 点，粗体

如果你想扩展文本格式的其他功能，可以在帮助文档中查阅 `TextFormat` 的其他属性。你可以在案例文件 DrawingText.fla 中对它们进行实验。可以通过设置 `TextField` 的 `htmlText` 属性，来使用 `StyleSheet` 对象和 HTML 标记文本集。样式表的功能非常复杂，如果你想深入研究的话，请查阅帮助文档。

2.1.5 创建链接文本

整合文本字段和按钮功能，我们会得到什么呢？毫无疑问，是超文本链接。你可以通过 ActionScript 3.0 来简单实现它。

为 `TextField` 创建链接文本的最简便方法是，在文本字段的 `htmlText` 属性内输入 HTML 代码，而不是像 `text` 属性那样使用纯文本。

```
var myWebLink:TextField = new TextField();
myWebLink.htmlText = "Visit <A HREF='http://flashgameu.com'>FlashGameU.com</A>!";
addChild(myWebLink);
```

它的用法与网页中的超文本链接类似，只是链接没有默认样式变化。它和其他文本内容有着相同的颜色与样式。但是，当用户单击链接时，用户的 Web 浏览器会从当前页面跳转到指定页面。

说明

如果 flash 影片是独立的 Flash Projector，那么单击超文本链接会启动用户的浏览器并打开指定网页。如果你对 HTML 比较熟悉的话，可以定义 A 标签的 `TARGET` 变量。例如，你可以使用_top 来指定整个页面，或者用_blank 在浏览器中打开一个新的窗口。

如果你希望超文本与网页中的超文本链接类似，以蓝色带有下划线的形式显示，你可以在定义 `htmlText` 之前先创建样式表对象，并定义 `styleSheet` 属性。

```
var myStyleSheet:StyleSheet = new StyleSheet();
myStyleSheet.setStyle("A",{textDecoration: "underline", color: "#0000FF"});
var myWebLink:TextField = new TextField();
myWebLink.styleSheet = myStyleSheet;
myWebLink.htmlText = "Visit <A HREF='http://flashgameu.com'>FlashGameU.com</A>!";
addChild(myWebLink);
```

如图 2-9 所示，超文本定义了 `textFormat` 属性，将文本设为 Arial、24 点、粗体，并通过 `styleSheet` 属性将超文本链接设为蓝色并带有下划线。

你不一定要将链接指向网页，还可以像处理按钮一样，为文本内容添加侦听器来对事件作出响应。

要实现这一点，只需在链接的 `HREF` 标签里使用 `event:`语句。然后为侦听器的方法提供需接收的文本：

```
myLink.htmlText = "Click <A HREF='event:testing'>here</A>";
```

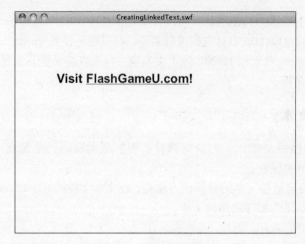

图 2-9   通过定义 `defaultTextFormat` 及 `styleSheet` 来格式化文本的超文本链接

侦听器接收文本 testing 作为事件的 `text` 属性返回的字符串：

```
addEventListener(TextEvent.LINK, textLinkClick);
function textLinkClick(event:TextEvent) {
    trace(event.text);
}
```

这样，你可以在 `TextField` 中定义多个链接，然后通过事件中的 `text` 属性得出哪个链接被单击。基本上，你可以像使用按钮一样使用超文本链接。

你同样可以通过定义 `defaultTextFormat` 和 `styleSheet` 属性来设置与网页链接类似的文本样式。CreatingLinkedText.fla 文件包含了上述使用相同格式和样式的两种超文本链接例子。

2.1.6   创建 Sprite 对象组

现在，我们对如何创建各种屏幕元素已经有了基本了解，可以再进一步研究显示对象和显示列表是如何处理的。我们可以创建 Sprite 显示对象，只将其用来组合其他显示对象，而不写入其他功能。

下面代码将创建一个新的 Sprite，并在其中绘制一个 200 × 200 的矩形。矩形边框为 2 像素，黑色，内部填充为淡灰色：

```
var sprite1:Sprite = new Sprite();
sprite1.graphics.lineStyle(2,0x000000);
sprite1.graphics.beginFill(0xCCCCCC);
sprite1.graphics.drawRect(0,0,200,200);
addChild(sprite1);
```

然后把 Sprite（包括绘制在其内部的图形）定位在舞台上坐标值(50, 50)处：

```
sprite1.x = 50;
sprite1.y = 50;
```

接着依法炮制，我们创建第二个 Sprite，但将其位置设在坐标(300, 100)：

```
var sprite2:Sprite = new Sprite();
sprite2.graphics.lineStyle(2,0x000000);
sprite2.graphics.beginFill(0xCCCCCC);
sprite2.graphics.drawRect(0,0,200,200);
sprite2.x = 300;
sprite2.y = 50;
addChild(sprite2);
```

继续创建第三个 Sprite，这次在该 Sprite 内添加一个圆。然而这次不再使用 addChild() 方法将其添加至舞台，而是直接放入 Sprite1 内。同时将圆填充为黑色：

```
var sprite3:Sprite = new Sprite();
sprite3.graphics.lineStyle(2,0x000000);
sprite3.graphics.beginFill(0x333333);
sprite3.graphics.drawCircle(0,0,25);
sprite3.x = 100;
sprite3.y = 100;
sprite1.addChild(sprite3);
```

图 2-10 展示了屏幕上这 3 个 Sprite 的效果。注意，虽然我们将圆的 x 和 y 属性设为 100 和 100，但它并不处于舞台的(100, 100)处，而是位于 sprite1 的(100, 100)处。

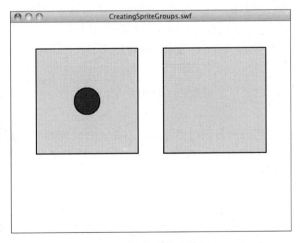

图 2-10　圆形 Sprite 位于左边的矩形 Sprite 内

现在，舞台上有两个子对象 Sprite1 和 Sprite2。sprite3 是 Sprite1 的子对象。如果将 Sprite3 改设为 Sprite2 的子对象，那么它将位于 Sprite2 的中心，因为 Sprite3 的坐标 (100, 100)是针对其父对象而言的。

影片 CreatingSpriteGroups.fla 为 Sprite1 和 Sprite2 各自添加了一个侦听器，使上述情况变得更形象。单击 Sprite1 和 Sprite2 当中的任意一个时，Sprite3 就会被设为选中对象的子对象。然后你会发现，Sprite3 在两个父对象中来回出现：

```
sprite1.addEventListener(MouseEvent.CLICK, clickSprite);
sprite2.addEventListener(MouseEvent.CLICK, clickSprite);
function clickSprite(event:MouseEvent) {
    event.currentTarget.addChild(sprite3);
}
```

说明

这对于将一个按钮侦听器应用于多个按钮中同样是个不错的例子。被选中的对象通过 `currentTarget` 传递给侦听器方法。本例中，我们可以直接用 `currentTarget` 的值来调用 `addChild()`方法。当然，你也可以将其与一组可能被选择的对象进行对比，基于被选中的对象执行代码。

在游戏开发过程中，我们常常创建 Sprite 组来保存各种不同类型的游戏元素。如果我们将 Sprite 进行简单的布局，通常会把它们的坐标都设为(0, 0)，然后我们可以在 Sprite 中不停替换其中元素，而不用改变其相对于屏幕的位置。

2.1.7   设置 Sprite 的深度

这里，有必要介绍一下 `setChildIndex` 命令。它允许你移动显示对象在显示列表中的顺序。换句话说，你可以将一个 Sprite 放在另一个 Sprite 的上方。

可以把显示列表作为一个数组，初始时不含任何元素。如果你创建了 3 个 Sprite，他们分别位于数组的[0]、[1]、[2]处。处于[2]的 Sprite 位于所有对象上方。

如果你想将一个 Sprite 移至底端，即所有 Sprite 的下方，可以使用以下代码：

```
setChildIndex(myMovieClip,0);
```

上述代码将 `myMovieClip` 显示对象设为数组的第[0]个元素，然后其他对象会自动后移，填补对应数组元素。

如果要将一个 Sprite 移到最上方则有点复杂。你需要将该 Sprite 的索引设为显示列表中最后一个元素的索引。例如，如果有 3 个元素[0]、[1]和[2]，你需要将 Sprite 设为第[2]个元素。我们可以通过 `numChildren` 属性来实现它：

```
setChildIndex(myMovieClip,numChildren-1);
```

这里我们有 3 个元素，如果不作任何处理的话，`numChildren` 的值为 3。然而，我们需要将 `setChildIndex` 里设为 2，直接使用 3 是不正确的，因此需要减 1。

示例文件 SettingSpriteDepth.fla 在屏幕中显示了 3 个 Sprite，一个叠着一个。你任意单击一个，选中的那个 Sprite 就会出现在最上方。

事实上，还有更简便的方法来将一个 Sprite 设置在其他 Sprite 的上方。尽管 Sprite 已经是显示列表的一部分，我们仍然可以在 Sprite 里使用 `addChild()`方法。这么做会在显示列表里重新添加该对象一次，新加入的对象会替换掉之前的对象，并位于所有对象的上方。

2.2   接收用户输入

接下来的几节，将介绍如何接收用户输入。通常接收的数据来自键盘或鼠标，它们是现代电脑唯一的标准输入设备。

2.2.1 鼠标输入

我们已经了解了如何将 Sprite 转换为按钮，并对鼠标单击作出响应。但是，鼠标不仅仅只作为单击之用。你还可以随时获得光标当前所处的位置，并且可以检测光标是否悬停在 Sprite 上方。

你可以通过 mouseX 和 mouseY 属性来随时获取光标在当前舞台所处的位置。下面的代码每帧在文本字段内显示一次当前光标所处的位置：

```
addEventListener(Event.ENTER_FRAME, showMouseLoc);
function showMouseLoc(event:Event) {
    mouseLocText.text = "X="+mouseX+" Y="+mouseY;
}
```

你可以通过与检测鼠标单击一样的方式，检测到光标悬停在 Sprite 上方的动作。因此，这里我们不是侦听鼠标单击事件，而是侦听鼠标滑过事件。我们可以为 Sprite 添加这样一个侦听器：

```
mySprite.addEventListener(MouseEvent.ROLL_OVER, rolloverSprite);
function rolloverSprite(event:MouseEvent) {
    mySprite.alpha = 1;
}
```

上述代码中，我们将 Sprite 的 alpha（透明度）属性设为 1，意味着它是 100% 不透明的。然后，当光标离开 Sprite 时，我们将其透明度设为 50%：

```
mySprite.addEventListener(MouseEvent.ROLL_OUT, rolloutSprite);
function rolloutSprite(event:MouseEvent) {
    mySprite.alpha = .5;
}
```

在影片文件 MouseInput.fla 中，Sprite 的初始状态为 50% 透明度，只有当光标滑过时，它才是 100% 不透明的。图 2-11 展示了此 Sprite，并且显示了时时跟踪光标位置的文本信息。

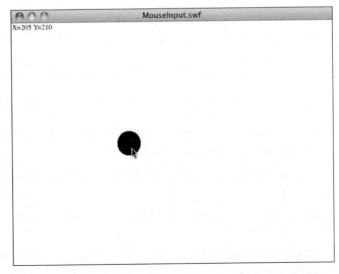

图 2-11　光标悬停在 Sprite 上方时，它的外观变为不透明

2.2.2　键盘输入

侦听键盘输入基于两个键盘事件：`KEY_UP` 和 `KEY_DOWN`。当用户按下键盘上的某个键时，`KEY_DOWN` 事件被触发。如果对该事件进行了侦听，就可以通过此方法实现一些功能。

但是，`addEventListener()` 方法必须引用 `stage` 对象。因为按键被按下并不像鼠标单击事件那样有明显的侦听对象。当影片开始时，必须由一个对象来侦听键盘事件。`stage` 就是此对象：

```
stage.addEventListener(KeyboardEvent.KEY_DOWN, keyDownFunction);
```

当方法通过侦听器被调用时，它会获得该事件参数的许多属性。其中一个参数为 `charCode`，它返回被按下的键盘字母。

在下述例子中，`charCode` 的值被转换为字符，显示在文本字段 `keyboardText` 内：

```
function keyDownFunction(event:KeyboardEvent) {
    keyboardText.text = "Key Pressed: "+String.fromCharCode(event.charCode);
}
```

说明

影片测试时，记得选择菜单 Control（控制）→Disable Keyboard Shortcuts（禁用快捷键）。否则，你按下键盘时，舞台也许不会有任何反应。

事件属性中还包括 `keyCode`，该属性与 `charCode` 类似，区别在于它不会受 Shift 键的影响。例如，在按下 Shift 键的同时按下按键 A，我们得到 `charCode` 值为 65，它代表大写的 A。当直接按下按键 A 时，我们得到 `charCode` 值为 97，它代表小写的 a。而 `keyCode` 的值则不受 Shift 影响，它只返回 65。

其他的事件属性还有 `ctrlKey`、`ShiftKey` 和 `altKey`，它们代表着这些辅助按键是否被按下。

在游戏中，我们常常并不是很在意玩家最先按下的是哪个键，而是关注玩家一直按着的键。例如，在赛车游戏中，我们要知道的是玩家是否将加速踏板（向上箭头）按下。

要想检测按键是否被按下，我们需要侦听 `KEY_DOWN` 和 `KEY_UP` 事件。当我们侦听到某个按键被按下时，将一个布尔变量设定为 `true`。然后，当按下的键释放时，将其设为 `false`。因此，判断按键是否按下，我们只需判断此变量的布尔值即可。

以下代码与侦听空格键类似。首先，判断空格键何时被按下，同时将变量 `spacebarPressed` 设为 `true`：

```
stage.addEventListener(KeyboardEvent.KEY_DOWN, keyDownFunction);
function keyDownFunction(event:KeyboardEvent) {
    if (event.charCode == 32) {
        spacebarPressed = true;
    }
}
```

接着，捕捉按键的释放。本例中，如侦听到空格键的释放，则将 `spacebarPressed` 设为 false：

```
stage.addEventListener(KeyboardEvent.KEY_UP, keyUpFunction);
function keyUpFunction(event:KeyboardEvent) {
    if (event.charCode == 32) {
        spacebarPressed = false;
    }
}
```

通过此方法，我们就可以记录游戏中的重要按键动作，如空格键和 4 个方向键。案例文件 KeyboardInput.fla 通过上述方式记录了空格键的动作，并显示空格键状态改变信息。

2.2.3　文本输入

`TextField` 对象的另一种类型为输入文本字段。文本字段（静态的和动态的）与输入文本字段的区别在于，后者允许用户选择并在其中输入文本。创建一个输入文本字段 `TextField`，只需要设置其 `type` 属性：

```
var myInput:TextField = new TextField();
myInput.type = TextFieldType.INPUT;
addChild(myInput);
```

以上代码在屏幕的左上角创建了一个并不显眼的文本字段。我们可以设置其属性，并通过 `TextFormat` 对象来改进它。

下面的代码将文本格式设为 Arial、12 点大小，并将文本字段设在(10, 10)处，其高为 18 像素，宽为 200 像素。同时显示文本边框，正如你经常会在软件中看到的典型输入框那样：

```
var inputFormat:TextFormat = new TextFormat();
inputFormat.font = "Arial";
inputFormat.size = 12;

var myInput:TextField = new TextField();
myInput.type = TextFieldType.INPUT;
myInput.defaultTextFormat = inputFormat;
myInput.x = 10;
myInput.y = 10;
myInput.height = 18;
myInput.width = 200;
myInput.border = true;
addChild(myInput);
stage.focus = myInput;
```

最后一行代码设置在文本字段内显示文本输入光标。

常见的 `TextField` 是单行文本，你可以通过它的 `multiline` 属性来改变其形态。然而，对于大多数文本输入框，我们只需要一行。这意味着，Return 或 Enter 键将不会被识别，因为无法换行。但是，我们可以捕捉这个键，将其视为文本输入结束的信号。

为了捕捉 Return 键的动作，我们需要侦听按键释放事件 KEY_UP。然后，事件处理方法会判断释放键的代码是否为数字 13，即 Return 键。

```
myInput.addEventListener(KeyboardEvent.KEY_UP, checkForReturn);
function checkForReturn(event:KeyboardEvent) {
    if (event.charCode == 13) {
        acceptInput();
    }
}
```

acceptInupt() 方法将输入框内输入的内容保存至 theInputText 变量中。然后，在 Output 面板显示输入文本，同时删除文本输入框。

```
function acceptInput() {
    var theInputText:String = myInput.text;
    trace(theInputText);
    removeChild(myInput);
}
```

说明

我发现在测试影片时，即便已经选中 Disable Keyboard Shortcuts 选项，测试环境仍然有时会拦截 Return 按键动作（测试时，选中 Control→Disable Keyboard Shortcuts 选项）。单击窗口，然后再次尝试，直到发布的影片达到预期的效果。当影片发布在网上时，这种情况不应该出现。

示例文件 TextInput.fla 包含了上述代码的实际效果。

2.3   创建动画

接下来，让我们来介绍一下如何用 ActionScript 代码使 Sprite 在屏幕中运动，以及如何模仿真实世界里的运动轨迹。

2.3.1   Sprite 运动

改变 Sprite 所处的位置，只需简单地设置其 x 或 y 值。因此，我们只需要通过恒定的速度来改变它的位置，它就可以像动画一样动起来。

通过 ENTER_FRAME 事件，我们可以很简单地编写这类匀速动作。例如，下面的代码会创建库中一个影片剪辑的副本，然后把该副本每帧向右移动 1 像素：

```
var hero:Hero = new Hero();
hero.x = 50;
hero.y = 100;
addChild(hero);

addEventListener(Event.ENTER_FRAME, animateHero);
function animateHero(event:Event) {
    hero.x++;
}
```

　　hero 对象以每帧 1 像素的速度在舞台中平行滑过。你可以将++替换成+=10 来将速度提高为每帧 10 像素。

　　另一种提高 hero 运行速度的简单方法是提高帧频。默认的帧频为 12 fps（每秒的帧数），你可以提高至 60 fps。如果舞台被选中（而不是其他影片剪辑），你可以在右上角的属性检查器中更改帧频。如图 2-12 所示，属性检查器中的帧频为 12 fps。

图 2-12　你可以在属性检查器中更改影片的帧频

说明

将影片帧频设为 60 fps，并不意味着整部影片真的就会以 60 fps 的速度播放。如果影片中有众多运行元素，同时用户的电脑运行速度很慢，那么，影片是达不到 60 fps 的速度的。我们接下来来看一个基于时间的动画，它比基于帧的动画更好一些。

　　除了使 hero 在屏幕中平行滑动外，我们还可以使它行走。但是，我们需要一位动画师帮助设计一套行走循环图片，然后将它们按顺序放入 hero 影片剪辑中。图 2-13 展示了一套行走循环图片。

图 2-13　一个 7 帧的循环行走循环图片

　　现在，我们必须重写 animateHero 函数，使小人从影片剪辑的第 2 帧运行至第 8 帧，从而实现小人的七帧动画。第 1 帧上保存小人"站立"的姿势。

同时，从动画师那里得知，我们要让小人每帧水平移动 7 像素来配合整套行走周期。

代码比较影片剪辑的 currentFrame 属性，如果它的值为 8，则将影片剪辑倒回第 2 帧，否则继续向下一帧运行：

```
function animateHero(event:Event) {
    hero.x += 7;
    if (hero.currentFrame == 8) {
    hero.gotoAndStop(2);
    } else {
    hero.gotoAndStop(hero.currentFrame+1);
    }
}
```

你可以实践一下示例影片 SpriteMovement.fla，查看以上代码的实际效果。多尝试几种不同的影片帧速，实际体会一下影片运行的快慢程度。

2.3.2 使用 Timer

Timer（计时器）如同消息闹钟。当你创建并开启它之后，它会在一定时间间隔之后传递信息。例如，你可以创建一个 Timer，每秒调用一次指定的方法。

创建 Timer 需要新建一个 Timer 对象。然后设置事件的间隔时间（以毫秒计）。你还可以再添加一个变量，设定计时器在停止之前需触发的事件数。在这个例子中，我们不添加变量。

下面的代码将新建一个 Timer，并每隔 1000 毫秒（即 1 秒）触发一次事件。每次事件触发都会调用 timerFunction 方法。

```
var myTimer:Timer = new Timer(1000);
myTimer.addEventListener(TimerEvent.TIMER, timerFunction);
```

为测试该 Timer，每次事件触发都画一个圆。传递至事件处理方法中的变量包含指向该 Timer 的 target 属性。你可以通过该变量获得其 currentCount 属性，currentCount 属性会保存 Timer 被触发的次数。我们可以通过 currentCount 这个属性，从左到右，画出各个圆。

```
function timerFunction(event:TimerEvent) {
    this.graphics.beginFill(0x000000);
    this.graphics.drawCircle(event.target.currentCount*10,100,4);
}
```

只创建 Timer 和添加侦听器是不够的，我们还需要启动 Timer。我们可以通过 start() 命令来完成启动：

```
myTimer.start();
```

影片文件 UsingTimers.fla 展示了以上代码的效果。

我们也可以使用 Timer 来完成之前通过 enterFrame 事件所实现的工作。接下来的 Timer 将调用与上一案例中相同的 animateHero 方法，使该小人在屏幕上行走。它将替换 addEventListener 的调用：

```
var heroTimer:Timer = new Timer(80);
heroTimer.addEventListener(TimerEvent.TIMER, animateHero);
heroTimer.start();
```

你可以在 UsingTimers2.fla 文件中查看此部分代码的效果。当你运行时，你会发现小人以 12 fps 的帧频匀速行走。你可以将影片的帧频设为 12、6 或 60，但小人仍然以相同的速率行走着。

说明

试着将帧频设为 1 fps。Timer 每 80 毫秒触发一次小人行走事件，屏幕每次刷新，小人都会移动一小步。这至少意味着，Timer 可以实现恒定的运动速率，无论用户的电脑有多慢，只要每次 Timer 事件所产生的计算量不会使处理器负担过重就可以了。

2.3.3 基于时间的动画

基于时间的动画是指，每个动画片段都基于运行的时间量，而不是任意时间间隔。

在基于时间的动画中，每一个动画片段都会首先判断与上一个片段相隔的时间。然后，它会根据时间间隔来移动对象。例如，如果第一次时间间隔为 0.1 秒，第二次时间间隔为 0.2 秒，那么对象就会在第二段时间间隔之后移动两倍的距离，以保持速度的一致。

首先，我们要创建一个变量，用来保存上一个片段的时间。我们通过 getTimer() 系统函数获取当前时间。它将返回自 Flash 播放器开始运行时的毫秒数：

```
var lastTime:int = getTimer();
```

然后，我们创建一个侦听 ENTER FRAME 事件的侦听器。它调用 animateBall() 方法：

```
addEventListener(Event.ENTER_FRAME, animateBall);
```

animateBall() 方法用来计算时间间隔，然后重置 lastTime 变量，为下一个动画片段做准备。最后，设置影片剪辑实例 ball 的 x 方位，再加上 0.1 乘以 timeDiff 的值。结果，影片剪辑每 1000 毫秒移动 100 像素。

```
function animateBall(event:Event) {
    var timeDiff:int = getTimer()-lastTime;
    lastTime += timeDiff;
    ball.x += timeDiff*.1;
}
```

影片 TimeBasedAnimation.fla 将通过上述代码，使球体在屏幕中穿过。试着将影片帧频设为 12 fps，然后，再设为 60 fps。观察小球如何在不同的帧率下用同样的时间穿越屏幕。显然，60 fps 时效果更好。

2.3.4 基于物理的动画

在 ActionScript 动画中，你不仅可以使对象按预先设定的路径移动，还可以赋予它物理属性，并使它如真实世界里那般运动。

　　基于物理的动画既可以基于帧也可以基于时间。我们以建立基于时间的动画为例，但是通过速率和重力来决定对象的移动。

说明

重力是对地面的恒定加速度（在本例子中，是对屏幕底部而言的加速度）。真实世界里，重力加速度为 9.8 m/s。而在 Flash Player 中，所有对象都以每毫秒的像素量来计算，你可以自如地模拟真实世界里的运动。例如，如果 1 像素代表 1 m，0.0098 就意味着 0.0098 m/ms，或者 9.8 m/s。当然，你也可以使用其他的数字，0.001、7 或其他任意数字，只要它在你的游戏里看起来正常。这里，我们并不是在建立科学模型，它们只是游戏而已。

　　我们将重力设为 0.0098，同时定义运动元素的初始速度。速度代表着运动对象的运行速率和方向。dx 和 dy 分别代表水平方向和垂直方向上位置的变化，两者加起来代表对象的速度：

```
//设置重力加速度的值
var gravity:Number = .00098;

//设置初始速度
var dx:Number = .2;
var dy:Number = -.8;
```

　　因此，本例中的小球将每毫秒水平移动 0.2 像素，垂直移动 −0.8 像素。这意味着，小球将被抛向右方。

　　为了控制动画，我们创建一个 ENTER FRAME 事件侦听器，并初始化 lastTime 变量：

```
//记录启动时间，并添加侦听器
var lastTime:int = getTimer();
addEventListener(Event.ENTER_FRAME, animateBall);
```

　　先通过 animateBall() 方法计算上一步动画运行的时间：

```
//动画片段
function animateBall(event:Event) {
    //获取时间间隔
    var timeDiff:int = getTimer()-lastTime;
    lastTime += timeDiff;
```

　　变量 dy 代表垂直速率，然后它将基于万有引力而改变，通过时间间隔来计算。

```
    //根据重力调整垂直速率
    dy += gravity*timeDiff;
```

　　小球的运动基于两个变量：dx 和 dy。在上述两个例子中，timeDiff 都被用来决定 dx 和 dy 移动距离的长短：

```
    //移动小球
    ball.x += timeDiff*dx;
    ball.y += timeDiff*dy;
    }
```

运行影片文件 PhysicsBasedAnimation.fla，你会看到如图 2-14 所示的效果。

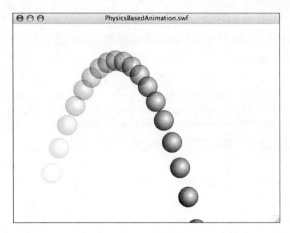

图 2-14　这张延时的屏幕截图展示了帧频为 12 fps 时的小球运动位置

2.4　设计用户交互

除了基本的用户输入和 Sprite 的运动之外，我们还可以把两者结合起来让用户与屏幕上的元素交互。接下来的程序是用户与 Sprite 之间交互的例子。

2.4.1　移动 Sprite

屏幕上 Sprite 的移动主要通过鼠标或键盘。对键盘而言，Sprite 的移动主要由 4 个方向键来控制。

在本章前面，你了解了如何判断空格键是否按下。我们可以用同样的方法来判断方向键是否被按下。虽然方向键并没有字母来代表，但它们能通过按键代码来表示（37、38、39 及 40）。图 2-15 展示了 4 个方向键及它们各自的键码。

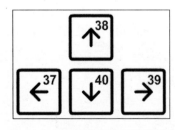

图 2-15　4 个方向键能通过 4 个键码来代替

我们先创建 4 个布尔变量来存储 4 个方向键的状态：

```
//初始化按键变量
var leftArrow:Boolean = false;
```

```
var rightArrow:Boolean = false;
var upArrow:Boolean = false;
var downArrow:Boolean = false;
```

我们需要添加 KEY_DOWN 和 KEY_UP 事件的侦听器，同时还要侦听 ENTER_FRAME 事件，以便在刷新屏幕的同时移动 Sprite：

```
//设置事件侦听器
stage.addEventListener(KeyboardEvent.KEY_DOWN, keyPressedDown);
stage.addEventListener(KeyboardEvent.KEY_UP, keyPressedUp);
stage.addEventListener(Event.ENTER_FRAME, moveMascot);
```

当用户按下某个方向键时，我们将其布尔变量设为 true：

```
//将方向键变量设置为 true
function keyPressedDown(event:KeyboardEvent) {
    if (event.keyCode == 37) {
        leftArrow = true;
    } else if (event.keyCode == 39) {
        rightArrow = true;
    } else if (event.keyCode == 38) {
        upArrow = true;
    } else if (event.keyCode == 40) {
        downArrow = true;
    }
}
```

类似地，当用户释放按键时，将布尔变量设为 false：

```
//将方向键变量设置为 false
function keyPressedUp(event:KeyboardEvent) {
    if (event.keyCode == 37) {
        leftArrow = false;
    } else if (event.keyCode == 39) {
        rightArrow = false;
    } else if (event.keyCode == 38) {
        upArrow = false;
    } else if (event.keyCode == 40) {
        downArrow = false;
    }
}
```

现在，我们可以根据这些布尔变量的值，在适当的方向上设定运行的距离来移动 mascot 影片剪辑。

```
//每帧运动一次
function moveMascot(event:Event) {
    var speed:Number = 5;

    if (leftArrow) {
        mascot.x -= speed;
    }
    if (rightArrow) {
        mascot.x += speed;
    }
    if (upArrow) {
```

```
        mascot.y -= speed;
    }
    if (downArrow) {
        mascot.y += speed;
    }
}
```

影片文件 MovingSprites.fla 展示了上述代码的实际效果。注意，这里我们是单独地判断每个方向键的布尔值，你还可以把它们组合在一起判断。例如，你可以同时按下向右和向下的方向键，然后 mascot 就会向右下移动。同时按住向左和向右方向键时，mascot 并不会移动，因为左右运动相互抵消了。

2.4.2　拖曳 Sprite

另一种在舞台上移动 Sprite 的方法是，用户单击并拖曳 Sprite。

这里，我们不再通过键盘，而是使用鼠标。当用户选中 Sprite 时，拖曳动作开始；当用户释放鼠标按键时，拖曳动作停止。

但是，当用户释放鼠标按键时，光标并不一定会停留在 Sprite 的上方。因此，我们在 mascot 上侦听 MOUSE_DOWN 事件，在舞台上侦听 MOUSE_UP 事件。这样，无论光标是否停留在 Sprite 上方，舞台都会捕捉到 MOUSE_UP 事件。

```
//设置侦听器
mascot.addEventListener(MouseEvent.MOUSE_DOWN, startMascotDrag);
stage.addEventListener(MouseEvent.MOUSE_UP, stopMascotDrag);
mascot.addEventListener(Event.ENTER_FRAME, dragMascot);
```

另一个需要考虑的因素是光标偏移量。我们允许用户通过单击 Sprite 上的任意一点来拖动 Sprite。如果用户单击 Sprite 的右下角，开始拖动时，运动过程中的光标和 Sprite 的右下角需要相对静止。

为此，我们需要记录鼠标在 Sprite 上的单击点与 Sprite 中心点(0, 0)之间的偏移量，并将其保存至 clickOffset 变量。我们还可以通过 clickOffset 变量来判断此刻是否存在拖曳动作。如果存在，clickOffset 将被设为点对象，不存在时，它的值为 null：

```
//Sprite 的位置与单击点之间的偏移量
var clickOffset:Point = null;
```

当用户单击 Sprite 时，单击点的位置根据单击事件的 localX 和 localY 属性而定：

```
//用户单击 Sprite 时
function startMascotDrag(event:MouseEvent) {
    clickOffset = new Point(event.localX, event.localY);
}
```

当用户释放鼠标时，clickOffset 变量返回 null：

```
//用户释放鼠标
function stopMascotDrag(event:MouseEvent) {
    clickOffset = null;
}
```

如果 `clickOffset` 的值不为 `null`，则每帧将 mascot 的位置设为光标当前所处的位置，使偏移量最小：

```
//每帧调用一次
function dragMascot(event:Event) {
    if (clickOffset != null) {//若 clickOffset 的值不为 null,则 mascot 一定处于拖曳动作中
        mascot.x = mouseX - clickOffset.x;
        mascot.y = mouseY - clickOffset.y;
    }
}
```

在 DraggingSprites.fla 文件中查看上述代码的效果。你可以试着单击 mascot 影片剪辑不同的点来拖曳它，了解 `clickOffset` 变量在拖曳中的作用。

2.4.3 碰撞检测

了解了游戏中如何移动屏幕中的对象后，我们通常还要检测它们彼此间的碰撞。

ActionScript 3.0 包含两个原有的系统碰撞检测函数。`hitTestPoint()` 函数用来检测某个点的位置是否在显示对象内。`hitTestObject()` 函数用来检测两个显示对象是否重叠。

为了试验这两个函数，我们可以创建一个简单的例子。每帧检测一次光标的位置以及一个移动着的 Sprite 对象的位置：

```
addEventListener(Event.ENTER_FRAME, checkCollision);
```

checkCollision 方法里，我们先通过 `hitTestPoint()` 函数来检测光标是否单击了舞台上的影片剪辑 crescent。`hitTestPoint()` 函数里的前两个参数设为指定点的 x 和 y 值，第 3 个参数是所使用边框的类型，它的默认值为 `false`，意味着只有显示对象本身的矩形边界被检测。

默认值 `false` 只适用于 Sprite 对象为方形的情形，并不适用于大多数游戏。相反，如果将其设为 `true`，`hitTestPoint()` 函数则可以根据显示对象的实际形状来判断是否发生碰撞。

我们可以将 `hitTestPoint()` 方法的结果传递至文本字段，在文本字段内显示不同的结果信息：

```
function checkCollision(event:Event) {

    //检测 crescent 对象上的光标位置
    if (crescent.hitTestPoint(mouseX, mouseY, true)) {
        messageText1.text = "hitTestPoint: YES";
    } else {
        messageText1.text = "hitTestPoint: NO";
    }
```

`hitTestObject()` 方法没有形状选项参数。它只比较两个 Sprite 对象的边框是否相交。某些情况下，此方法还是很有帮助的。

下述代码将使 star 影片剪辑跟随鼠标移动，旁边的文本字段将显示星星与新月（crescent）边界是否相交的信息。

```
//星星跟随鼠标移动
star.x = mouseX;
star.y = mouseY;
```

```
    //测试星星与新月是否相交
    if (star.hitTestObject(crescent)) {
        messageText2.text = "hitTestObject: YES";
    } else {
        messageText2.text = "hitTestObject: NO";
    }
}
```

示例文件 CollisionDetection.fla 展示了上述代码运行结果。如图 2-16 所示，光标位于新月的边框内，但是因为我们将 `hitTestPoint` 函数的 shape flag 参数设为 true，所以，只有当光标移动到新月的上方时，才真正发生碰撞。同时，当星星和新月的边界相交时，也发生碰撞。

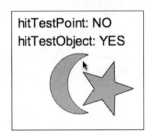

图 2-16　测试光标所处的点及星星是否与新月对象发生碰撞

2.5　获取外部数据

有时候，获取游戏的外部信息是很有必要的。你可以从网页或者文本字段中载入外部游戏参数，你也可以本地保存游戏信息。

2.5.1　外部变量

假设你的游戏可以基于不同的设置而进行改变，例如，拼图游戏可以变换不同的图片，街机游戏能以不同的速度运行。

你可以通过 Flash 影片所在的 HTML 页面将变量值传至 Flash 影片。实现这种数据传输有几种不同的方式，如果你在发布设置中设为使用默认的 HTML 模板，则可以通过在 HTML 页面内添加 `flashvars` 属性来传递参数。

说明

Flash 影片通过网页架构 ActiveX（Internet Explorer）和 plug-in（Safari、Firefox、Chrome 及其他）中的 OBJECT 和 EMBED 标签来嵌入 Flash 影片。因此，你需要在 HTML 中将这些参数添加两次：一次是给 ActiveX，一次给 plug-in。

以下是插入变量的 EMBED/OBJECT 代码。除了那两行含有 flashvars 参数的代码是由我添加的外，其他的代码均是在影片发布时自动生成的。

```
<object classid="clsid:d27cdb6e-ae6d-11cf-96b8-444553540000" width="550"
height="400"
    id="ExternalVariables" align="middle">
        <param name="movie" value="ExternalVariables.swf" />
        <param name="quality" value="high" />
        <param name="bgcolor" value="#ffffff" />
        <param name="play" value="true" />
        <param name="loop" value="true" />
        <param name="wmode" value="window" />
        <param name="scale" value="showall" />
        <param name="menu" value="true" />
        <param name="devicefont" value="false" />
        <param name="salign" value="" />
        <param name="flashvars" value="puzzleFile=myfilename.jpg&difficultyLevel=7" />
        <param name="allowScriptAccess" value="sameDomain" />
        <object type="application/x-shockwave-flash" data="ExternalVariables.swf"
width="550" height="400">
            <param name="movie" value="ExternalVariables.swf" />
            <param name="quality" value="high" />
            <param name="bgcolor" value="#ffffff" />
            <param name="play" value="true" />
            <param name="loop" value="true" />
            <param name="wmode" value="window" />
            <param name="scale" value="showall" />
            <param name="menu" value="true" />
            <param name="devicefont" value="false" />
            <param name="salign" value="" />
            <param name="flashvars"
             value="puzzleFile=myfilename.jpg&difficultyLevel=7" />
            <param name="allowScriptAccess" value="sameDomain" />
            <a href="http://www.adobe.com/go/getflash">
            <img src="http://www.adobe.com/images/shared/
download_buttons/get_flash_player.gif" alt="Get Adobe Flash player" />
            </a>
</object>
```

参数 flashvars 的赋值由“属性名称=值”组成，多个属性之间由符号&隔开。因此，本示例中，属性 puzzleFile 的值为 myfilename.jpg，属性 difficultyLevel 的值为 7。

当 Flash 影片运行时，影片会通过 LoaderInfo 对象重新获取这些数据。如下代码会获取这些参数的值，并赋予 paramObj 对象：

```
var paramObj:Object = LoaderInfo(this.root.loaderInfo).parameters;
```

如果想获取某个单独属性的值，可以通过如下方式：

```
var diffLevel:String = paramObj["difficultyLevel"];
```

可以传递游戏中所需的任意数据，如图片名称、游戏开始的等级、速度及方位等。猜词游戏需要由不同的单词或短语组成，找词游戏需要设置一个不同的起始点。

注意，运行 ExternalVariables.fla 文件的正确做法是，在浏览器中加载 ExternalVariables.html 文件。ExternalVariables.html 对 `flashvars` 参数都已设置过，所以，如果你在 Flash 中测试，或重新创建 HTML 页面，这些参数数据将遗失。

2.5.2 加载数据

从外部文本文件中加载数据会相对简单。如果是 XML 格式文件则更为理想。

例如，假设你需要从一个文件中载入智力问答游戏所需的题目，XML 数据可以如下书写：

```
<LoadingData>
    <question>
        <text>This is a test</text>
        <answers>
            <answer type="correct">Correct answer</answer>
            <answer type="wrong">Incorrect answer</answer>
        </answers>
    </question>
</LoadingData>
```

加载以上数据需要用到两个对象：`URLRequest` 和 `URLLoader`。然后侦听加载是否完成，待完成后调用处理函数。

```
var xmlURL:URLRequest = new URLRequest("LoadingData.xml");
var xmlLoader:URLLoader = new URLLoader(xmlURL);
xmlLoader.addEventListener(Event.COMPLETE, xmlLoaded);
```

本例中，`xmlLoaded()`方法只对载入的数据进行输出：

```
function xmlLoaded(event:Event) {
    var dataXML = XML(event.target.data);
    trace(dataXML.question.text);
    trace(dataXML.question.answers.answer[0]);
    trace(dataXML.question.answers.answer[0].@type);
}
```

你会发现，获取文件中的 XML 数据是如此简单。由于 `dataXML` 为 XML 对象，你可以通过 `dataXML.question.text` 语句获取问题文本内容，通过 `dataXML.question.answers[0]`获取第一个答案。还可以获取数据的属性，如使用@type 来获得问题答案的变量类型。

示例文件 LoadingData.fla 从 LoadingData.xml 文件中读取数据。试着在 XML 文件内替换或添加新数据，然后通过 `trace` 语句测试各部分数据的读取。

2.5.3 存储本地数据

游戏开发过程中经常需要存储些本地数据。例如，你需要存储玩家上一轮的得分或一些游戏选项设置。

我们通过一个本地对象 `SharedObject` 在用户的机器上存储一部分数据。使用 Shared-Object 对象与新建对象的做法一致，只需要确定此对象是否存在，然后创建。这么做，我们需要为 SharedObject 对象的 getLocal 方法分配一个已有的变量名称：

```
var myLocalData:SharedObject = SharedObject.getLocal("mygamedata");
```

myLocalData 对象接收任何属性类型：数字、字符串、数组或其他对象等。

如果你在某对象的 gameinfo 属性中存储了数据，可以通过 myLocalData.data.gameinfo 直接获取数据：

```
trace("Found Data: "+myLocalData.data.gameinfo);
```

你可以将 gameinfo 属性设为常量：

```
myLocalData.data.gameinfo = "Store this.";
```

运行测试文件 SavingLocalData.fla。trace 方法会输出 myLocalData.data.gameinfo 属性。由于之前我们并未定义 gameinfo 变量，输出结果为 undefined。将变量赋值后，第二次测试输出 Store this。

2.6　各类游戏元素

以下是一些可以执行多种任务的简单脚本代码。当中大多数都可以在需要时添加至任何游戏中。

2.6.1　定制光标

假设你希望替换掉标准的光标，采用更适合的光标样式来配合你的游戏。比如，你希望儿童游戏里的光标能更大些，或在射击游戏中采用十字光标。

尽管我们不能改变电脑本身的光标，但我们可以隐藏它，至少使其不可见。然后，通过一个浮动在所有元素上方、与光标位置重合的 Sprite 来代替光标。

通过 Mouse.hide()命令使光标不可见：

```
Mouse.hide();
```

接着，要使 Sprite 如光标般运动，我们需要将其放入位于所有元素上方的图层内。如图 2-17 所示，时间轴上含有 3 个图层。第二个图层只有光标元素，其余元素均位于第三个图层。

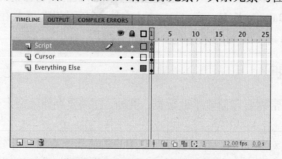

图 2-17　光标必须位于所有元素的上方

说明

如果你是通过 ActionScript 代码来创建对象，也要将光标设置在最上方。通过 setChildIndex 命令可以在创建游戏对象后将光标设置在最上方。

我们需要侦听 ENTER_FRAME 事件，实现 Sprite 跟随光标：

```
addEventListener(Event.ENTER_FRAME, moveCursor);
```

然后，通过 moveCursor() 方法对 arrow 对象（即本案例中的"光标"实例）进行设置，使其跟随鼠标移动：

```
function moveCursor(event:Event) {
    arrow.x = mouseX;
    arrow.y = mouseY;
}
```

还需要将 Sprite 的 mouseEnabled 属性设为 false，否则，隐藏光标就会像按钮一样，永远在代表 Sprite 的光标之上、Sprite 之下。

```
arrow.mouseEnabled = false;
```

如果不添加以上代码，那么将鼠标移至按钮上方时，按钮不会切换至鼠标悬停状态或响应鼠标单击事件。以上代码使定制光标不响应鼠标事件。

如图 2-18 所示，定制光标悬停在一个简单的按钮上。

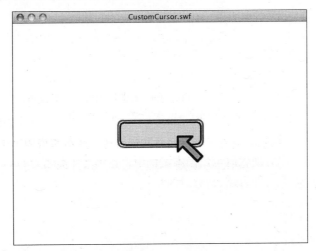

图 2-18 尽管 arrow Sprite 对象是鼠标所处位置的第一个对象，按钮仍然切换至鼠标
悬停状态

示例文件 CustomCursor.fla 的舞台中含有一个简单的按钮，你可以通过移动鼠标至按钮上方

来测试定制光标。

2.6.2   播放声音

在 ActionScript 3.0 里播放音频主要有两条途径：库中的音频文件，或外部音频文件。

也许对于大多数游戏的音频效果来说，最好的方法是将音频文件嵌入影片的库中。可以通过菜单中的 File→Import→Import to Library（导入到库）命令来导入音频文件，然后在库中右击导入的文件，选择 Properties 查看其 Sound Properties（声音属性）对话框，如图 2-19 所示。

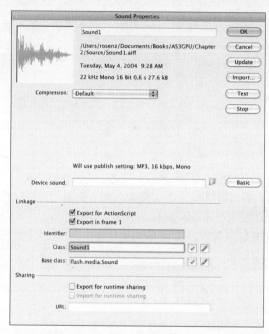

图 2-19   可以在 Sound Properties 对话框内设置音频文件的
类标示符，然后在 ActionScript 中调用它

若要在 ActionScript 中使用音频，你需要将音频链接（Linkage）设为 Export for ActionScript，然后为它设置一个类名，以方便代码调用。本案例中，音频文件类名为 Sound1。

接着，要播放这个音频文件只需要两行代码：

```
var sound1:Sound1 = new Sound1();
var channel:SoundChannel = sound1.play();
```

或者，也可以简写为一行：

```
var channel:SoundChannel = (new Sound1()).play();
```

播放外部音频文件会稍微有些麻烦。首先，你需要将音频文件保存至一个对象。以下代码将 PlayingSounds.mp3 文件赋予 sound2 对象。

```
var sound2:Sound = new Sound();
var req:URLRequest = new URLRequest("PlayingSounds.mp3");
sound2.load(req);
```

接着，你只需要通过 play 命令就可以播放它：

```
sound2.play();
```

示例文件 PlayingSounds.fla 内含有两个按钮：一个用来播放库中音频文件，另一个用来播放外部音频文件。当影片运行时，会立即加载外部音频文件，为随时播放做好准备。

说明

如果是播放时间较长的外部音频文件，很有可能遇到需要播放音频文件时，它还未加载完成。可以通过音频对象的 isBuffering 属性来判断它是否加载完成。还可以通过 bytesLoaded 和 bytesTotal 属性来实现更多的音频监测功能。

但是，即使音频文件没有加载完成，它也会在加载后立即播放。不过较短的音频倒不用担心这个问题。

2.6.3　加载进程界面

Flash 是为流媒体内容而生的。这意味着，在只有少量流媒体内容被加载（比如第 1 帧上的元素）的情况下，影片也会开始播放。

这点对于动画而言再好不过了。假设有一个含有 1000 帧的手工制作的动画，你可以立即播放它，并且在观看当前帧时继续加载后续帧。

但对于游戏来说，我们很少这么做。多数情况，我们需要立即调用游戏元素。如果因为未加载完成而导致某元素调用失败，会导致整个游戏运行不畅。

大多数游戏会采用加载进程界面，来控制影片直到所有元素加载完成再进行播放，同时这也告知用户当前的加载状态。

最简单的方法是在影片的第 1 帧放置 stop 命令。这样，影片会停止播放，直到你告诉它开始：

```
stop();
```

接着，侦听 ENTER_FRAME 事件，每帧调用一次 loadProgress() 函数：

```
addEventListener(Event.ENTER_FRAME, loadProgress);
```

loadProgress() 方法通过 this.root.loaderInfo 来获取影片的加载状态，它带有 bytesLoaded 和 bytesTotal 属性。我们将获取这两个属性的值，并将其除以 1024 以转换成 KB（千字节）：

```
function loadProgress(event:Event) {
    //获取已加载字节和总字节
    var movieBytesLoaded:int = this.root.loaderInfo.bytesLoaded;
    var movieBytesTotal:int = this.root.loaderInfo.bytesTotal;
```

```
//转换为千字节
var movieKLoaded:int = movieBytesLoaded/1024;
var movieKTotal:int = movieBytesTotal/1024;
```

我们可以在影片第 1 帧的文本字段内显示加载进度，使文本字段能显示出 "Loading: 5K/32K" 这样的信息：

```
//显示进度
progressText.text = "Loading: "+movieKLoaded+"K/"+movieKTotal+"K";
```

当 movieBytesLoaded 的值与 movieBytesTotal 的值相等时，移除侦听器，并播放第 2 帧。如果这是一个连续的动画序列，可以使用 gotoAndPlay 语句：

```
//加载完成后继续播放
if (movieBytesLoaded >= movieBytesTotal) {
    removeEventListener(Event.ENTER_FRAME, loadProgress);
    gotoAndStop(2);
}
}
```

影片文件 LoadingScreen.fla 的第 1 帧包含了这些代码。第 2 帧上有一张大小为 33KB 的图片。为测试以上代码，我们先通过选择 Control(控制)→Test Movie（测试影片）来测试影片。接着，在测试环境中，选择 View（视图）→Download Settings（下载设置），设为 56K。然后选择 View（视图）→Simulate Download（模拟下载）。模拟下载将以 4.7KBps 的速度加载，你可以观察到屏幕加载的动作。（提示：Flash CS5 初始版本的 Simulate Download 功能存在一些 bug，有时不会正常运行。重启 Flash 可能是最好的修复方法。）

2.6.4   随机数

几乎在所有游戏中都会用到随机数。它可以无限次变化，帮助你保持代码的简洁。

在 ActionScript 3.0 里，我们通过 Math.random() 函数来创建随机数。它会返回 0.0～1.0 的值（不含 1.0）。

说明

返回的数值是由 Flash Player 内复杂的算法生成的。看起来是完全随机的，但是因为它始终是通过算法得出的，所以技术上并不是完全随机。然而，我们游戏开发者并不用担心这点，将其视为完全随机即可。

下面代码将返回 0.0～1.0 的数字，但不包含数字 1.0：

```
var random1:Number = Math.random();
```

通常，我们希望随机数能从一个指定的区间中产生。例如，你也许需要一个 0～10 的随机数。我们将 Math.random() 的结果乘以区间大小来定义一个区间。

```
var random2:Number = Math.random()*10;
```

如果想要一个整数随机数而不是浮点数，你可以通过 Math.floor() 函数将数值向下舍入。以下代码生成 0~9 的随机整数：

```
var random3:Number = Math.floor(Math.random()*10);
```

如果你希望随机数的产生不从 0 开始，可以在结果中做加法。以下代码生成 1~10 的随机数：

```
var random4:Number = Math.floor(Math.random()*10)+1;
```

影片文件 RandomNumbers.fla 包含以上代码，并在 Output 面板输出结果。

2.6.5 数组重组

在游戏中，随机数最常见的用法是在游戏开始时建立游戏结构。最为典型的是，通过随机数将游戏元素重新排列，如卡牌、区块或其他游戏部件。

例如，假设一个游戏由 52 个部件组成，你希望将它们随机排列，如同发牌者在发牌之前先进行洗牌一样。这么做，我们需要先创建一个简单排列的数组。如下代码，创建了一个 0~51 的数组：

```
//创建数组序列
var startDeck:Array = new Array();
for(var cardNum:int=0;cardNum<52;cardNum++) {
    startDeck.push(cardNum);
}
trace("Unshuffled:",startDeck);
```

Output 面板显示如下：

```
Unshuffled:
0,1,2,3,4,5,6,7,8,9,10,11,12,13,14,15,16,17,18,19,20,21,22,23,24,25,26,27,28,29,30,
31,32,33,34,35,36,37,38,39,40,41,42,43,44,45,46,47,48,49,50,51
```

将此数组进行随机排列，我们可以随机选择数组中的一个值，将它添加至新的数组，然后在原先数组里删除该值，直至原先数组中的值全部添加至新数组：

```
//在新数组里重新排列
var shuffledDeck:Array = new Array();
while (startDeck.length > 0) {
    var r:int = Math.floor(Math.random()*startDeck.length);
    shuffledDeck.push(startDeck[r]);
    startDeck.splice(r,1);
}
trace("Shuffled:", shuffledDeck);
```

运行结果如下所示，当然，每次运行都将得到不同的结果：

```
Shuffled: 3,42,40,16,41,44,30,27,33,11,50,0,21,23,49,29,20,28,22,32,39,25,
17,19,8,7,10,37,2,12,31,5,46,26,48,45,43,9,4,38,15,36,51,24,14,18,35,1,6,34,13,47
```

示例文件 ShufflingAnArray.fla 展示了以上代码实现过程。

2.6.6　显示时间

我们可以通过 getTimer() 函数来获取时间。它可以返回 Flash 播放器从运行开始至当前所用掉的时间（以毫秒计算）。

游戏中，典型的用法是在游戏开始时，将 getTimer() 的值保存至一个变量中。例如，游戏在 Flash 播放器运行后的 7.8 秒才开始，这段时间的延迟也许是用户在寻找游戏开始按钮所造成的。因此，7800 将存储在 startTime 变量中。

接着，获取任意时间点游戏所运行的时间，只需将当前时间减去 startTime 值即可。

但是，用户并不会感知以毫秒计算的时间，用户更希望看到以 1:34 的形式来表示时间已过去 1 分 34 秒。

将毫秒转换成常用时间格式，只需除以 1000 得到秒数，再除以 60 得到分钟数即可。

以下例子将在屏幕中放置一个文本字段，当影片开始时即记录时间，然后每帧在文本字段中输出时间。同时，时间被转为分钟和秒钟，若秒钟小于 10 则在数字前补个 0。

```
var timeDisplay:TextField = new TextField();
addChild(timeDisplay);

var startTime:int = getTimer();
addEventListener(Event.ENTER_FRAME, showClock);

function showClock(event:Event) {
    //已发生的毫秒数
    var timePassed:int = getTimer()-startTime;

    //获取分钟和秒钟
    var seconds:int = Math.floor(timePassed/1000);
    var minutes:int = Math.floor(seconds/60);
    seconds -= minutes*60;

    //转换为时间字符串
    var timeString:String = minutes+":"+String(seconds+100).substr(1,2);

    //在文本字段中显示时间
    timeDisplay.text = timeString;
}
```

我们来深入了解一下时间字符串的转换。分钟直接由 minutes 变量的值得出，然后，在分钟数后添加冒号（半角）。而秒数则是不同的处理方式，如 7 秒加上 100 秒后为 107 秒，52 秒加上 100 秒为 152 秒，等等。接着，通过 String 构造函数将其转换为字符串。通过 substr 函数从秒数的第一位开始，截取 2 位。因为数值从位置 0 开始，因此本例子中，截取 07 和 52，而不截取第 3 位的 1。

字符串的结果形如 1:07 或 23:52。示例文件 Displaying Aclock. fla 展示了以上代码的实现。

2.6.7　系统数据

有时候，了解运行游戏的电脑环境也很有必要。它也许会影响到游戏对特定情况的处理。

例如，你可以通过 `stage.stageWidth` 和 `stage.stageHeight` 属性来获取舞台的宽度与高度。当影片被要求与浏览器大小相符时，这两个属性的值会发生改变。如果你的影片设置为宽 640 像素，然而你检测到其运行在宽 800 像素的屏幕上，你可以选择展示更多细节，使用户了解得更详细。或者，你可以选择显示更少的动画帧，因为放大影片意味着需要更强的渲染能力。

你还可以通过 `Capabilities` 对象来了解电脑的更多信息。以下简单列出了游戏开发者经常用到的一些属性。

- ❑ **`Capabilities.playerType`**——当你测试影片时，它返回 `External`；作为 Flash 项目运行时，返回 `StandAlone`。运行在 Firefox 或 Safari 这类浏览器上时，返回 `PlugIn`；当其运行在 IE 上时，返回 `ActiveX`。所以，你可以写一些测试代码，只有在 `playerType` 的值是 `External` 时才运行它们。这样就保证了在其他情况下（运行在 Web 端），不会受到影响。

- ❑ **`Capabilities.language`**——该属性返回电脑采用的第一语言的代码字符，由 2 个字母组成，如 en 代表英语。

- ❑ **`Capabilities.os`**——该属性返回电脑的操作系统和系统版本，如 Mac OS 10.4.9。

- ❑ **`Capabilities.screenResolutionX`**、**`Capabilities.screenResolutionY`**——返回屏幕分辨率，如 1280 和 1024。

- ❑ **`Capabilities.version`**——该属性表示 Flash Player 的版本，如 Mac 9.0.45.0。你可以通过此属性提取操作系统版本或播放器版本。

还可以使用更多的 `Capabilities` 属性。查看 Flash CS5 的帮助文档。也可以查看影片文件 SystemData.fla，它在文本字段中展示了上述大部分代码的运行结果。

2.6.8　游戏盗版及保护问题

互联网上的游戏盗版现象是个很大的问题。大多数游戏都没有采取保护措施，盗版者可以很容易从网络中获取游戏的 SWF 文件，然后再上传到某个网站上，宣称是他们的作品。

这里有些办法可以预防这种现象。最简便的方法是确保你的游戏运行在你自己的服务器上。我们可以通过 `this.root.loaderInfo.url` 属性来进行定义。如果游戏是运行在网络上，该属性会返回以 http://开始的 SWF 文件路径。然后，你可以将返回的值与你自己的域名进行对比，例如，要确保路径为 flashgameu.com，你可以如下操作：

```
if (this.root.loaderInfo.url.indexOf("flashgameu.com") != -1) {
    info.text = "Is playing at flashgameu.com";
} else {
    info.text = "Is NOT playing at flashgameu.com";
}
```

如果不想只是简单地在文本字段内显示信息，你还可以让游戏停止，或者通过 `navigate-ToURL()` 方法将用户引导至你的网站。

在网站中对游戏进行保护后，下一步是确保他人无法通过 EMBED 标签和文件的绝对 URL 地址使用你的 SWF 文件。通过 EMBED 标签，他人可以将你服务器上的游戏嵌入到他们服务器的网站上。

要阻止这种情况并不简单。但是，一旦你发现了这种情况，你可以通过改变 SWF 文件的地址来解决它。事实上，你还可以通过一个只有 `navigateToURL` 方法的 Flash 来替换被盗用路径的 Flash，间接引导玩家到你的网站上来。

说明

有些网络服务器能防止远程链接。这通常是用来防止人们将你服务器上的图片转载到自己网站中。大多数情况下，此方法也适用于 SWF 文件。你可以向你的互联网服务提供商 (ISP) 了解此功能。

还有一种更高级的防嵌入链接的方法相对复杂点。基本上，它是通过两种方式向 Flash 影片传递一个加密的值：一种通过 `flashvars` 传递参数和简短的文本，另一种使用 `URLLoader` 的 XML 数据。如果两者的加密值不相符，说明你的 Flash 影片被盗了。

这种方法基于定期修改以上两种路径传递给 Flash 的加密值。如果有人盗用了你的 SWF 影片，但是他并没有使用你的 HTML 代码来将 Flash 影片嵌入网页中，则盗用的影片不会接收到 `flashvars` 传递的加密值，因此影片也就不能被他所用。

即便有人窃取了你的 HTML 代码，他也只会得到当前版本的 `flashvars` 参数加密值。也许一段时间内会与 `URLLoader` 传递的加密值相符，但一旦你更新了两个参数加密值后，处于盗用者网站上的 `flashvars` 加密值将无法与你服务器上的新 `URLLoader` 加密值相符。

当然，仍然存在有人盗用你 SWF 文件的现象，他可以通过 SWF 反编译文件打开你的文件，然后将你的加密代码移除。所以，并没有 100% 的解决方案。不过，大多数盗用者会寻找容易盗用的影片，所以，尽量不要让你的影片成为易盗用的对象。

好了，现在你已经通过这些小程序学习了些 ActionScript 3.0 的编程技巧，下面我们继续学习，开始编写我们的第一个游戏。

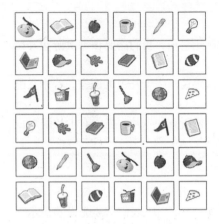

基本游戏框架：配对游戏

本章内容

- ❏ 放置可交互的元素
- ❏ 游戏开始
- ❏ 封装游戏
- ❏ 添加得分和时间
- ❏ 添加游戏效果
- ❏ 修改游戏

源文件

http://flashgameu.com

A3GPU203_MatchingGame.zip

　　我将以目前网络上较为流行、并且常常出现在互动教育软件中的配对游戏为例，创建我们的第一个游戏。

　　配对游戏是简单的记忆类游戏，在现实生活中通常采用一副带有图片的卡片进行游戏。游戏过程中，将一对对相互配对的卡片随机排列，正面朝下放置。然后，试着将每次翻开的两张卡片进行配对。若两张卡片相匹配，则拿走这两张卡片；若配对失败，则将卡片重新正面朝下放置。

　　一个游戏高手会记住那些没有配对成功的卡片，然后经过多次尝试后找到与之相配的卡片。

　　计算机实现的配对游戏就要比现实生活中的配对游戏更人性化和智能：你不需要去选择图片并在游戏开始时将它们弄混。计算机会帮你完成这些步骤。游戏开发者相比在现实生活中实现这个游戏要更简单，同时花费的成本也更低。

创建配对游戏，首先要在屏幕上显示游戏中的卡片。但在此之前，我们需要在每次游戏开始前将一组卡片打乱，使它们随机排列。

然后，记录用户的选择，将用户所选择的两张卡片翻开，比较两张卡片上的图像，若相互配对则删除这两张卡片。

当卡片不能配对时，将卡片重新正面朝下显示。最后，检查所有的卡片，当所有卡片配对成功后游戏结束。

3.1　放置可交互的元素

创建配对游戏，首先要创建一组卡片。由于卡片必须是成对的，所以我们需要先设置显示卡片的数量，然后绘制一半数量的图像。

例如，如果游戏中有 36 张卡片，则意味着需要 18 种图像，每种图像显示在两张卡片上。

3.1.1　创建游戏部件的方法

关于创建游戏部件的方法主要有两种，我们以创建配对游戏中的卡片为例来分别介绍。

1. 多元件方法

第一种方法是，为每一张卡片单独创建一个影片剪辑。因此在配对游戏中，将会有 18 个元件，每个元件代表一张卡片。

这种方法会遇到一个问题，即我们可能需要在每个元件内复制图像。例如，每张卡片具有相同的边框和背景，于是会有 18 个边框和背景的副本。

当然，你也可以创建一个背景元件，然后这 18 个元件统一使用这个背景元件。

说明

如果是从一个庞大的卡片组中选择卡片（假设从 100 张卡片中抽出 18 张），为每张卡片采用多元件方法会比较有益。或者，需要导入外部影片文件作为卡片。如基于外部 JPG 图像而创建，采用多元件方法同样比较有益。

但当需要变化时，多元件方法又会碰到问题。例如，假设你只想微调图片的大小，这意味着你需要针对 18 个不同的元件修改 18 次。

再者，如果你作为一名程序员，与美工共同工作。要求美工更新 18 个或更多的元件会非常不便。如果美工部分是外包的，则又增加了预算。

2. 单元件方法

第二种方法是对一组游戏元件（如一组卡片）进行操作，这种方法即为单元件方法。你只有一个影片剪辑元件，通过多个帧控制多个卡片。每一帧上绘制一种图像。多帧之间也可以共享图像，如共享边框和背景。这么做，只需要将图像放置在影片剪辑的一个图层上，然后贯穿所有帧即可实现图像共享。

说明

单元件方法可以控制多个元件。例如，如果你的游戏组件是一幅扑克牌，你可以在组件中设置四种花色元件（黑桃、红心、方块、梅花），并在扑克牌的主元件中使用四种花色。通过这种方式，当你想要改变整幅牌中红心的样式时，只需要改变红心元件即可。

单元件方法对于随时更新和修改游戏元件有较大优势。你可以快速地移动并编辑影片剪辑内所有的帧。你也可以从与你一起工作的美工那里方便简单地获取更新过的影片剪辑。

3.1.2 设置 Flash 影片

使用单元件方法，库中至少需要一个影片剪辑。影片剪辑中要包含所有的卡片，并且有一帧用来显示卡片朝下时的背面图像。

接下来，我们要创建一个包含 Card 影片剪辑的 Flash 影片。在 Flash CS5 中，选择 File→New，你会得到一个文件类型列表。选择 Flash File（ActionScript 3.0）创建一个影片文件，与我们将要创建的 ActionScript 3.0 类文件配合使用。

影片剪辑中至少要有 19 帧，用来显示卡片的背面和带有不同图像的 18 张卡片正面。如果你没有可以使用的元件素材，可以拿 MatchingGame1.fla 文件进行练习。

图 3-1 显示了我们游戏中 Card 影片剪辑的时间轴。第一帧为卡片的背面，即卡片朝下时用户所看到的效果。接着，其他帧显示了不同卡片的正面图像。

图 3-1　Card 影片剪辑是一个有 19 帧的元件，第一帧后的每一帧代表一个不同的卡片

库中有了这个元件后，我们要对它稍做设置，以通过 ActionScript 代码来调用它。在库中设置这个元件的链接（Linkage）名称，如图 3-2 所示。

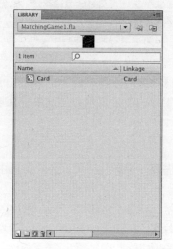

图 3-2　库中显示了 Card 对象的链接名称

到此，Flash 影片不再需要其他元件，影片的主时间轴也为空。库中也只有一个 Card 影片剪辑。接下来我们只需要一些 ActionScript 代码。

3.1.3　创建基本 ActionScript 类

选择 File→New，然后从文件类型列表中选择 ActionScript File 创建一个 ActionScript 类文件。如此我们创建了一个未命名的 ActionScript 文件。

我们先定义此 ActionScript 3.0 文件为一个包（package）。在文件的第一行，可以输入如下代码：

```
package {
        import flash.display.*;
```

完成包声明之后，我们需要为 Flash 播放引擎指明完成这个项目的类文件。本例中，我们告诉 Flash 播放引擎我们需要用到整个 `flash.display` 类和其下所有的次级类文件。这样，我们就可以创建并复制影片剪辑，如复制游戏中的卡片。

接下来声明类，类名称必须与类文件名称完全一致。本例中，我们将其命名为 `Matching-Game1`。我们还需要定义此类继承的类。本例中，它将控制主 Flash 影片，即一个影片剪辑：

```
public class MatchingGame1 extends MovieClip {
```

接下来，定义需要贯穿整个类文件的变量。但是，可以很简单方便地创建需要显示在屏幕上的 36 张卡片，因此我们暂时不需要任何变量。

现在，我们开始介绍初始化函数，它也称为构造（constructor）函数。当影片播放时，此函数会立即执行。函数名称必须与类名及 ActionScript 文件名称一致。

```
public function MatchingGame1():void {
```

　　此函数不需要返回任何值，它通过：void 语法告诉 Flash 此函数不会返回任何值。也可以不写：void，Flash 编译器默认不返回值。

　　构造函数内，我们将实现屏幕中显示 36 张卡片。卡片以 6×6 方格形式排列。

　　我们需要两套循环函数。第一个循环控制 x 变量从 0 至 5，变量 x 代表 6×6 方格的列。第二个循环控制变量 y 从 0 至 5，代表方格的行：

```
for(var x:uint=0;x<6;x++) {
    for(var y:uint=0;y<6;y++) {
```

　　变量 x 和 y 的右边都声明了变量类型为 unit（正整数），即无符号整型。每个变量的值都从 0 开始，当值小于 6 时，每循环一次变量值加 1。

说明

有三种数据类型：unit（正整数）、int（整型）和 Number（浮点型）。unit 数据类型为大于或等于 0 的整数。int 数据类型指所有正整数和负整数。Number 数据类型为正数或负数的浮点数，如 3.5 或 –173.98。在 for 循环中，我们通常使用 unit 或 int 类型，因为变量通常为整数变化。

　　因此，这是快速循环创建 36 个不同 Card 影片剪辑的方法。影片剪辑的创建是关于 new 关键字和 addChild 方法的使用。同时，还要确保每个影片剪辑创建时，停留在其第 1 帧并显示在正确的位置。

```
var thisCard:Card = new Card();
                thisCard.stop();
                thisCard.x = x*52+120;
                thisCard.y = y*52+45;
                addChild(thisCard);
            }
        }
    }
}
```

说明

在 ActionScript 3.0 中添加元件只需要使用两个命令语句：new 和 addChild，前者创建元件的新实例，后者将创建的实例添加至舞台显示列表。两个命令语句之间定义新元件的 x 和 y 坐标值。

　　卡片的位置基于我们所创建卡片的高度和宽度。示例文件 MatchingGame1.fla 中的卡片大小为 50×50 像素，彼此间隔 2 像素。将每张卡片的 x 和 y 变量都乘以 52，使卡片之间留有间隔。同时为卡片的水平位置增加 120 像素，垂直位置增加 45 像素，使卡片放置在一个 550×400 的标准 Flash 影片的中心。

在测试代码之前，我们需要先将 Flash 影片与 ActionScript 文件进行链接。将 ActionScript 文件保存为 MatchingGame1.as，与 MatchingGame1.fla 文件放置于同一个目录。

然而，链接完两个文件后我们的游戏还没有完成。还需要在 Property Inspector（属性检查器），中设置 Flash 影片的文档类属性。在当前文件 MatchingGame1.fla 中选择 Property Inspector。如图 3-3 所示，右下方为文档类属性设置区域。

图 3-3   你需要将 Flash 影片的文档类设为那个包含主要脚本的 AS 文件

说明

无论当前是 Flash 影片还是 ActionScript 文件，你都可以测试影片。如果当前文档为 ActionScript 文件，你可以查看文档窗口右上角的目标指示。它将告诉你哪个 Flash 影片将要被编译并运行。如果目标指向了不正确的文件，你可以在下拉菜单中改变它。

图 3-4 为影片测试后的屏幕显示内容。最简单的测试方法是在菜单中选择 Control→Test Movie。

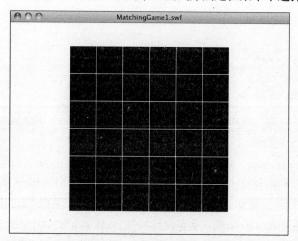

图 3-4   屏幕中显示了 36 张卡片，彼此间隔若干像素，排列于舞台的中央

3.1.4 使用常量实现更好的编程

在继续开发这款游戏之前，让我们先看看如何改进现有的游戏。将已完成的影片复制到 MactchingGame2.fla 文件中，代码复制到 MatchingGame2.as 文件中。将 MatchingGame2.fla 的文档类名称改为 `MatchingGame2`，类声明和构造函数的名称均改为 `MatchingGame2`。

假如你不想将卡片按 6×6 的方格排列，而是换成 4×4 方格或 6×5 的方形排列。你需要找到之前代码中的 `for` 循环，然后改变循环来适应不同的卡片数量。

所以，比较好的方法是在代码中移除这些特定的数字。取而代之，在代码的顶端定义这些数字并注明标签，然后你就可以快速找到这些数字并修改它。

说明

在代码中设定特殊的数字（例如，将行和列的长度都设为 6），被称为"硬编码"。这是一种不好的编程习惯，因为后期你的程序修改起来会很困难，那些在程序中继承你的代码的人，想要对你的代码稍作调整就更加困难。

以下列出游戏中一些采用硬编码方法定义的值：

Horizontal Rows=6

Vertical Rows=6

Horizontal Spacing=52

Vertical Rows=52

Horizontal Screen Offset=120

Vertical Screen Offset=45

我们在类中定义一些常量来替换这些数值，以便对这些变量进行修改。

```
public class MatchingGame2 extends MovieClip {
    //游戏常量
    private static const boardWidth:uint = 6;
    private static const boardHeight:uint = 6;
    private static const cardHorizontalSpacing:Number = 52;
    private static const cardVerticalSpacing:Number = 52;
    private static const boardOffsetX:Number = 120;
    private static const boardOffsetY:Number = 45;
```

说明

在定义这些常量时，我使用了 `private static const` 关键字。`private` 关键字表示这些变量只能在当前类中使用。`static` 关键字表示这些变量在当前类中的所有实例内具有相同的值。`const` 则代表变量的值将不会发生变化。如果你是使用 `public var` 来定义变量，则会获得相反的变量声明：变量可以被外部类读取，并且为每个函数实例存储不同的值。因为这是类中仅有的实例，它没有外部脚本，除了看起来整洁外没有别的不同。

定义好常量后，我们可以在构造函数内替换掉这些"硬编码"定义的数字：

```
public function MatchingGame2():void {
    for(var x:uint=0;x<boardWidth;x++) {
        for(var y:uint=0;y<boardHeight;y++) {
            var thisCard:Card = new Card();
            thisCard.stop();
            thisCard.x = x*cardHorizontalSpacing+boardOffsetX;
            thisCard.y = y*cardVerticalSpacing+boardOffsetY;
            addChild(thisCard);
        }
    }
}
```

将类名和方法名也修改为 MatchingGame2。你可以在案例文件 MatchingGame2.fla 和 MatchingGame2.as 文件中找到以上代码。

说明

随着本章内容的深入，我们会不断修改影片文件和 ActionScript 文件的文件名。如果你跟随本书内容一起创建你自己的游戏，不要忘记在 Property Inspector 中修改对应的文档类，这样，每个影片都能指向正确的 ActionScript 文件。例如，MatchingGame2.fla 影片需要使用 MatchingGame2.as 文件，因此其影片的文档类必须设置为 MatchingGame2。

打开这两个文件，测试一次。然后，修改其中的常量，再测试一次。例如，将 boardHeight 变量修改为 5 张卡片，修改 boardOffsetY 变量使卡片向下移 20 像素。你会发现，通过使用常量，你可以快速顺利地完成目标。

3.1.5　随机分配卡片

现在，我们将卡片添加至屏幕中，我们需要为每张卡片随机分配图片。如果屏幕中有 36 张卡片，则需要将 18 对不同的图像卡片随机放置。

在第 2 章中，我们讨论了如何使用随机数字。但是，我们不能为每张卡片随便选一张图像，我们要确保每一种图像只出现在两张卡片上——不多不少，否则无法构成配对。

说明

这与洗牌的方式不同。我们将使用一个有序的卡片列表，在列表中随机选择位置来选出新卡片，而不是将卡片顺序打乱，然后从卡片列表的顶端选出新卡片。

我们需要创建一个数组，列出所有的卡片，然后从数组中随机抽选一张。数组是用来存储一系列数值的变量。我们将在第 4 章进行更深入的了解。

此数组共有 36 个元素，其中每 2 个对应一种图像。创建完 6×6 方格板块后，从数组中移除卡片元素并放入方格板块。然后，当 18 对卡片元素都放置到 6×6 方格板块中后，数组清空。

　　代码如下。for 循环中的 i 变量将从 0 递增至所需的卡片数量。以方格形式排列的游戏卡片数量可以由方格的长乘以宽再除以 2 算出（因为每幅图有两张卡片）。因此，对于 6×6 的方格来说，将有 36 张卡片。我们必须循环 18 次来添加 18 对卡片。构造函数开始部分的代码修改如下：

```
//列出数字表示的卡片
var cardlist:Array = new Array();
for(var i:uint=0;i<boardWidth*boardHeight/2;i++) {
    cardlist.push(i);
    cardlist.push(i);
}
```

　　使用 push 命令，将一个数字在数组中添加 2 次。数组如下所示：

0,0,1,1,2,2,3,3,4,4,5,5,6,6,7,7,8,8,9,9,10,10,11,11,12,12,13,13,14,14,15,15,16,16,
17,17

　　接着，我们循环创建 36 个影片剪辑，从上方数组中随便抽取一个数字来决定卡片上显示的图像：

```
for(var x:uint=0;x<boardWidth;x++) { //水平方向
    for(var y:uint=0;y<boardHeight;y++) { //垂直方向
        var c:Card = new Card(); //复制影片剪辑
        c.stop(); //影片停在第1帧
        c.x = x*cardHorizontalSpacing+boardOffsetX; //设置影片位置
        c.y = y*cardVerticalSpacing+boardOffsetY;
        var r:uint = Math.floor(Math.random()*cardlist.length); //得到一个随机的图像
        c.cardface = cardlist[r]; //把图像分配到卡片
        cardlist.splice(r,1); //从列表里移除图像
        c.gotoAndStop(c.cardface+2);
        addChild(c); //显示卡片
    }
}
```

　　当中为新添加的代码。首先，通过下面这行代码获得一个从 0 到列表中所剩元素数目的随机数：

```
var r:uint = Math.floor(Math.random()*cardlist.length);
```

　　函数 Math.random() 返回的随机数为 0.0~1.0 的数字(不含 1.0)，再乘以 cardlist.length 的值，即返回 0.0~35.9999 的数值。然后，通过函数 Math.floor() 将数值四舍五入，返回 0~35 的整数。当然，以上都是基于循环中 cardlist 有 36 个元素的情况。

　　然后，将 cardlist 数组中位于该随机数的值赋予卡片属性 cardface。再通过 splice 命令从数组中移除该值，这样，它就不会再次被采用。

说明

我们常常要声明并定义变量，也可以为对象添加动态属性，如 cardface 属性。不过，前提是该对象为动态对象。由于对象 Card 并没有定义过，所以它默认为动态对象。另外，cardface 属性的类型由赋予的值决定（本例中，属性类型为 Number）。

这并不是一个好的编程习惯。正确的做法是定义一个 Card 类，通过一个 ActionScript 文件声明包、类、属性和构造函数。然而，对于只需要少量属性的游戏来说，这么做有些小题大作，增加不必要的工作量。所以，编程过程的简易性比严格遵循编程规则更重要。

另外，MatchingGame3.as 文件还包括以下代码来测试目前是否一切正常：

```
c.gotoAndStop(c.cardface+2);
```

这句代码使 Card 影片剪辑将图像都显示出来。因此，所有 36 张卡片都正面朝上显示。影片剪辑所显示的图像根据 cardface 属性，为 0~17 的数字再加 2，即 2~19，它代表 Card 影片剪辑所在帧绘制的图像。第 1 帧为卡片的背面，从第 2 帧开始代表卡片所要显示的图像。

显然，最后的游戏不会用到这行代码，但它对于测试我们当前所实现的效果是比较有帮助的。图 3-5 为运行带有这行代码的程序所呈现的效果。

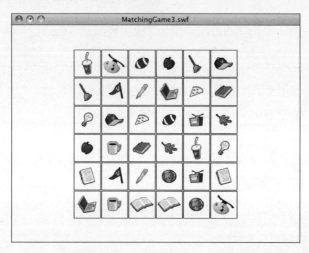

图 3-5　当前第三版本的程序包含了一行代码，用来显示每张卡片的图像。通过直观的显示可以帮助我们判断代码到目前为止是否运行正常

3.2　游戏开始

设置好了游戏界面之后，我们需要让用户单击卡片并寻找相配对的卡片。同时，记录游戏的进行状态。本示例中，我们要记录用户单击的是第一张卡片还是第二张卡片，是否所有的卡片都配对成功。

3.2.1　添加鼠标侦听器

第一步，使创建的卡片响应鼠标单击事件。通过 addEventListener 函数为每一个卡片对象添加侦听器，并设置两个参数：侦听的事件和响应事件所调用的函数。将如下代码放置在 addChild 命令之前：

```
c.addEventListener(MouseEvent.CLICK,clickCard);
```

我们还需要在类的顶部添加 import 语句，来告诉 Flash 游戏需要用到事件：

```
import flash.events.*;
```

本示例中的事件语法表现形式为 MouseEvent.CLICK，代表在卡片上的单击事件。当事件发生时，调用函数 clickCard，当然我们目前还没有创建这个函数。测试影片前，先创建这个函数，否则 Flash 无法编译影片。

以下简单的创建 clickCard 方法：

```
public function clickCard(event:MouseEvent) {
    var thisCard:Card = (event.currentTarget as Card); //哪张卡片被选中?
    trace(thisCard.cardface);
}
```

说明

在小步骤游戏开发过程中，使用 trace 语句可以很好地帮助我们检查程序语法。例如，如果你一次性添加了 27 行代码，但是程序没有按预期情况运行。那么，你需要将问题锁定在这 27 行代码中。但是，如果你只添加了 5 行代码，就可以通过 trace 语句输出关键变量的值，然后从中解决问题，再继续后面的编程。

任何时候，响应事件的函数都必须至少带有一个参数，即事件本身。本例中，即变量类型为 MouseEvent 的参数，将其作为事件变量。

说明

不管你是否需要事件参数，处理事件所调用的函数必须接收事件参数。例如，你创建了一个按钮，并且知道函数只有在按钮被按下的情况下才会被执行，但是你仍然需要在函数里接收事件参数，然后不使用此参数。

本例中，参数 event 是关键变量，因为我们需要从中判断 36 张卡片中哪张卡片被单击了。参数 event 实际上是一个对象，拥有一系列属性，我们只需要用到其中一个属性来判断单击的卡片对象。这也就是目标属性，更确切一点，为 event 参数的 currentTarget 属性（当前目标）。

然而，当前对于 ActionScript 引擎来说，currentTarget 是一个模糊的对象。当然，在这里它是 Card 对象，但也是影片剪辑，又是显示对象。既然我们需要 currentTarget 获取一个 Card 对象，那么，我们需要先定义一个 Card 变量，然后通过这个变量来指定 event.currentTarget 所返回的值必须为 Card 类型。

现在，我们有了一个 Card 对象类型的变量 thisCard，我们可以获取它的 cardface 属性。通过 trace 语句将它的值显示在 Output 面板。测试 MatchingGame4.fla 文件，检测输出结果。

3.2.2　建立游戏逻辑

当用户单击卡片时，我们需要基于用户的选择和游戏的当前状态判断用户下一步的行为。我们可能会遇到以下 3 种游戏状态。

- ❑ **状态 1**——没有一张卡片被选中，用户将从潜在的配对中选择第一张卡片。
- ❑ **状态 2**——有一张卡片被选中，用户将选择第二张卡片。接下来要将选中的两张卡片进行比较，然后根据比较结果作出反应。
- ❑ **状态 3**——选中两张卡片，但是并没有配对成功。新卡片被选中之前，两张卡片保持正面朝上的状态。当新卡片选中时，之前的两张卡片翻回背面，新卡片显示其图片。

图 3-6~图 3-8 展示了 3 种游戏状态。

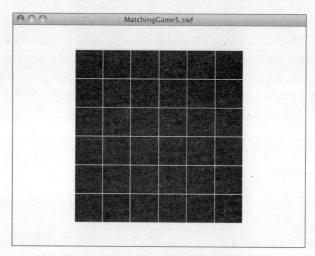

图 3-6   状态 1，用户正准备选择第一张卡片

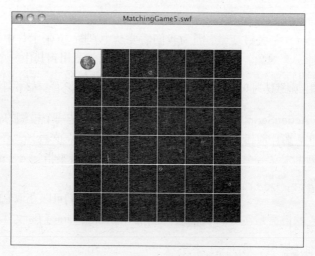

图 3-7   状态 2，用户正准备选择第二张卡片

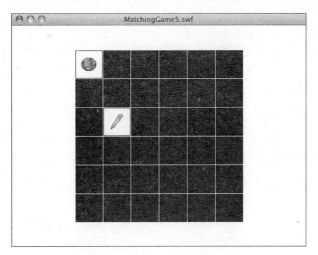

图 3-8　状态 3，用户选中了一对卡片，但是并未配对
成功。用户必须开始第二组卡片选择

这时，还需要考虑其他情况。例如，如果用户选中一张卡片后，再次单击了这张卡片呢？这
意味着也许用户希望取消选择这张卡片，因此，我们需要将这张卡片翻回背面，游戏回到状态 1。

可以预想到，当用户进行配对时我们需要时刻记录被单击的卡片。因此，我们需要创建第一
类变量。可以将其命名为 firstCard 和 secondCard，均定义为 Card 类型：

```
private var firstCard:Card;
private var secondCard:Card;
```

由于我们还未给这些变量赋值，它们的值都默认为 null。事实上，我们就将利用这两个变
量的 null 值来判断游戏的状态。

说明

并不是所有类型的变量都能设为 null。例如，int 类型的变量在初始创建时，若还没
有赋值，则默认为 0。即使你将想其设为 null，它也不能存储 null 值。

如果 firstCard 和 secondCard 的值均为 null，则我们处于状态 1。用户正准备选择第
一张卡片。

如果 firstCard 的值不为 null，而 secondCard 的值为 null，则表示我们处于状态 2。
用户会随即选择第二张卡片，并希望能与第一张卡片相匹配。

如果 firstCard 和 secondCard 的值均不为 null，则表示我们处于状态 3。当用户准备
下一轮的 firstCard 选择时，我们可以通过 firstCard 和 secondCard 的值来判断需要翻回
背面的卡片。

我们可以看一下以下代码：

```
public function clickCard(event:MouseEvent) {
    var thisCard:Card = (event.target as Card); //哪张卡片被选中?

    if (firstCard == null) { //一对卡片中的第一张卡片
        firstCard = thisCard; //记录这张卡片
        firstCard.gotoAndStop(thisCard.cardface+2); //将卡片翻开
```

到目前为止，我们可以清楚地知道用户单击第一张卡片时的情况。注意，gotoAndStop 命令的用法与本章前面所讲的测试卡片重组的用法类似。thisCard.cardface 的值必须加 2，这样卡片的值（0~17）就能与 18 张图片的所在帧（2~19）相匹配。

现在，我们有了 firstCard 的值，可以等待第二张卡片的单击。接下来由 if 表达式的后两部分进行处理。以下部分是处理用户再次单击第一张卡片的情况，将卡片翻回背面同时 firstCard 的值设为 null：

```
    } else if (firstCard == thisCard) { //再次单击第一张卡片
        firstCard.gotoAndStop(1);    //将其翻回背面
        firstCard = null;
```

如果用户单击了其他卡片作为第二张卡片，则需要对两张卡片进行比较。我们并不是比较卡片对象本身，而是卡片的 cardface 值。若两张卡片的 cardface 值相等，则配对成功：

```
    } else if (secondCard == null) { //选择的第二张卡片
        secondCard = thisCard; //记录这张卡片
        secondCard.gotoAndStop(thisCard.cardface+2); //将其翻开

        //比较两张卡片
        if (firstCard.cardface == secondCard.cardface) {
```

如果成功配对，则移除这两张卡片，并重置 firstCard 和 secondCard 变量。这时，要用到 removeChild 命令，它是与 addChild 命令相对的命令。removeChild 命令将删除显示列表中的对象。当前，firstCard 和 secondCard 对象都保留了值，我们需要将其设为 null，使 Flash Player 可以对其进行处理。

```
            //移除配对的卡片
            removeChild(firstCard);
            removeChild(secondCard);
            //卡片选择重置
            firstCard = null;
            secondCard = null;
        }
```

另一种情况是，用户选择了第一张卡片，然而其选择的第二张卡片并不与第一张卡片相匹配。当用户再去选择新的一张卡片时，当前的两张卡片必须返回背面朝上的状态，即显示影片剪辑的第 1 帧。

紧随上方代码之后，我们要将 firstCard 设为一个新的卡片，然后在单击后显示其图片：

```
    } else { //开始另一组卡片的选择
        //重设之前所选的卡片
        firstCard.gotoAndStop(1);
        secondCard.gotoAndStop(1);
        secondCard = null;
        //新一组卡片中选择第一张卡片
        firstCard = thisCard;
        firstCard.gotoAndStop(thisCard.cardface+2);
    }
}
```

现在已经完成了游戏的基础部分。可以测试 MatchingGame5.fla 和 MatchingGame5.as 文件来试玩这个游戏。选择一对卡片，当匹配成功时将其从卡片游戏界面中移除。

你可以将这看成是一个完整的游戏。影片的时间轴上，你可以在所有卡片的下面放置一张图片，作为用户成功配对所有卡片后所显示的胜利标志。如果目前的游戏只是作为一个网站上的额外小游戏，尚且可以。但是，我们还可以做得更好，为它增加更多的特性。

3.2.3 检测游戏结束

我们要检测游戏的结束状态，然后告诉用户已完成游戏。当所有卡片都被移除时，游戏结束。

说明

在本章的示例中，我们将用户带至一个显示 Game Over 字样的界面。当然，你也可以显示其他动画，或转到某一个网页。但是，对于当前游戏，我们编程到这里就可以了。

有多种方法检测游戏的结束状态。例如，你可以设置一个新的变量，记录配对成功的对数。每成功配对一对时，该变量加 1，然后当变量的值与总的卡片对数相等时，游戏结束。

还有一种方法是，检测 MatchingGame 对象的 numChildren 属性。当你为此对象添加 36 张卡片时，numChildren 的值为 36。当配对成功的卡片都被移除时，numChildren 的值变为 0，这时，游戏结束。

但是，这种方法会遇到一个问题。如果在舞台上添加了其他元素，如背景或标题栏等，它们都会被算入 numChildren。

在这个例子里，我更倾向于采用第一种方法，因为它更灵活。与其记录被移除的卡片个数，不如记录显示的卡片个数。因此，我们创建一个新的类变量，并将其命名为 cardsLeft：

```
private var cardsLeft:uint;
```

然后，在创建卡片的 for 循环之前，将其值设为 0。每创建一张卡片时，cardsLeft 加 1。

```
cardsLeft = 0;
for(var x:uint=0;x<boardWidth;x++) { //水平
```

```
for(var y:uint=0;y<boardHeight;y++) { //垂直
    var c:Card = new Card(); //复制影片剪辑
    c.stop(); //停留在第一帧
    c.x = x*cardHorizontalSpacing+boardOffsetX; //设置方位
    c.y = y*cardVerticalSpacing+boardOffsetY;
    var r:uint = Math.floor(Math.random()*cardlist.length); //获取随机的卡片正面显
                                                              示图像
    c.cardface = cardlist[r]; //将显示图像的所在帧值赋予 card 对象
    cardlist.splice(r,1); //从列表中删除已选显示图像
    c.addEventListener(MouseEvent.CLICK,clickCard); //侦听单击事件
    addChild(c); //显示卡片
    cardsLeft++;
    }
}
```

接下来，在 clickCard 方法中，当用户成功配对并从屏幕中移除卡片时，新增几行代码。在 clickCard 里添加如下代码：

```
cardsLeft -= 2;
if (cardsLeft == 0) {
    gotoAndStop("gameover");
}
```

说明

你可以使用++使变量按1个单位递增，符号--表示按1个单位递减。例如，cardsLeft++ 的作用与 cardsLeft=cardsLeft+1 一致。

你可以使用+=使变量与某个数字相加，-=为与某个数字相减。例如，cardsLeft-=2 的作用与 cardsLeft=cardsLeft-2 的一致。

以上完成了我们暂时所需要的功能。现在，游戏将记录屏幕上所显示的卡片数量，并存储至 cardsLeft 变量，当变量值为 0 时，游戏至结束页面。

游戏结束时，影片跳转至新的一帧，如图 3-9 所示。如果看过示例文件 MatchingGame6.fla，你会发现我在影片上添加了第 2 帧。同时，在第 1 帧上添加了 stop();命令。这样，影片会停留在第 1 帧使用户可以在此玩游戏，而不是直接跳至第 2 帧。在第 2 帧上添加标签 gameover，当 cardsLeft 属性为 0 时影片转到第 2 帧。

这时，我们需要移除代码创建的所有游戏元素。但是，此游戏中只创建了 36 张卡片，并且在用户配对成功时全部移除，因此，并没有多余的元素需要移除。我们可以直接跳转至 gameover 帧，当前帧屏幕上没有任何元素。

在示例影片中，游戏结束界面显示了 Game Over 字样。你可以在这里添加其他图形或动画。本章的后续部分，我们将学习如何在此帧上添加 Play Again 按钮。

图 3-9　最为简单的游戏结束画面

3.3　封装游戏

进行到这一步，我们已经有了一个完整的 Flash 游戏影片。影片文件为 MatchingGameX.fla，ActionScript 类文件为 MatchingGameX.as。当影片运行时，游戏初始化并启动。也就是说，影片即为游戏，游戏即为影片。

单一情况下，这么做是可行的。然而在真实世界里，通常有游戏介绍界面、游戏结束界面和载入界面等。甚至为不同游戏版本或完全不同的游戏设计游戏界面。

Flash 可以实现很棒的封装。Flash 影片也就是影片剪辑，你可以在影片剪辑内再嵌套影片剪辑。因此，游戏可以是 Flash 影片，也可以是嵌套在影片内的影片剪辑。

我们为什么要这么做呢？一个原因是，这样能方便在游戏中添加其他界面。我们可以在第 1 帧上放置游戏介绍界面，第 2 帧放置游戏界面，第 3 帧放置游戏结束界面。第 2 帧上会包含一个名为 MatchingGameObject7 的影片剪辑，它调用 MatchingGameObject7.as 类文件。

图 3-10 显示了影片更新后的 3 个帧的图解，并且展示了每一帧所包含的内容。

图 3-10　影片的第 2 帧包含一个游戏影片剪辑。另外两帧包含附属游戏元素

3.3.1　创建游戏影片剪辑

MatchingGame7.fla 文件中有 3 个帧。让我们直接从第 2 帧开始。我们可以看到，第 2 帧上有

一个影片剪辑。也许这个影片剪辑还看不太出来，因为目前影片剪辑为空，所以它只在屏幕的左上角显示为一个小小的圆圈。

库中影片剪辑名为 MatchingGameObject7，如图 3-11 所示，影片调用类 MatchingGame-Object7。你可以选中影片剪辑 MatchingGameObject7，然后单击 Library 面板下方的小 i 按钮，或者右击选择 Properties（属性）打开 Properties 面板来设置类属性。

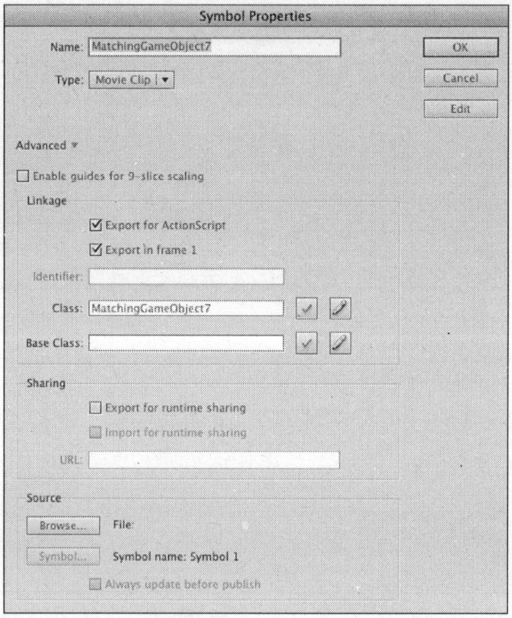

图 3-11　影片剪辑使用类文件 MatchingGameObject7.as 来定义类属性

实际上，现在是由影片剪辑运行整个游戏，而主影片时间轴则作为一个更大的影片剪辑嵌入游戏影片剪辑。

当影片播放至第 2 帧时，影片剪辑加载，并运行 MatchingGameObject7.as 类文件内的类构造函数，然后游戏运行。

当影片播放至第 3 帧时，游戏不再运行，因为游戏影片剪辑只放置在第 2 帧。

这么做可以让我们在游戏的前后添加其他帧，并且游戏代码独立后，可以使我们只关注游戏本身。

3.3.2　添加介绍界面

大多数游戏都带有介绍界面。毕竟，我们不希望用户打开后就直接进入游戏，还需要一个游戏介绍或指导界面。

游戏的介绍界面位于主时间轴的第 1 帧，它包含一些脚本动作。首先，需要让影片先停留在第 1 帧。其次，设置一个按钮，使用户可以通过单击它开始游戏。

说明

如果不想在主时间轴上编写代码,可以建立一个新的 AS 类文件作为影片的文档类。同样运行在第 1 帧上,帧上所编写的代码也可以运行在类文件中。然而,因为少量的几行代码而新增一个类文件实在毫无必要。所以,当前直接在帧上写入脚本,为创建在第 1 帧上的按钮分配侦听器,按钮命名为 playButton。

事件侦听器调用函数 startGame,它向时间轴发布 gotoAndStop 命令,使影片播放并停留在名为 playGame 的帧,即第 2 帧。

同时,在第 1 帧上放置 stop 命令,影片播放第 1 帧并停留在第 1 帧,等待用户单击 playButton 按钮。

```
playButton.addEventListener(MouseEvent.CLICK,startGame);

function startGame(event:MouseEvent) {
    gotoAndStop("playgame");
}

stop();
```

第 2 帧上为一个空影片剪辑 MatchingGameObject7。将影片的类文件重命名为 MatchingGame-Object7.as,使其被该影片剪辑调用而不是被整个影片调用。

说明

在 Library 面板的上方菜单选择 New Symbol(新元件),创建一个空影片剪辑。为元件命名,并将元件类型选为影片剪辑,设置其属性。然后,将影片剪辑从库中拖曳至舞台。将其放置在屏幕左上角,即与舞台(0,0)处位置重合。

我们需要稍微对代码作些改动。当游戏结束时,代码与主时间轴存在关联。目前游戏影片剪辑中的 gotoAndStop 命令不会被正常执行,因为游戏代码已经封装至影片剪辑中,而 gameover 帧位于主时间轴。我们要将代码作如下修改:

```
MovieClip(root).gotoAndStop("gameover");
```

说明

你也许认为可以简单的写成 root.gotoAndStop("gameover")。的确,root 即代表主时间轴,影片剪辑的父对象。但是,严格的 ActionScript 编译器并不认可这种写法。gotoAndStop 命令只能应用于影片剪辑,严格来说,root 也可以为其他对象,如 Sprite(单帧的影片剪辑)。因此,为了确保编译器所编辑的 root 为影片剪辑,我们将 root 放置在 MovieChip() 函数内。

影片中的 gameover 帧暂时与 MatchingGame6.fla 中的内容一致,只显示 Game Over 字样。

MatchingGame7.fla 影片则与之前的 6 个游戏版本略有不同，因为它没有链接文档类。实际上，也并没有 MatchingGame7.fla 文件。游戏的代码已经全部写入 MatchingGameObject7.as 文件中。可以结合图 3-10 看看影片是如何拼合而成，详细了解游戏影片剪辑是如何嵌入影片中的。

3.3.3 添加 Play Again 按钮

在影片的最后一帧上，添加一个允许用户再次进行游戏的按钮。

我们可以简单地将第 1 帧上的按钮复制过来，但不要直接复制粘贴，而是在库中创建按钮的副本，然后将按钮副本的文本改为 Play Again。

gameover 帧应如图 3-12 所示。

图 3-12 游戏结束界面上将带有一个 Play Again 的按钮

第 3 帧上添加此按钮后，在 Property Inspector 面板将其实例命名为 playAgainButton。这样，我们就能为其分配一个侦听器。位于帧上的代码脚本如下所示：

```
playAgainButton.addEventListener(MouseEvent.CLICK,playAgain);

function playAgain(event:MouseEvent) {
    gotoAndStop("playgame");
}
```

测试 MatchingGame7.fla 文件，并观察按钮的实际效果。现在，我们有了一个通用的游戏框架，你可以替换当中游戏介绍和游戏结束界面内容，可以重置游戏而不用担心其他界面会遗留相关的元素和变量。曾经，对于 ActionScript 1.0 和 2.0 来说，这些都是不可忽视的问题，但对于 ActionScript 3.0 框架来说，则不再是个难题。

3.4 添加得分和时间

本章的目的是围绕基本的配对游戏开发一个完整的游戏框架。在休闲游戏中，得分和计时器是两个很常见的游戏元素。尽管配对游戏概念中并不需要这两个元素，但我们仍然把它们加入游戏，使游戏的功能尽可能全面。

3.4.1　添加得分

首先要解决的问题是，游戏中如何计算得分。这并没有确切的答案。但是，成功找到一对应该加分，失败则扣分。由于玩家失败的次数几乎总是大于成功的次数，所以奖励的分数要大于所扣的分数。比较好的做法是，成功一次奖励 100 分，失败一次则扣 5 分。

与其在游戏中进行这些复杂的计算，还不如在类的开头部分将这些值存储为常量：

```
private static const pointsForMatch:int = 100;
private static const pointsForMiss:int = -5;
```

现在，我们需要一个文本字段来显示分数。根据第 2 章所述方法，创建一个文本字段还是比较简单的。首先，在类变量列表下方声明一个新的 TextField（文本字段）对象。

```
private var gameScoreField:TextField;
```

然后，创建并添加文本字段：

```
gameScoreField = new TextField();
addChild(gameScoreField);
```

注意，为添加文本字段，我们还需要在类文件的上方导入 text 类库。在类的顶部添加如下代码：

```
import flash.text.*;
```

我们还可以如第 2 章所述那样，将文本字段格式化，创建一个更漂亮的文本字段。不过，我们暂时不这么做。

分数本身是一个简单的整型变量，将其命名为 gameScore。在当前类的开头部分声明分数变量：

```
private var gameScore:int;
```

然后，在构造函数中将其值设为 0：

```
gameScore = 0;
```

另外，可以直接在文本字段内显示分数：

```
gameScoreField.text = "Score: "+String(gameScore);
```

然而，我们意识到，游戏进行过程中，我们要多次在代码中设置 gameScoreField 的文本内容。第一次是在构造函数内，第二次是随着游戏的进行，分数不断变化后设置其文本内容。与其将上面那行代码复制粘贴在两个地方，不如将其放在一个函数内。然后，在需要用到这行代码来刷新分数的时候调用函数即可。

```
public function showGameScore() {
    gameScoreField.text = "Score: "+String(gameScore);
}
```

遇到两种情况我们需要改变分数的值。第一种情况是，在我们检查游戏是否结束之前；成功匹配一对：

```
gameScore += pointsForMatch;
```

然后，在 if 语句内添加一个 else 子句，若没有匹配成功，则扣除部分分数：

```
gameScore += pointsForMiss;
```

以下是关于这部分的完整代码，你可以从中看到以上两行代码的位置：

```
//比较两张卡片
if (firstCard.cardface == secondCard.cardface) {
    //移除成功的配对
    removeChild(firstCard);
    removeChild(secondCard);
    //重新选择
    firstCard = null;
    secondCard = null;
    //增加分数
    gameScore += pointsForMatch;
    showGameScore();
    //检测游戏是否结束
    cardsLeft -= 2; //卡片减少两张
    if (cardsLeft == 0) {
        MovieClip(root).gotoAndStop("gameover");
    }
} else {
    gameScore += pointsForMiss;
    showGameScore();
}
```

注意，增加分数我们用了+=表达式，计算减法也如此。因为，pointForMiss 的值设为-5，加上-5 与减去 5 是一样的。

同时，分数每发生一次变化就调用一次 showGameScore()函数。这样，可以确保用户随时了解最新的分数情况，如图 3-13 所示。

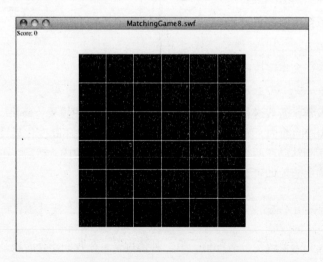

图 3-13 分数显示在屏幕的左上角，采用默认的字体和样式

说明

从影片文件 MatchingGame7.fla 到 MatchingGame8.fla，我们要做的不仅仅是替换文件名称。还要在影片中将影片剪辑 MatchingGameObject7 的名称和调用类名改为 MatchingGameObject8。只修改影片剪辑的名称，而忘记修改调用类文件的名称是很容易犯的错误。

当然，还要将 ActionScript 文件名改为 MatchingGame8.as，并改变 ActionScript 文件的类名和构造函数名。

对于本章后面所提到的配对游戏的其他版本，我们也要如此操作。

可以在 MatchingGame8.fla 和 MatchingGame8.as 中查看上述代码的实际效果。

3.4.2 添加时间

为游戏添加计时器比添加分数稍微复杂一点。首先，分数只需在卡片进行比较时才更新一次，而计时器则必须不断更新。

添加时间，我们需要用到 getTimer()函数，它返回自 Flash 影片播放开始的毫秒数。getTimer()是一个特定的函数，所以我们要在程序的顶部导入特定的 Flash 类：

```
import flash.utils.getTimer;
```

说明

getTimer()函数计算自 Flash 影片播放开始的毫秒数。但是，这个原始的时间数值对我们来说并没有帮助，因为用户并不是在游戏出现在屏幕上时就立即开始游戏。不过，如果我们通过 getTimer()分段计算时间，然后用后一次的时间减去上一次的时间，就可以得到游戏运行时长。我们可以这么做：记录用户按下 Play 按钮的时间，然后用当前时间减去这个时间，得到游戏运行时长。

现在，我们需要一些新的变量。其中一个用来记录游戏开始的时间。这样，用当前时间数减去游戏开始的时间就得到玩家玩游戏的时间。同样，将游戏所花时间存储在一个变量内：

```
private var gameStartTime:uint;
private var gameTime:uint;
```

再定义一个文本字段，以在播放器中显示时间：

```
private var gameTimeField:TextField;
```

在构造函数内添加一个新的文本字段，用来显示时间。然后，将其放置在屏幕的右边，这样就不会与显示分数的区域重叠：

```
gameTimeField = new TextField();
gameTimeField.x = 450;
addChild(gameTimeField);
```

完成构造函数之前，先设置 gameStartTime 变量。将 gameTime 的值也设为 0：

```
gameStartTime = getTimer();
gameTime = 0;
```

接下来，实现游戏时间的不断更新。由于时间是在不停改变的，所以我们不用等用户作出行为动作后再显示时间。

实现游戏时间不断更新的一种方法是，创建一个 Timer 对象，正如第 2 章所讲述的那样。但是，时间是按一定时间间隔来更新，只有时间更新的频率足够快，玩家才能准确地判断他们所用掉的时间。

除了使用 Timer，我们还可以通过 ENTER_FRAME 事件来触发一个函数进行时间的更新。默认的 Flash 影片中，每秒可以触发 12 次时间更新函数，这个频率已经足够了：

```
addEventListener(Event.ENTER_FRAME,showTime);
```

接下来完成 showTime 函数。它基于 getTimer() 和 gameStartTime 的值来计算当前的时间。然后将时间显示在文本字段中：

```
public function showTime(event:Event) {
    gameTime = getTimer()-gameStartTime;
    gameTimeField.text = "Time: "+gameTime;
}
```

如图 3-14 所示，屏幕上显示了分数和时间，时间采用了半角冒号和两位数秒数的格式。下面 我们将进一步了解时间的格式设置。

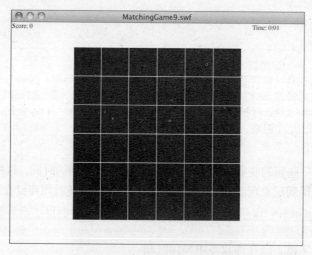

图 3-14 时间显示在屏幕的右上方

3.4.3 显示时间

showTime 函数显示自游戏开始的毫秒数。一般的用户不会关心时间的毫秒数，他们希望如电子表上所看到的那样，以分钟和秒钟的格式显示。

让我们新建一个函数来设置时间的格式。将上述案例中在文本字段内输出最原始 gameTime 的代码替换掉，通过调用一个函数，实现更漂亮的时间格式。

```
gameTimeField.text = "Time: "+clockTime(gameTime);
```

旧代码运行结果将如下显示：

```
Time: 123726
```

替换后，新代码运行得出如下结果：

```
Time: 2:03
```

clockTime 函数将把原始的毫秒数时间转换为以分钟秒钟显示的时间。另外，使用冒号（:）来完成格式化，并确保秒钟数目少于 10 时，秒数前会有一个 0。

首先，在函数内用总毫秒数除以 1000 得出秒数，再除以 60 得出分钟数。

然后，用秒数减去得出的分钟数。例如，如果有 123 秒，即意味着有 2 分钟，然后用 123 减去 2×60 得到 3 秒。于是，123 秒即 2 分又 3 秒。

```
public function clockTime(ms:int) {
    var seconds:int = Math.floor(ms/1000);
    var minutes:int = Math.floor(seconds/60);
     seconds -= minutes*60;
```

现在，我们有了分钟数和秒钟数，接下来要在它们之间插入一个冒号，并且保持秒钟数为两位数。

这里，我使用了一个技巧。substr 函数可以截取字符串中一定数量的字符。秒钟数是从 0 到 59，在其基础上增加 100，然后会得到 100 到 159 区间的数字。从中截取第 2 位和第 3 位数字，得到一个字符串，即从 00 到 59。ActionScript 中代码如下所示：

```
var timeString:String = minutes+":"+String(seconds+100).substr(1,2);
```

返回字符串的值：

```
    return timeString;
}
```

现在，屏幕上方的时间以电子时间的格式显示，而不再是直接的毫秒数。

3.4.4　游戏结束后显示所得分数和时间

在结束 MatchingGame9.fla 示例之前，让我们在游戏结束界面也显示最新的分数和时间。

由于游戏结束界面位于主时间轴上，而不是位于游戏影片剪辑中，所以这里会有点棘手。要在主时间轴上显示分数和时间，必须将数据从游戏中传递至根层级。

在调用 gotoAndStop 命令从游戏影片剪辑切换至游戏结束界面之前，我们将以下两个变量值传递至根层级：

```
MovieClip(root).gameScore = gameScore;
MovieClip(root).gameTime = clockTime(gameTime);
```

注意，传递的分数变量是原始的分数值，而时间则是调用 clockTime 函数后按分钟和两位秒钟数以冒号隔开的格式显示的字符串。

在根层级上，我们需要定义两个新的变量来接收数据，使用与游戏变量相同的名称：gameTime 和 gameScore。在第 1 帧上添加如下代码：

```
var gameScore:int;
var gameTime:String;
```

然后，在游戏结束界面，将这两个值显示在两个新文本字段内：

```
showScore.text = "Score: "+String(gameScore);
showTime.text = "Time: "+gameTime;
```

说明

这里为了简化代码，我们直接在文本字段中分别写入"Score:"和"Time:"字符串。但比较专业的做法是，将 Score 和 Time 设为静态文本或图形，文本字段内只显示实际的分数和时间。本示例的最后部分，将 gameScore 转换为字符串是非常有必要的，因为文本字段的 .text 属性必须为字符串。如果强制为 gameScore 变量赋值整型数值，会得到错误信息。

我们不需要通过代码来创建动态文本字段 showScore 和 showTime，通过 Flash 编辑工具可以直接在舞台上完成。如图 3-15 显示了游戏结束界面所显示的效果。

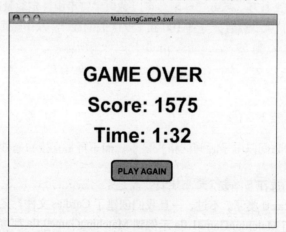

图 3-15   一个更完整的游戏结束界面，显示了最后的得分和时间

说明

由于时间轴上也设置了文本字段，也要确保它们能正确地显示字体。同一个影片中，文本字段都采用了 Arial Bold 字体，库中带有此字体。

现在，MatchingGame9.fla 和 MatchingGameObject9.fla 文件都已完成。目前的游戏有了介绍界面和结束界面。并且会不断记录游戏的得分和所花时间，并显示在游戏结束界面。同时，用户还可以单击按钮重新进行游戏。

接下来，为游戏添加一些多样化的特殊效果，如卡片翻转效果、有限的卡片浏览时间以及声音效果。

3.5 添加游戏效果

仅仅靠炫酷的游戏点子来吸引玩家的眼球的时代已经一去不复返了。现在，我们还要在游戏中添加一些动画触摸效果及声音。

让我们为这个游戏添加一些特殊的效果，使它们看起来更炫。我们不会改变游戏的基本配置，但会让游戏对玩家更有吸引力。

3.5.1 卡片翻转动画

因为我们要对虚拟的卡片做出翻转的动作，所以，我们也要实现翻转的动画效果。你可以在影片剪辑中通过一连串帧动画来实现，但既然在学习 ActionScript，那就用 ActionScript 来实现这个效果。

说明

由于卡片本身的特殊属性，在这里使用时间轴实现效果比 ActionScript 要麻烦许多。你肯定不想为 18 张卡片实现动画，一次就够了。所以，最好将卡片的图像放置在另一个影片剪辑内，然后操作嵌套在 Card 影片剪辑里的图像影片剪辑，而不是直接操作 Card 影片剪辑。然后，Card 影片剪辑包含 2 帧或更多的帧，帧上的影片剪辑以动画序列的形式显示卡片翻转。如果你没有丰富的动画经验，很难想象卡片翻转的逐步动画。

由于动画效果仅仅针对卡片，所以最好将其写入 Card 类中。但是，我们并没有 Card 类。本章的开始部分，我们选择了不使用 Card 类，而是采用默认的 Flash 类。

现在是时候创建 Card 类了。不过，一旦我们创建了 Card.as 文件，文件内的所有 Card 对象就要引用此类文件。而 MatchingGame1.fla 示例到 MatchingGame9.fla 都含有 Card 对象，因此，为了清晰起见，我们只在 MatchingGame10.fla 示例中使用这个 Card 类，改变元件的名称，并引用类 Card10。接着，创建一个名为 Card10.as 的 ActionScript 类文件。

Card10 类会实现卡片的翻转动画效果，而不仅仅切换卡片的正反面。它取代了主类中的所有 gotoAndStop 函数，调用 startFlip 函数。当翻转的动作结束后，仍然会切换到显示卡片图像的那帧。Card10 类会接着创建一些变量、事件侦听器，并通过 10 帧实现卡片动画效果。

```
package {
    import flash.display.*;
```

```
import flash.events.*;

public dynamic class Card10 extends MovieClip {
    private var flipStep:uint;
    private var isFlipping:Boolean = false;
    private var flipToFrame:uint;

    //开始翻转动画,记住翻转到哪帧
    public function startFlip(flipToWhichFrame:uint) {
        isFlipping = true;
        flipStep = 10;
        flipToFrame = flipToWhichFrame;
        this.addEventListener(Event.ENTER_FRAME, flip);
    }

    //10 步完成翻转动画
    public function flip(event:Event) {
        flipStep--; //下一步

        if (flipStep > 5) { //翻转的前半部分
            this.scaleX = .2*(flipStep-6);
        } else { //翻转的后半部分
            this.scaleX = .2*(5-flipStep);
        }

        //进行到翻转动画的中间部分时，跳转至新的一帧
        if (flipStep == 5) {
            gotoAndStop(flipToFrame);
        }

        //翻转完成时，结束动画
        if (flipStep == 0) {
            this.removeEventListener(Event.ENTER_FRAME, flip);
        }
    }
}
```

所以，当调用 startFlip 函数时，flipStep 变量的值设为 10。每完成一步减少一帧。

说明

scaleX 属性会收缩或扩大影片剪辑的宽度。其默认值为 1.0。值为 2.0 时，宽度扩展为原来的 2 倍；值为 0.5 时，宽度为原来的一半。

　　当 flipStep 的值在 10 到 6 之间时，scaleX 的属性设为 .2*(flipStep-6)，那么 scaleX 的属性值为 0.8、0.6、0.4、0.2 和 0。每进行一步影片剪辑就缩小一点。

　　当 flipStep 的值位于 5 到 0 之间时，scaleX 的属性重新设为 .2*(5-flipStep)，即它的值将为 0、0.2、0.4、0.6、0.8 和 1.0，影片最终返回正常大小。

当运行到第 5 步时，卡片将跳至新的一帧。卡片影片剪辑会逐步缩小至没有，然后切换到新的一帧，再逐步放大显示新的图像。

我需要改变一下卡片上图形的摆放位置来完成这个效果。所有之前版本的游戏中，卡片都设置在影片剪辑的左上角。但是，我希望当影片剪辑的 scaleX 值发生改变时，Card 影片是围绕它的中心而缩小的，所以，我们需要将卡片的显示图像的中心在每一帧上与影片剪辑的中心重合。对比 MatchingGame9.fla 和 MatchingGame10.fla 两文件中的游戏，观察它们的区别。图 3-16 展示了影片剪辑编辑时的效果。

图 3-16　左边的图为本章第 9 个游戏示例中，注册点为左上角的影片剪辑；
右边的图为本章最后一个示例中，注册点为图片中心的影片剪辑

最后，移除事件侦听器。

此类还有一个很棒的优点，即当卡片翻回背面，跳转至第 1 帧时，同样运行得很顺利。

查看 MatchingGameObject10.as 文件，所有的 gotoAndStop 命令都被 startFlip 函数替代。这么做不仅仅是创建了一个翻转动画，还能使 Card 类拥有更多的控制权。理想而言，卡片可以通过 Card10.as 实现更多的自我控制，例如，在游戏开始时设置卡片的位置。

3.5.2　有限的卡片浏览时间

关于此游戏，更完善的设想是，让用户有充足的时间记下未匹配成功的卡片，再将卡片翻转。例如，玩家选择了两张卡片，但它们并不匹配，于是保持图像朝上，使玩家可以仔细观察。2 秒钟后，即便玩家还没有开始选择另一对卡片，卡片也会翻转。

我们使用 Timer（计时器）来实现这个功能。通过 Timer，添加这个功能会更简单。开始前，先将 Timer 类导入至主类文件中。

```
import flash.utils.Timer;
```

接着，在类的初始部分创建一个计时器变量：

```
private var flipBackTimer:Timer;
```

之后，我们在 clickCard 函数内添加一些代码，当玩家选择了第二张卡片后，若不匹配，则扣除部分分数。Timer 函数创建一个计时器，2 秒钟后调用一个函数：

```
flipBackTimer = new Timer(2000,1);
flipBackTimer.addEventListener(TimerEvent.TIMER_COMPLETE,returnCards);
flipBackTimer.start();
```

当计时器计时完成后，触发 TimerEvent.TIMER_COMPLETE 事件。通常，Timer 会运行一定次数，每次触发一个 TimerEvent.TIMER 事件。然后，最后一次运行时同时触发 TimerEvent. TIMER_COMPLETE 事件。我们只想在某一时刻触发一个事件，因此我们将 Timer 运行的次数设为 1，然后触发 TimerEvent.TIMER_COMPLETE 事件。

2 秒钟后，调用 returnCards 函数。它是一个全新的函数，与之前 clickCard 函数的后半部分所实现的功能类似。returnCards 函数将把选中的一对卡片翻回背面朝上状态，然后将 firstCard 和 secondCard 的值设为 null，并移除侦听器：

```
public function returnCards(event:TimerEvent) {
    firstCard.startFlip(1);
    secondCard.startFlip(1);
    firstCard = null;
    secondCard = null;
    flipBackTimer.removeEventListener(TimerEvent.TIMER_COMPLETE,returnCards);
}
```

returnCards 函数里的代码是从之前的 clickCard 函数中复制过来的，所以，在 MatchingGameObject10.as 文件中，删除那段复制的代码，改为直接调用 returnCards 函数。这样，我们的代码就只有一个职责，即将一对卡片返回背面朝上状态。

由于 returnCards 函数需要一个事件参数，所以，不管是否有值需要传递，都要向该函数传递一个事件参数。因此，在 clickCard 函数内调用 returnCards 函数时传递空值（null）：

```
returnCards(null);
```

运行影片，翻开两张卡片，然后等待一会，卡片会自动翻回背面。

因为 returnCards 函数内包含了 removeEventListener 命令，所以会移除侦听器，即便 returnCards 函数是由玩家翻其他卡片触发的。不然，当玩家点开一张新卡片时，之前的两张卡片翻回背面，然后 2 秒钟后，再次触发事件，尽管之前的两张牌已经翻回背面了。

3.5.3　声音效果

没有哪个游戏离得开声音。在 ActionScript 3.0 里，添加声音变得相对简单，不过，仍然有不少步骤。

第一步，导入音频。我有 3 个音频文件，并将它们一一导入库中：

FirstCardSound.aiff

MissSound.aiff

MatchSound.aiff

导入音频文件后，对它们的属性作些改变。将它们的元件名以文件名命名，但要删除.aiff 后缀。同时，检查 Export for ActionScript 选项，将它们的类名与元件名设为一致。图 3-17 所示为一个声音文件的属性对话框。

接下来，设置主游戏类，使游戏在恰当的时间播放音效。首先，导入两个类，让我们可以使用音频：

```
import flash.media.Sound;
import flash.media.SoundChannel;
```

然后，创建一些类变量，引用导入的音频文件：

```
var theFirstCardSound:FirstCardSound = new FirstCardSound();
var theMissSound:MissSound = new MissSound();
var theMatchSound:MatchSound = new MatchSound();
```

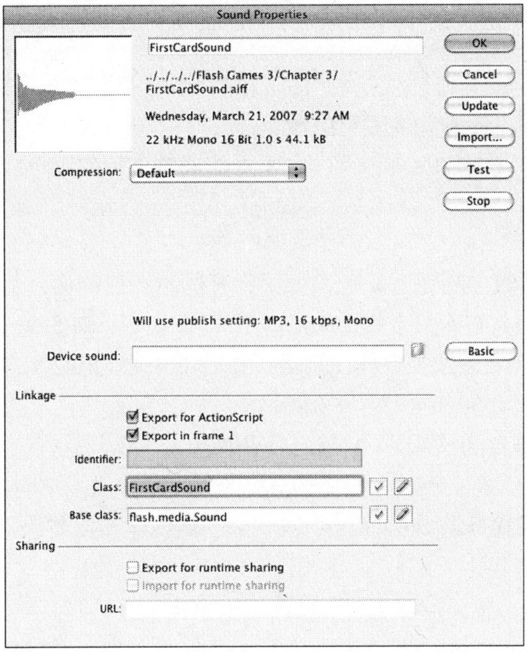

图 3-17　每个音频文件为一个类。ActionScript 代码里，可以通过类名调用和读取音频文件

我喜欢用一个函数完成所有音频的播放。将函数命名为 playSound，并添加在类的最后部分：

```
public function playSound(soundObject:Object) {
    var channel:SoundChannel = soundObject.play();
}
```

当需要播放声音时，我们可以调用 playSound 函数，并赋予声音变量参数，如下所示：

```
playSound(theFirstCardSound);
```

在 MatchingGameObject10.as 示例文件中，当选中第一张卡片和在匹配失败重新选择一张新卡片时，我添加了 playSound(theFirstCardSound) 代码。当点开第二张卡片却未匹配成功时，我添加了 playSound(theMissSound) 代码。当点开第二张卡片配对成功时，添加了 playSound(theMatchSound)。

以上为为游戏添加音效的全部步骤。

说明

此时，你也许希望重新在影片的发布设置里调整声音压缩设置。或者，在每个音频文件的元件属性里设置声音压缩。无论哪种方式，你都希望得到较小的音频文件，如 16 kbps 的 MP3 格式文件，因为都些都是较简单的音效。

3.6　修改游戏

在完成整个游戏之前，还有些地方可以改进。

首先，当我们重新定义卡片的中心时，需要重新调整卡片的水平和垂直偏移量：

```
private static const boardOffsetX:Number = 145;
private static const boardOffsetY:Number = 70;
```

我是如何计算出这些数字的呢？好吧，如果你真的想知道的话，请看下面的具体方法。

❏ 舞台宽 550 像素。共有 6 张卡片，每张占用 52 像素宽。则 550－6×52 就是左右空余的总空间。除以 2 得到右边所空空间。但是，卡片的中心为(0, 0)，所以，再减去卡片的一半宽度即 26。因此，(550－6×52)/2－26=145。

❏ 同样，垂直的偏移量为（400－6×52）/2－26=70。

另一个需要改进的为光标。当玩家准备点击一张卡片时，光标并不会表示"这个是可以单击的"意思。不过，只要设置每张卡片的 buttonMode 属性就可以解决这个问题：

```
c.buttonMode = true;
```

现在，当玩家将鼠标放置在卡片上时，得到一个手指形状的光标。当放置在 Play 按钮和 Play Again 按钮上时，同样出现手指光标，因为它们均为 Button（按钮）类型的元件。

最后一点要改进的地方是帧频，将默认的 12 帧/秒改为 60 帧/秒。你可以通过选择 Modify（修改）→Document（文档）来修改文档属性。

帧频设在 60 帧/秒时，影片运行得更流畅。有了超快的 ActionScript 3.0 引擎后，即便游戏运行在很慢的机器上，也可以以很高的帧频运转。

以下构成了最终版本的配对游戏：

MatchingGame10.fla

MatchingGameObject10.as

Card10.as

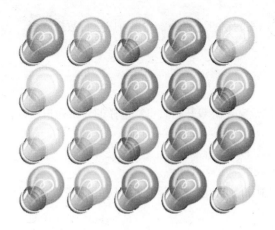

脑力游戏：记忆和推理

本章内容

❑ 数组和数据对象
❑ 记忆游戏
❑ 推理游戏

前一章，我们学习了单层次游戏面板的游戏，即清除完游戏面板上所有元素后，游戏结束。然而，许多游戏要远远多于一个层次。这些游戏通常会推出一种情景交由玩家处理，当玩家作出处理后，进入下一层情景。你可以将这类游戏看作回合制游戏。

本章中，我们将学习两款这类游戏：记忆和推理。第一款游戏要求玩家观察并重现一组序列。每过一轮，序列会加长，直到玩家无法继续。第二款游戏要求玩家猜出序列，玩家要总结每轮的规律然后快速地完成序列的推理。

如此一来，上一章所采用的单层次结构就不再适用了。这里，我们要采用数组和数据对象来存储游戏信息，并通过这些数据对象来确定玩家每轮游戏的结果。

4.1　数组和数据对象

本章所要创建的游戏要求存储有关游戏和玩家动作的信息。我们可以通过计算机科学家所称的"数据结构"来实现数据存储。

数据结构是信息存储的方式。最简单的数据结构为数组，它以信息列表的方式存储数据。另外，ActionScript 还含有数据对象，能用来存储带有标签的信息。另外，你也可以进行数据嵌套，用数组存储数据对象。

4.1.1　数组

数组即一系列数值的列表。例如，如果需要存储玩家在游戏开始时可能选择的一系列角色，我们可以按如下方式以列表形式进行存储：

```
var characterTypes:Array = new Array();
characterTypes = ["Warrior", "Rogue", "Wizard", "Cleric"];
```

也可以通过 push 命令为数组添加元素。以下代码得到如上同样的结果：

```
var characterTypes:Array = new Array();
characterTypes.push("Warrior");
characterTypes.push("Rogue");
characterTypes.push("Wizard");
characterTypes.push("Cleric");
```

以上例子中，我们创建的是字符串数组。然而，数组可以存储任何类型的值，如数字或显示对象（如 Sprite 和影片剪辑）。

说明

数组不仅可以存储任何类型的值，也可以混合存储多种类型的值。例如，你可以创建这样一组数组：[7, "Hello"]。

游戏中，常见的用法是采用数组来存储影片剪辑和 Sprite。例如，第 3 章中我们创建了一组配对卡片。为了方便数据调用，我们在数组内存储了每张卡片的引用。

如果要创建 10 张卡片，可以如下创建数组：

```
var cards:Array = new Array();
for(var i:uint=0;i<10;i++) {
    var thisCard:Card = new Card();
    cards.push(thisCard);
}
```

将游戏元素放入数组中有很多好处。例如，可以方便地通过循环遍历数组来检测配对或碰撞情况。

说明

也可以嵌套数组，得到数组的数组。这种数据形式对于像第 3 章那类游戏元素的存储会比较有帮助。例如，一个井字游戏棋盘可以表示为 [["X","O","O"], ["O","X","O"], ["X","O","X"]]。

可以向数组内添加新元素，从数组中移除元素，排序及查找数组中的元素。表 4-1 列出了常见的数组函数。

表 4-1 常见数组函数

函 数	例 子	描 述
push	myArray.push("Wizard")	添加一个元素至数组的末端
pop	myArray.pop()	删除数组中最后一个元素，并返回该元素的值
unshift	myArray.unshift("Wizard")	添加一个元素至数组的开始处
shift	myArray.shift("Wizard")	删除数组的第一个元素，并返回该元素的值
splice	myArray.splice(7,2,"Wizard","Bard")	删除数组中指定位置的元素，并在该处添加新元素
indexof	myArray.indexOf("Rogue")	返回元素所在的位置，未找到则返回-1
sort	myArray.sort()	排序数组

数组是游戏中常见且不可缺少的数据结构。事实上，本节的其他数据结构通过数组将单个数据元素添加至数据元素列表。

4.1.2 数据对象

数组可以很好地存储独立数据。但当需要组合数据时该如何处理呢？假设在冒险游戏中你需要将角色类型、等级及健康度等数据记录在一起。举例来说，屏幕上有名战士，等级为 15，健康度从 0.0 至 1.0。你可以使用一个数据对象来存储这 3 个游戏元素的信息。

说明

在其他编程语言中，数据对象与联合数组是等同的。与数据对象一样，联合数组也是包含标签（也称为"键"）和数值的元素列表。可以在 ActionScript 中使用常规数组，但它并不像数据对象那样通用。

通过定义变量类型为 Object 来创建数据对象。接着，通过点语法为数据对象添加属性：

```
var theCharacter:Object = new Object();
theCharacter.charType = "Warrior";
theCharacter.charLevel = 15;
theCharacter.charHealth = 0.8;
```

也可以通过以下方式创建变量：

```
var theCharacter:Object = {charType: "Warrior", charLevel: 15, charHealth: 0.8};
```

对象是动态的，意味着你可以随时为它添加任意类型的属性。不需要在对象内声明变量，只需要如上例那样，直接为它分配值。

说明

ActionScript 中的数据对象与其他普通对象没有太大差异。事实上，你甚至可以为数据对象分配一个函数。例如，某对象有两个属性 firstname 和 lastname，你可以创建一个 fullname()函数来返回 firstname+" "+lastname 的值。

数据对象和数组可以很好地协作，例如，你可以在这里创建一个角色数组。

4.1.3　数据对象数组

从现在起，我们将在之后的每一款游戏中采用数据对象数组来记录游戏元素。我们可以存储 Sprite 或影片剪辑，以及它们的相关数据。

例如，数据对象可以按如下方式设置：

```
var thisCard:Object = new Object();
thisCard.cardobject = new Card();
thisCard.cardface = 7;
thisCard.cardrow = 4;
thisCard.cardcolumn = 2;
```

现在，想象一个存储如上对象的数组。在第 3 章的配对游戏中，我们可以将所有的卡片以数据对象形式存储。

或者，想象一个电子游戏（如街机游戏）屏幕上的整个元素集。对象数组会存储每个元素的相关信息，如速度、行为、方位等。

说明

还有一种对象类型为 Dictionary（字典）。字典可以像对象那样使用，除此之外，键值可以为任何类型的值，如 Sprite、影片剪辑及其他对象。

除极为简单的游戏外，数据结构（如数组和数据对象）对于所有游戏来说都是非常重要的。现在，让我们通过数据结构来实现两个完整的例子。

4.2　记忆游戏

源文件

http://flashgameu.com

A3GPU204_MemoryGame.zip

记忆游戏也是一种老少咸宜的简单游戏，但与配对游戏大不相同，它对玩家没有什么技巧要求。

记忆游戏会呈现一个图像或声音的序列，然后玩家试着重复这组图像或声音出现的顺序。通常，序列从一个元素开始，然后每轮增加一个元素。因此，玩家第一轮需要重复一个元素，然后两个、三个，每轮增加一个。例如，先是 A，再是 AD，然后 ADCB，再然后 ADCBD，依次下去。最终，序列会变得太长，玩家犯错，游戏结束。

说明

恐怕最出名的记忆游戏要算 1978 年由 Ralph Baer 创造的手持电子玩具 Simon 了。Ralph Baer 被视为电脑游戏之父之一，他创建了最初的 Magnavox Odyssey——第一台家庭游戏主机。2005 年，他被授予了 National Medal of Technology（美国国家技术奖），以表彰他为建立电子游戏产业所作的贡献。

4.2.1 准备影片

在 ActionScript 3.0 模式下，所有的游戏元素都是由代码所创建的。这意味着影片会有一个空白主时间轴，而不会有一个空白库。库中至少要有游戏片断所需的影片剪辑，本例子中为 Light（灯）影片剪辑。

我们有 5 盏灯，都存储在一个影片剪辑中。另外，还需要灯的两种状态：开和关。

图 4-1 所示的 Light 影片剪辑共有两帧，均包含了另一个影片剪辑 LighColors。Light 影片剪辑第 1 帧的 Shade 图层上，LightColors 影片剪辑的上方添加了一层遮罩，使其颜色减淡。黑色遮罩层的透明度设为 75%，即下方图层只透出 25% 的颜色。第 1 帧上影片剪辑以其暗淡的颜色代表灯的关闭状态。第 2 帧上遮罩层消失，代表灯的开启状态。

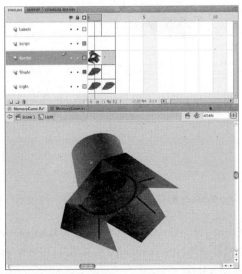

图 4-1　Light 影片剪辑共有两帧：关和开。这里的剪辑以预览模式
呈现，你可以从时间轴右边的下拉菜单中打开预览模式

说明

创建游戏元素（如灯）的方法，并没有对错之分。可以用一个影片剪辑来表示每一种灯或灯的每一种状态。或者，也可以在时间轴的10帧上放置10种灯（5盏灯，每盏灯有2种状态）。有时，这只是个人品味不同的问题而已。如果你是一名程序员，与一位动画师共同开发游戏，那么，这就是与动画师所设计图形进行协作的问题。

LightColors影片剪辑包含5帧，每一帧呈现不同的颜色。LightColors如图4-2所示。

LightColors影片剪辑的元件名为lightColors，首字母为小写的l。要改变灯的颜色，只需要通过`lightColors.gotoAndStop`命令改变影片剪辑执行的帧即可。

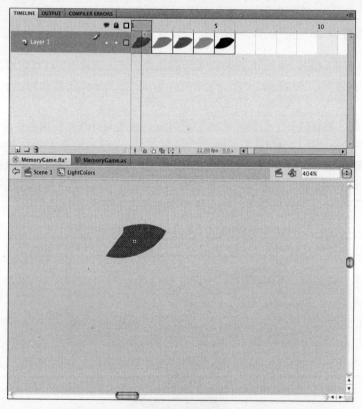

图4-2   LightColors影片剪辑的时间轴上每一帧显示一种颜色

将影片命名为MemoryGame.fla，ActionScript文件命名为MemoryGame.as。这意味着，要像第3章的配对游戏中所做的那样，在影片的Property Inspector（属性检查器）面板中定义`Document`类为`MemoryGame`。

4.2.2 编程策略

起先影片内空白一片，之后所有的元素都由 ActionScript 代码创建。因此，首先要创建 5 盏灯，为每盏灯设定一个颜色。接着，创建两个文本字段，一个用来提示玩家当前是要观察序列还是重复序列，另一个用来显示当前序列中灯的数量。

说明

用两个文本字段向玩家显示游戏信息的方式有很多种。例如，序列中的元素个数可以显示在一旁的圆圈方框里。文本 Watch and Listen（注意观察并听）和 Repeat（重复）可以以类似红绿灯的颜色标志来代替。使用文本字段是相对简单的方法，可以不用担心元素设计，只需要专注于游戏的逻辑代码。

Light 影片剪辑都存储在一个数组中。因为有 5 盏灯，所以数组中有 5 个元素。当我们需要关灯或开灯时，可以很方便地从数组中引用并操作灯的影片剪辑。

同样，将灯亮的序列也存储于数组中。数组初始状态下，元素为空，之后每一轮为其添加一盏随机的灯。

当播放完毕一组灯亮的序列后，复制这组序列。然后，玩家在重复序列时，每单击一次，从数组的前端移除一个元素。如果这个将要移除的元素与所单击的元素相符，则表示玩家选择正确。

此游戏中，我们还要用到 Timer 对象。重复序列时，计时器每秒调用一个函数来点亮一盏灯。然后，半秒过后，再调用函数关闭灯。

4.2.3 类定义

MemoryGame.as 文件包含此游戏的代码。切记设置属性检查器中的文档类将此文件链接至 MemroyGame.fla。

开始编写代码前，先声明包和类。我们要导入一个新的 Flash 类。flash.display.* 类用来显示影片剪辑，此外还需要 flash.events.* 类来处理鼠标单击事件，flash.text.* 类来显示文本内容，以及 flash.utils.Timer 类来调用计时器。flash.media.Sound 和 flash.media.SoundChannel 类用来播放开关灯的声音。因此，还需要 flash.net.URLRequest 类来导入外部音频文件。

```
package {
    import flash.display.*;
    import flash.events.*;
    import flash.text.*;
    import flash.utils.Timer;
    import flash.media.Sound;
    import flash.media.SoundChannel;
    import flash.net.URLRequest;
```

> **说明**
>
> 我是如何知道这些在顶部导入的类的名称的呢？很简单，我是从 Flash 帮助页面中查到的。例如，在查找使用文本字段需要什么类时，我搜索了 TextField，然后它的定义页面上显示需要 flash.text.* 类。实际上，我通常不会在文档页面上了解类的定义，而是直接跳到页面的底部查看代码示例。通过导入命令可以很快地找到所需的类。

类的定义还包含许多变量声明。游戏中我们所使用的唯一常量是灯的数量（本例中为 5）。

```
public class MemoryGame extends Sprite {
    static const numLights:uint = 5;
```

我们有 3 个主要的数组：一个用来存储对 5 个 Light 影片剪辑的引用，两个用来存储灯的序列。playOrder 数组会每轮增加一个元素。当用户重复序列时，repeatOrder 数组作为 playOrder 数组的备份。它的元素会随着玩家单击灯并对序列中每盏灯进行比较而递减。

```
private var lights:Array; //灯对象列表
private var playOrder:Array; //增长中的序列
private var repeatOrder:Array;
```

我们需要两个文本字段：一个用来在屏幕的上方向玩家输出信息，另一个在屏幕的底部显示当前序列的长度。

```
//文本信息
private var textMessage:TextField;
private var textScore:TextField;
```

游戏中使用两个计时器：第一个计时器将序列中每个正在播放的灯点亮；第二个计时器在半秒过后关闭灯。

```
//计时器
private var lightTimer:Timer;
private var offTimer:Timer;
```

还需要些其他变量（如 gameMode）来存储 Play 或 replay，该变量的值取决于玩家是在观察序列还是想要重复序列。变量 currentSelection 存储对 Light 影片剪辑的引用。soundList 数组存储对灯播放时 5 种声音的引用：

```
var gameMode:String; //播放还是重复
var currentSelection:MovieClip = null;
var soundList:Array = new Array(); //存储音频
```

以上都是我们需要记录的变量。我们还可以用常量来定义文本和灯的位置，但是在这里，我们采用"硬编码"的方式将它们的位置定好，以重点学习如何编写代码。

4.2.4　设置文本、灯和音频

构造函数 MemoryGame 会在类初始化时立即运行。通过构造函数进行游戏界面初始化及音频文件加载。图 4-3 所示为游戏的开始界面。

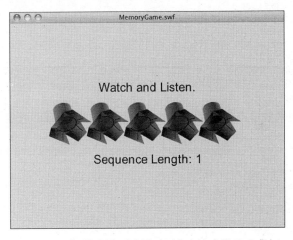

图 4-3　记忆游戏界面放置了两个文本字段及 5 盏灯

1. 添加文本

创建文本字段之前，首先要创建一个临时的 TextFormat 对象，用来定义文本的样式。创建文本字段时，使用该临时对象来定义文本样式，之后则用不到它了。由此，我们不需要在主类中定义 textFormat 变量（注意，首字母为小写的 t），在函数中定义即可：

```
public function MemoryGame() {
    //文本格式化

    var textFormat = new TextFormat();
    textFormat.font = "Arial";
    textFormat.size = 24;
    textFormat.align = "center";
```

上方的文本字段元件名为 textMessage，用来提示玩家当前是要仔细观察序列还是需要重复序列。

我们将此文本字段放在屏幕的上方。文本字段的宽为 550 像素，与屏幕等宽。由于 textFormat.align 属性被设为"center"，并且文本字段与屏幕等宽，所以文本会居中显示。

另外，还要将文本字段的 selectable 属性设为 false，不然，鼠标移至文本上方时会变成文本选择光标。

说明

忘记将文本字段的 selectable 属性设为 false 是很常见的失误。selectable 的值默认为 true，即鼠标移至文本上方时，光标会切换为编辑光标。这种情况下，玩家可能会（不小心）选中文本，而更为严重的是，单击文本下方的对象将变得很困难。

最后，将文本字段的 defaultTextFormat 属性的值设为 textFormat 对象，从而定义文本字段的字体、大小和文本对齐。

```
//创建上方的文本字段
textMessage = new TextField();
textMessage.width = 550;
textMessage.y = 110;
textMessage.selectable = false;
textMessage.defaultTextFormat = textFormat;
addChild(textMessage);
```

第二个文本字段用来显示当前序列的长度，帮助玩家把握游戏的进度。它被放置在屏幕的下方：

```
//创建下方的文本字段
textScore = new TextField();
textScore.width = 550;
textScore.y = 250;
textScore.selectable = false;
textScore.defaultTextFormat = textFormat;
addChild(textScore);
```

2. 加载音频

接下来，我们需要加载音频文件。在第 3 章中，我们使用影片的库中的音频文件。ActionScript 3.0 并没有提供使用音频文件的通用途径，因为库中的每一个音频文件都要作为对象引用。因此，使用 5 种声音（note1~note5）意味着需要 5 个独立的对象，并由不同的代码引用。

不过，ActionScript 3.0 拥有非常强健的命令集来播放外部音频文件。我们将在这个游戏中用到。为此，先将 5 个音频文件（note1.mp3~note5.mp3）加载至一个音频数组。

说明

Flash 保持外部音频文件为 MP3 格式。此格式的优点是，你可以通过音频编辑软件控制文件的大小和质量。你可以在需要缩短加载时间时创建体积小、音质低的音频文件，或在需要时创建体积大、音质高的音频文件。

```
//加载音频
soundList = new Array();
for(var i:uint=1;i<=5;i++) {
    var thisSound:Sound = new Sound();
    var req:URLRequest = new URLRequest("note"+i+".mp3");
    thisSound.load(req);
    soundList.push(thisSound);
}
```

说明

URLRequest 函数中的"note"+i+".mp3"语句会生成如"note1.mp3"的字符串。符号+可以将字符串和其他元素组合起来形成一个长字符串。语句运行的结果为字符串"note"连接变量 i 的值再连上字符串".mp3"。

3. 添加 Light 影片剪辑

现在，我们有了文本字段及声音，剩下最主要的是在屏幕中添加游戏元素——灯。创建 5 个 Light 影片剪辑并将它们间隔排列在屏幕中央。对于每一个 Light 对象，将其内部的 lightColors 影片设置在不同的帧，从而每个影片剪辑都具有不同的颜色。

与使用 addChild 命令将影片剪辑添加至舞台的用法类似，我们将影片剪辑添加至 lights 数组以备后续引用。addEventListener 命令通过调用 clickLight 函数使影片对鼠标单击事件作出响应。此外，设置影片剪辑的 buttonMode 属性，使光标移至元件上方时显示为手指图形。

```
//创建灯
lights = new Array();
for(i=0;i<numLights;i++) {
    var thisLight:Light = new Light();
    thisLight.lightColors.gotoAndStop(i+1); //显示适合的帧
    thisLight.x = i*75+100; //设置方位
    thisLight.y = 175;
    thisLight.lightNum = i; //记录灯的数量
    lights.push(thisLight); //添加至灯的数组
    addChild(thisLight); //添加至舞台
    thisLight.addEventListener(MouseEvent.CLICK,clickLight);
    thisLight.buttonMode = true;
}
```

至此，所有的屏幕元素都已创建完毕。现在可以开始游戏。将 playOrder 设置为新数组，给 gameMode 赋值 "play"，然后调用 nextTurn 函数开始第一轮序列。

```
//重置序列，进行第一轮
playOrder = new Array();
gameMode = "play";
nextTurn();
}
```

4.2.5 播放序列

nextTurn 函数用来启动每一轮序列的播放。该函数随机添加一盏灯至序列中，然后将屏幕上方的文本内容设为 Watch and Listen，接着启动显示序列的 lightTimer 计时器。

```
//在序列中添加一盏灯并开始游戏
public function nextTurn() {
    //为序列添加新的一盏灯
    var r:uint = Math.floor(Math.random()*numLights);
    playOrder.push(r);

    //显示文本内容
    textMessage.text = "Watch and Listen.";
    textScore.text = "Sequence Length: "+playOrder.length;

    //设置计时器以显示序列
    lightTimer = new Timer(1000,playOrder.length+1);
    lightTimer.addEventListener(TimerEvent.TIMER,lightSequence);

    //启动计时器
    gameMade="paly";
    lightTimer.start();
}
```

说明

计时器中定义了两个参数：第一个为 Timer 事件之间的毫秒数；第二个为事件应该生成的次数。如果没有设置第二个参数，计时器会一直运行直到我们停止它。但是在此示例中，启动计时器后，我们希望设定它的运行次数。

当序列开始播放时，每秒调用一次lightSequence函数。event作为参数传入，它的currentTarget属性即为Timer。Timer对象的currentCount值返回计时器执行的次数，我们将其值保存至playStep变量中。通过此变量可以确定在显示序列中显示哪盏灯。

light Sequence 函数通过检测变量 playStep 的值来判断计时器是否运行到最后一次。如果是，则不再显示灯，开始这一轮的后半轮游戏，即玩家重复之前序列：

```
//在序列中播放后续的内容
public function lightSequence(event:TimerEvent) {
    //我们在序列中的位置
    var playStep:uint = event.currentTarget.currentCount-1;

    if (playStep < playOrder.length) { //非计时器最后一次运行
        lightOn(playOrder[playStep]);
    } else { //结束序列
        startPlayerRepeat();
    }
}
```

4.2.6 开关灯

当玩家开始重复序列时，将文本消息框的内容设为 Repeat，gameMode 设为"replay"。然后，复制 playOrder 列表：

```
//玩家开始重现序列
public function startPlayerRepeat() {
    currentSelection = null;
    textMessage.text = "Repeat.";
    gameMode = "replay";
    repeatOrder = playOrder.concat();
}
```

说明

我们用 concat（合并多个数组）函数来复制数组。尽管看起来是从多个数组中创建一个新数组，但它的用法与根据一个数组创建出另一新数组是一样的。为什么我们不直接创建一个新数组，然后设置它等于需要复制的数组呢？因为如果我们设置两个数组相等，它们从表面看是相同的数组。但改变一个数组时，会同时改变另一个。我们所需要的是一个数组的副本，改变副本不会导致原始数组也改变。concat 函数就可以帮助我们完成这个过程。

接下来的两个函数用来开灯和关灯。将灯的数量传递至函数中。开灯就是通过gotoAndStop(2)命令转到Light影片剪辑的第2帧，该帧上没有绘制覆盖灯的阴影。

说明

如果不使用帧数1和2，我们也可以在帧上写入标签on或off，然后使用帧标签名进行调转。这么做，对于一个影片剪辑存在多种模式的情况会比较有帮助。

另外，播放与灯相关的声音，我们采用对soundList数组中音频的引用。

lightOn函数还创建并启动offTimer。它只会在灯开启500毫秒后触发一次。

```
//开启灯并设置计时器来关闭它
public function lightOn(newLight) {
    soundList[newLight].play(); //播放音频
    currentSelection = lights[newLight];
    currentSelection.gotoAndStop(2); //开启灯
    offTimer = new Timer(500,1); //记得关闭灯
    offTimer.addEventListener(TimerEvent.TIMER_COMPLETE,lightOff);
    offTimer.start();
}
```

接着，lightOff函数将当前Light影片剪辑返回到第1帧。这时，在currentSelection中存储对Light影片剪辑的引用的好处就体现出来了。

函数还会告诉offTimer停止计时。既然offTimer只触发一次，那为什么还要这么做呢？这是因为，offTimer虽然只触发一次，但LightOff函数可能被调用两次。例如，玩家重复序列时，快速按下灯，以至于在500毫秒以内就关闭了灯。这种情况下，lightOff会因鼠标单击而调用一次，然后当lightOff计时结束后再调用一次。但是，使用offTimer.Stop()命令可以防止lightOff的二次调用：

```
//如果灯还亮着就关闭它
public function lightOff(event:TimerEvent) {
    if (currentSelection != null) {
        currentSelection.gotoAndStop(1);
        currentSelection = null;
        offTimer.stop();
    }
}
```

4.2.7 接收并检查玩家输入

游戏还需要最后一个函数，即重复序列时，玩家单击Light影片剪辑所要调用的函数。

首先，检查gameMode，确保playMode的值为"replay"。如果不是，玩家则不应单击灯，而要通过return命令跳出函数。

说明

尽管 return 命令通常用来返回函数中的值，但它也可以终止没有任何值要返回的函数。这种情况下，只写入 return 一个单词即可。但是，如果函数有值需要返回，则 return 后面要跟需要返回的值。

假设当前为 replay 状态，调用 lightOff 函数来关闭之前还未关闭的灯。

接着，进行比较。repeatOrder 数组存储 playOrder 数组的备份。通过 shift 命令移除 repeatOrder 数组的第一个元素，并将其与被单击灯的 lightNum 属性进行对比。

说明

切记，shift 命令移除数组前段的元素，而 pop 移除数组末端的元素。如果你只是想测试一下数组中的第一个元素而非移除它，可以使用 myArray[0]。同样，可以通过 myArray[myArray.length-1] 查看数组中的最后一个元素。

如果数值相匹配，则开启这盏灯。

随着 repeatOrder 数组中的元素被不断地从前端移除并进行比较，该数组的长度变得越来越短。当 repeatOrder.length 的值为 0 时，调用 nextTurn 函数，新的一轮开始，同时序列元素增加。

如果玩家选错了灯，文本消息框会显示游戏结束，然后改变 gameMode 的值，不再响应鼠标单击：

```
//接收灯上鼠标单击事件
public function clickLight(event:MouseEvent) {
    //播放序列时阻止鼠标单击
    if (gameMode != "replay") return;

    //如果灯没有自动关闭的话，关闭它
    lightOff(null);

    //正确配对
    if (event.currentTarget.lightNum == repeatOrder.shift()) {
        lightOn(event.currentTarget.lightNum);

        //检查序列是否结束
        if (repeatOrder.length == 0) {
            nextTurn();
        }

    //检测出选错了灯
    } else {
        textMessage.text = "Game Over!";
        gameMode = "gameover";
    }
}
```

实际上，其他代码不会用到 gameMode 的"gameOver"值，因为它的值不为"repeat"。不过，这里灯不会响应鼠标单击事件，而这正是我们所希望的。

最后是闭合类和包结构的大括号。每个 AS 包文件都要用大括号括住，不然游戏无法编译。

4.2.8 修改游戏

在第 3 章开始部分，游戏运行在主时间轴上，与本章中的示例类似；而在结尾部分，游戏被放入到一个影片剪辑中，主时间轴则用来处理游戏介绍和结束画面。

这里，我们也可以这么做。或者，也可以将函数 MemoryGame 重命名为 startGame。这样，startGame 函数就不会在影片初始化时被调用。

说明

如果你想要将此游戏扩展为多帧，则需要将类前面的 extends Sprite 改成 extends MovieClip。因为 Sprite 是单帧影片剪辑，而 MovieClip 可以有许多帧。

我们可以在影片的第 1 帧上放置一个介绍界面，并在帧上写入 stop 命令，再添加一个按钮来发布 play 命令，使影片播放至第 2 帧。然后，在第 2 帧上调用 startGame 函数开始游戏。

当玩家游戏失败时，可以不显示 Game Over 信息，而通过 removeChild 命令移除所有的灯及文本信息然后跳转至新的一帧。

将游戏封装至一个影片剪辑中，或在第 2 帧上再开始游戏，这两种方法都能够实现更完善的游戏。

对游戏的一个修改是使第一轮序列中拥有多个元素。可以事先为 playOrder 新增两个随机元素，这样游戏开始时，序列中就有 3 个元素。

另外，我喜欢修改游戏使它玩起来更简单，即只往序列中添加与前一个元素不一样的新元素。例如，如果第一个元素为 3，那么接下来可能为 1、2、4 或 5。不重复元素可以大大降低游戏的复杂性。

可以通过一个简单的 while 循环来完成上述修改：

```
do {
    var r:uint = Math.floor(Math.random()*numLights);
} while (r == playOrder[playOrder.length-1]);
```

同时，还可以加快序列的回放速度。目前，序列中的灯亮间隔 1000 毫秒，灯亮 500 毫秒后熄灭。因此，我们可以将数值 1000 存储于一个变量中（如 lightDelay），然后每轮减少 20 毫秒。计时器 lightTimer 中的时间即为变量的值，而计时器 offTimer 中的时间为变量值的一半。

当然，能为游戏带来最多有趣变化的并不是代码的改变，而是图形的修改。为什么这些灯要排成一条直线呢？为什么他们要看起来一模一样呢？甚至为什么要是灯呢？

试想一下，把灯换成一群种类各不相同、躲藏在森林里的鸣禽。当它们放声鸣叫时，你不仅要记住是由哪只发出的声音，还要记住它所在的位置。

4.3   推理游戏

源文件

http://flashgameu.com

A3GPU204_Deduction.zip

接下来开始介绍另一款经典游戏。和配对游戏类似，推理游戏（deduction game）的游戏环境也很简单，甚至只需要铅笔和纸。不过在没有电脑的情况下，必须要有两个玩家，一个想出一组颜色的随机数列，另一个则负责猜出这个数列。

说明

Deduction 也是 Mastermind 名下的一款市售实物游戏。它与历史悠久的 Bulls and Cows（猜数字）游戏类似，可以用铅笔在纸上玩。它还是密码破解游戏里最简单的一种形式。

游戏中通常有 5 个随机排列的灯泡，每个灯泡的颜色为 5 种不同颜色（如红绿粉黄蓝）中的一种。玩家应当猜出灯泡所在的位置，不过有时也会选择不猜测一个或多个位置。因此，玩家可能会猜：红红蓝蓝（不猜）。

猜的过程中，电脑会返回灯泡正确放置的个数，以及猜中颜色的正确数，尽管猜中颜色的灯泡没有出现在正确的位置。如果正确的灯泡序列为红绿蓝黄蓝，玩家猜出：红红蓝蓝（不猜），则返回的结果为 2 个灯泡的位置和颜色均正确，1 个颜色正确位置不正确。然后玩家根据这两则信息进行下一轮的猜测。好的玩家可以在 10 次内猜出正确的结果。

说明

从数学的角度来说，任意随机数列都可以在 5 次内猜出正确结果。但是，这需要非常缜密的计算。可以在 Wikipedia（维基百科）中搜索 Mastermind（board game）进行详细了解。

4.3.1   建立影片

我们将建立比记忆游戏更为时尚的推理游戏。游戏有 3 帧，分别绘制游戏介绍画面、游戏画面和游戏结束画面。每帧以简单设计为主，这样我们可以把重点放在 ActionScript 的编写上。

如图 4-4 所示，背景和标题贯穿时间轴的三帧。

第 1 帧上放置了一个按钮。我已经在库中创建了一个简单的 BasicButton 按钮显示对象。按钮本身并不带文字，文字是后来在按钮的上方添加的，如图 4-4 所示。

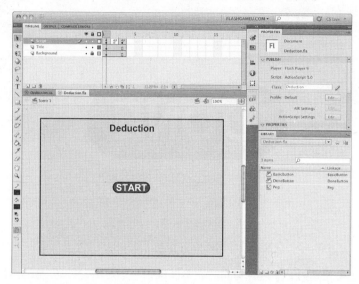

图 4-4 在第 1 帧上绘制背景和标题并使其贯穿之后每帧。另外，绘制 START 按钮，使其只出现在第 1 帧

第 1 帧上的脚本使影片停止，然后设置按钮接收鼠标单击事件，按钮单击后开始游戏：

```
stop();
startButton.addEventListener(MouseEvent.CLICK,clickStart);
function clickStart(event:MouseEvent) {
    gotoAndStop("play");
}
```

时间轴上，第 2 帧被标注为 play，它只有一条命令，即在影片类中调用我们创建的 startGame 函数。

```
startGame();
```

然后最后一帧被标注为 gameover，并有一个与第 1 帧上按钮一样的副本，只是按钮上的文本为 Play Again。帧上的脚本也与第 1 帧类似：

```
playAgainButton.addEventListener(MouseEvent.CLICK,clickPlayAgain);
function clickPlayAgain(event:MouseEvent) {
    gotoAndStop("play");
}
```

除了 BasicButton 库元件外，还需要两个按钮。首先创建一个名为 DoneButton 的小按钮。按钮带有文本，如图 4-5 所示。

图 4-5 贯穿游戏的 DONE 按钮与游戏中的灯泡底座等高

　　游戏所需的主要元素为 Peg 影片剪辑。它不仅仅为一个灯泡元件。它由连续的 6 帧组成：第 1 帧显示一个空的灯泡底座，其余 5 帧显示 5 种不同颜色的灯泡。影片剪辑如图 4-6 所示。

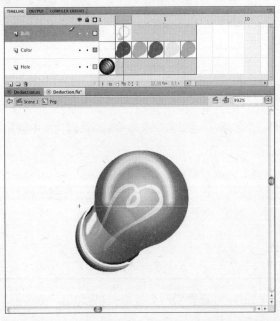

图 4-6　Peg 影片剪辑包含一个空的灯泡底座，另外 5 帧绘制不同颜色的灯泡插在底座上

主时间轴上除了背景和标题外再无其他元素。所有的游戏元素均由 ActionScript 创建。这次，我们要记录每一个游戏元素对象，以便在游戏结束时将它们全部清除。

4.3.2 定义类

本示例中的影片名为 Deduction.fla，ActionScript 文件为 Deduction.as。因此，需要在 Properties 面板中将文档类定义为 Deduction，以便影片调用 AS 文件。

此处的类定义要比记忆游戏的类定义简单得多。首先，我们不需要在此使用计时器，也不需要用到任何声音。因此，只需导入 `flash.display`、`flash.events` 和 `flash.text` 类，其中，`flash.display` 类用来显示并控制影片剪辑，`flash.events` 类用来响应鼠标单击事件，最后 `flash.text` 类用来创建文本字段：

```
package {
    import flash.display.*;
    import flash.events.*;
    import flash.text.*;
```

声明类时，继承 `MovieClip` 而不是 `Sprite`。因为游戏影片贯穿三帧，而非一帧。`Sprite` 只允许影片使用一帧：

```
    public class Deduction extends MovieClip {
```

此游戏中，我们将采用大量的常量。首先，定义 `numPegs` 和 `numColors` 常量。这样，我们可以很方便地修改游戏中灯泡序列的数量及颜色。

同时，还要设置一系列常量来定义灯泡行的位置。我们采用水平和垂直偏移量来设置灯泡行的位置、行的间距及灯泡之间的间距。这样，我们可以方便地根据灯泡的大小及周边的游戏元素来布置调整灯泡的方位：

```
//常量
static const numPegs:uint = 5;
static const numColors:uint = 5;
static const maxTries:uint = 10;
static const horizOffset:Number = 30;
static const vertOffset:Number = 60;
static const pegSpacing:Number = 30;
static const rowSpacing:Number = 30;
```

我们需要通过两个变量来记录游戏的进程。第一个变量为一个数组，存储 5 个数字（如 1、4、3、1、2）来记录正确的序列。第二个变量为 `turnNum`，记录玩家猜的次数：

```
//游戏变量
private var solution:Array;
private var turnNum:uint;
```

此游戏中，我们将记录创建的每一个对象。当前的灯泡序列存储在变量 `currentRow` 中。位于每行灯泡右边的文本为 `currentText` 变量。同时，右边的按钮为变量 `currentButton`。另外，通过数组变量 `allDisplayObjects` 记录我们创建的每一个元素：

```
//引用显示对象
private var currentRow:Array;
private var currentText:TextField;
private var currentButton:DoneButton;
private var allDisplayObjects:Array;
```

　　每个类都有各自的构造函数，函数与类具有相同的名称。然而，本例中我们不调用构造函数。因为游戏不是从第 1 帧就开始执行，而是等待玩家单击 Start 按钮后再运行。因此，在类中包含构造函数，但不写入任何代码：

```
public function Deduction() {
}
```

说明

是否写入空的构造函数由你自己决定。我发现，在结束整个游戏之前，通常要在构造函数内写点什么。所以，不管我会不会用上，我都会在创建一个新类时加入构造函数。

4.3.3　开始新的游戏

　　新游戏开始时，主时间轴会调用函数 startGame 创建一个 5 个灯泡的序列，玩家要猜出这个序列。函数会创建一个 solution 数组，然后随机添加 5 个从 1 到 5 的数字。

　　将 turnNum 变量的值设为 0。然后，调用最主要的函数 createPegRow：

```
//创建 solution 数组并显示第一行灯泡
public function startGame() {
    allDisplayObjects = new Array();
    solution = new Array();
    for(var i:uint=0;i<numPegs;i++) {
        //随机添加 1~5 的数字
        var r:uint = uint(Math.floor(Math.random()*numColors)+1);
        solution.push(r);
    }
    turnNum = 0;
    createPegRow();
}
```

1. 创建一行灯泡序列

　　createPegRow 函数用来创建 5 个灯泡以及灯泡旁边的按钮和文本。每新的一轮开始时调用一次该函数。

　　函数首先从库中创建 5 个 Peg 对象的副本。每个副本根据常量 pegSpacing、rowSpacing、horizOffset 和 vertOffset 的值被放置在屏幕中。并且每个副本对象显示其第 1 帧，即空插座画面。

addEventListener 命令使每个 Peg 对象都能对鼠标单击事件作出响应。同时，开启对象的 buttonMode 属性，这样，光标会在对象上方时改变形状。

每个灯泡在创建时都会添加 pegNum 属性。这样可以帮助我们确定被单击的灯泡对象。

使用 addChild 命令将灯泡添加至屏幕上后，对象会同时添加至 allDisplayObjects 数组中。接着，再将对象添加至 currentRow 数组，但不添加对象本身，而是添加带有 peg 属性和 color 属性的对象。peg 属性存储影片剪辑引用，color 属性通过数字定义灯泡的颜色。

```
//创建一行灯泡，以及DONE按钮和文本字段
public function createPegRow() {

    //创建灯泡，并设为按钮模式
    currentRow = new Array();
    for(var i:uint=0;i<numPegs;i++) {
        var newPeg:Peg = new Peg();
        newPeg.x = i*pegSpacing+horizOffset;
        newPeg.y = turnNum*rowSpacing+vertOffset;
        newPeg.gotoAndStop(1);
        newPeg.addEventListener(MouseEvent.CLICK,clickPeg);
        newPeg.buttonMode = true;
        newPeg.pegNum = i;
        addChild(newPeg);
        allDisplayObjects.push(newPeg);

        //以对象数组形式记录灯泡
        currentRow.push({peg: newPeg, color: 0});
    }
```

创建完 5 个灯泡后，在灯泡右边添加 DoneButton 影片剪辑的一个副本。首先，检查 current-Button 按钮是否已经存在。第一次创建灯泡行时，程序没有创建按钮，所以要新建按钮并将其添加至舞台。同时，为按钮添加一个事件侦听器，并将按钮添加至 allDisplayObjects 数组。

按钮的水平位置取决于我们之前定义的常量的值。按钮放置在距离最后一个灯泡 pegSpacing 值的地方。按钮第一次创建时，只需要设置其 x 坐标值即可，因为之后每创建一行灯泡，按钮向下移至新创建的灯泡旁边。按钮的 x 值只设置一次，而 y 值在每次调用 createPegRow 函数时设置一次：

```
    //如果还没有DONE按钮，创建它
    if (currentButton == null) {
        currentButton = new DoneButton();
        currentButton.x = numPegs*pegSpacing+horizOffset+pegSpacing;
        currentButton.addEventListener(MouseEvent.CLICK,clickDone);
        addChild(currentButton);
        allDisplayObjects.push(currentButton);
    }
    //根据灯泡行设置DONE按钮方位
    currentButton.y = turnNum*rowSpacing+vertOffset;
```

2. 添加文本字段

按钮设置好之后是文本字段的设置。将它设置在按钮的右边，与按钮间隔 pegSpacing 的

值加上 currentButton 的宽度。为了简便起见，我们就不对文本使用特定格式。

　　与按钮不同，每次创建一行灯泡都要新建一个文本字段。要猜出正确的序列，玩家需要查看之前的猜测记录及结果，然后不断推测。

说明

类的开头部分，currentButton 被定义为 DoneButton 类型，但并没有被赋值。当函数第一次使用这个变量时，其值为 null。大多数对象在第一次创建时都会被设为 null。但是，数字类型的变量初始值为 0，不能设为 null。

　　文本字段的初始文本为 Click on the holes to place pegs and click DONE（单击黑点放置灯泡，并单击 DONE 按钮）。然后，每轮结束后，在文本字段内显示猜测的结果。

```
//在灯泡和按钮的旁边创建消息文本字段
currentText = new TextField();
currentText.x = numPegs*pegSpacing+horizOffset+pegSpacing*2+currentButton.width;
currentText.y = turnNum*rowSpacing+vertOffset;
currentText.width = 300;
currentText.text = "Click on the holes to place pegs and click DONE.";
addChild(currentText);
allDisplayObjects.push(currentText);
}
```

　　图 4-7 所示为第一次调用 createPegRow 函数后的屏幕显示效果。5 个灯泡的旁边为一个按钮，接着为一个文本字段。

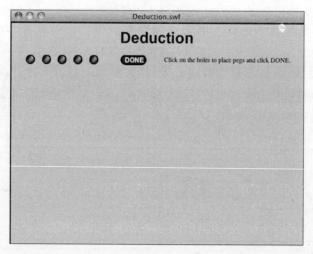

图 4-7　游戏开始后，创建好第一行灯泡的黑色底座，玩家开始第一轮猜测

4.3.4　检查玩家的猜测

　　单击灯泡底座时，玩家可以不断地单击循环以显示灯泡的颜色，如果单击的次数合适，最后回到空白的黑色底座。

　　通过 `event.currentTarget.pegNum` 的值可以确定玩家单击的灯泡对象。我们会获得一个索引值，并通过该值在 `currentRow` 数组中得出灯泡对象 `color` 和 `peg` 属性的值。

说明

颜色的值由数字 1~5 表示，数字 0 代表无灯泡。然而，影片剪辑中的帧从 1 开始，因此，帧 1 上为空的黑色底座，帧 2~帧 6 绘制 5 种不同颜色的灯泡。所以，在使用 `gotoAndStop` 语句查看显示对象的颜色时，记得在语句内加 1。

　　灯泡的颜色存储在变量 `currentColor` 中，该变量作为临时变量在当前函数中使用。如果当前值小于颜色的数量，则灯泡对象继续显示下一种颜色。如果最后一种颜色也显示完了，灯泡对象回到最初的空白黑色底座，即灯泡影片剪辑的第 1 帧：

```
//玩家单击一个灯泡
public function clickPeg(event:MouseEvent) {
    //确定单击的灯泡及颜色
    var thisPeg:Object = currentRow[event.currentTarget.pegNum];
    var currentColor:uint = thisPeg.color;

    //从0~5提供多种颜色选择
    if (currentColor < numColors) {
        thisPeg.color = currentColor+1
    } else {
        thisPeg.color = 0;
    }

    //显示灯泡，或显示空白黑色底座
    thisPeg.peg.gotoAndStop(thisPeg.color+1);
}
```

　　游戏过程中，玩家会逐个单击当前行的 5 个黑色底座，每个黑色底座每单击一次出现一种颜色的灯泡，以此确定玩家自己猜测的颜色。玩家根据自己的猜测操作完每个灯泡后，单击 DONE 按钮。

4.3.5　评估游戏结果

　　当玩家单击 DONE 按钮时，程序调用 `clickDone` 函数。此函数会转到 `calculateProgress` 函数：

```
//玩家单击 DONE 按钮
public function clickDone(event:MouseEvent) {
    calculateProgress();
}
```

calculateProgress 函数所要做的是比较玩家的猜测与正确答案。

我们主要计算 numCourrectSpot 和 numCorrectColor 这两个本地变量的值。计算 numCorrectSpot 的值相对容易，只需循环灯泡数组，逐个将玩家所选的灯泡数组与正确结果进行对比。如果有相同的元素出现在相同的位置，则表示玩家猜测正确，numCorrectSpot 加 1。

然而，numCorrectColor 的计算就要复杂得多。首先，忽略玩家选对的灯泡，只关注那些没选对的灯泡。检查没选对的那些灯泡的颜色，看是否与正确序列中的其他颜色相符。

一种比较聪明的方法是记录玩家没选对的所有灯泡的颜色。同时，记录那些没选对的灯泡应有的颜色。我们将其分别保存至 currentColorList 和 solutionColorList 数组中。

这两个数组中的每个元素代表每种颜色找到的个数。例如，如果没选对的灯泡的颜色为 2 个红色（记为颜色 0）、1 个绿色（记为颜色 1）和 1 个蓝色（记为颜色 2），那么得出数组[2,1,1,0,0]。2+1+1=4。因为共有 5 个灯泡，而数组元素总和为 4，所以，我们猜对了 1 个灯泡，还有 4 个灯泡需要继续猜选。

如果[2,1,1,0,0]代表玩家猜错的灯泡的颜色记录，而[1,0,1,2,0]代表猜错的灯泡实际的颜色记录，那么将两个数组中的元素进行一一比较，取每个比较的较小值，所组成的新数组[1,0,1,0,0]即为那些错放灯泡的颜色和数量。

我们一个一个颜色看过来。第一个数组[2,1,1,0,0]中，玩家放置了两个红色灯泡，但是在第二个数组[1,0,1,2,0]中，实际只有 1 个红色灯泡，所以 2 与 1 相比取较小值 1，也就是说只有 1 个红色出现在错误的位置。玩家还选择了 1 个绿色，而从第二数组来看，并没有绿色，因此取较小值 0。另外，玩家选择了一个蓝色，而且确实需要 1 个蓝色，因此此处也有 1 个错放。玩家选择了 0 个黄色，但需要 2 个黄色，玩家选择了 0 个粉色，实际上也不需要粉色，所以，数组后两位为 0。因此，1+0+1+0+0=2，意味着有两种颜色放错位置了。表 4-2 直观演示以上计算过程。

表 4-2　计算错放的灯泡数量

错放的颜色	用户的选择	正确的选择	错放的灯泡个数
红色	2	1	1
绿色	1	0	0
蓝色	1	1	1
黄色	0	2	0
粉红	0	0	0
错放的总数			2

除了计算选择正确的灯泡个数及错放的灯泡数量外，还要通过 removeEventListener 命令将灯泡的 buttonMode 属性设为 false（假）来关闭灯泡的按钮属性：

```
//计算结果
public function calculateProgress() {
    var numCorrectSpot:uint = 0;
    var numCorrectColor:uint = 0;
```

```
var solutionColorList:Array = new Array(0,0,0,0,0);
var currentColorList:Array = new Array(0,0,0,0,0);

//循环遍历灯泡
for(var i:uint=0;i<numPegs;i++) {
    //此处灯泡颜色是否与正确序列相符呢?
    if (currentRow[i].color == solution[i]) {
        numCorrectSpot++;
    } else {
        //不相符则记录此颜色,进行后续测试
        solutionColorList[solution[i]-1]++;
        currentColorList[currentRow[i].color-1]++;
    }
    //关闭灯泡的按钮属性
    currentRow[i].peg.removeEventListener(MouseEvent.CLICK,clickPeg);
    currentRow[i].peg.buttonMode = false;
}

//计算颜色正确的灯泡个数
for(i=0;i<numColors;i++) {
    numCorrectColor += Math.min(solutionColorList[i],currentColorList[i]);
}
```

现在,我们知道了比较结果,可以将其显示在之前出现指示文本的文本字段内:

```
//显示结果
currentText.text = "Correct Spot: "+numCorrectSpot+", Correct Color:
"+numCorrectColor;
```

接着,增加 turnNum 并检测玩家是否找到正确答案。如果找到了,则转到 gameOver 函数。另外,如果玩家尝试了一定次数后都没有猜出正确答案,则转到 gameLost 函数。

如果游戏没有结束,调用 createPegRow 函数,继续下一轮猜测:

```
turnNum++;

if (numCorrectSpot == numPegs) {
    gameOver();
} else {
    if (turnNum == maxTries) {
        gameLost();
    } else {
        createPegRow();
    }
}
```

4.3.6 结束游戏

如果玩家猜出了正确答案,我们要告诉玩家游戏结束。然后,在游戏界面中新建一行。当前这轮游戏结束时,我们不需要再显示正确的序列,因为玩家结束游戏的序列即为正确答案。

图4-8所示为结束后的游戏画面。

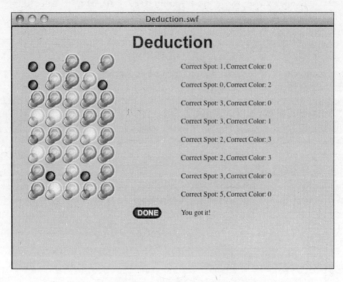

图4-8   当玩家找出正确序列时，游戏结束

1. 显示玩家胜利

新建的行需要包括已有的按钮元件和一个新创建的文本字段。按钮元件被重新设置来触发clearGame函数。旁边的文本字段显示"You Got It!"（你猜对了!）。我们要将它们与其他游戏元素一样添加至allDisplayObjects数组：

```
//玩家找出正确数组
public function gameOver() {
    //修改按钮事件
    currentButton.y = turnNum*rowSpacing+vertOffset;
    currentButton.removeEventListener(MouseEvent.CLICK,clickDone);
    currentButton.addEventListener(MouseEvent.CLICK,clearGame);

    //在灯泡和按钮旁边创建文本字段
    currentText = new TextField();
    currentText.x = numPegs*pegSpacing+horizOffset+pegSpacing*2+currentButton.width;
    currentText.y = turnNum*rowSpacing+vertOffset;
    currentText.width = 300;
    currentText.text = "You got it!";
    addChild(currentText);
    allDisplayObjects.push(currentText);
}
```

2. 显示玩家失败

gameLost函数与gameOver函数类似。主要的区别是，gameLost函数要创建最后一行灯泡，为迷惑的玩家显示正确的答案。图4-9显示了此时的游戏画面。

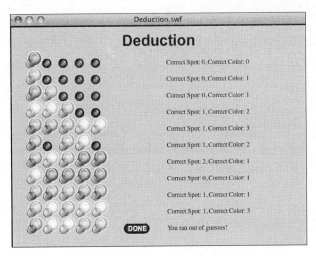

图4-9 玩家用完了可猜的次数

新创建的答案灯泡不需要设置按钮属性。但是，这些灯泡要显示出正确的颜色序列。

另外，此时的 DONE 按钮被改为调用 clearGame 函数，与 gamover 函数中的做法一样。同时，新创建一个文本字段，显示 "You ran out of guesses!"（你用完了可猜次数）。

```
//玩家可猜次数用完了
public function gameLost() {
    //修改当前按钮
    currentButton.y = turnNum*rowSpacing+vertOffset;
    currentButton.removeEventListener(MouseEvent.CLICK,clickDone);
    currentButton.addEventListener(MouseEvent.CLICK,clearGame);

    //在灯泡和按钮的旁边创建文本字段
    currentText = new TextField();
    currentText.x = numPegs*pegSpacing+horizOffset+pegSpacing*2+currentButton.width;
    currentText.y = turnNum*rowSpacing+vertOffset;
    currentText.width = 300;
    currentText.text = "You ran out of guesses!";
    addChild(currentText);
    allDisplayObjects.push(currentText);

    //创建最后一行灯泡，显示正确答案
    currentRow = new Array();
    for(var i:uint=0;i<numPegs;i++) {
        var newPeg:Peg = new Peg();
        newPeg.x = i*pegSpacing+horizOffset;
        newPeg.y = turnNum*rowSpacing+vertOffset;
        newPeg.gotoAndStop(solution[i]+1);
        addChild(newPeg);
        allDisplayObjects.push(newPeg);
    }

}
```

当前游戏结束时，DONE 按钮仍然在屏幕的最后一行。单击该按钮，玩家将被带到主时间轴的游戏结束界面，在这里，玩家可以选择重新开始游戏。但是，在转向结束界面之前，我们先要清除舞台上所有的游戏元素。

4.3.7　清除游戏元素

清除舞台上的显示对象需要多个步骤，而 allDisplayObjects 数组大大简化了这一过程。我们所创建的每一个显示对象，不管它是影片剪辑、按钮还是文本字段，都在其创建时被添加至该数组中。现在，我们可以通过循环遍历该数组，使用 removeChild 命令将它们一一从屏幕中移除。

```
//移除所有元素转向游戏结束界面
public function clearGame(event:MouseEvent) {
    //移除所有显示对象
    for(var i in allDisplayObjects) {
        removeChild(allDisplayObjects[i]);
    }
```

即使对象都没有显示在屏幕上，它们仍然存在，等待 addChild 命令将它们一一再显示在舞台上。若要彻底清除它们，我们需要移除所有对对象的引用。我们在很多地方引用了这些对象，包括 allDisplayObjects 数组。如果我们将此数组设为 null，并将 currentText、currentButton 和 currentRow 变量通通设为 null，那么，程序中不再有变量引用那些显示对象，显示对象被彻底清除。

说明

当你移除掉一个显示对象的所有引用后，这个对象会被认为可以进行"垃圾回收"，也就是说，Flash 可以随时从内存中删除这些对象。因为这些对象没有了引用，并且就算你想引用也无法使用，你可以认为这些对象已经被删除。Flash 不会立即从内存中删除这些对象，因为这样会浪费时间，通常一段时间过后，当它有一些空余处理空间时才执行删除。

```
//将对显示对象的所有引用设为null
    allDisplayObjects = null;
    currentText = null;
    currentButton = null;
    currentRow = null;
```

最后，clearGame 函数告诉主时间轴可以转向 "gameover" 帧。玩家可以看到该帧上有一个 Play Again 按钮。所有显示对象移除后，玩家可以以新的游戏元素开始新游戏：

```
//告诉主时间轴移至下一帧
    MovieClip(root).gotoAndStop("gameover");
}
```

对于能够被清除并重新开始、基于主时间轴的游戏来说，`clearGame` 函数是至关重要的。与第 3 章配对游戏的做法相比，两种方式似乎得到一样的结果：都可以确保玩家第二次开始游戏时，所有的游戏元素都像是重新创建的，与第一次玩游戏时一样。

但是，第 3 章所采用的方式更易于实现，因为游戏转至游戏结束帧时，所有的显示对象都立刻伴随着影片剪辑一些消失。

4.3.8　修改游戏

与记忆游戏类似，一些好的推理游戏都是基于图形的。你可以采用任何其他对象来代替灯泡，甚至可以融入一个故事来串起这些游戏元素。例如，你可以把猜灯泡换为在冒险游戏中开启保险箱或打开一扇门。

因为程序中采用了常量，所以我们可以很方便地修改游戏，使玩家拥有更多的猜测次数，或猜测更多或更少的灯泡或颜色，或其他组合。如果你想增加猜测的次数，可以减小行距或增加舞台高度。

最后，为完善这个游戏，我会先通过一个 `TextFormat` 对象对文本字段进行格式化。然后在游戏介绍界面添加一些游戏指南。游戏开始帧上的 Restart 按钮允许玩家随时开始新一轮游戏。它会调用 `clearGame` 函数移除屏幕上所有对象并转向游戏结束帧。

若要将此游戏做得更像 Mastermind 游戏，你需要将文本字段替换为黑色灯泡和白色灯泡。前者用来表示正确的灯泡，后者则表示颜色正确但位置错误的灯泡。因此，"黑黑白"灯泡结果意味着猜出两个正确的灯泡，一个灯泡颜色正确但位置错误。

游戏动画：射击游戏和弹跳游戏

本章内容

❑ 游戏动画
❑ 空袭游戏
❑ 弹球游戏

到目前为止，我们所开发的游戏中元素都是静止的，它们虽然会发生变化也可以接收用户输入，却不会移动。

本章，我们将学习动画形式的游戏元素，有些由玩家控制，有些则有自己的行为方式。

我们首先会看一些动画示例，然后建立两个游戏。第一个是空袭游戏（Air Raid），这是一个通过控制高射炮来击落飞过头顶飞机的简单游戏。第二个是弹球游戏（Paddle Ball），游戏中你可以通过控制挡板将球弹向上方的砖块堆，被球击中的砖块会消失。

5.1 游戏动画

源文件

http://flashgameu.com
A3GPU205_Animation.zip

第 2 章中，我们主要讲了两种动画类型：基于帧的动画和基于时间的动画。而在本章中，我们仅使用基于时间的动画类型，因为它最为可靠，实现的效果也最佳。

5.1.1 基于时间的动画

基于时间的动画的基本思想是，以恒定的速率移动对象，而不考虑 Flash 播放器的性能。

每帧运动一次，我们称之为一步。因此，12 帧每秒的帧频意味着 12 步每秒。尽管每帧都有动画形式的动作，但这并不是基于帧的动画，因为我们是基于时间来确定每步动作的大小的。

每一步，我们会计算它与上一步之间的时间。然后，根据这个时间差来移动游戏元素。

如果完成第一步花费了 84 ms，第二步花费了 90 ms，那么我们在第二步中把元素移动得比在第一步中稍远一些。

图 5-1 给出了采用基于时间的动画方法处理三帧动作的结果。

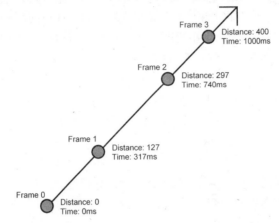

图 5-1　在不管帧速的情况下，物体在 1 s 内移动了 400 像素

假设图 5-1 中的对象在 1 s 内移动了 400 像素，影片的帧频设为较低的 4 帧每秒。为增加问题的复杂性，考虑电脑处于未响应状态（如正在处理其他应用或网络活动）。此时不能产生均匀的帧频即每秒钟不能生成 4 帧。

说明

采用基于时间的动画形式开发时，在测试的时候经常变换影片的帧频是很有用处的。我常常将帧频在 12 帧/秒和 60 帧/秒两者之间来回变换。这么做，是希望影片在 60 帧/秒时获得不错的播放效果，而在 12 帧/秒时也可以获得一样的播放效果。

第 1 帧完成及 ENTER_FRAME 事件触发代码中的动画函数共用去 317 ms。在 4 帧每秒的帧频下，每帧只能用去 250 ms。因此，此时的帧频已经滞后了。

根据完成第 1 帧用去的时间 317 ms，我们可以计算出对象实际应该移动 127 像素，即 400 像素/秒 × 0.317 s。因此，在第 1 帧，对象刚好出现在它需要在的地方。

第 2 帧花费的时间更长，需要 423 ms。前两帧相加，将对象移出 297 像素共需要 740 ms。

　　然后，本案例的最后一帧还需花费260 ms。此时，时间刚好为1000 ms，对象移动的距离为400像素。虽然影片没有按恒定的帧频运行，且不能每秒执行4帧，但是在1 s以后，对象移动了400像素。

　　如果按帧来执行，每帧移动100个像素，那么，上述情况只会执行3帧，对象只移动300像素。如此一来，在保证电脑能够以4帧每秒的帧频播放影片的前提下，换台电脑或用相同电脑在不同时间播放影片会得到不同的播放效果。

5.1.2　基于时间动画的编程

　　基于时间动画的编程的关键是记录时间。通过 getTimer 函数，你能获得从影片开始播放到当前时间的毫秒数。getTimer 的实际值并不重要，重要的是帧与帧之间的时间差。

　　例如，你的影片可能需要567 ms来初始化并将元素显示在屏幕上。第1帧在影片播放至567 ms时执行，第2帧在629 ms时执行。时间差为62 ms，我们据此确定对象在第1帧上的移动距离。

　　影片文件 AnimationTest.fla 中包含了一个简单的圆形影片剪辑，用来演示基于时间的动画。AnimationTest.as 被作为影片剪辑的主脚本文件，AnimatedObject.as 为影片剪辑的类。

　　AnimatedObject 类通过构造函数接收参数，这意味着在创建新的 AnimatedObject 对象时，必须如下传入参数：

```
var myAnimatedObject:AnimatedObject = new AnimatedObject(100,150,5,-8);
```

　　代码中的4个参数分别代表影片剪辑的水平方位、垂直方位、水平速度和垂直速度。

　　以下为类声明、变量声明和 AnimatedObject 函数。在以下代码中可以看到这4个参数，它们分别被简单定义为 x、y、dx、dy：

```
package {
    import flash.display.*;
    import flash.events.*;
    import flash.utils.getTimer;

    public class AnimatedObject extends MovieClip {
        private var speedX, speedY:Number; //当前速度，单位为像素每秒
        private var lastTime:int; //记录最后一帧的时间

        public function AnimatedObject(x,y,dx,dy) {
            //设置对象的方位和速度
            this.x = x;
            this.y = y;
            speedX = dx;
            speedY = dy;
            lastTime = getTimer();
            //每帧移动一次
            addEventListener(Event.ENTER_FRAME, moveObject);
        }
```

说明

用 dx 和 dy 分别存储"x 的增量"和"y 的增量"是非常常见的做法。本章及后面的章节都会这么定义这两个变量。

函数接收并应用这 4 个参数。前两个参数用来定位影片剪辑，后两个参数的值存储在变量 speedX 和 speedY 中。

接着，lastTime 变量被初始化为 getTimer() 函数的当前值。最后，侦听器 addEventListener 使函数 moveObject 函数每帧执行一次。

moveObject 函数会首先计算已播放的时间，然后将其赋值给 lastTime 变量。接着，根据 timePassed 变量计算需要移动的距离。

说明

用 lastTime 值加上 timePassed 值的好处是，可以确保动画过程中没有时间遗失。如果直接在每一步中将 getTimer() 的值赋予 lastTime，那么在计算 timePassed 的值和设置 lastTime 的值之间可能会漏掉一小段时间。

因为 timePassed 的值是以毫秒为单位的，所以我们需要首先将其除以 1000 以得到确切的秒数，然后再去乘以 speedX 和 speedY。例如，如果 timePassed 的值为 100，则有 100/1000 即 0.1 s。如果 speedX 的值为 23，则对象向右移动 23 × 0.1 即 2.3 像素：

```
//根据设定的速度移动
public function moveObject(event:Event) {
    //获取已播放的时间
    var timePassed:int = getTimer() - lastTime;
    lastTime += timePassed;

    //根据速度和时间更新对象的位置
    this.x += speedX*timePassed/1000;
    this.y += speedY*timePassed/1000;
    }
  }
}
```

测试 AnimatedObject 类的一个简单方法是，增加一个如下的主影片类：

```
package {
    import flash.display.*;
    public class AnimationTest extends MovieClip {

        public function AnimationTest() {
```

```
        var a:AnimatedObject = new AnimatedObject(100,150,5,-8);
        addChild(a);
    }
}
}
```

以上代码创建了一个新影片剪辑，其初始位置为(100, 150)，并以每秒水平方向 5 像素、垂直方向-8 像素的速度移动。通过 AnimatedObject 对象，我们只需两行代码就可在舞台上创建出一个移动的对象。

测试 AnimatedObject 类的一个更好的方法是，在影片中添加多个对象，让它们朝随机方向运行。以下为按此方式编写的主影片类：

```
package {
    import flash.display.*;

    public class AnimationTest extends MovieClip {

        public function AnimationTest() {
            //在随机的位置创建50个对象，为它们设定随机的速度
            for(var i:uint=0;i<50;i++) {
                var a:AnimatedObject =
                                new AnimatedObject(Math.random()*550,
                            Math.random()*400, getRandomSpeed(),
                            getRandomSpeed());
                addChild(a);
            }
        }

        //获取 70~100 的随机正向或负向速度
        public function getRandomSpeed() {
            var speed:Number = Math.random()*70+30;
            if (Math.random() > .5) speed *= -1;
            return speed;
        }
    }
}
```

在以上类文件中，我们创建了一个新的 AnimatedObject 对象，它具有随机的位置和速度。对象的随机位置由函数 Math.random 得出。而对于对象的随机速度，我是通过一个独立的函数来返回一个 70~100 的正数或负数。这么做是为了防止对象朝一个方向以近乎 0 的速度移动。

图 5-2 展示了影片第一次运行的情况。对象零乱的排列在屏幕中。

可以修改此类，为其添加一些有趣的效果。例如，如果使所有对象的初始位置相同，就可以得到爆炸效果。

同样，可以修改所创建对象的数量及影片的帧频，来测试电脑是如何响应如此高负载动画。

现在，我们在一个拥有 3 种动画对象的游戏中采用这种方式。

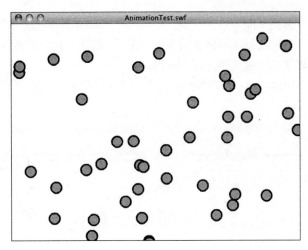

图 5-2 AnimationTest 影片的舞台上显示了 50 个随机对象

5.2 空袭游戏

源文件

http://flashgameu.com

A3GPU205_AirRaid.zip

空袭游戏（Air Raid）与许多早期的街机游戏类似，多以海战为题材，玩家扮演潜水艇指挥官，负责射击海面上的敌船。最早的这类游戏很有可能是 Sea Wolf（海狼）。在该游戏中，玩家可以通过仿制的潜望镜来瞄准敌人。它实际上是 Periscope（潜望镜）、Sea Raider（海寇）和 Sea Devil（海魔）等电子竞技游戏的视频游戏版。

说明

海军鱼雷游戏在早期的电脑游戏中是相对比较容易实现的，因为船和鱼雷的移动速度比飞机和炮弹慢得多。

在空袭游戏中，玩家通过键盘的方向键控制屏幕底部的高射炮。玩家竖直向上对过往的飞机开火并试图用有限的炮弹击中尽可能多的飞机。

5.2.1 影片设置和配置

此游戏通过多类创建再好不过了。我们至少要用到 3 个不同的对象：飞机、移动炮台和炮弹。通过为每个对象创建一个类，我们可以一步步建立这个游戏，然后对每个对象进行特定编码。

我们需要 3 个影片剪辑来配合这 3 个类。AAGun 和 Bullet 影片剪辑均只有一帧。而 Airplane 影片剪辑含有多个帧，分别绘制不同样式的飞机。图 5-3 给出了此影片剪辑。第 6 帧到最后一帧之间包含了一个在飞机被击中时使用的爆炸图形。

除了 AAGun.as、Airplane.as 和 Bullet.as 这 3 个类文件之外，我们还需要一个影片的主类文件，AirRaid.as。

图 5-3   Airplane 影片剪辑有 5 个不同的飞机，一帧显示一个

5.2.2 飞行中的飞机

飞机的 ActionScript 类在结构上和本章前面的 AnimatedObject 类没有多大的不同。它在构造函数里接收一些参数来确定飞机的初始位置和飞行速度。它通过时间来记录帧之间的时间差，通过 ENTER_FRAME 事件来推进动画。

1. 类的声明和变量

以下代码为类定义和类所用的变量。因为飞机只会横向飞行，它只需要水平速度 dx。

```
package {
    import flash.display.*;
    import flash.events.*;
    import flash.utils.getTimer;

    public class Airplane extends MovieClip {
        private var dx:Number; //速度和方向
        private var lastTime:int; //动画时间
```

2. 构造函数

构造函数接收 3 个参数：side、speed 和 altitude。参数 side 的值为"left"或"right"，而这取决于飞机从屏幕的哪一边飞出。

参数 speed 用来为 dx 赋值。如果飞机从屏幕的右边飞出，自动在速度前面放一个负号。所以，一架从左到右、speed 为 80 的飞机的 dx 值为 80，而一个从右到左、speed 为 80 的飞机的 dx 值为-80。

altitude 是一个花哨的名字，实际上指的是飞机垂直方位。值 0 代表屏幕顶端，值 50 代表顶端以下 50 像素的地方，依此类推。

除了设置位置和 dx 外，我们还需要调转飞机，使它面朝正确的方向。我们可以通过将影片剪辑的 scaleX 属性值设为-1，调转飞机的图片。

记住，影片剪辑有 5 帧，每一帧代表一张不同的飞机图像。我们使用 gotoAndStop 命令随机跳转至从 1 到 5 的某帧上：

```
public function Airplane(side:String, speed:Number, altitude:Number) {
    if (side == "left") {
        this.x = -50; //从左边开始
        dx = speed; //从左向右飞
        this.scaleX = -1; //调转
    } else if (side == "right") {
        this.x = 600; //从右边开始
        dx = -speed; //从右向左飞
        this.scaleX = 1; //不调转
    }
    this.y = altitude; //垂直方位


    //随机选一架飞机
    this.gotoAndStop(Math.floor(Math.random()*5+1));

    //设置动画
    addEventListener(Event.ENTER_FRAME,movePlane);
    lastTime = getTimer();
}
```

Airplane 函数通过设置事件计时器和初始化 lastTime 属性来结束函数，与我们在 AnimatedObject 类中的做法类似。

3. 移动飞机

movePlane 函数先计算经过的时间，然后根据这一时间和飞机的速度来移动飞机。

接着，检查飞机是否已经飞过了屏幕。如果是的话，调用 deletePlane 函数：

```
public function movePlane(event:Event) {
    //获取经过的时间
    var timePassed:int = getTimer()-lastTime;
    lastTime += timePassed;

    //移动飞机
```

```
this.x += dx*timePassed/1000;

//检查是否飞过了屏幕
if ((dx < 0) && (x < -50)) {
    deletePlane();
} else if ((dx > 0) && (x > 600)) {
    deletePlane();
}

}
```

4. 移除飞机

deletePlane 是某种意义上的自我清理函数。你会在下一个代码块中看到这个函数。它通过 removeChild 命令从舞台上移除飞机。然后移除调用 movePlane 函数的侦听器。

说明

在类中包含删除对象的函数总是不错的主意。这样，类就可以移除自身侦听器，处理用来清除其他对自身的引用的任意命令。

要彻底清除飞机对象，我们需要告诉主类飞机已经飞走。首先，调用主时间轴类里的 removePlane 函数。该主时间轴，也就是我们最初创建飞机对象的地方，它将飞机存储在数组中。稍后，我们会用到 removePlane 函数，从数组中移除飞机：

```
//从舞台和飞机列表中移除飞机
public function deletePlane() {
    MovieClip(parent).removePlane(this);
    parent.removeChild(this);
    removeEventListener(Event.ENTER_FRAME,movePlane);
}
```

说明

在对对象的所有引用都被重置或删除后，Flash 播放器会回收该对象使用的内存。

还有一个函数用于移除飞机。它看上去和 deletePlane 函数类似，但它是用于处理飞机被炮火击中的情况的。它也会清除帧事件并命令主类从数组返回飞机对象。它并没有直接从舞台移除子元件，而是使影片剪辑跳转至标签为 explode 的帧并从该处开始播放。

影片剪辑从第 6 帧开始有一个爆炸图像。它会持续几帧，接着通过 parent.removeChild (this);和 stop();命令停留在某帧。这样，玩家欣赏完短暂的爆炸效果之后，函数完成了这架飞机的清除。

```
//击中飞机，展示飞机爆炸效果
public function planeHit() {
    removeEventListener(Event.ENTER_FRAME,movePlane);
    MovieClip(parent).removePlane(this);
    gotoAndPlay("explode");
}
```

说明

可以通过增加 explosion 帧和最后代码帧之间的帧数来延长爆炸时间。类似地，可以在不增加 ActionScript 的情况下，在那些帧上放置一个动态的爆炸动画。

5. 测试 `Airplane` 类

主时间轴负责创建和移除飞机，我们稍后再创建它。当前，如果我们想要测试 `Airplane` 类，可以通过如下简单的主类来完成：

```
package {
    import flash.display.*;

    public class AirRaid extends MovieClip {
        public function AirRaid() {
            var a:Airplane = new Airplane("right",170,30);
            addChild(a);
        }
    }
}
```

在测试时尝试不同的参数值是个不错的做法。例如，试试`"left"`，速度设为 30。在创建下一个类之前，尽可能多地试验不同的值以确保 `Airplane` 类能正常运行。

5.2.3   移动炮台

控制防高射炮（见图 5-4）的类与其他类有所不同，它的移动由玩家来控制。我们可以通过鼠标来设置炮台的位置，但这会使游戏过于简单——只需要手一抖，就可以将飞机从屏幕的一端移向另一端。

于是，我们采用左右方向键来移动炮台。就像飞机一样，它根据被按下的键以设定好的速度移向屏幕的左边或右边。

方向键由影片主类而不是 `AAGun` 类处理。这是因为，键盘默认将事件发送到舞台，而不是到特定的影片剪辑。

影片主类有两个变量 `leftArrow` 和 `rightArrow`，被设为 `true` 或 `false`。`AAGun` 类通过查看这两个变量来确定移动炮台的方向。

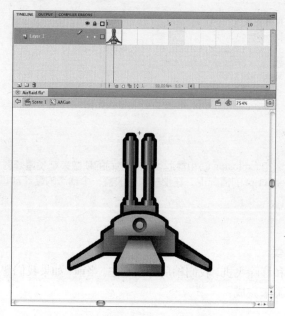

图 5-4   防空炮台的注册点放在炮筒末端

我们在此类中包含了一个常量：炮台的速度。这么做是为了之后能方便地修改游戏。接着，构造函数将炮台的初始位置设置为舞台底部中间的(275, 340)坐标处。此外，构造函数还监听 ENTER_FRAME 事件：

```
package {
    import flash.display.*;
    import flash.events.*;
    import flash.utils.getTimer;

    public class AAGun extends MovieClip {
        static const speed:Number = 150.0;
        private var lastTime:int; //动画时间

        public function AAGun() {
            //炮台初始位置
            this.x = 275;
            this.y = 340;

            //移动
            addEventListener(Event.ENTER_FRAME,moveGun);
        }
```

由于炮台的位置已设置好，侦听器也添加了，moveGun 函数会每帧运行一次以处理移动动作（如果有的话）：

```
        public function moveGun(event:Event) {
            //获取时间差
            var timePassed:int = getTimer()-lastTime;
            lastTime += timePassed;

            //当前位置
```

```
            var newx = this.x;

            //移向左边
            if (MovieClip(parent).leftArrow) {
                newx -= speed*timePassed/1000;
            }

            //移向右边
            if (MovieClip(parent).rightArrow) {
                newx += speed*timePassed/1000;
            }

            //检查边界
            if (newx < 10) newx = 10;
            if (newx > 540) newx = 540;

            //重新定位
            this.x = newx;
        }
    }
}
```

除了移动炮台外，在注释"检查边界"的下方，你可以看到两行代码，它们用来检查炮台的新位置，以确保它不会越过边界。

现在，该看看主类是如何处理键盘的按键动作的。在构造函数里，这通过两次 addEvent-Listener 的调用来完成：

```
stage.addEventListener(KeyboardEvent.KEY_DOWN,keyDownFunction);
stage.addEventListener(KeyboardEvent.KEY_UP,keyUpFunction);
```

调用的两个函数相应地设置 leftArrow 和 rightArrow 的布尔值：

```
//按下键时
public function keyDownFunction(event:KeyboardEvent) {
    if (event.keyCode == 37) {
        leftArrow = true;
    } else if (event.keyCode == 39) {
        rightArrow = true;
    }
}
```

说明

event.keyCode 值是与键盘上某键匹配的数字。键 37 是左方向键，而键 39 是右方向键。键 38 和键 40 分别是向上键和向下键，我们会在其他章节用到它们。

```
//松开键后
public function keyUpFunction(event:KeyboardEvent) {
    if (event.keyCode == 37) {
        leftArrow = false;
    } else if (event.keyCode == 39) {
        rightArrow = false;
    }
}
```

可见，炮台的移动其实是主类和 AAGun 类共同作用的结果。主类处理键盘输入，AAGun 类处理对象移动。

AAGun 类还有一个函数——deleteGun。不过，只有在从舞台上移除炮台以跳转至游戏结束帧时，我们才会用到它：

```
//从屏幕中移除并移除事件
public function deleteGun() {
    parent.removeChild(this);
    removeEventListener(Event.ENTER_FRAME,moveGun);
}
```

说明

记得用 removeEventListener 命令移除帧和计时器事件，这很重要。否则，即便你以为已经删除了父对象，那些事件还会继续发生。

5.2.4 射向天空的炮弹

炮弹可能是这个游戏中最简单的移动对象。此游戏中，图形其实是一组炮弹，如图 5-5 所示。

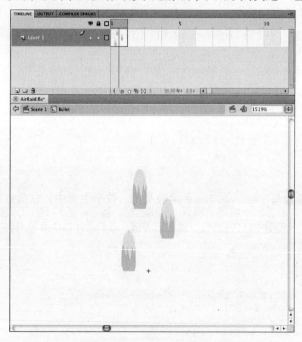

图 5-5 这个炮弹组的注册点在底部，所以当它们
从炮台打出的时候，位置刚好出现在炮口

它们从炮台的位置出发，向上飞行直至到达屏幕的顶端为止。Bullet 类中所有之前见过的代码都是在 Airplane 类和 AAGun 类中见过的

构造函数接收一个初始的 x 和 y 值以及一个速度值。不同于飞机的水平速度，这里的速度是指垂直速度：

```
package {
    import flash.display.*;
    import flash.events.*;
    import flash.utils.getTimer;

    public class Bullet extends MovieClip {
        private var dy:Number; //纵向速度
        private var lastTime:int;

        public function Bullet(x,y:Number, speed: Number) {
            //设置开始位置
            this.x = x;
            this.y = y;
            //获得速度
            dy = speed;
            //设置动画
            lastTime = getTimer();
            addEventListener(Event.ENTER_FRAME,moveBullet);
        }
```

每帧都会调用 moveBullet 函数，它会计算经过的时间并据此决定炮弹应该飞多远，还会检查炮弹是否已经飞过了屏幕顶端。

```
        public function moveBullet(event:Event) {
            //获取经过的时间
            var timePassed:int = getTimer()-lastTime;
            lastTime += timePassed;

            //移动炮弹
            this.y += dy*timePassed/1000;

            //如果炮弹飞过了屏幕顶端
            if (this.y < 0) {
                deleteBullet();
            }
        }
```

removeBullet 函数与 removePlane 函数类似，位于主类中。它负责在炮弹到达屏幕顶端的时候移除炮弹：

```
        //从舞台和飞机列表中删除炮弹
        public function deleteBullet() {
            MovieClip(parent).removeBullet(this);
            parent.removeChild(this);
            removeEventListener(Event.ENTER_FRAME,moveBullet);
        }
    }
}
```

为发射炮弹，玩家需要按下空格键。我们要修改 AirRaid 类中的 keyDownFunction 函数，使其接收空格键并把它们传递给处理新建炮弹的函数：

```
//按下按键
public function keyDownFunction(event:KeyboardEvent) {
    if (event.keyCode == 37) {
        leftArrow = true;
    } else if (event.keyCode == 39) {
        rightArrow = true;
    } else if (event.keyCode == 32) {
        fireBullet();
    }
}
```

> **说明**
>
> 键码 32 表示空格键。若要了解其他键对应的键码，可以查看 Flash 的帮助文档。搜索
> Keyboard Keys and Key Code Values（键盘键和键码值）。

fireBullet 函数把炮台的位置和一个速度值传递给新建的炮弹，同时将其添加至 bullets
数组内，以便在后面碰撞检测的时候跟踪对象：

```
public function fireBullet() {
    var b:Bullet = new Bullet(aagun.x,aagun.y,-300);
    addChild(b);
    bullets.push(b);
}
```

现在我们有了飞机、高射炮台和炮弹对象，是时候将这些对象与 AirRaid 主类结合起来了。

5.2.5   游戏类

AirRaid 类包含了游戏的所有逻辑。我们在这里创建初始的游戏对象，检测碰撞并处理得
分。当游戏进行时，它看起来和图 5-6 差不多。

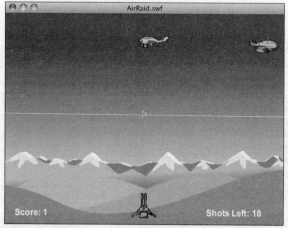

图 5-6   空袭游戏中有高射炮台，飞在半空中的炮弹，以及在上方飞行的两架飞机

1. 类的定义

类中需要用到我们曾用过的标准类，包括 getTimer 和文本字段类。

```
package {
    import flash.display.*;
    import flash.events.*;
    import flash.utils.Timer;
    import flash.text.TextField;
```

我们需要的类的变量包括对炮台的引用以及引用所创建飞机及炮弹的数组：

```
public class AirRaid extends MovieClip {
    private var aagun:AAGun;
    private var airplanes:Array;
    private var bullets:Array;
```

以下两个变量的值为 ture 或 false，用来记录玩家按下左方向键或右方向键的动作。它们需要作为 public 变量，因为 aagun 对象要通过它们来决定是否移动：

```
public var leftArrow, rightArrow:Boolean;
```

说明

可以在一个定义行里定义多个变量。当你需要定义少部分相同类型的相关变量时，这么做非常好。leftArrow 和 rightArrow 变量就是一个很好的例子。

接下来的 nextPlane 变量是 Timer 类型。我们用它来决定什么时候出现下一架飞机。

```
private var nextPlane:Timer;
```

最后，有两个记录得分的变量。第一个记录剩下的炮弹数量，第二个记录玩家击中飞机的次数：

```
private var shotsLeft:int;
private var shotsHit:int;
```

这个游戏里并没有 AirRaid 构造函数，因为游戏并不从第 1 帧开始。事实上，游戏在主时间轴的 **play** 帧调用 startAirRaid 函数。

函数开始时，设置剩余炮弹 20 发，得分为 0：

```
public function startAirRaid() {
    //初始化得分
    shotsLeft = 20;
    shotsHit = 0;
    showGameScore();
```

接着，与 aagun 对象类似，创建高射炮台并将其添加至舞台：

```
//创建炮台
aagun = new AAGun();
addChild(aagun);
```

此外，我们还需要创建数组记录炮弹和飞机：

```
//创建对象数组
airplanes = new Array();
bullets = new Array();
```

要知道哪个键被按下了，我们需要两个侦听器，一个侦听键按下事件，一个侦听按键松开事件：

```
//侦听键盘
stage.addEventListener(KeyboardEvent.KEY_DOWN,keyDownFunction);
stage.addEventListener(KeyboardEvent.KEY_UP,keyUpFunction);
```

我们需要一个 ENTER_FRAME 事件侦听器来触发 checkForHits 函数。这是炮弹和飞机之间最重要的碰撞检测：

```
//检测碰撞
addEventListener(Event.ENTER_FRAME,checkForHits);
```

现在，我们需要让一些飞机出现在空中，游戏开始。setNextPlane 函数完成飞机出现在空中的效果，我们稍后会详细讲解它：

```
//开始飞机的飞行
setNextPlane();
}
```

2. 创建新飞机

新飞机需要在一定时间内随机创建。要做到这点，我们创建一个 Timer，并在不久后触发 newPlane 函数的调用。setNextPlane 函数创建了只有一个事件的 Timer，并将它设置为未来 1~2 s：

```
public function setNextPlane() {
    nextPlane = new Timer(1000+Math.random()*1000,1);
    nextPlane.addEventListener(TimerEvent.TIMER_COMPLETE,newPlane);
    nextPlane.start();
}
```

当 Timer 计时完毕，它调用 newPlane 函数创建一架新飞机并让它飞行。Airplane 对象的 3 个参数均采用 Math.random() 函数的值随机决定。然后，飞机被创建并添加到舞台上。而且，它也被添加至 airplanes 数组里。

```
public function newPlane(event:TimerEvent) {
    //随机的出发端、速度和高度
    if (Math.random() > .5) {
        var side:String = "left";
    } else {
        side = "right";
    }
    var altitude:Number = Math.random()*50+20;
    var speed:Number = Math.random()*150+150;

    //创建飞机
    var p:Airplane = new Airplane(side,speed,altitude);
    addChild(p);
    airplanes.push(p);

    //为下一架飞机设定时间
    setNextPlane();
}
```

函数的最后，setNextPlane 函数再次被调用，准备下一架飞机。这样，创建每一架飞机的同时也会设好创建下一架飞机的计时器。将有无限多的飞机不断攻击！

3. 碰撞检测

整个游戏最有趣的函数就是 checkForHits 函数。它遍历所有的炮弹和飞机并确定它们之间是否相交。

说明

请注意，我们是逆向遍历数组的。这样我们就不会把自己弄糊涂。如果我们正向遍历数组，若删除了数组的第 3 个元素，则数组中的第 4 个元素会变成新的第 3 个元素。接着向前遍历查找第 4 个元素时，结果就会跳过一个元素。

我们通过 hitTestObject 方法判断这两个影片剪辑的外框是否重叠。如果重叠，我们就要进行一些处理。首先，我们调用 planeHit 方法销毁飞机。接着，我们删除炮弹。增加击中飞机的次数并更新游戏得分。然后，结束这架飞机的碰撞检测，继续列表中的下一枚炮弹：

```
//检测碰撞
public function checkForHits(event:Event) {
    for(var bulletNum:int=bullets.length-1;bulletNum>=0;bulletNum--){
        for (var airplaneNum:int=airplanes.length-1;airplaneNum>=0;airplaneNum--) {
            if (bullets[bulletNum].hitTestObject(airplanes[airplaneNum])) {
                airplanes[airplaneNum].planeHit();
                bullets[bulletNum].deleteBullet();
                shotsHit++;
                showGameScore();
                            break;
            }
        }
    }

    if ((shotsLeft == 0) && (bullets.length == 0)) {
        endGame();
    }
}
```

在函数的最后，我们查看游戏是否结束。当没有炮弹剩余，并且最后一发炮弹已经越过屏幕顶端或者击中了飞机时，游戏结束。

4. 键盘输入处理

接下来的两个函数处理按键。我们之前已经见到过这些函数：

```
//按下按键
public function keyDownFunction(event:KeyboardEvent) {
    if (event.keyCode == 37) {
        leftArrow = true;
    } else if (event.keyCode == 39) {
        rightArrow = true;
    } else if (event.keyCode == 32) {
        fireBullet();
```

```
    }
}

//松开按键时
public function keyUpFunction(event:KeyboardEvent) {
    if (event.keyCode == 37) {
        leftArrow = false;
    } else if (event.keyCode == 39) {
        rightArrow = false;
    }
}
```

为当玩家按下空格键时创建一枚新炮弹，创建该对象并赋予它所处炮台的位置和炮弹的速度（在本例中，为 300 像素每秒）。

我们往 bullets 数组中添加这枚炮弹并从 shotsLeft 数组中减去一枚炮弹，同时更新游戏得分。

注意在所有这些发生以前，我们会先查看 shotsLeft 数组，确保玩家能继续发射炮弹。这样可以防止玩家在游戏结尾获得额外的炮弹。

```
//新炮弹被创建
public function fireBullet() {
    if (shotsLeft <= 0) return;
    var b:Bullet = new Bullet(aagun.x,aagun.y,-300);
    addChild(b);
    bullets.push(b);
    shotsLeft--;
    showGameScore();
}
```

5. 其他函数

我们已经调用若干次 showGameScore 函数了。这个函数只是把 shotsHit 和 shotsLeft 的值放入舞台上的文本字段内。这些不是用代码创建的文本字段，而是我手动放进示例影片舞台上的。我不希望让 TextField 和 TextFormat 代码来弄乱这个例子：

```
public function showGameScore() {
    showScore.text = String("Score: "+shotsHit);
    showShots.text = String("Shots Left: "+shotsLeft);
}
```

说明

虽然没有在代码中创建文本字段，我仍然需要把 import flash.text.TextField; 语句放在类的开头。因为我们需要这个类来创建和处理文本字段。

接下来的两个函数直接从数组中移除一个元素。For...in 循环用来遍历数组，然后用 splice 命令移除找到的元素。然后通过 Break 命令，在找到匹配的元素之后退出循环。

我们需要一个函数移除 airplanes 数组中的飞机，还需要另一个函数从 bullets 数组移除炮弹：

```
//从数组中移除一架飞机
public function removePlane(plane:Airplane) {
    for(var i in airplanes) {
        if (airplanes[i] == plane) {
            airplanes.splice(i,1);
            break;
        }
    }
}

//从数组里移除一枚炮弹
public function removeBullet(bullet:Bullet) {
    for(var i in bullets) {
        if (bullets[i] == bullet) {
            bullets.splice(i,1);
            break;
        }
    }
}
```

我们其实可以用一个函数来替代 removePlane 和 removeBullet 这两个函数。将这个函数传入要找的数组和元素中。不过，通过两个独立的函数，我们可以进一步开发游戏，比如分别为飞机和炮弹的移除添加其他效果。例如，在移除飞机的时候调用 setNewPlane 函数，而不是在飞机创建时调用。

6. 游戏后的清理

当游戏结束时，会有些游戏元素留在屏幕上。我们知道，游戏结束时，所有的炮弹都用完了，但飞机和炮台仍在。

我们没有像第 4 章中的推理游戏那样，把所有显示对象都存储在一个数组中，而是用 airplanes 数组、aagun 变量和 bullets 数组来存储这些对象。我们知道，游戏结束时这些变量已经被清空了。

移除了飞机和炮台对象之后，我们还需要移除键盘侦听器和 checkForHits 事件侦听器，以及 nextPlane 计时器。接着，转到不带任何游戏元素的 gameover 帧。

```
//游戏结束，清除影片剪辑
public function endGame() {
    //移除飞机
    for(var i:int=airplanes.length-1;i>=0;i--) {
        airplanes[i].deletePlane();
    }
    airplanes = null;

    aagun.deleteGun();
    aagun = null;

    stage.removeEventListener(KeyboardEvent.KEY_DOWN,keyDownFunction);
    stage.removeEventListener(KeyboardEvent.KEY_UP,keyUpFunction);
    removeEventListener(Event.ENTER_FRAME,checkForHits);
```

```
    nextPlane.stop();
    nextPlane = null;

    gotoAndStop("gameover");
}
```

此函数后，你需要两个大括号来结束类和包。

相比起 ActionScript 创建的文本字段，在主时间轴手动创建文本字段的一个优势是，它们可以贯穿至 gameover 帧。这意味着玩家可以在最后一帧看到他们的得分。

5.2.6 修改游戏

AirRaid.fla 影片包含了与第 4 章中 Deduction.fla 影片相同的帧脚本和按钮。intro 帧上有一个 Start（开始）按钮，并且 gameover 帧有一个 Play Again（再玩一次）按钮。中间的帧标签是 "play"。

此游戏中，我将游戏介绍文字也加入到 intro 帧。如图 5-7 所示，第 1 帧上有介绍文字、标题、Start 按钮及位于屏幕底部的文本字段。

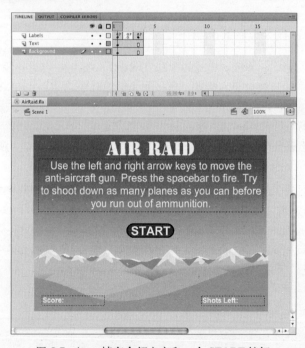

图 5-7   intro 帧有介绍文字和一个 START 按钮

改进游戏的时候可以多增加点飞机种类或者把飞机画得更真实些。背景和炮台也可以改进。

在代码方面，你可以为不同的飞机设置不同的飞行速度。没准你甚至想让飞机的速度随着游戏时间的增加而加快。

当然你也可以改变玩家开始的炮弹数量。

更大规模的修改可以包括整个游戏主题的设置。你可以回想下旧时的潜艇游戏，把飞机变成船只，把炮台改成潜望镜观察员。在这种情况下，我会大幅度降低炮弹的速度并使用背景艺术来创造一些场景深度。

5.3 弹球游戏

源文件

http://flashgameu.com

A3GPU205_PaddleBall.zip

空袭游戏中涉及众多对象的简单单向运动和毁灭性碰撞。接下来的游戏——弹球（Paddle Ball）则具有斜向运动和弹跳碰撞。

Paddle Ball 是 Breakout（打砖块）游戏的一个版本，Breakout 游戏是早期非常流行的视频电脑游戏。目前这款游戏的各种版本常常活跃在网络上。

说明

1976 年，雅达利 Atari 公司①最早版本的 Breakout 游戏由史蒂夫·乔布斯和史蒂夫·沃兹尼亚克开发，而这在他们创建苹果公司之前。因沃兹尼亚克的芯片设计不能与雅达利公司的制造进程良好地协作，这款游戏夭折了。

Breakout 游戏以 hidden Easter eggs（隐藏的复活节彩蛋）游戏的形式出现在 Mac 操作系统上。甚至在今天，一些 iPod 上也带有这款游戏。

在这个版本的弹球游戏中，玩家控制屏幕下方的挡板，并通过鼠标左右移动挡板。游戏中主要活动的游戏元素为一个小球，它会与墙壁或屏幕顶部碰撞后来回弹跳，当小球向下运行时，如果没有挡板挡住，小球则直接穿过屏幕底部而消失。

屏幕的上方是一堆方形的砖块，玩家必须控制挡板使小球通过挡板借力弹向砖块，从而消除砖块。

5.3.1 建立影片

影片的设置与空袭游戏和推理游戏类似。第 1 帧为影片介绍界面，第 3 帧为游戏结束界面。这两个游戏的第 1 帧上都有一个用来开始新游戏的按钮以及游戏介绍内容。

第 2 帧为游戏界面，即游戏执行的地方。该帧绘制了一个边框，屏幕的中间绘制了一个文本字段用来显示类似于 Click to Start 的字样，屏幕的右下方绘制一个文本字段用来显示玩家的可用球数。图 5-8 显示了这 3 个游戏元素及黑色背景。

---

① 一家 1972 年成立的美国电脑公司，它是街机、家用电子游戏机和家用电脑的早期拓荒者。——编者注

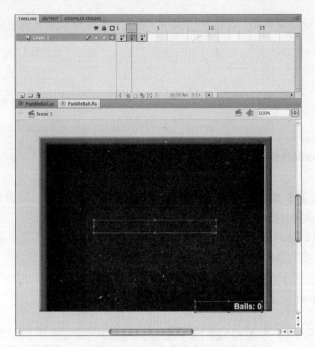

图 5-8　中间文本字段为 gameMessage 元件，右下方文本字段为 ballsLeft 元件

　　此影片库中的元件比我们目前创建的任何一个游戏的元件都要多。图 5-9 所示为影片的库，其中包含了脚本需要读取的类名。

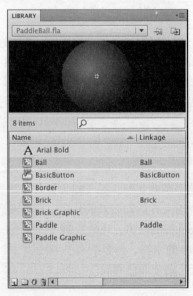

图 5-9　库中共有 7 个元件，包括小球、砖块和挡板

你会注意到，库中有一组"Brick"和"Brick Graphic"元件，以及一组"Paddle"和"Paddle Graphic"元件。两组元件中的后一个元件均包含在前一个元件中。因此，"Brick Graphic"是"Brick"元件中的元素并且是其唯一的元素。

这么做的原因是，我们可以很方便地对这些元素应用过滤器。过滤器，比如这里的斜角过滤器，可以在影片剪辑的 Properties 面板中应用。但是，由于"Brick"和"Paddle"元件均由 ActionScript 创建，因而，若要通过属性面板中应用过滤器，我们需要在"Brick"元件中放置一个"Brick Graphic"元件。

在"Brick Graphic"上应用过滤器。然后，在 ActionScript 中创建"Brick"的副本时就不用考虑过滤器的问题了。

说明

我们也可以在 ActionScript 中应用过滤器。但是，这会增加一些与游戏无关的代码。我们不这么做的另一个原因是，这部分内容可以由与程序员一起工作的美工来完成。美工可以很方便地创建图形并应用过滤器，而不用程序员来帮助他们完成。

图 5-10 展示了 Brick 影片剪辑，里面包含了 Brick Graphic 影片剪辑。你还可以在 Properties 面板中查看元件的过滤器设置。

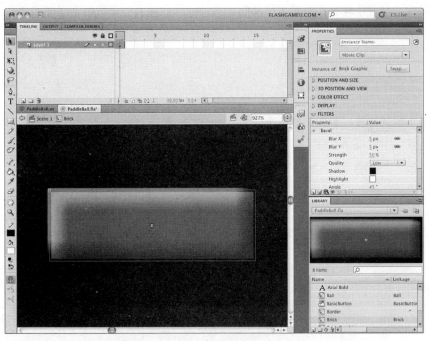

图 5-10　斜角过滤器使简单的正方形看起来更有意思

5.3.2   类定义

与空袭游戏不同，弹球游戏采用一个 ActionScript 类来控制游戏的所有内容。此类需要引入其他一些类，包括 getTimer、Rectangle 类和文本字段：

```
package {
    import flash.display.*;
    import flash.events.*;
    import flash.utils.getTimer;
    import flash.geom.Rectangle;
    import flash.text.TextField;
```

此游戏含有多个常量。下面列表中常量的意义可简单地从其名称读出。这个列表定义了游戏中元素（如小球、墙和挡板）的位置和大小：

```
public class PaddleBall extends MovieClip {
    //环境常量
    private const ballRadius:Number = 9;
    private const wallTop:Number = 18;
    private const wallLeft:Number = 18;
    private const wallRight:Number = 532;
    private const paddleY:Number = 380;
    private const paddleWidth:Number = 90;
    private const ballSpeed:Number = .2;
    private const paddleCurve:Number = .005;
    private const paddleHeight:Number = 18;
```

此游戏中，只有小球和挡板是可移动的。另外，我们需要一个数组来存储砖块：

```
    //关键对象
    private var paddle:Paddle;
    private var ball:Ball;

    //砖块
    private var bricks:Array;
```

为记录小球的速度，我们需要两个变量：ballDX 和 ballDY。此外，和空袭游戏一样，我们还需要 lastTime 变量：

```
    //小球速度
    private var ballDX:Number;
    private var ballDY:Number;

    //动画计时器
    private var lastTime:uint;
```

说明

速度是对速率和方向的综合测量。单个的变量如 dx 用来测量对象的水平速率。而组合变量，如 dx 和 dy，则用来测量方向和速率，即速度。或者，游戏以一个变量记录速率（单位为像素每秒），另一个变量记录方向（航向或角度）。两个变量的组合代表速度。

最后一个变量存储剩余可用的小球数量。这是我们第一次在游戏中向玩家提供多次机会，或称为生命条数。玩家游戏时，共提供了 3 个小球。当玩家操控的挡板错失了所有的球，即 3 个球都穿过挡板消失后，游戏结束：

```
//剩余小球的数量
private var balls:Number;
```

此游戏中没有构造函数，因为我们直到第 2 帧才开始游戏。因此，我们不提及 PaddleBall 函数。

5.3.3 开始游戏

游戏开始时，挡板、砖块和球都会被创建。砖块堆的形状由另一个函数创建。之后再详细介绍。

球的数量设为 3，同时初始游戏信息显示在文本字段中。还有，lastTime 的值设为 0。这与我们之间将 getTimer 的值赋予 lastTime 的做法不一样。我会在之后提到使用了 lastTime 的动画函数时再解释这么设置的原因。

设置两个侦听器。第一个侦听器每帧调用一次 moveObjects 函数。第二个作为事件侦听器捕捉舞台上的鼠标单击事件。因为游戏要求玩家单击 Click to Start 开始游戏，所以我们要捕捉玩家的单击并以此运行 newBall 函数：

```
public function startPaddleBall() {

    //创建挡板
    paddle = new Paddle();
    paddle.y = paddleY;
    addChild(paddle);

    //创建砖块
    makeBricks();

    balls = 3;
    gameMessage.text = "Click To Start";

    //设立动画
    lastTime = 0;
    addEventListener(Event.ENTER_FRAME,moveObjects);
    stage.addEventListener(MouseEvent.CLICK,newBall);
}
```

makeBricks 函数会创建一组砖块。砖块组由 8 列 5 行构成。我们需要一个嵌套循环通过 x 和 y 变量创建这 40 个砖块。每个砖块占据 60 像素宽和 20 像素高，并且偏移量分别为 65 像素和 50 像素。

```
//创建砖块组
public function makeBricks() {
    bricks = new Array();

    //创建几排砖块，共8列5行
```

```
for(var y:uint=0;y<5;y++) {
    for(var x:uint=0;x<8;x++) {
        var newBrick:Brick = new Brick();
        //将它们整齐放置
        newBrick.x = 60*x+65;
        newBrick.y = 20*y+50;
        addChild(newBrick);
        bricks.push(newBrick);
    }
}
}
```

说明

创建这类排列函数时，要敢于修改数字去不断地测试以得到理想的效果。例如，我会在 `makeBricks` 函数中变换些数字，直到砖块的排列看起来非常美观。当然，我也可以在编写代码之前在脑海中或纸上估算一遍砖块的大小和偏移量，但是根据经验猜测要更简单更快捷。

ActionScript 具有非常棒的测试和探索环境，你不需要在编写代码之前计划好每一件事。

单独设定一个创建砖块的函数的一个好处是，你可以之后用其他的函数替换它，从而生成不同形状的砖块堆。甚至可以从砖块样式数据库中读取你希望的砖块排列方式。你对砖块堆进行的任何修改都可以通过调用独立的 `makeBricks` 函数来完成，因此，当你专注于游戏的操作时，可以由另一位程序员来处理砖块堆的排列。

如图 5-11 所示，游戏处于开始状态，小球、挡板和砖块堆均已创建完毕。你还可以看到纯装饰性的墙壁。小球在我们通过 `wallLeft`、`wallRight` 和 `wallTop` 创建的不可见墙壁之间来回弹跳。

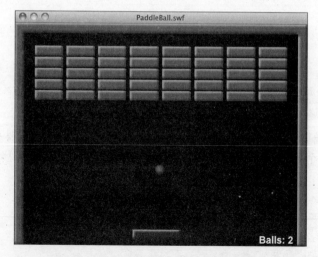

图 5-11   游戏开始时显示出所有的游戏元素

5.3.4 新建一个小球

当游戏开始时，并不会出现小球，而是显示信息 Click to Start，玩家必须单击舞台开始游戏。单击后程序调用 newBall 函数，创建一个新的 Ball 对象并设置它的位置和相关属性。

首先，newBall 函数会检查一遍，确保 Ball 对象为 null。这样可以防止玩家在小球已经创建时单击屏幕。

接着，清除 gameMessage 文本字段的信息：

```
public function newBall(event:Event) {
    //如果已经有了小球对象，就不运行此处
    if (ball != null) return;

    gameMessage.text = "";
```

屏幕的正中央创建了一个小球对象，它的位置是根据 wallLeft 和 wallRight 相差距离的一半及 wallTop 和挡板垂直位置相差距离的一半而创建的。

```
//创建小球，并将其放置在屏幕中央
ball = new Ball();
ball.x = (wallRight-wallLeft)/2+wallLeft;
ball.y = 200;//(paddleY-wallTop)/2+wallTop;
addChild(ball);
```

小球的速度根据 ballSpeed 常量的值直线向下运行：

```
//小球的速度
ballDX = 0;
ballDY = ballSpeed;
```

小球的数量会逐一递减，然后右下方的文本字段会显示小球剩余的数量。同时，lastTime 重新设为 0，动画重新开始。

```
//用掉一个小球
balls--;
ballsLeft.text = "Balls: "+balls;

//重设动画
lastTime = 0;
}
```

newBall 函数在游戏开始时执行，同时在游戏的过程中创建新的小球。

5.3.5 游戏动画及碰撞检测

到目前为止，游戏的代码都很简单直接。但是，当我们开始操作移动对象时，编码就会变得复杂起来。小球必须检测与挡板和砖块之间的碰撞。然后根据碰撞作出恰当的响应。

ENTER_FRAME 事件侦听器会每帧调用一次 moveObjects 函数。这时，moveObjects 函数会再执行另外两个函数：movePaddle 和 moveBall：

```
public function moveObjects(event:Event) {
    movePaddle();
    moveBall();
}
```

1. 挡板的移动

movePaddle 函数比较简单。它将挡板的 x 属性设为 mouseX 的位置。此外，它还用到了 Math.min 和 Math.max 函数来限制挡板在舞台左右的边缘位置。

> **说明**
>
> mouseX 和 mouseY 属性会返回光标相对当前显示对象的位置。在本示例中，当前显示对象为主类，即舞台。如果我们是在一个影片剪辑类中读取 mouseX 和 mouseY 的值，则需要在最后调整一下结果，或者直接读取 stage.mouseX 和 stage.mouseY 的值。

```
public function movePaddle() {
    //跟随鼠标的水平位置
    var newX:Number = Math.min(wallRight-paddleWidth/2,
        Math.max(wallLeft+paddleWidth/2,
            mouseX));
    paddle.x = newX;
}
```

2. 小球运动

moveBall 函数用来移动小球，它占了大部分代码。小球基本的运动与空袭游戏中的移动对象类似。但是，小球的碰撞则要远远复杂得多。

函数首先要检测 ball 对象是否为空。如果不为空，说明已经有小球了，剩下的可以跳过。

```
public function moveBall() {
    //如果已经有小球了，不运行此处
    if (ball == null) return;
```

记住，我们将 lastTime 变量初始化为 0，而不是 getTimer 的值。这样，用来创建游戏对象并第一次绘制屏幕的时间，就不会用来确定第一次动画运行的时间。例如，如果游戏启动花费了 500 ms，getTimer() 的值减去 lastTime 的值就为 500 ms 甚至更多。因此，小球会早在玩家作出反应之前就弹跳起来。

> **说明**
>
> 游戏耗费 500 ms 来启动的一个原因是，对象应用了斜角过滤器。这会降低游戏的启动速度，用来修饰砖块和挡板的外观。但是，在碰撞初始化后，它不会影响游戏的运行。

根据 lastTime 的初始值为 0，我们可以在动画函数中识别它并赋予它新的值。这意味着函数第一次运行时 timePassed 的值很可能也为 0。但是，这不会产生任何影响。我们这么做是为了确保在第一次调用 moveBall 函数后，动画计时器才开始运行：

```
//获得小球的新位置
if (lastTime == 0) lastTime = getTimer();
var timePassed:int = getTimer()-lastTime;
lastTime += timePassed;
var newBallX = ball.x + ballDX*timePassed;
var newBallY = ball.y + ballDY*timePassed;
```

3. 碰撞检测

为开始碰撞检测，我们先读取小球的方形外框。事实上，我们获得两个版本的方形外框：当前的小球外框（称为 `oldBallRect`），以及顺利完成某方向的运动后的小球外框（称为 `newBallRect`）。

说明

`Rectangle` 对象可以帮助你读取更多对象被赋予的信息，它可以作为一个范例。你为对象设置了 x 和 y 方位以及对象的宽和高。不过，你可以要求它解析方形外框其他的信息，如外框的顶部、底部、左边和右边的位置。你还可以在角落处应用 `point` 对象（如 `bottomRight` 对象）。我们的计算过程中会用到外框的顶端、底部、左边和右边的位置。

计算 `oldBallRect` 和 `newBallRect` 的方式是，用其 x 和 y 的位置加上或减去 `ballRadius`（小球半径）。例如，`ball.x-ballRadius` 得出方形外框的 x 方位，`ballRadius*` 得出外框的宽度。计算 `paddleRect` 也是同样的道理：

```
var oldBallRect = new Rectangle(ball.x-ballRadius,
        ball.y-ballRadius, ballRadius*2, ballRadius*2);
    var newBallRect = new Rectangle(newBallX-ballRadius,
        newBallY-ballRadius, ballRadius*2, ballRadius*2);
    var paddleRect = new Rectangle(paddle.x-paddleWidth/2,
        paddle.y-paddleHeight/2, paddleWidth, paddleHeight);
```

有了这 3 个方形外框对象，我们就可以通过它们来判断小球是否与挡板发生了碰撞。当小球的底部与挡板的顶部相叠时，它们发生了碰撞，但是，判断它们相交的这个时刻远比看上去要复杂。我们不想只是简单地去判断小球的底部位置是否大于挡板的顶部位置。我们所要知道的是，这一事刚刚件发生了，就在动画运行的这一刻。因此，正确的问题应该是：小球底部的位置是否大于挡板顶部的位置，以及之前小球的底部是否高于挡板的顶部。如果这两个条件都满足，则小球是刚刚与挡板相交。图 5-12 直观地解释了上述内容。

这里还需要进行一个测试，确定小球的水平位置是否与挡板的水平位置匹配。如果小球的右边位置大于挡板的左边，且小球的左边位置小于挡板的右边，则表明发生了碰撞。

如果发生碰撞，小球要向上偏移一点点。这可以通过改变 `ballDY` 的方向来完成。另外，小球要定义新的方位。毕竟小球不能像现在这样一直与挡板相交，如图 5-12 所示。

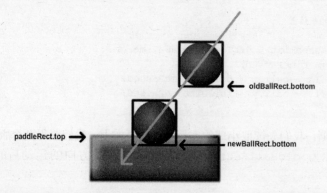

图 5-12 此图显示了前一帧中的小球以及在无障碍的情况下小球的当前位置。实际上，
       小球与挡板相撞并发生了偏向

因此，计算小球穿过挡板那部分的距离，然后将小球向上偏移两倍的距离，如图 5-13 所示。

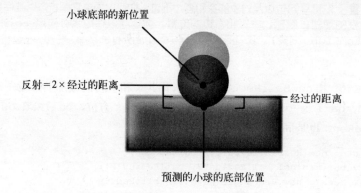

图 5-13   小球微微进入挡板一段距离，因此，它再向上移动至距离之前一样的距离

```
//与挡板碰撞
if (newBallRect.bottom >= paddleRect.top) {
    if (oldBallRect.bottom < paddleRect.top) {
        if (newBallRect.right > paddleRect.left) {
            if (newBallRect.left < paddleRect.right) {
                //小球弹回
                newBallY -= 2*(newBallRect.bottom - paddleRect.top);
                ballDY *= -1;
                //确定新的运动角度
                ballDX = (newBallX-paddle.x)*paddleCurve;
            }
        }
    }
```

当小球的垂直速率被简单地反射后，小球的水平速率 ballDX 的值也要重新设置。该值由距离挡板中心的距离乘以 paddleCurve 常量决定。

这里的思路是，需要由玩家来引导小球的方向。如果小球撞击的是平滑的表面，小球只会以它最初的那个角度运行而不会转向任何其他角度。这样的话，游戏最后不可能成功。

此游戏所要实现的效果是，小球从挡板的中心来回弹跳，并且以越来越大的斜角方向运动至最后。

说明

通常，为了直观地展现这种弹跳效果，会在挡板的上方画一条弧线。这样可以向玩家清晰地展示小球与挡板碰撞后的运动轨迹。但是，自从有一个游戏这么做了之后，几乎每一个 Breakout 风格的游戏都会画出这么一条曲线，使在游戏中画出运动轨迹弧线变成理所当然。

如果小球错过了挡板，则不会再反弹回来。但是，我们不会立即移除小球，而是一直等到小球运行到屏幕底部再移除它。

如果这个被移除的小球是最后一个，那么游戏结束，调用 endGame 函数。不然，gameMessage 文本字段会显示 Click For Next Ball。由于 ball 变量的值被设为空，因而 moveBall 函数不会再起任何作用。另外，newBall 函数会接收鼠标单击事件然后创建新的小球。我们必须通过 return 命令退出此函数。如果小球消失了，就不需要再检测小球与墙或砖块的撞击：

```
} else if (newBallRect.top > 400) {
    removeChild(ball);
    ball = null;
    if (balls > 0) {
        gameMessage.text = "Click For Next Ball";
    } else {
        endGame();
    }
    return;
}
}
```

接着，检测小球与上方三面墙的碰撞。这些碰撞检测都相对简单，因为小球不可能穿过任何一面墙。每次碰撞后，小球的垂直或水平速率会反向，并且小球的位置会以与小球和挡板碰撞后类似的处理方式重新设置，因此小球不会在墙的"内部"。

```
//与上方墙壁碰撞
if (newBallRect.top < wallTop) {
    newBallY += 2*(wallTop - newBallRect.top);
    ballDY *= -1;
}

//与左边墙壁碰撞
if (newBallRect.left < wallLeft) {
    newBallX += 2*(wallLeft - newBallRect.left);
    ballDX *= -1;
}
```

```
//与右边墙壁碰撞
if (newBallRect.right > wallRight) {
    newBallX += 2*(wallRight - newBallRect.right);
    ballDX *= -1;
}
```

要检测小球与砖块的碰撞，我们需要循环所有的砖块然后逐个检测。对每个砖块，我们都创建一个 brickRect，这样，我们就可以得到砖块的顶部、底部、左边和右边的方位，与读取小球信息的方式类似。

说明

通常，当你循环数组查找碰撞时，是反过来做的。这样，你就不用跳过列表中的任何元素。但在这里，我们可以持续检索，因为当小球与砖块发生碰撞后，我们会停止对其他碰撞进行检索（同一时间只可能发生一次碰撞）。

检测与砖块的碰撞很简单，但要根据碰撞作出反应则要复杂得多。因为我们有了小球和砖块的 Rectangle 对象，所以我们可以很方便地通过 intersects 函数判断小球所处的新位置是否在砖块内。

如果在的话，则要判断小球是从哪个方向撞击砖块的。通过一系列的测试，比较小球的两侧与方块的两侧，当交叉面找到时，小球以正确的方向反弹并调整定位：

```
//与砖块碰撞
for(var i:int=bricks.length-1;i>=0;i--) {

    //获得砖块的矩形
    var brickRect:Rectangle = bricks[i].getRect(this);

    //是否有砖块发生碰撞
    if (brickRect.intersects(newBallRect)) {

        //小球撞击砖块的左边还是右边
        if (oldBallRect.right < brickRect.left) {
            newBallX += 2*(brickRect.left - oldBallRect.right);
            ballDX *= -1;
        } else if (oldBallRect.left > brickRect.right) {
            newBallX += 2*(brickRect.right - oldBallRect.left);
            ballDX *= -1;
        }

        //小球撞击的是顶部还是底部
        if (oldBallRect.top > brickRect.bottom) {
            ballDY *= -1;
            newBallY += 2*(brickRect.bottom-newBallRect.top);
        } else if (oldBallRect.bottom < brickRect.top) {
            ballDY *= -1;
            newBallY += 2*(brickRect.top - newBallRect.bottom);
        }
```

　　如果小球成功撞击了一个砖块，则该砖块需要被清除。另外，当bricks数组清空时，游戏结束。这里，我们还要用到return命令，因为游戏结束后，就不需要再对小球的位置进行设置。另外，我们会在碰撞循环函数的末尾写入break命令，这样，当检测到任一碰撞时，我们只需要对此碰撞进行处理，而不需要处理多个碰撞。尽管小球撞击两个砖块的情况几乎不可能发生，但是这种情况会导致小球运行怪异。

```
            //移除砖块
            removeChild(bricks[i]);
            bricks.splice(i,1);
            if (bricks.length < 1) {
                endGame();
                return;
            }

            //处理一次碰撞结果即可
            break;
        }
    }

    //为小球设置新的位置
    ball.x = newBallX;
    ball.y = newBallY;
}
```

　　关于此游戏的另一个重要方面是，它有两种游戏模式。第一种是，小球处于运动中。第二种是，游戏等待玩家单击屏幕创建一个新的小球。代码通过判断ball的值来区分这两种模式。如果ball的值为null，则表示游戏处于第二种模式。

5.3.6　游戏结束

　　当满足以下两个条件中的任一个时，游戏结束：玩家错失了最后一个小球，或者最后一个砖块与小球发生碰撞。

　　与空袭游戏类似，通过endGame函数清除所有剩下的影片剪辑。同时将这些影片剪辑的引用设为null，从而Flash播放器会定时从内存中清除这些对象。

　　重要的是检查ball对象，确定它是否已经消失。因为当玩家错失最后一个小球时，如果调用endGame函数，那么小球会消失。

　　此外，我们还要移除侦听器，即每帧调用moveObjects函数的侦听器和侦听鼠标单击事件的侦听器。

```
function endGame() {
    //移除挡板和砖块
    removeChild(paddle);
    for(var i:int=bricks.length-1;i>=0;i--) {
        removeChild(bricks[i]);
    }
    paddle = null;
    bricks = null;
```

```
//移除小球
if (ball != null) {
    removeChild(ball);
    ball = null;
}


//移除侦听器
removeEventListener(Event.ENTER_FRAME,moveObjects);
stage.removeEventListener(MouseEvent.CLICK,newBall);

gotoAndStop("gameover");
}
```

代码的最后，不要忘记添加大括号以关闭类和包。

5.3.7   修改游戏

此游戏还需要声音。可以参照第 3 章中配对游戏的例子简单地为此游戏添加声音。先从添加小球与挡板撞击和小球与砖块撞击的声音开始。另外，再分别添加小球撞击墙壁及玩家错失小球的声音会更好。

另一个不错的修改是，为砖块设置不同的颜色。你可以在 Brick Graphic 影片剪辑中设置多帧，通过停留某帧设定其颜色。可以将每行砖块设置成一种颜色。

游戏计分是个不错的主意，尽管游戏中并没有明显的竞争。如果创建多个游戏等级，则对游戏计分会更好。你可以通过每个等级增加小球的运行速度来创建多个等级，或为每个等级设置不同的砖块布局。

当玩家清除所有砖块后，小球也移除了，接着出现消息文本 Click For Next Level。然后，当玩家单击屏幕时，不仅会创建新的小球，同时还会出现一组新的砖块。

拼图游戏：滑动与拼图

本章内容

- ❑ 编辑位图图像
- ❑ 滑动拼接游戏
- ❑ 拼图游戏

依赖于照片或者细致的图像的游戏有很多。但对于电脑游戏来说，拼图游戏（jigsaw puzzle）还是相当新的，因为直到 20 世纪 90 年代中期，消费型个人电脑才有足够的能力来显示细致的图像。

Flash 中支持导入多种图像格式。当然，仅仅导入它们是不够的，我们还需要对其进行操作。幸好，强大的 Flash 允许我们直接访问位图数据从而编辑图像。使用这些功能，就可以在拼图游戏中将图像切成小块使用。

说明

Flash 支持 JPG、GIF 和 PNG 图像格式。JPG 是照片的理想格式，因为它拥有良好的压缩比，在生成时还可以自定义压缩比例。GIF 也是一种压缩格式，它对于只用几种颜色绘制的图形有不错的效果。PNG 格式提供了良好的压缩比和出色的全分辨率显示效果。以上几种格式都可以在 Adobe Fireworks 或 Adobe Photoshop 中创建，这两个软件和 Flash 都是一些 Adobe 软件包的组成部分。

接下来，让我们先看看导入和编辑图像背后的基础知识。然后，来研究两个游戏，它们使用了从外部导入图像切成的小块。

6.1   编辑位图图像

源文件

http://flashgameu.com

A3GPU206_Bitmap.zip

在使用位图之前，必须先导入它。当然，你也可以使用 Flash 库中的位图，方法是先给它设置一个类名，然后通过类名来访问它。不过，通常情况下我们都是直接导入外部位图，这样更加便捷有效。

6.1.1   导入位图

Loader 对象是一个特殊的 Sprite 类，它从外部源获取数据。使用时必须搭配一个 URLRequest，用来处理网络文件访问。

下面的例子导入一张 JPG 图像，并将其放置在屏幕上。首先创建一个 Loader 对象和一个 URLRequest 实例，然后使用 load 命令将它们配对。整个过程只需要 3 行代码。接下来，我们使用 addChild 将 Loader 对象添加到舞台上，就和操作普通的 Sprite 一样。

```
package {
    import flash.display.*;
    import flash.net.URLRequest;

public class BitmapExample extends MovieClip {

        public function BitmapExample() {
            var loader:Loader = new Loader();
            var request:URLRequest = new URLRequest("myimage.jpg");
            loader.load(request);
            addChild(loader);
        }
    }
}
```

图 6-1 显示了使用这种方法导入的一张图像，该图像被放置在屏幕的左上方。因为 Loader 对象和普通显示对象的显示方式一致，我们可以设置它的 x 和 y 坐标值，将它放置在屏幕中央或者任何我们希望的位置上。

说明

尽管 URLRequest 通常用于和 Web 服务器打交道，不过进行测试时，也可以使用本地硬盘上的数据。

图 6-1 这张位图图像是从外部导入的，导入后其行为和普通的显示对象并无二致

在导入游戏的介绍性或者指令性图形时，以上方法会非常有用。比如说，你的公司 logo 就可以使用上述方法导入和显示。不用把 logo 嵌入到 Flash 游戏的每一个页面上，只需要一个 logo.png 文件，并用一个 Loader 和 URLRequest 导入并显示它。如果 logo 发生了变化，只需要更新这个 logo.png 文件，所有的页面都会发生更改。

6.1.2 位图切分

之前我们介绍了如何导入并显示位图。接下来，为了构建拼图游戏，我们需要更进一步：深入位图数据，将位图切分成很多小块。

我们需要对之前的例子作的第一个变动是，判断位图何时导入完成并对其进行后期处理。我们使用了事件侦听器 Event.COMPLETE 来处理。将该侦听器添加到 Loader 对象上，就可以将所有的处理代码都放入对应的事件响应函数 loadingDone 中。

说明

除了使用 Event.COMPLETE 外，你还可以获取图像加载过程中的许多状态信息。在 Flash 文档中查看 URLRequest，可以找到许多，展示加载情况的例子，甚至捕获和处理错误的方法。

以下展示了新类的开头。我们接下来要使用 flash.geom 类，所以先包含了它的头文件。我还把导入代码放在了 loadBitmap 函数中，这样可以方便地切换到本章后续的游戏版本中。

```
package {
    import flash.display.*;
    import flash.events.*;
    import flash.net.URLRequest;
```

```
import flash.geom.*;

public class BitmapExample extends MovieClip {

    public function BitmapExample() {
        loadBitmap("testimage.jpg");
    }

    //从外部得到一张图像
    public function loadBitmap(bitmapFile:String) {
        var loader:Loader = new Loader();
        loader.contentLoaderInfo.addEventListener(
                            Event.COMPLETE, loadingDone);
        var request:URLRequest = new URLRequest(bitmapFile);
        loader.load(request);
    }
```

当图像导入完成后，loadingDone 函数被调用。它首先创建一个新的 Bitmap 对象，然后从 event.target.loader.content（即原始 Loader 对象的 content 属性）中得到数据。

```
private function loadingDone(event:Event):void {
    //得到导入的数据
    var image:Bitmap = Bitmap(event.target.loader.content);
```

由于 image 变量包含了 content 的数据，我们可以通过访问它的 width 和 height 属性得到位图的宽度和高度值。通过这些属性我们可以得到每个拼图小块的宽度和高度值。举个例子，假设我们的拼图有 6 列 4 行。那么，整个位图的宽度除以 6 就得到了每个小块的宽度，总高度除以 4 就得到了每个小块的高度：

```
//计算每个小块的宽度和高度
var pieceWidth:Number = image.width/6;
var pieceHeight:Number = image.height/4;
```

现在，我们遍历所有的 6 列 4 行来创建每个拼图小块：

```
//遍历所有的小块
for(var x:uint=0;x<6;x++) {
    for (var y:uint=0;y<4;y++) {
```

创建小块需要首先构造新的 Bitmap 对象。我们在 Bitmap 的构造函数中指定之前计算出来的宽度和高度。然后，使用 copyPixels 函数，将原始位图中的指定部分复制到新创建位图的 bitmapData 属性中。

copyPixels 函数带有 3 个参数：复制的图像，复制的图像范围（矩形区域），目标图像的起始点（(0,0)表示从左上角开始显示）：

```
//创建新的小块
var newPuzzlePieceBitmap:Bitmap =
                        new Bitmap(new BitmapData(pieceWidth,
                        pieceHeight));
newPuzzlePieceBitmap.bitmapData.copyPixels(
                        image.bitmapData,new Rectangle(x*pieceWidth,
                        y*pieceHeight,pieceWidth,
                        pieceHeight),new Point(0,0));
```

位图本身不是我们的最终目的，我们希望得到的是一个显示在屏幕上的 Sprite。所以，我们创建一个新的 Sprite，然后将位图设为它的子节点。将 Sprite 添加到舞台，则位图也就可以在舞台上显示了。

```
//创建新的 Sprite，将位图数据赋给它
var newPuzzlePiece:Sprite = new Sprite();
newPuzzlePiece.addChild(newPuzzlePieceBitmap);

//添加到舞台
addChild(newPuzzlePiece);
```

最后，设置拼图小块的位置。我们希望根据它所在的行和列在屏幕上进行放置，相邻的小块之间设置 5 个像素的间隔，同时在水平和垂直方向上增加 20 像素的偏移量。图 6-2 展示了所有 24 个拼图小块。

```
//设置位置
newPuzzlePiece.x = x*(pieceWidth+5)+20;
newPuzzlePiece.y = y*(pieceHeight+5)+20;
        }
    }
}
```

图 6-2　导入的图像被切分成了 24 片，分开放置在屏幕上

现在我们知道了如何将导入的图像切分，创建一组拼图小块。接下来我们可以使用这些小块创建游戏。首先，我们创建一个简单的滑动拼接游戏，然后，我们尝试创建一个较复杂的拼图游戏。

6.2　滑动拼接游戏

源文件

http://flashgameu.com

A3GPU206_SlidingPuzzle.zip

很难想象，像滑动拼接这样的游戏，在电脑出现之前就以实体的形式存在了。实体游戏使用一个小的手持方形塑料盒子，通常盒子有 16 个格子，将 15 个塑料的拼图小块锁在里面。玩家可以滑动小块，将其滑入唯一一个没有小块的格子里，接着可以继续滑动新的小块到空的格子。这个过程可以一直持续下去，直到小块按照顺序排列好。

实体版本通常不是拼接成一个图像，而是从 1 到 15 的数字，我们称之为 15 拼图游戏。

说明

实体版本的麻烦在于盒子经常会卡住，受挫的玩家就把手指伸进格子，试图用蛮力去拆开它们。另外，当拼图完成后，你需要移开视线，随机将小块移动一小会，然后才可以重新开始新的游戏。

在电脑上，游戏可以运行得更好。首先，你可以针对同一个图像设置不同的盒子，也可以每次更换新的图像，让玩家在快完成的时候发现这张图像。而且，电脑可以在每次游戏开始时，随机安排拼图小块。

还有，在电脑上盒子还永远不会卡住！

在我们的滑动拼接游戏中，从图像中切分的小块数量是变化的。而且，每次游戏开始时，都对小块进行随机排列。我们还为小块从一个格子移动到另一个格子的过程增加了动画，使小块看起来好像在滑动。玩家完成了拼接后，我们可以识别出游戏完成了。

6.2.1 设置影片

这个游戏使用了和前两章一样的三帧框架：intro、play 和 gameover。指令介绍放在第 1 帧上。

游戏中唯一需要的图像就是外部导入的 JPG 图像，称为 slidingimage.jpg。将它的大小设置成 400 像素×300 像素。

说明

为这样一个游戏创建图像时，图像大小和压缩比是两个需要考虑的问题。本章中使用的 3 张图像都小于 34 KB。每张都是 400 像素×300 像素，JPEG 格式，压缩比为 80%。如果采用无损压缩，那么很容易生成是这些图像 20 倍大小的图像，像 PNG 文件一样。但在我们的游戏中，并不需要这么高的质量，这只会增加玩家的下载时间。

我们已经切分了拼接图像，而且移除了右下角的小块。玩家需要右下角这个格子来移动小块。因此，最好选择一张右下角没有重要信息的图像。

6.2.2 设置类

滑动拼接游戏需要 URLRequest 和 geom 类来处理图像。我们还使用了一个 Timer 对象来简化滑动动画的实现：

```
package {
    import flash.display.*;
    import flash.events.*;
    import flash.net.URLRequest;
    import flash.geom.*;
    import flash.utils.Timer;
```

这个游戏需要定义很多常量，首先是小块之间的间隔和所有小块的偏移量。我们还定义了图像会被切分为多少个小块，本例中是 4×3：

```
public class SlidingPuzzle extends MovieClip {
    //小块之间的间隔和偏移量
    static const pieceSpace:Number = 2;
    static const horizOffset:Number = 50;
    static const vertOffset:Number = 50;

    //小块数量
    static const numPiecesHoriz:int = 4;
    static const numPiecesVert:int = 3;
```

说明

拼图的行列数量最好和图像的尺寸大致对应。在本例中，我们知道图像大小是 400×300，然后设置有 4×3 个小块，所以小块的大小就是 100×100。如果设置小块为非正方形的尺寸也可以，比如说设置小块为 4×4，则每个大小为 100×75，但通常情况下不要让小块太不规整。

为了在游戏开始的时候让拼图小块随机排列在板上，我们进行了一定数量的随机移动。我们会在 6.2.5 节中作更详细的介绍。同时，我们需要一个常量来保存随机移动的数量以便于更改。

```
    //随机移动次数
    static const numShuffle:int = 200;
```

拼接小块使用一个 Timer 控制平滑移动。我们还设置了一个完整移动需要的次数和时间：

```
    //动画的次数和时间
    static const slideSteps:int = 10;
    static const slideTime:int = 250;
```

拼接小块的宽度和高度可根据 numPiecesHoriz 和 numPiecesVert 常量，以及图像的尺寸进行计算。我们在图像导入之后可以计算出这个数值：

```
    //小块尺寸
    private var pieceWidth:Number;
    private var pieceHeight:Number;
```

我们需要一个数组来存储拼接小块。不仅需要存储对新创建小块的引用，还需要存储一个小对象，它包含了拼接小块在完成的拼图中的位置：

```
//小块集合
private var puzzleObjects:Array;
```

我们需要许多变量来跟踪游戏的运行和移动。首先，我们定义 blankPoint，它是一个 Point 对象，给出了拼图中的空白区域。当玩家单击一个与小块相邻的的空白点时，小块就会从它上面滑过。slidingPiece 保存了一个对小块移动的引用，slideDirection 和 slideAnimation 变量用来简化动画过程：

```
//跟踪移动
private var blankPoint:Point;
private var slidingPiece:Object;
private var slideDirection:Point;
private var slideAnimation:Timer;
```

玩家单击 Start 按钮后，他们进入第 2 帧——startSlidingPuzzle。和其他游戏中的构造函数不同，这里的构造函数只做很少的事情，且在图像导入之前，它几乎什么也不做。

blankPoint 变量被设置为舞台的右下方，使用了两个常量。然后，将图像文件名称作为参数调用 loadBitmap：

```
public function startSlidingPuzzle() {
    //空白区域在右下角
    blankPoint = new Point(numPiecesHoriz-1,numPiecesVert-1);

    //导入图像
    loadBitmap("slidingpuzzle.jpg");
}
```

说明

记住，我们在 ActionScript 中的数组和循环中，都是从 0 开始计数的。因此，左上角的小块位置是(0,0)。右下角的小块的位置是小块总数减去 1，或者记为 numPiecesHoriz-1。如果一个拼图有 4 列 3 行，那么(3,2)表示右下角，或者用 numPiecesHoriz-1,numPiecesVert-1 表示。

6.2.3　导入图像

loadBitmap 函数的用法和我们之前的例子中的一致：

```
//从外部导入位图
public function loadBitmap(bitmapFile:String) {
    var loader:Loader = new Loader();
    loader.contentLoaderInfo.addEventListener(Event.COMPLETE, loadingDone);
    var request:URLRequest = new URLRequest(bitmapFile);
    loader.load(request);
}
```

loadingDone 函数在这里比之前的例子中更加重要。图像导入成功后，可以得到它的宽度和高度，我们就可以计算出每一个小块的尺寸。设置好了小块的尺寸之后，我们就可以调用

makePuzzlePieces 函数对图像进行切分。最后，shufflePuzzlePieces 将拼图进行随机打乱，完成游戏的准备工作：

```
//位图导入完成，切成小块
public function loadingDone(event:Event):void {
    //创建新的图像来放置位图
    var image:Bitmap = Bitmap(event.target.loader.content);
    pieceWidth = image.width/numPiecesHoriz;
    pieceHeight = image.height/numPiecesVert;

    //切成小块
    makePuzzlePieces(image.bitmapData);

    //移动它们
    shufflePuzzlePieces();
}
```

6.2.4 将图像切分成小块

虽然在之前的例子中已经将图像切分成小块了，但是我们并没有创建所有必需的数据对象。makePuzzlePieces 函数通过创建数组 puzzleObjects 来保存数据。在拼图小块对象自身以及它的位置都创建好以后，我们创建临时变量 newPuzzleObject。

在 newPuzzleObject 中，要设置 3 个属性。第一个是 currentLoc，它是 Point 对象，定义了当前拼图小块所在的位置。比如，(0,0)表示左上角，(3,2)表示右下角。

类似地，homeLoc 包含 Point 对象。它定义了小块的原始（和最终）位置。它在游戏过程中不会改变，从而提供了一个方法，让我们能够判断每个小块是否回到了正确位置。

说明

另一种方法是将 currentLoc 和 homeLoc 设置为对应的 Sprite 的属性。这样一来，数组中就只存储了 Sprite 本身。在前一种方法中，3 个属性值分别是 puzzleObjects[x].currentLoc、puzzleObjects[x].homeLoc 和 puzzleObjects[x].piece。而在后一种方法中，相同的数据使用 puzzleObjects[x].currentLoc、puzzleObjects[x].homeLoc 和 puzzleObjects[x] 来获取（因为存储的是 Sprite，所以不需要.piece）。我更喜欢创建一组独立的对象，来确保 ActionScript 每次都可以直接获取需要的信息，而不用去向 Sprite 对象请求。

在 newPuzzleObject 中，还有一个 piece 属性。它保存了对小块的 Sprite 的引用。

我们将所有创建的 newPuzzleObject 对象存储在 puzzleObjects 数组中。

```
//将位图切成小块
public function makePuzzlePieces(bitmapData:BitmapData) {
    puzzleObjects = new Array();
    for(var x:uint=0;x<numPiecesHoriz;x++) {
        for (var y:uint=0;y<numPiecesVert;y++) {
```

```
//忽略空白区域
if (blankPoint.equals(new Point(x,y))) continue;

//创建新的拼图小块位图和 Sprite
var newPuzzlePieceBitmap:Bitmap =
                new Bitmap(new BitmapData(pieceWidth,pieceHeight));
newPuzzlePieceBitmap.bitmapData.copyPixels(bitmapData,
                new Rectangle(x*pieceWidth,y*pieceHeight,
                pieceWidth,pieceHeight),new Point(0,0));
var newPuzzlePiece:Sprite = new Sprite();
newPuzzlePiece.addChild(newPuzzlePieceBitmap);
addChild(newPuzzlePiece);

//设置位置
newPuzzlePiece.x = x*(pieceWidth+pieceSpace) + horizOffset;
newPuzzlePiece.y = y*(pieceHeight+pieceSpace) + vertOffset;

//创建对象，存储在数组中
var newPuzzleObject:Object = new Object();
newPuzzleObject.currentLoc = new Point(x,y);
newPuzzleObject.homeLoc = new Point(x,y);
newPuzzleObject.piece = newPuzzlePiece;
newPuzzlePiece.addEventListener(MouseEvent.CLICK,
                clickPuzzlePiece);
puzzleObjects.push(newPuzzleObject);
    }
  }
}
```

每个拼图小块都有自己的事件侦听器来侦听鼠标单击事件。侦听器的名称为 clickPuzzle-Piece。

到目前为止，小块都放置好了，不过我们并没有进行重新排列。如果不重新排列，那么游戏的开始画面就会如图 6-3 那样。

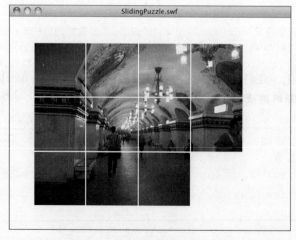

图 6-3   没有进行重新排列的滑动拼图。为了让小块能
         够滑入，右下角的小块被移除了，留下了空间

6.2.5　重新排列小块

当小块的位置放好了之后，我们需要对它们进行重新排列。 这里的思路是把拼图打乱，这样玩家才能够感受到将它们按照顺序排好的挑战。

一种打乱拼图小块的方法是，将所有的小块放置在随机的位置上。但是，这里并不能这样做。因为如果你将小块以随机的位置设置，很有可能你再也不能将它们还原为合适的排列。图6-4演示了这样一种情况。

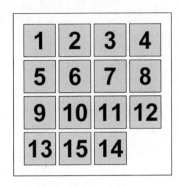

图 6-4　因为第 14 块和第 15 块无法对换，所以这个拼图不可解

为了防止出现这样的情况，我们从完成的拼图开始，随机的移动拼图小块，直到拼图板看起来已经完全被打乱了。

shufflePuzzlePieces 函数遍历并调用 shuffleRandom 一定的次数。shuffleRandom 负责具体的移动工作：

```
//进行一定次数的移动
public function shufflePuzzlePieces() {
    for(var i:int=0;i<numShuffle;i++) {
        shuffleRandom();
    }
}
```

为了让移动随机化，我们考虑拼图板上所有的小块。 我们将所有可以移动的小块放进一个数组。然后从数组中随机挑选出一个移动，并执行它。

这里的关键是 validMove 函数，接下来我们将详细说明。 在挑出了一个随机移动后，shuffleRandom 函数会调用 movePiece 函数，这和玩家单击进行移动的原理一样：

```
//随机移动
public function shuffleRandom() {
    //遍历以得到合法的移动
    var validPuzzleObjects:Array = new Array();
    for(var i:uint=0;i<puzzleObjects.length;i++) {
        if (validMove(puzzleObjects[i]) != "none") {
            validPuzzleObjects.push(puzzleObjects[i]);
        }
    }
```

```
//挑选一个随机移动
var pick:uint = Math.floor(Math.random()*validPuzzleObjects.length);
movePiece(validPuzzleObjects[pick],false);
}
```

validMove 函数有一个参数，它是指向 puzzleObject 的引用。 使用这个拼图小块的 currentLoc 属性，可以判断当前小块是否邻近于空白区域。

首先，validMove 函数查看小块的上方。 在这种情况下，小块和空白区域的 x 坐标位置应该是一致的。如果一致，垂直位置(即 y 坐标值)将会被比较。空白区域的 y 坐标值 blankPoint.y 应该比小块的 y 坐标值 currentLoc.y 小 1。如果以上判断都正确，"up" 被返回，它会告诉 validMove 函数，小块确实有一个合法的移动："up"。

说明

注意到 validMove 函数声明为返回一个字符串。你可以在接下来代码的第一行看到 "：String"，指明了返回类型。主动指明函数的返回类型是一个很好的编程习惯。这样做可以让 Flash 播放器运行得更高效。

然后，向下、向左和向右也可以对应地进行判断。 如果四个方向上都没有合法的移动，就会返回 "none"。 这表示当前的拼图小块不能移动。

```
public function validMove(puzzleObject:Object): String {
    //空白区域在上方的判断
    if ((puzzleObject.currentLoc.x == blankPoint.x) &&
        (puzzleObject.currentLoc.y == blankPoint.y+1)) {
        return "up";
    }
    //空白区域在下方的判断
    if ((puzzleObject.currentLoc.x == blankPoint.x) &&
        (puzzleObject.currentLoc.y == blankPoint.y-1)) {
        return "down";
    }
    //空白区域在左方的判断
    if ((puzzleObject.currentLoc.y == blankPoint.y) &&
        (puzzleObject.currentLoc.x == blankPoint.x+1)) {
        return "left";
    }
    //空白区域在右方的判断
    if ((puzzleObject.currentLoc.y == blankPoint.y) &&
        (puzzleObject.currentLoc.x == blankPoint.x-1)) {
        return "right";
    }
    //没有合法的移动
    return "none";
}
```

当一个重新排列完成后，小块的顺序就被完全打乱了，如图 6-5 所示。

图 6-5　重新排列后游戏的开始画面

说明

关于排列进行的次数并没有一个明确的要求。我选择了 200 次，因为这样效果不错。 如果你选择的次数太少，那解决方案会更简单。如果你选择的次数太多了，那么游戏开始的时候可能会出现短暂的延迟，因为重新排列的过程正在进行。

6.2.6　对玩家单击作出反应

当玩家单击鼠标时，clickPuzzlePiece 函数被调用。传递给 clickPuzzlePiece 函数的事件有一个 currentTarget 属性，对应了 puzzleObjects 列表中的一个小块。一个简单的循环就可以找出这个小块，然后调用 movePiece 函数。

```
//拼图小块被单击
public function clickPuzzlePiece(event:MouseEvent) {
    //找出被单击的小块并移动它
    for(var i:int=0;i<puzzleObjects.length;i++) {
        if (puzzleObjects[i].piece == event.currentTarget) {
            movePiece(puzzleObjects[i],true);
            break;
        }
    }
}
```

注意，在 shuffleRandom 函数中调用 movePiece 时，使用了 false 作为第二个参数。而当在 clickPuzzlePiece 函数中调用 movePiece 时，却使用了 true 作为第二个参数。

movePiece 函数的第二个参数是布尔类型的 slideEffect，可以设置为 true 和 false。如果设置为 true，一个 Timer 对象就会被创建，使得移动的过程会经历一小段渐变。如果设置为 false，则小块立即移动。我们希望在重新排列的过程中，小块能够立刻移动，而在玩家进行单击时，小块的移动能够显示出动画效果。

是否立刻产生移动的决定并不在 movePiece 中决定，movePiece 调用 validMove 来决定是否可以向四周进行移动。然后，movePiece 函数调用 movePieceInDirection，传入 4 个参数，puzzleObject 和 slideEffect 参数和 movePiece 的参数一致，而 dx 和 dy 则根据移动的方向设置。

说明

movePiece 函数使用 ActionScript 中的 switch 结构，来分支到四段代码中的一段。switch 结构好比一系列的 if...then 语句，只是把条件判断变量只放在了 switch 那一行中。每一个分支都以 case 开头，还必须加上需要判断的值。每一个分支必须以 break 命令结尾。

```
//将一个小块移动到空白区域
public function movePiece(puzzleObject:Object, slideEffect:Boolean) {
    //得到空白区域的方向
    switch (validMove(puzzleObject)) {
        case "up":
            movePieceInDirection(puzzleObject,0,-1,slideEffect);
            break;
        case "down":
            movePieceInDirection(puzzleObject,0,1,slideEffect);
            break;
        case "left":
            movePieceInDirection(puzzleObject,-1,0,slideEffect);
            break;
        case "right":
            movePieceInDirection(puzzleObject,1,0,slideEffect);
            break;
    }
}
```

movePieceInDirection 函数立刻改变了小块的 currentLoc 属性和 blankPoint 变量。立即改变以上属性可以解决玩家在动画进行过程中多次单击鼠标产生的问题。这样做的结果就是，动画只是个装饰品，用来增加游戏的效果，并没有实际的意义。

```
//将小块移入空白区域
public function movePieceInDirection(puzzleObject:Object,
                    dx,dy:int, slideEffect:Boolean) {
    puzzleObject.currentLoc.x += dx;
    puzzleObject.currentLoc.y += dy;
    blankPoint.x -= dx;
    blankPoint.y -= dy;
```

如果需要一个动画，startSlide 函数就负责设置它。不然，拼图小块就立即移动到新的位置：

```
        //是否需要动画
    if (slideEffect) {
        //开始动画
        startSlide(puzzleObject,dx*(pieceWidth+pieceSpace),
                        dy*(pieceHeight+pieceSpace));
    } else {
        //没有动画，只有单纯的移动
        puzzleObject.piece.x =
                        puzzleObject.currentLoc.x*(pieceWidth+pieceSpace) + horizOffset;
        puzzleObject.piece.y =
                        puzzleObject.currentLoc.y*(pieceHeight+pieceSpace) + vertOffset;
    }
}
```

6.2.7 滑动过程的动画

滑动的动画使用了一个 Timer 对象，在开启 Timer 之后将拼图小块逐步移动。根据类开头设置的常量，动画需要进行 10 步的移动，总时长为 250 ms。

startSlide 函数首先设置了一些变量来处理动画。slidingPiece 表示移动的拼图小块。slideDirection 是一个带有 dx 和 dy 属性的 Point 对象，表示移动的方向。根据方向的不同，它的值可以为(1,0)、(−1,0)、(0,1)或(0, −1)。

然后，Timer 对象被创建，同时给它添加了两个事件侦听器。其中，TimerEvent.TIMER 侦听器移动小块，而 TimerEvent.TIMER_COMPLETE 侦听器调用 slideDone 函数来结束滑动：

```
//设置滑动
public function startSlide(puzzleObject:Object, dx, dy:Number) {
    if (slideAnimation != null) slideDone(null);
    slidingPiece = puzzleObject;
    slideDirection = new Point(dx,dy);
    slideAnimation = new Timer(slideTime/slideSteps,slideSteps);
    slideAnimation.addEventListener(TimerEvent.TIMER,slidePiece);
    slideAnimation.addEventListener(TimerEvent.TIMER_COMPLETE,slideDone);
    slideAnimation.start();
}
```

每过 250 ms，拼图小块就向目标位置移动一定的距离。

同时，注意到 startSlide 函数的第 1 行，这里可能会调用 slideDone。当一个新的滑动动画即将开始，而前一个动画还未结束时，就需要这个函数来结束老的动画。当发生这种情况时，老的动画会立刻被移除，滑动小块会直接出现在最终的位置。

说明

这里处理基于时间动画的方式和第 5 章中的处理方式不同。这里的动画效果只是一个装饰性元素，而不是游戏的必备元素。所以，我们可以将这部分以及 timer 放到游戏逻辑的外部。我们不需要考虑它对游戏性能产生的影响，因为它并不影响游戏的运行。

```
//滑动一步
public function slidePiece(event:Event) {
    slidingPiece.piece.x += slideDirection.x/slideSteps;
    slidingPiece.piece.y += slideDirection.y/slideSteps;
}
```

当 Timer 完成后，拼图小块就可以确保被放置在了正确的位置上。接着，就可以移除 slideAnimation 计时器。

在 slideDone 函数中，需要使用 puzzleComplete 来查看是否每个小块都被放置在了正确的位置上。如果所有的小块都被正确放置，则调用 clearPuzzle，游戏的主时间轴也进入到游戏结束帧：

```
//完成滑动
public function slideDone(event:Event) {
    slidingPiece.piece.x =
                slidingPiece.currentLoc.x*(pieceWidth+pieceSpace) + horizOffset;
    slidingPiece.piece.y =
                slidingPiece.currentLoc.y*(pieceHeight+pieceSpace) + vertOffset;
    slideAnimation.stop();
        slideAnimation = null;

    //检测拼图游戏是否完成
    if (puzzleComplete()) {
        clearPuzzle();
        gotoAndStop("gameover");
    }
}
```

6.2.8　游戏结束和清理

判断游戏是否结束非常方便，只需要比较每个小块的 currentLoc 和 homeLoc 是否相同。幸好有 Point 类的 equals 函数，我们可以一步完成。

如果所有的小块都在正确的位置上，返回 true：

```
//检测是否所有的小块都放置正确
public function puzzleComplete():Boolean {
    for(var i:int=0;i<puzzleObjects.length;i++) {
        if (!puzzleObjects[i].currentLoc.equals(puzzleObjects[i].homeLoc)) {
            return false;
        }
    }
    return true;
}
```

接下来是游戏的清理函数。清理过程中，将所有滑动小块对应 Sprite 的 MouseEvent.CLICK 事件移除，然后将 puzzleObjects 数组设置为 null。因为滑动小块是游戏创建的所有对象，所以上述过程就足够了：

```
//移除所有滑动小块
public function clearPuzzle() {
```

```
for (var i in puzzleObjects) {
            puzzleObjects[i].piece.removeEventListener(MouseEvent.CLICK,
                    clickPuzzlePiece);
        removeChild(puzzleObjects[i].piece);
    }
    puzzleObjects = null;
}
```

6.2.9 修改游戏

这个游戏非常直观，可能不需要设置什么变量来改进。但是，你可以改进程序本身，让图像能够被动态选择。比如说，网页上可能需要传入图像的名称。然后，你可能就有了一个游戏，它会根据日期或者网页来使用不同的图像。

还可以让游戏变得更有挑战性。当一次拼图完成时，会显示一个新级别的拼图游戏。我们都知道，图像的名称以及水平和垂直方向上的拼图数量都可以作为参数传递给 startSlidingPuzzle。这样一来，当一个拼图结束后，游戏可以进入到图像更大、拼图更多的关卡。

你也可以添加一个计时器，让玩家看看自己能多快地完成拼图。移动次数也可以作为评判玩家的指标，这是你的游戏，一切都在你的掌握之中。

6.3 拼图游戏

源代码

http://flashgameu.com

A3GPU206_JigsawPuzzle.zip

拼图游戏（jigsaw puzzle）在 18 世纪开始流行，那时候的拼图是用锯把木头锯成木板做成的。而发展到今天，大多数的拼图都是用切割机切割纸板做成的。如今拼图可多达 24 000 块。

电脑上的拼图游戏出现在 20 世纪 90 年代后期，随着网络和休闲游戏 CD 集合的出现而开始流行。本章中，我们将构建一个简单的拼图游戏，它使用的拼图小块是从外部导入的图像中切割而来的。

说明

大多数拼图游戏都把拼图小块做得和传统的拼图小块一样，还会加上小块之间的连接印记。这些装饰特性可以在 Flash 中轻松完成，只需要使用一些矢量绘图命令和位图编辑工具。这里为了简单起见，我们使用长方形的小块。

在我们的拼图游戏中，将图像切割成和滑动拼接游戏中一样的小块。和前面不一样的是，我们不会将它们按照区域排列，而是完全随机地放置。然后，玩家就可以在屏幕上拖动小块。

游戏的主要难点是，当玩家将小块移动到相邻位置时，小块之间要能够拼接在一起。

6.3.1　设置类

拼图游戏和拼接游戏的结构很类似。游戏一共有 3 帧，第 2 帧称为 startJigsawPuzzle。同样地，需要导入相应类：

```
package {
    import flash.display.*;
    import flash.events.*;
    import flash.net.URLRequest;
    import flash.geom.*;
    import flash.utils.Timer;
```

numPiecesHoriz 和 numPiecesVert 变量放在类的开头。在拼图游戏中，很有可能会修改这两个属性值，来改变游戏的难度。本例中，我们使用了 8×6 的拼图：

```
public class JigsawPuzzle extends MovieClip {
        //小块数量
        const numPiecesHoriz:int = 8;
        const numPiecesVert:int = 6;
```

小块的宽度和高度可以在图像导入之后决定，程序能够知道图像的尺寸：

```
        //小块的尺寸
        var pieceWidth:Number;
        var pieceHeight:Number;
```

和之前的滑动拼接游戏一样，我们将拼图小块作为一个对象，存储在 puzzleObjects 数组中：

```
        //游戏小块
        var puzzleObjects:Array;
```

接下来，拼图游戏开始和前面的滑动游戏有所区别了。前面我们直接将滑动小块放置在舞台上，而在这里我们在两个 Sprite 中选择一个放置。selectedPieces Sprite 保存了当前正在被拖曳的小块，otherPieces Sprite 保存了没有被拖曳的所有小块。

说明

将一组显示对象放置在许多 Sprite 中进行管理，是一个管理相似对象的好方法。接下来的例子中，你将看到使用 addChild 方法将一个显示对象从一个 Sprite 移动到另一个 Sprite。

```
        //两类 Sprite
        var selectedPieces:Sprite;
        var otherPieces:Sprite;
```

当玩家选择一个小块开始拖动时，它们可能只选择了一个小块，也可能选择到了一组连接在一起的小块集合。所以，我们需要一个数组来存储一个或者多个的小块，而不仅仅使用一个单独的变量：

```
//被拖曳的小块
var beingDragged:Array = new Array();
```

游戏的构造函数，除了调用 loadBitmap 外，还创建了两个需要添加到舞台上的 Sprite。这两个 Sprite 的添加顺序很重要，因为我们希望 selectedPieces 在 otherPieces 的上面。

```
//导入图像，设置 Sprite
public function startJigsawPuzzle() {
    //导入图像
    loadBitmap("jigsawimage.jpg");

    //设置两个 Sprite
    otherPieces = new Sprite();
    selectedPieces = new Sprite();
    addChild(otherPieces);
    addChild(selectedPieces); //放在顶部
}
```

6.3.2 导入和切割图像

图像加载的方法和滑动拼接中的一样。我略过了 loadBitmap 函数，因为它和之前的函数完全一样。

1. 导入位图图像

loadingDone 函数也和之前的差不多。当图像导入完成，pieceWidth 和 pieceHeight 计算好后，就调用 makePuzzlePieces 来切割图像。

这里，pieceWidth 和 pieceHeight 的计算过程有点不一样。使用 Math.floor 函数，伴随着除以 10 的运算，我们将宽度和高度都约束成了 10 的整数倍。比如说，我们有 7 个小块分布在 400 像素宽度的区域内，那么每个小块就有 57.14 像素宽。但是，为了便于玩家连接小块，我们使用了 10×10 的网格。将每个小块的宽度设为 50，我们就可以确保区域的宽度和高度满足 10×10 的网格。接下来在讨论 lockPieceToGrid 函数时我们会进一步说明这一点。

最后，会添加两个事件侦听器。第一个是 ENTER_FRAME 事件，用在拖曳过程中。第二个是舞台上的 MOUSE_UP 事件。鼠标松开事件是用于判断拖曳结束的信号。

玩家单击一个小块，开始拖动，MOUSE_DOWN 事件作用在小块本身。当拖曳完成后，我们就不能依赖鼠标在小块上的位置来判断拖曳完成了。因为玩家可能会快速移动光标，也可能会产生抖动。但是，鼠标事件是发生在舞台上的，所以，可靠的做法是，使用一个 MOUSE_UP 侦听器来保证拖曳完成时我们能够收到通知。

```
//位图导入完成，切成小块
private function loadingDone(event:Event):void {
    //创建新的图像来放置位图
    var image:Bitmap = Bitmap(event.target.loader.content);
    pieceWidth = Math.floor((image.width/numPiecesHoriz)/10)*10;
```

```
pieceHeight = Math.floor((image.height/numPiecesVert)/10)*10;

//将导入的位图放入 image 类中
var bitmapData:BitmapData = image.bitmapData;

//切割成拼图小块
makePuzzlePieces(bitmapData);

//设置移动和鼠标事件
addEventListener(Event.ENTER_FRAME,movePieces);
stage.addEventListener(MouseEvent.MOUSE_UP,liftMouseUp);
}
```

2. 切割拼图小块

切割小块的方法和之前游戏是一样的。不过，我们不需要设置小块的位置，因为接下来它们会被随机放置。

当 Sprite 创建好后，它们就被添加到了 otherPieces，这是之前创建的两个 Sprite 中位于底部的那个。

puzzleObject 元素也有些不一样。不像之前，使用了 currentLoc 和 homeLoc，这里我们只需要一个 loc 属性，它也是一个 Point 对象，告诉我们这块拼图小块在完成的拼图中的位置。比如说，(0,0)就表示左上角的小块。

此外，我们还为拼图小块添加了一个 dragOffset 属性。使用它，我们能够得到拖曳过程中小块和光标之间的偏移位置。

```
//将位图切成小片
private function makePuzzlePieces(bitmapData:BitmapData) {
    puzzleObjects = new Array();
    for(var x:uint=0;x<numPiecesHoriz;x++) {
        for (var y:uint=0;y<numPiecesVert;y++) {
            //创建新的拼图小块 bitmap 和 Sprite
            var newPuzzlePieceBitmap:Bitmap =
                        new Bitmap(new BitmapData(pieceWidth,pieceHeight));
            newPuzzlePieceBitmap.bitmapData.copyPixels(bitmapData,
                        new Rectangle(x*pieceWidth,y*pieceHeight,
                        pieceWidth,pieceHeight),new Point(0,0));
            var newPuzzlePiece:Sprite = new Sprite();
            newPuzzlePiece.addChild(newPuzzlePieceBitmap);

            //放置在底部的 Sprite 中
            otherPieces.addChild(newPuzzlePiece);

            //创建对象，存储在数组中
            var newPuzzleObject:Object = new Object();
            newPuzzleObject.loc = new Point(x,y); //拼图中的位置
            newPuzzleObject.dragOffset = null; //和光标的偏移
            newPuzzleObject.piece = newPuzzlePiece;
            newPuzzlePiece.addEventListener(MouseEvent.MOUSE_DOWN,
                        clickPuzzlePiece);
            puzzleObjects.push(newPuzzleObject);
        }
    }

    //随机放置拼图小块
    shufflePieces();
}
```

shuffle 函数会为每个拼图小块选取一个随机位置。 我们不关心小块之间是否上下重叠，也不管它们的分布如何。它们看起来应该就好像刚刚从盒子里洒落出来。图 6-6 显示了这样一个随机分布。

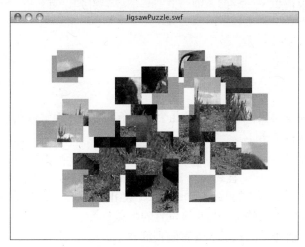

图 6-6　拼图游戏的小块被随机放置在屏幕上

```
//小块的随机位置
public function shufflePieces() {
    //选取随机的 x 和 y
    for(var i in puzzleObjects) {
        puzzleObjects[i].piece.x = Math.random()*400+50;
        puzzleObjects[i].piece.y = Math.random()*250+50;
    }
    //将所有小块约束在 10×10 的网格中
    lockPiecesToGrid();
}
```

shufflePieces 的最后一行调用了 lockPieceToGrid。这个函数遍历所有的拼图小块并将它们移动到最接近的一个网格中。 举例来说，如果小块的位置是在(43,87)，则把它移动到 (40,90)。

使用 lockPieceToGrid 的原因是，它提供了一种简单的方式，让玩家能够将一个小块移动到另外一个小块附近，却不完全连接，然后让这些小块锁定在一起。 通常，如果一个小块和另一个相隔 1 个像素，它们之间不会锁定。而将所有的小块放入 10×10 的网格后，就意味着小块或者是完美连接的，或者至少相隔 10 像素。

```
//将所有的拼图小块放置在最接近的 10×10 的位置上
public function lockPiecesToGrid() {
    for(var i in puzzleObjects) {
        puzzleObjects[i].piece.x =
                        10*Math.round(puzzleObjects[i].piece.x/10);
        puzzleObjects[i].piece.y =
                        10*Math.round(puzzleObjects[i].piece.y/10);
    }
}
```

说明

因为我们使用的拼图小块的宽和高都是 10 的倍数，所以使用的源图像尺寸最好也是 10 的倍数。例如，一个 400×300 的图像能够被完整使用。而对于一个 284×192 的图像，为了约束拼图小块的尺寸为 10 的倍数，将会在右下角裁剪掉一部分。

6.3.3　拖曳小块

当玩家单击一个拼图小块，需要先满足几个前提条件小块才能够跟随光标运动。第一个条件就是弄清楚是哪个小块被单击了。

1. 判断被单击的小块

可以遍历 puzzleObjects，直到找到 Piece 属性和 event.currentTarget 匹配的小块。

接着，这个小块被添加到空的 beingDragged 数组。此外，该小块的 dragOffset 属性也被计算出来，它的值就是单击的位置与小块位置的距离。

这个 Sprite 被从底部的 otherPieces 移到顶部的 selectedPieces。只需要一个 addChild 调用就可以完成。这就意味着，当玩家拖曳一个小块时，它就会漂浮到其他所有存在于 otherPieces 中的小块之上。

```
public function clickPuzzlePiece(event:MouseEvent) {
    //单击位置
    var clickLoc:Point = new Point(event.stageX, event.stageY);

    beingDragged = new Array();

    //找到单击的小块
    for(var i in puzzleObjects) {
        if (puzzleObjects[i].piece == event.currentTarget) { //this is it
            //添加到拖曳数组
            beingDragged.push(puzzleObjects[i]);
            //得到偏移值
            puzzleObjects[i].dragOffset = new Point(clickLoc.x -
                            puzzleObjects[i].piece.x, clickLoc.y -
                            puzzleObjects[i].piece.y);
            //底部移动到顶部
            selectedPieces.addChild(puzzleObjects[i].piece);
            //找出和当前小块锁定的小块
            findLockedPieces(i,clickLoc);
            break;
        }
    }
}
```

2. 查找连接的小块

当玩家单击一个小块时，最有意思的事情就是调用 findLockedPieces。毕竟，小块都不是独立存在的。它们可能在之前的移动过程中和其他小块连接，锁定在一起了。所有与被单击小块连接的小块，都需要被添加进 beingDragged 列表。

判断小块之间是否连接，需要一系列步骤。首先，需要创建一个所有小块排好序的列表，被单击的那个小块除外。列表的排序根据与被单击小块的距离大小来决定。

说明

sortOn 命令是一个强大的对列表对象进行排序的方法。如果数组只包含相似的对象，而且都存在着相同的排序属性，那么就可以进行快速简单的排序。比如数组[{a: 4, b: 7}, {a: 3, b:12}, {a: 9, b: 17}]可以通过 myArray.sortOn("a");完成排序。

在下面的代码中，我们创建一个数组，它的每一个元素都有 dist 和 num 属性。第一个属性表示它与被单击小块的距离。第二个属性表示它在 puzzleObjects 中的位置:

```
//找出一起移动的小块
public function findLockedPieces(clickedPiece:uint, clickLoc:Point) {
    //创建一个数组，保存所有小块对象（除了被单击的小块），以距离排序
    var sortedObjects:Array = new Array();
    for (var i in puzzleObjects) {
        if (i == clickedPiece) continue;
        sortedObjects.push(
                    {dist: Point.distance(puzzleObjects[clickedPiece].loc,
                    puzzleObjects[i].loc), num: i});
    }
    sortedObjects.sortOn("dist" ,Array.DESCENDING);
```

现在我们有了一个排好序的小块的数组，可以通过遍历来确定哪些和被单击的小块是连接的。

首先，检查小块的 x 和 y 的位置。我们需要查看一下小块的位置和被单击小块的位置是否相对正确。举例来说，如果小块的大小为 50×50，被单击小块的位置在(170, 240)，那么该小块左边小块的位置就应该是(120,240)，左边的左边就应该是(70, 240)，依次类推。

图 6-7 显示了小块之间连接和不连接的几个例子。

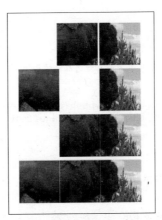

图 6-7　上面的两个例子没有连接，下部的两个例子是连接的

在图 6-7 中，顶端的两个小块虽然很接近，却没有能够连接，因为还不够接近。

第二个例子中两个小块放置得很好，左边的小块和右边的小块之间距离是完全正确的，但是却没有产生连接，因为它们彼此之间并不相邻，中间缺少一个小块。

第三个例子中的两个小块连接上了。它们是相邻的，而且距离也是正确的。

第四个例子和第三个一样，只是有 3 个小块同时连接了。

判断小块的第一步是确定小块的位置是否放置正确。然后再判断它是否与现有的小块连接。这些操作都委托给了 isConnected 函数来完成，接下来会讲到它。

如果小块确实连接上了，我们就将它添加到 beingDragged 列表，设置它的 dragOffset 属性，然后添加到 selectedPieces。

我们可以将以上操作放在一个 do 循环中，从而可以不停地重复调用。有一种情况是，连接的小块构成了 U 字形，而我们刚好选取了 U 字形的一端。那就意味着 U 字形的另一端的小块不会被当成是已经连接的。但是，如果我们再次遍历未连接的小块，就可以发现 U 字形中的所有小块。所以我们设置了一个布尔变量 oneLineFound，如果发现连接就设置为 true。如果我们遍历所有未连接的小块，却没有发现连接，则说明我们已经找到了所有连接的小块。否则，我们继续循环。

```
do {
    var oneLinkFound:Boolean = false;
    //查看每个小块，从最接近的开始
    for(i=sortedObjects.length-1;i>=0;i--) {
        var n:uint = sortedObjects[i].num; //实际的小块位置编号
        //得到与被单击小块之间的相对位置
        var diffX:int = puzzleObjects[n].loc.x -
                        puzzleObjects[clickedPiece].loc.x;
        var diffY:int = puzzleObjects[n].loc.y -
                        puzzleObjects[clickedPiece].loc.y;
        //查看该对象是否放置正确以连接在被单击的小块上
        if (puzzleObjects[n].piece.x ==
                            (puzzleObjects[clickedPiece].piece.x +
                            pieceWidth*diffX)) {
            if (puzzleObjects[n].piece.y ==
                            (puzzleObjects[clickedPiece].piece.y +
                            pieceHeight*diffY)) {
                //查看当前对象是否与被选择的对象相邻
                if (isConnected(puzzleObjects[n])) {
                    //添加进选择列表，并设置偏移量
                    beingDragged.push(puzzleObjects[n]);
                    puzzleObjects[n].dragOffset =
                                        new Point(clickLoc.x -
                                        puzzleObjects[n].piece.x,
                                        clickLoc.y-
                                        puzzleObjects[n].piece.y);

                    //移动到顶部的 Sprite
                    selectedPieces.addChild(

                                        puzzleObjects[n].piece);

                    //发现连接，从数组中移除
                    oneLinkFound = true;
                    sortedObjects.splice(i,1);
                }
```

```
                }
              }
            }
        } while (oneLinkFound);
    }
```

使用 isConnected 函数的关键是,我们已经将所有的小块按照距离排好序了。排序很重要,因为我们要从里到外的搜索新的连接小块。 当我们检查新的小块和被单击小块的连接性时,它们之间的小块都已经被检查过了。 这就减少了需要遍历的次数。

举例来说,如果被单击的小块是(2,0)而我们接下来查看(0,0),如果(1,0)不在 beingDragged 中,就可以直接判断该小块不连接。然后,我们看看(1,0),发现它是连接的,但为时已晚,因为我们已经查看了(0,0)。所以,我们需要先查看(1,0),然后是(0,0),从近到远。

说明

如果你觉得以上过程很复杂,想想它常被人用计算机科学中的递归 (recursion) 过程来描述。递归是指函数调用它自身。它还导致许多学习计算机科学的新生转投到商学。所以在本章中我有意避免了使用递归。

3. 判断小块是否连接

isConnected 函数取得一个小块,将该小块与 beingDragged 中每一个小块进行水平和垂直方向上的比较。 如果它发现该小块与数组中的一个小块在水平或者垂直(不能同时)方向上是相邻的,则该小块是连接的。

```
//得到一个小块,判断它是否与已选择的小块相邻
public function isConnected(newPuzzleObject:Object):Boolean {
    for(var i in beingDragged) {
        var horizDist:int =
                        Math.abs(newPuzzleObject.loc.x - beingDragged[i].loc.x);
        var vertDist:int =
                        Math.abs(newPuzzleObject.loc.y - beingDragged[i].loc.y);
        it ((horizDist == 1) && (vertDist == 0)) return true;
        if ((horizDist == 0) && (vertDist == 1)) return true;
    }
    return false;
}
```

4. 移动小块

终于,我们知道了所有需要移动的小块。 它们都被整齐地存放在了 beingDragged 中,可以使用 movePieces 在每一帧中更新它们的位置:

```
//根据鼠标位置移动所有选择的小块
public function movePieces(event:Event) {
    for (var i in beingDragged) {
        beingDragged[i].piece.x = mouseX - beingDragged[i].dragOffset.x;
        beingDragged[i].piece.y = mouseY - beingDragged[i].dragOffset.y;
    }
}
```

5. 停止移动

一旦玩家释放鼠标，拖曳就结束了。我们需要将所有在 selectedPieces 中的元件移回到 otherPieces 中。还要调用 lockPiecesToGrid，确保它们和没有拖曳过的小块保持一致。

> **说明**
>
> 当 addChild 被调用时，小块被移回到了 otherPieces Sprite 中，它们被添加的位置在原有的小块之上。这样不错，因为它们刚刚就漂浮到顶层。结果就是它们继续保持在顶层。

```
//舞台发出鼠标释放事件，拖曳结束
public function liftMouseUp(event:MouseEvent) {
    //约束所有的小块
    lockPiecesToGrid();
    //将小块移回到底部
    for(var i in beingDragged) {
        otherPieces.addChild(beingDragged[i].piece);
    }
    //清除拖曳的数组
    beingDragged = new Array();

    //判断游戏是否结束
    if (puzzleTogether()) {
        cleanUpJigsaw();
        gotoAndStop("gameover");
    }
}
```

6.3.4 游戏结束

当鼠标释放时，我们也要检查游戏是否结束。要做到这一点，我们可以遍历所有的拼图小块，并将它们的位置与左上角的第一个小块进行比较。 如果相对于那个小块的位置都是正确的，那就可以判断游戏完成了：

```
public function puzzleTogether():Boolean {
    for(var i:uint=1;i<puzzleObjects.length;i++) {
        //得到与第一个对象的相对距离
        var diffX:int = puzzleObjects[i].loc.x - puzzleObjects[0].loc.x;
        var diffY:int = puzzleObjects[i].loc.y - puzzleObjects[0].loc.y;
        //查看该对象是否放置正确以与第一个对象连接
        if (puzzleObjects[i].piece.x !=
                    (puzzleObjects[0].piece.x + pieceWidth*diffX)) return false;
        if (puzzleObjects[i].piece.y !=
                    (puzzleObjects[0].piece.y + pieceHeight*diffY)) return false;
    }
    return true;
}
```

cleanUp 函数得益于我们的两个 Sprite 的系统。 我们可以从舞台上删除这些变量，并将它们设置为 null。我们还需要将 puzzleObjects 和 beginDragged 设置为 null，ENTER_FRAME 和 MOUSE_UP 事件也要设置为 null：

```
public function cleanUpJigsaw() {
    removeChild(selectedPieces);
    removeChild(otherPieces);
    selectedPieces = null;
    otherPieces = null;
    puzzleObjects = null;
    beingDragged = null;
    removeEventListener(Event.ENTER_FRAME,movePieces);
    stage.removeEventListener(MouseEvent.MOUSE_UP,liftMouseUp);
}
```

6.3.5 修改游戏

游戏开发者已经想出了许多办法，让电脑上的拼图游戏比实体版本更有意思。

如果会用 ActionScript 创建位图滤镜，你可以在这里尝试一下。使用滤镜中的发光、投影和斜角等效果可以让游戏更流行。

还可以让拼图小块自由旋转，让游戏的难度更大。拼图小块可以旋转 90°、180° 或 270°，但是最终必须转为初始角度。当然，你也可以允许玩家在连接后进行旋转，这样就需要添加一些代码让连接在一起的小块一起旋转，很有挑战哦。 如果你是个忍者级别的 ActionScript 程序员，你才可以尝试这个。

方向和运动：空袭 2、太空岩石和气球游戏

本章内容

❑ 用数学方法旋转和移动对象
❑ 空袭 2
❑ 太空岩石
❑ 气球游戏

第 5 章中的游戏只需要关注水平和垂直方向上的运动。如果物体只沿着水平或者垂直方向移动，那么编程是很容易的。但是，我们经常玩的街机游戏的要求要高得多。

在很多游戏中，你需要让玩家转向和移动。例如，一个驾驶类游戏需要同时具有转向和前进功能。太空游戏也要用到这些，而且在有些情况下它还要允许玩家朝着飞船指向的方向开火。

7.1 用数学方法旋转和移动对象

源文件

http://flashgameu.com
A3GPU207_RotationMath.zip

结合了旋转和移动之后，我们就不能够仅仅使用加减乘除了，还需要更高级的数学知识。我们需要运用基本的三角函数，如正弦、余弦和反正切。

如果你不喜欢数学，也不要害怕，ActionScript 已经把困难部分都搞定了。

7.1.1 正弦函数和余弦函数

在第 5 章中，我们使用 dx 和 dy 变量来定义水平和垂直方向上的位移。一个物体的 dx 为 5 像素，dy 为 0，就表示它向右移动 5 像素，垂直方向上没有移动。

但是，如果我们只知道物体的旋转（rotation），怎么知道它的 dx 和 dy 是多少呢？假设玩家可以将一个物体（比如一辆车）转向任意方向。那么，玩家可以将车稍稍转向右下方。接着，将车往前开。你需要改变车的 x 和 y 属性值，但是现在你只知道车的朝向角度。

说明

显示对象的 rotation 属性值是一个 –180~180 的数字，表示了物体从初始零度转过的度数。你可以像改变 x 和 y 的值一样来改变 rotation 属性。rotation 属性也可以设置得很精确，比如 23.76°。所以，如果希望一个物体很缓慢地旋转，你可以在一帧或一个时间周期内将其旋转值增加 0.01。

这时候，正弦函数和余弦函数入场了。它能让我们通过一个角度值来计算 dx 和 dy。

图 7-1 展示了 Math.cos 和 Math.sin 背后的数学原理。它显示了一个圆形。而 Math.cos 和 Math.sin 可以让我们通过给定的角度，找到圆上的点，假设物体初始朝向右边。

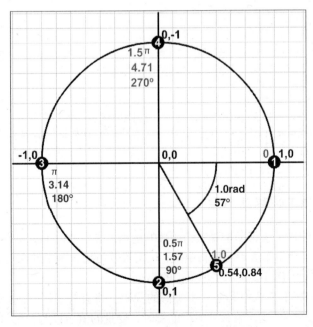

图 7-1　图中的圆形显示了角度与圆上任意点的位置坐标 x 和 y 之间的关系

如果度为 0，那么对应的 Math.cos 和 Math.sin 分别是 1.0 和 0.0。这就给了我们第一个点，它的 x 值是 1.0，y 值是 0.0。所以，一个物体旋转了 0°之后，它会从圆心移到点 1 上。

如果这个物体旋转 90°，则 Math.cos 和 Math.sin 分别是 0.0 和 1.0。这就是点 2。旋转 90°后物体指向正下方。

类似地，你可以看到 180°和 270°的情况下，物体分别是笔直向左和向上的。

说明

图 7-1 还展示了弧度（单位为 rad），用 π 的倍数表示。弧度和度是角的两种度量方式。一个完整的圆是 360°，等于 2π rad。π 的值约等于 3.14，所以 360° = 6.28 rad。

ActionScript 同时使用度和弧度。在物体的 rotation 属性上使用的是度，而在数学函数，比如 Math.cos 和 Math.sin 中，使用的是弧度。所以，我们会经常在两者之间转换。

上下左右四个方向的表示很容易，不需要用到 Math.cos 和 Math.sin 函数。但是，在它们之间的角度，就需要用到这些三角函数了。

图中的点 5 约等于 57°。判断它在圆上的位置就需要用到 Math.cos 和 Math.sin。结果是在 x 方向上为 0.54，在 y 方向上是 0.84。所以，如果一个物体朝着 57°的方向移动 1 像素，它就会停在点 5 上。

说明

要知道，上述 5 个点以及圆上的任意点，它们到圆心的距离都是相等的。所以，这些点代表的不是物体移动有多快，而是移动的方向。

还有一个要注意的是，Math.cos 和 Math.sin 的值为 -1.0~1.0。它假定了圆的半径是 1.0。所以，如果一个物体朝着 57°方向移动了一个单位，它就移动到了(0.54,0.84)。当然，如果它移动的速度是 5，那我们就乘以 5，得到(2.70,4.20)。

7.1.2　使用余弦和正弦移动小车

我们用一个简单的例子来帮助解释三角函数的运用。影片 MovingCar.fla 和 MovingCar.as 作为基本的驾驶模拟。一辆小车放置在屏幕中央，玩家可以使用键盘上的左右方向键进行转向，用向上的方向键向前移动。图 7-2 显示了屏幕中的小车。

我们将使用一些和第 5 章空袭游戏中类似的代码。将会有 3 个布尔变量：leftArrow、rightArrow 和 upArrow。当玩家按住对应的键时，变量的值会设为 true，玩家放开后又设为 false。

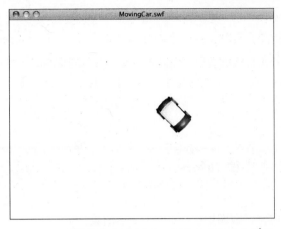

图 7-2　一个简单的驾驶例子，允许玩家转向和移动

　　这里就是类的开头，包含了侦听器和处理按键的代码。注意，我们并不需要导入额外的代码来使用 Math 函数，因为它们包含在了标准的 ActionScript 库中。

```
package {
    import flash.display.*;
    import flash.events.*;

    public class MovingCar extends MovieClip {
        private var leftArrow, rightArrow, upArrow: Boolean;

        public function MovingCar() {

            //每一帧都移动小车
            addEventListener(Event.ENTER_FRAME, moveCar);

            //响应按键事件
            stage.addEventListener(KeyboardEvent.KEY_DOWN,keyPressedDown);
            stage.addEventListener(KeyboardEvent.KEY_UP,keyPressedUp);
        }

        //将箭头变量设为 true
        public function keyPressedDown(event:KeyboardEvent) {
            if (event.keyCode == 37) {
                leftArrow = true;
            } else if (event.keyCode == 39) {
                rightArrow = true;
            } else if (event.keyCode == 38) {
                upArrow = true;
            }
        }

        //将箭头变量设为 false
        public function keyPressedUp(event:KeyboardEvent) {
            if (event.keyCode == 37) {
                leftArrow = false;
            } else if (event.keyCode == 39) {
                rightArrow = false;
            } else if (event.keyCode == 38) {
```

```
            upArrow = false;
        }
    }
```

在每一帧，`moveCar` 函数都被调用。它会查看每个布尔变量的值，当它们为 `true` 的时候进行对应的处理。如果向左方向或向右方向被按下，那么小车的 `rotation` 属性被改变，小车开始旋转。

说明

注意到，这里我们并没有使用基于时间的动画。所以，将影片的帧频设为不同的值，可以改变旋转和移动的速度。

如果按下向上的方向键，则调用 `moveForward` 函数：

```
//小车向前移动
public function moveCar(event:Event) {
    if (leftArrow) {
        car.rotation -= 5;
    }
    if (rightArrow) {
        car.rotation += 5;
    }
    if (upArrow) {
        moveForward();
    }
}
```

这里就是我们使用数学方法的地方。如果向上方向键被按下，我们首先计算小车的角度，用弧度表示。我们知道小车的 `rotation` 属性，不过是以度表示的。为了将度转为弧度，我们将度除以 360（圆的度），然后乘以 2π（圆的弧度）。我们将频繁使用这个转换，因此这里有必要拆开仔细讲解。

(1) 除以 360，将 0~360 的值转为 0~1.0 的值。

(2) 乘以 2π，将 0~1.0 的值转为 0~6.28 的值。

弧度 $= 2 \times \pi \times$ (度 / 360)

反过来，当我们希望将弧度转为度时，可以这么做：

(1) 除以 2π，将 0~6.28 的值转为 0~1.0 的值；

(2) 乘以 360，将 0~1.0 的值转为 0~360 的值。

度 $= 360 \times$ 弧度 $/ (2 \times \pi)$

说明

因为度和弧度都用来度量角度，角度每经过 360，弧度每经过 2π，就会重复它们本身。所以，0° 和 360° 是一样的，90° 和 450° 也是一样的。对于负的数值也是成立的。比如，270° 和 -90° 是一样的。事实上，显示对象的 `rotation` 属性范围为 -180~180，相当于 $-\pi$~π 的弧度。

既然我们得到了弧度，就可以将它传给 Math.cos 和 Math.sin，计算得到移动的 dx 和 dy，然后再乘以之前设置的 speed 属性。这样一来，每一帧小车就会移动 5 像素，而不是 1 像素。

最后，我们改变小车的 x 和 y 属性值，真正移动它们。

```
//计算 x 和 y 并移动小车
public function moveForward() {
    var speed:Number = 5.0;
    var angle:Number = 2*Math.PI*(car.rotation/360);
    var dx:Number = speed*Math.cos(angle);
    var dy:Number = speed*Math.sin(angle);
    car.x += dx;
    car.y += dy;
    }
}
}
```

玩一玩 MovingCar.fla 影片。将小车转向不同的方向，然后用向上方向键让它移动。可以很直观地感受到，Math.cos 和 Math.sin 函数将角度分解成了水平和垂直方向上的移动。

接着，来点有意思的。同时按下向左方向键和向上方向键，可以让小车转圈圈。这和真实驾驶时，踩着油门，将方向盘向左转的效果一样。小车会持续不断地转向。

暂时不要管加速，我们已经完成了一个有趣的小车模拟游戏。在第 12 章中，我们将构建一个更复杂的驾驶模拟游戏，但基本的原理还是和这里讲到的一样。

7.1.3　根据位置计算角度

Math.sin 和 Math.cos 可以让你从角度中得到 x 和 y 坐标，但我们偶尔也需要通过 x 和 y 坐标计算出角度。为了做到这一点，我们使用反正切函数。它在 ActionScript 中的函数名称是 Math.atan2。

图 7-3 展示了反正切函数的应用。点 1 位于(6,5)。为了得到它的角度，我们获取它的 y 距离和 x 距离，然后传给 Math.atan2。得到的结果是 0.69 rad（约 40°）。

点 2 位于(−9, −3)。传给 Math.atan2 后，我们得到了−2.82 rad（约−162°）。这和 198°相同。Math.atan2 会将返回值保持在−180~180。

说明

还有一个 Math.atan 函数。它只需要一个参数：y 和 x 的比值。所以，可以以 Math.atan(dy/dx) 的形式用它。它是传统的反正切函数。不过它存在一个问题，即不知道结果是向前还是向后。比如说，对它而言，−5/3 和 5/−3 是一样的。虽然这两个数一个表示 121°，一个表示−60°，但 Math.atan 函数都返回−60°。Math.atan2 可以给你正确的结果。

我们可以使用箭头来创建一个简单的例子。你可以在文件 PointingArrow.fla 和 PointingArrow.as 中找到它。

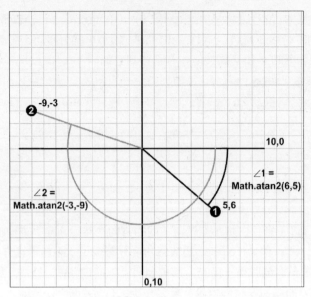

图 7-3   这两个点的角度可以通过 Math.atan2 来计算

箭头位于屏幕的中央（位置在 275, 200）。如图 7-4 所示，影片剪辑的注册点在箭头的中央位置。当你旋转剪辑的时候，它会绕着这个点进行旋转。同时，注意到箭头指向正右方。因为 0° 的旋转本身就是向右的，所以创建用于旋转的物体时，可以将物体的初始朝向设为向右。

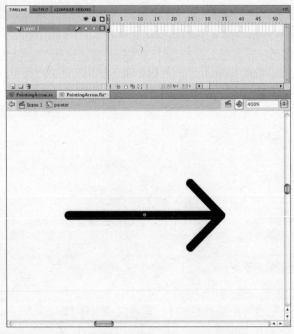

图 7-4   将旋转物体朝向右边，将影片剪辑的中心点设为旋转的中心点，可以方便旋转

我们将把这个箭头朝向鼠标的光标位置。所以，我们将箭头的中心(275, 200)设为起始点，光标位置设为目标点。因为移动光标，改变 mouseX 和 mouseY 的值很容易，所以我们可以很方便地体验 Math.atan2。

下面这个类，来自 PoingArrow.as，每帧都调用一个函数。这个函数通过光标和中心点之间的距离来计算 dx 和 dy 的值。然后使用 Math.atan2 来计算角的弧度。将计算出的弧度转为度，然后设置给箭头：

```
package {
    import flash.display.*;
    import flash.events.*;

    public class PointingArrow extends MovieClip {

        public function PointingArrow() {
            addEventListener(Event.ENTER_FRAME, pointAtCursor);
        }

        public function pointAtCursor(event:Event) {
            //得到鼠标的相对位置
            var dx:Number = mouseX - pointer.x;
            var dy:Number = mouseY - pointer.y;

            //得到角的弧度值，转为度
            var cursorAngle:Number = Math.atan2(dy,dx);
            var cursorDegrees:Number = 360*(cursorAngle/(2*Math.PI));

            //指向光标
            pointer.rotation = cursorDegrees;
        }
    }
}
```

如图 7-5 所示，当运行影片时，每时每刻箭头都指向光标。因为依靠了鼠标的 mouseX 和 mouseY 属性，所以只要鼠标的光标放在影片中，就会持续不断地更新。

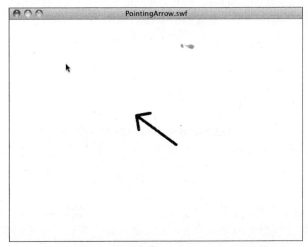

图 7-5　只要鼠标光标在影片上移动，箭头就朝向光标

说明

综合这两个简单的例子，我们可以得出一些有趣的结果。比如说，如果小车是由鼠标的相对位置来控制的，会发生什么情况？小车朝向鼠标，然后当你移动鼠标时，它会一直朝着小车移动。本质上来说，它会追逐鼠标。那么，如果玩家用第一个例子中的方式驾驶一辆小车，然后第二辆小车追逐鼠标的光标，自主运动，会发生什么情况？第二辆小车就会开始追逐第一辆小车！你可以去 http://flashgameu.com 看看。

现在你已经知道如何使用三角函数来观察和控制物体的移动，让我们做几个游戏来实践一下吧。

7.2　空袭 2

源文件

http://flashgameu.com

A3GPU207_AirRaid2.zip

在第 5 章的空袭游戏中，你用方向键前后移动一架高射炮。这让你可以在向上射击时瞄准空中的不同位置。

现在，利用 Math.sin 和 Math.cos 的强大功能，我们可以修改这个游戏，让炮台保持固定，而让炮口朝向不同的位置。

7.2.1　改变高射炮

我们首先做的是修改影片剪辑 AAGun，让它允许炮管旋转。我们将把炮台的基础代码完全从影片剪辑中分离出来，把它放在它自己的影片剪辑 AAGunBase 中。炮管的代码还放在 AAGun 中，但是我们会将它的旋转点放在中央，炮管指向右边，如图 7-6 所示。

我们的想法是，尽可能少地改变原有的空袭游戏。所以保留原有的方向键功能，用它们来改变 AAGun 的 rotation 属性，而不是在 y 轴方向上的值。

说明

其实，你也可以使用一组不同的按键来设置旋转（如 A 和 S 等）。然后，腾出方向键来移动高射炮，你就可以同时移动和旋转它了。

高射炮的 x 和 y 值是不变的，但是 rotation 值一开始就设为 -90，-90 意味着炮口一开始就是朝向上方的。和第 1 版空袭游戏中约束水平移动一样，我们约束了炮管的旋转值。在这里，值在 -170°～ -20° 变化，可以让炮管最多向左旋转 80°、向右旋转 70°。

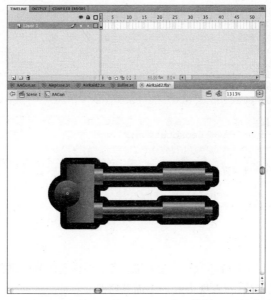

图 7-6　为了对应余弦函数和正弦函数，炮管必须朝右放置

下面就是新的 **AAGun.as** 代码。看一下代码中的 `newRotation` 变量和 `rotation` 属性。

```
package {
    import flash.display.*;
    import flash.events.*;
    import flash.utils.getTimer;

    public class AAGun extends MovieClip {
        static const speed:Number = 150.0;
        private var lastTime:int; //动画时间

        public function AAGun() {
            //炮的初始位置
            this.x = 275;
            this.y = 340;
            this.rotation = -90;

            //movement
            addEventListener(Event.ENTER_FRAME,moveGun);
        }

        public function moveGun(event:Event) {
            //获取时间差
            var timePassed:int = getTimer()-lastTime;
            lastTime += timePassed;

            //当前位置
            var newRotation = this.rotation;

            //移到左边
            if (MovieClip(parent).leftArrow) {
                newRotation -= speed*timePassed/1000;
            }
```

```
                    //移到右边
                    if (MovieClip(parent).rightArrow) {
                        newRotation += speed*timePassed/1000;
                    }
                    //检查边界
                    if (newRotation < -170) newRotation = -170;
                    if (newRotation > -20) newRotation = -20;

                    //重定位
                    this.rotation = newRotation;
                }
    //从屏幕移除，同时移除事件侦听器
            public function deleteGun() {
                parent.removeChild(this);
                removeEventListener(Event.ENTER_FRAME,moveGun);
            }
        }
    }
```

注意到 speed 的值 150 保持不变。一般来说，将水平移动改到转动的时候，需要修改 speed 的值，但是在这里，这个数值的表现很好，不需要修改。

7.2.2 改变炮弹

我们需要修改 Bullets.as，以让炮弹按照一定的角度移动，而不只是竖直向上的。

炮弹的图形也需要改变。炮弹需要朝向右边，而且注册点需要放在中央位置。图 7-7 展示了炮弹的新影片剪辑。

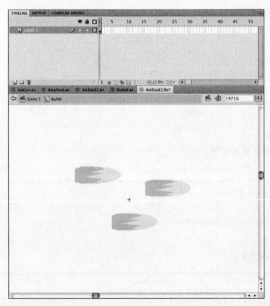

图 7-7 子弹的新影片剪辑，将注册点放置在了中心，朝向改成了向右

该类需要改变，要增加 dx 和 dy 方向上的移动变量。它们可以通过炮弹发射时朝向的角度进行计算，这个角度作为 Bullet 函数的一个参数传入。

除此之外，炮弹发射时还需要与炮的中心点有一定的距离，这里，我们设为 40 像素。所以，Math.cos 和 Math.sin 函数同时用来计算炮弹的初始位置，以及 dx 和 dy 的值。

接着，Bullet 影片剪辑的旋转会被设成与炮的旋转一致。这样，炮弹将从炮台顶端飞出，朝着远离炮台的位置，继续以同样的角度飞行。

```
package {
    import flash.display.*;
    import flash.events.*;
    import flash.utils.getTimer;

    public class Bullet extends MovieClip {
        private var dx,dy:Number; //速度
        private var lastTime:int;

        public function Bullet(x,y:Number, rot: Number, speed: Number) {
            //设置开始位置
            var initialMove:Number = 35.0;
            this.x = x + initialMove*Math.cos(2*Math.PI*rot/360);
            this.y = y + initialMove*Math.sin(2*Math.PI*rot/360);
            this.rotation = rot;

            //获取速度
            dx = speed*Math.cos(2*Math.PI*rot/360);
            dy = speed*Math.sin(2*Math.PI*rot/360);

            //设置动画
            lastTime = getTimer();
            addEventListener(Event.ENTER_FRAME,moveBullet);
        }
        public function moveBullet(event:Event) {
            //获取经过的时间
            var timePassed:int = getTimer()-lastTime;
            lastTime += timePassed;

            //移动炮弹
            this.x += dx*timePassed/1000;
            this.y += dy*timePassed/1000;

            //炮弹从屏幕顶部飞离
            if (this.y < 0) {
                deleteBullet();
            }
        }

        //将炮弹从舞台和列表中删除
        public function deleteBullet() {
            MovieClip(parent).removeBullet(this);
            parent.removeChild(this);
            removeEventListener(Event.ENTER_FRAME,moveBullet);
        }
    }
}
```

7.2.3   创建 AirRaid2.as

为了方便使用新版本的 AAGun 和 Bullet 类，我们需要改变主类。让我们来看看每个修改。我们将创建一个叫 AirRaid2.as 的新类，然后更改影片的文档类以与之匹配。记住，要在代码的顶部将类的定义从 AirRaid2 改为 AirRaid。

在类变量定义中，我们需要增加一个新的 AAGunBase 影片剪辑，保留原有的 AAGun 影片剪辑。

```
private var aagun:AAGun;
private var aagunbase:AAGunBase;
```

在 startAirRaid 中，我们还需要考虑到同时存在两个影片剪辑代表高射炮。因为 AAGunBase 没有自己的类，所以我们需要设置它的位置以匹配 AAGun。

说明

也可以完全删除 AAGunBase，使用一个不同的设计，或者将炮管放在一个图形上，作为背景的一部分。

```
//创建炮
aagun = new AAGun();
addChild(aagun);
aagunbase = new AAGunBase();
addChild(aagunbase);
aagunbase.x = aagun.x;
aagunbase.y = aagun.y;
```

还有一些需要改变的部分都放在了 fireBullet 函数中。这个函数需要将炮的旋转角度传入 Bullet 类中，这样 Bullet 类就知道了应该朝哪个方向发射炮弹。接着，我们传入这第 3 个参数来匹配 Bullet 类中的第 3 个参数，以便 Bullet 类创建新的炮弹。

```
var b:Bullet = new Bullet(aagun.x,aagun.y,aagun.rotation,300);
```

说明

如果是从零开始构建这个游戏的，可能都不会有前面两个描述炮的位置的参数。毕竟，炮是不动的，所以会保持在同一个位置。因为我们已经有了处理炮弹相对炮台位置的代码，所以就可以只在代码中设置一次炮的位置。

我们已经完成了 AirRaid2.as 类。事实上，如果不是添加装饰性质的 AAGunBase 类，我们只需要更改 AirRaid2.as 中的最后一处。这证明了 ActionScript 是多么地灵活，可以让你在不同类中设置移动元素。

现在，我们就有了一个全新的空袭 2 游戏，它使用了固定但是可以旋转的高射炮。

7.3 太空岩石

源文件

http://flashgameu.com

A3GPU207_SpaceRocks.zip

Asteroids（爆破彗星）是历史上最经典的电子游戏之一。这个基于矢量的街机游戏于 1979 年由雅达利（Atari）公司发布。它很简陋，图形颜色单一，音效十分粗糙，甚至可以很容易作弊取胜。尽管如此，这个游戏还是因其出色的可玩性而令许多玩家着迷。

游戏中，你可以控制一艘小型飞船。你可以转向，射击，还能飞过屏幕。你的对手是一些随机移动的大彗星。你可以向它们射击，打中后它们会分裂较小的彗星。而最小的彗星被击中后就会消失。如果被彗星打中，你就损失了一条命。

我们将构建一个基本概念相同的游戏：一艘飞船、岩石和导弹。甚至还会使用原版游戏中的一个高级特性——保护盾。

7.3.1 游戏元素设计

在开始之前，我们要对游戏的外观进行设计。我们只需要一些列表，而不是完整的设计文档，确保在从零开始构建的过程中，可以专注于游戏中最重要的部分。

游戏的基本元素包含一架飞船、岩石和导弹。你可以在图 7-8 中看到它们的所有种类。

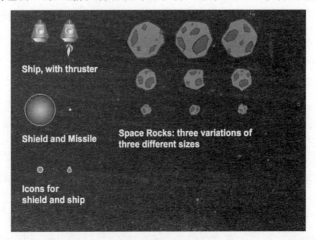

图 7-8　太空岩石游戏中的所有元素

让我们来看看飞船的功能。下面是飞船的功能列表。

❏ 开始时静止在屏幕中央。

❏ 左方向键按下时左转。

❏ 右方向键按下时右转。

❏ 上方向键按下时加速前进。

❏ 根据速度运动。

❏ 当 Z 键按下时，产生一个保护盾。

飞船能发射导弹。下面是导弹的功能。

❏ 在玩家按下空格键时创建。

❏ 根据飞船的位置和朝向决定速度和位置。

❏ 根据速度运动。

岩石有以下功能。

❏ 有一个随机产生的起始速度和旋转速度。

❏ 根据速度运动。

❏ 根据旋转速度旋转。

❏ 有大、中、小 3 种不同的尺寸。

碰撞是这个游戏的主要部分。游戏中会发生两种类型的碰撞：导弹碰岩石，岩石碰飞船。

当导弹和岩石碰撞时，原有的岩石被移除。如果是一颗大岩石，那么两颗中等的岩石就会出现在同样的位置上。如果是一颗中等的岩石，就会在当前位置出现两颗小岩石。如果是一颗小岩石就会消失，没有新的出现。碰撞后导弹也会被移除。

当岩石和飞船发生碰撞时，岩石相当于被导弹击中，飞船则被移除了。玩家有 3 条命。如果玩家还有生命，就会得到一架新的飞船，会在两秒钟以后出现在屏幕的中央。

如果玩家将所有岩石都打掉了，而且屏幕上没有新的岩石出现，则这个级别就结束了。短暂的等待后，新一波的岩石出现了，不过这次岩石的速度比之前的要稍微快一些。

说明

在大多数 20 世纪 70 年代的 Asteroids 游戏中，岩石的速度都有一个上限。这就让那些高手可以不停地玩，直到游戏店关门或者玩家的老妈来喊他回家吃晚饭了。

还有一个操作是玩家可以产生一个保护盾。按住 Z 键，就可以让飞船的四周产生一个保护盾，持续 3 秒。这就让飞船可以穿越岩石。但是，玩家在每条生命中只有 3 个保护盾。所以，保护盾要省着点用。

这个游戏的一个重要特性是，飞船和岩石在运动时都可以穿越屏幕。如果其中的一个从屏幕左边穿出，则会在屏幕右边出现。如果从底部穿出，就会在顶部出现。不过导弹在运动到屏幕的边缘时就会消失。

7.3.2 设置图形

为了构建游戏，我们需要一架飞船、一些岩石和一颗导弹。飞船是最复杂的元素。它需要一个初始状态，一个打开推进器飞行时的状态，还需要在被击中时的一些爆炸的动画。它还需要一个包围它的保护盾。

图 7-9 展示了飞船爆炸的影片剪辑。这里有很多帧。第 1 帧是没有推进器时的飞船，第 2 帧是有推进器时的飞船。剩下的帧是一段较短的爆炸动画。

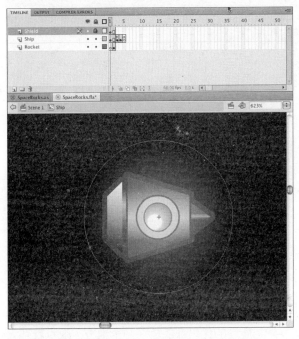

图 7-9　飞船同时打开推进器和保护盾的帧

保护盾是一个独立的影片剪辑，被放在飞船的影片剪辑之中。在第 1 帧（没有推进器）和第 2 帧（有推进器）中都出现了。可以将保护盾的 visible 属性设置为 false，让它不可见。需要它时，可以通过将 visible 属性设置为 true，让它出现。

岩石会用到一系列的影片剪辑。共有 3 个尺寸的影片剪辑：Rock_Big、Rock_Medium 和 Rock_Small。每个影片剪辑都有 3 帧，分别代表岩石的不同形态。这就避免了让游戏中的岩石一成不变。图 7-10 展示了 Rock_Big 影片剪辑，你可以看到时间轴上有 3 个包含这三种不同形态的关键帧。

导弹是最简单的元素。它只是一个小黄点。还有两个其他的影片剪辑：ShipIcon 和 ShieldIcon。这是小型版本的飞船和保护盾。我们用它们来显示剩余的飞船和保护盾的数量。

主时间轴的设置和之前一样：有三个帧，中间的一帧叫做 startSpaceRocks。现在我们需要创建 ActionScript 来让游戏动起来。

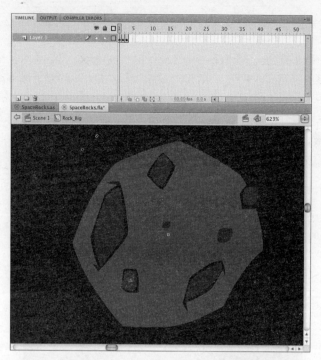

图 7-10   每个岩石影片剪辑都有 3 个不同的帧分别代表
不同的岩石形态，不过它们的尺寸是相同的

7.3.3   设置类

我们会将所有的代码都放在 SpaceRocks.as 类文件中。这会产生本书到目前为止最长的类文件。只用一个类文件的好处是所有的代码都能放在一个地方。缺点就是太长了不好管理。

这里我们将代码分割成了许多小块，每一块对应不同的屏幕元素，希望能有点用。首先，让我们看看类定义。

类首先导入了常用的类，用来操作不同的对象和结构：

```
package {
    import flash.display.*;
    import flash.events.*;
    import flash.text.*;
    import flash.utils.getTimer;
    import flash.utils.Timer;
    import flash.geom.Point;
```

一大堆的常量，让你感受下这个游戏的难度。速度的单位是 1 毫秒内的移动量，所以 shipRotationSpeed 设置为 0.1 是相当快的，相当于每秒 100°。导弹的速度是每秒 200 像素，而推进器会给飞船 150 像素/秒/秒的加速度。

说明

速度是用单位时间内移动的距离来衡量的，如 100 像素/秒。加速度是速度随着时间的变化量，即每秒钟速度变化了多少。所以，我们可以称加速度为像素/秒/秒。

岩石的速度根据游戏的难度水平而定。初始时为 0.03，每高一个级别，速度会增加 0.02。所以，第 1 级是 0.03+0.02=0.05，第 2 级是 0.07，如此递增。

我们也要确定飞船的半径，将飞船视为圆形。使用它的半径来进行碰撞检查，而不依赖于 `hitTestObject` 函数。

```
public class SpaceRocks extends MovieClip {
    static const shipRotationSpeed:Number = .1;
    static const rockSpeedStart:Number = .03;
    static const rockSpeedIncrease:Number = .02;
    static const missileSpeed:Number = .2;
    static const thrustPower:Number = .15;
    static const shipRadius:Number = 20;
    static const startingShips:uint = 3;
```

定义完常量之后，我们还需要定义一系列变量。以下变量分别指向了飞船、岩石和导弹。

```
//游戏对象
private var ship:Ship;
private var rocks:Array;
private var missiles:Array;
```

接着，我们定义了一个动画计时器，确保所有的移动能够同步进行。

```
//动画计时器
private var lastTime:uint;
```

左、右和上方向键将由以下布尔变量跟踪。

```
//方向键
private var rightArrow:Boolean = false;
private var leftArrow:Boolean = false;
private var upArrow:Boolean = false;
```

飞船的速度被分为两个部分：

```
//飞船速度
private var shipMoveX:Number;
private var shipMoveY:Number;
```

我们有两个计时器。一个显示在玩家损失了一架飞船后，下一驾飞船将出现的时间。我们也可以用它来显示，现有的岩石被清理干净之后，下一波岩石将出现的时间。另一个计时器用来显示保护盾持续的时间。

```
//计时器
private var delayTimer:Timer;
private var shieldTimer:Timer;
```

游戏中有一个 gameMode 变量，可以设置为"play"或者"delay"。当设为"delay"时，我们不侦听玩家的输入。还有一个布尔变量告诉我们保护盾是否打开着，打开时玩家不会被岩石打到。

```
//游戏模式
private var gameMode:String;
private var shieldOn:Boolean;
```

下一组变量集合针对保护盾和飞船。头两个变量记录飞船和保护盾的数量，接下来的两个变量是数组，保存了显示在屏幕上给予玩家信息的图标。

```
//飞船和保护盾
private var shipsLeft:uint;
private var shieldsLeft:uint;
private var shipIcons:Array;
private var shieldIcons:Array;
```

得分记录在 gameScore 中。它在我们创建的名为 scoreDisplay 的文本字段中展示给玩家。gameLevel 变量记录我们清除岩石群的次数。

```
//得分和游戏等级
private var gameScore:Number;
private var scoreDisplay:TextField;
private var gameLevel:uint;
```

最后，我们还需要两个 Sprite。我们将把所有的游戏元素放在这两个 Sprite 中。第一个是 gameObjects，是主要的 Sprite。但是，为了将这这两个 Sprite 分开，我们将飞船和保护盾图标，以及得分情况都放在 scoreObjects 中。

```
//Sprite
private var gameObjects:Sprite;
private var scoreObjects:Sprite;
```

7.3.4　开始游戏

构造函数用来设置所有的 Sprite。注意要记 addChild 语句以下面的顺序出现，从而确保图标和得分记录出现在其他元素的上面：

```
//开始游戏
public function startSpaceRocks() {
    //设置 Sprite
    gameObjects = new Sprite();
    addChild(gameObjects);
    scoreObjects = new Sprite();
    addChild(scoreObjects);
```

游戏的等级设为 1，现有的飞船数量设为 3，这是前面定义的常量值。游戏的得分设为 0。接着，调用 createShipIcons 和 createScoreDisplay 完成设置。这两个函数的内容下面会讲到：

```
//设置游戏属性
gameLevel = 1;
shipsLeft = startingShips;
gameScore = 0;
createShipIcons();
createScoreDisplay();
```

和空袭游戏一样，我们需要 3 个侦听器。一个处理每一帧的事件，其他两个处理按键：

```
//设置侦听器
addEventListener(Event.ENTER_FRAME,moveGameObjects);
stage.addEventListener(KeyboardEvent.KEY_DOWN,keyDownFunction);
stage.addEventListener(KeyboardEvent.KEY_UP,keyUpFunction);
```

为了开始游戏，我们将 gameMode 设为 "delay" ，将 shieldOn 设为 false，创建一个数组保存导弹，然后调用两个函数开始游戏。第一个函数创建第一组岩石，第二个创建第一艘飞船。因为这两个函数接下来都要被事件计时器调用，所以需要将 null 赋给它们作为参数，以便后面事件计时器使用。

```
//开始
gameMode = "delay";
shieldOn = false;
missiles = new Array();
nextRockWave(null);
newShip(null);
}
```

7.3.5 得分和状态显示对象

第一组函数用来处理玩家剩余的飞船数量、剩余保护盾数量以及玩家的得分。这些信息分别显示在屏幕的 3 个角落中。

玩家的得分以文本的形式显示在右上角。玩家剩余的飞船数量以图标的形式显示在左下角，数量范围为 0~3。玩家保护盾的数量以图标的形式显示在右下角，数量范围也是 0~3。图 7-11 显示了游戏开始时，这 3 个条目显示的情形。

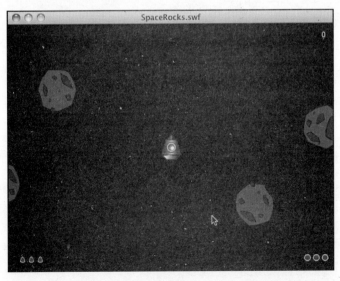

图 7-11　得分在右上角，生命数量在左下角，保护盾数量在右下角

为了创建飞船和保护盾的图标，下面的两个函数遍历并将这3个条目放置在屏幕上。这些创建的条目被添加到了对应的数组中，以便后续使用和删除。

```
//在左边绘制飞船
public function createShipIcons() {
    shipIcons = new Array();
    for(var i:uint=0;i<shipsLeft;i++) {
        var newShip:ShipIcon = new ShipIcon();
        newShip.x = 20+i*15;
        newShip.y = 375;
        scoreObjects.addChild(newShip);
        shipIcons. push(newShip);
    }
}
```

类似的方法处理保护盾图标：

```
//在右边绘制保护盾
public function createShieldIcons() {
    shieldIcons = new Array();
    for(var i:uint=0;i<shieldsLeft;i++) {
        var newShield:ShieldIcon = new ShieldIcon();
        newShield.x = 530-i*15;
        newShield.y = 375;
        scoreObjects.addChild(newShield);
        shieldIcons.push(newShield);
    }
}
```

说明

如果不采用放在一起的图标，我们也可以用文本字段来显示剩余的飞船和保护盾数。这样做可以减少代码量，不过看上去没什么乐趣。

创建得分记录显示，就是新建一个文本字段，然后让它显示需要的属性。我们还创建了一个临时的 TextFormat 变量，用来设置文本字段的 defaultTextFormat 属性：

```
//将得分记录放在右上角
public function createScoreDisplay() {
    scoreDisplay = new TextField();
    scoreDisplay.x = 500;
    scoreDisplay.y = 10;
    scoreDisplay.width = 40;
    scoreDisplay.selectable = false;
    var scoreDisplayFormat = new TextFormat();
    scoreDisplayFormat.color = 0xFFFFFF;
    scoreDisplayFormat.font = "Arial";
    scoreDisplayFormat.align = "right";
    scoreDisplay.defaultTextFormat = scoreDisplayFormat;
    scoreObjects.addChild(scoreDisplay);
    updateScore();
}
```

在 createScoreDisplay 函数的最后，我们立刻调用了 updateScore，将 0 放入文本字段中，因为这时的 gameScore 就是这个值。而接下来每当我们要更新得分时，需要使用 updateScore 函数：

```
//显示新得分
public function updateScore() {
    scoreDisplay.text = String(gameScore);
}
```

当需要移除飞船或保护盾时，我们需要从 shipIcons 或者 shieldIcons 数组中弹出(POP)一个条目，然后使用 removeChild 将该图标去除。

```
//移除飞船图标
public function removeShipIcon() {
    scoreObjects.removeChild(shipIcons.pop());
}
```

```
//移除保护盾图标
public function removeShieldIcon() {
    scoreObjects.removeChild(shieldIcons.pop());
}
```

我们还需要添加函数，用来遍历和移除所有的图标。在游戏的结尾，我们需要这样处理；而对于保护盾，在一条生命结束时需要这样处理。每次新飞船产生时，我们都要给玩家 3 个保护盾，所以我们只需要删除保护盾的图标，然后开始新生命时再创建它们：

```
//移除剩余的飞船图标
public function removeAllShipIcons() {
    while (shipIcons.length > 0) {
        removeShipIcon();
    }
}
```

```
//移除剩余的保护盾图标
public function removeAllShieldIcons() {
    while (shieldIcons.length > 0) {
        removeShieldIcon();
    }
}
```

7.3.6 飞船运动和玩家输入

接下来的函数都是针对飞船的。第一个函数创建一艘新飞船，其余的函数用来操控飞船。

1. 创建一艘新飞船

newShip 函数在游戏开始时被调用，或者在前一艘飞船被消灭两秒后调用。在后面的调用是为了响应计时器的事件，所以我们传入了 TimerEvent 作为参数。虽然我们并不需要这个 TimerEvent 做任何事，不过还是必须让它存在。

在这个函数第二、第三、第四次被调用时，前一艘飞船还是存在的。前一艘飞船会播放爆炸动画。在这段动画的结尾，会有一个简单的 stop 命令将这个影片剪辑停留在了空白的最后一帧上。所以，这个飞船还是存在的，只是变成了不可见的。我们将找到这个飞船的实例，将它移除并清理干净。

说明

在其他游戏中，可能会在爆炸动画结束后，立刻将飞船移除。而在我们的例子中，可以在飞船时间轴上放一个对主类的回调函数。可设置在动画播放到最后一帧时调用该函数，这样我们就知道动画结束了，然后就可以移除该对象。

```
//创建一艘新飞船
public function newShip(event:TimerEvent) {
    //如果飞船存在，移除它
    if (ship != null) {
        gameObjects.removeChild(ship);
        ship = null;
    }
```

接下来，我们判断是否还有飞船。如果没有了，游戏结束。

```
    //没有飞船了
    if (shipsLeft < 1) {
        endGame();
        return;
    }
```

一艘新的飞船被创建，放置好，然后被设置到时间轴的第1帧，这时候的飞船没有推进器。旋转值设为-90，朝向正上方。我们还需要移除保护盾。接着，我们将影片剪辑添加到 gameObjects 上：

```
    //创建、定位并添加新的飞船
    ship = new Ship();
    ship.gotoAndStop(1);
    ship.x = 275;
    ship.y = 200;
    ship.rotation = -90;
    ship.shield.visible = false;
    gameObjects.addChild(ship);
```

飞船的速度存储在 shipMoveX 和 shipMoveY 变量中。由于我们已经创建了一艘飞船，gameMode 变量就可以从"delay"设置为"play"了。

```
    //设置飞船属性
    shipMoveX = 0.0;
    shipMoveY = 0.0;
    gameMode = "play";
```

对于每一艘新飞船，我们都将保护盾设为3。然后，我们需要在屏幕底部绘制3个小的保护盾图标：

```
    //设置保护盾
    shieldsLeft = 3;
    createShieldIcons();
```

当玩家损失了一艘飞船时，一艘新的飞船出现。这时候有可能出现这样的情况，即刚好在飞船出现的屏幕中央，有一块岩石经过。为了防止这种情况发生，我们使用保护盾。将保护盾打开，玩家就可以得到 3 秒钟的无敌时间。

说明

以前此类的街机游戏，为了避免这种情况，都是等屏幕中央相对比较空时，才在那里创建新的飞船。你也可以这样做，只需要计算每一块岩石到新飞船的距离，如果比较接近就延迟 2 秒钟出现。

注意到，只有不是飞船第一次出现的情况下，我们才需要考虑这些。在飞船第一次出现时，岩石也才第一次出现，我们可以预设它们的位置远离中心。

我们在此调用 startShield，传入值 true，表示这个保护盾是免费使用的。它不会影响玩家已有的 3 个保护盾。

```
//除了第一条命外，每条生命开始时都有一个免费的保护盾
if (shipsLeft != startingShips) {
    startShield(true);
}
}
```

2. 处理键盘输入

接下来的两个函数处理按键。和空袭游戏一样，我们需要跟踪左右方向键。我们同时关注向上的方向键。除此之外，我们还需要在空格键和 Z 键按下时作出反应。

在向上方向键按下时，我们需要让飞船播放到第 2 帧（这里放置着推进器的图像），从而开启飞船的推进器。

按一次空格键会调用 newMissile，按一次 Z 键会调用 startShield：

```
//注册按键
public function keyDownFunction(event:KeyboardEvent) {
    if (event.keyCode == 37) {
        leftArrow = true;
    } else if (event.keyCode == 39) {
        rightArrow = true;
    } else if (event.keyCode == 38) {
        upArrow = true;
        //显示推进器
        if (gameMode == "play") ship.gotoAndStop(2);
    } else if (event.keyCode == 32) { //空格键
        newMissile();
    } else if (event.keyCode == 90) { //Z键
        startShield(false);
    }
}
```

当向上方向键释放时，keyUpFunction 关闭推进器。

```
//注册按键
public function keyUpFunction(event:KeyboardEvent) {
    if (event.keyCode == 37) {
        leftArrow = false;
    } else if (event.keyCode == 39) {
        rightArrow = false;
    } else if (event.keyCode == 38) {
        upArrow = false;
        //移除推进器
        if (gameMode == "play") ship.gotoAndStop(1);
    }
}
```

3. 飞船移动

游戏中所有的动画函数都接受 timeDiff 作为参数。这就好像其他游戏中的动画都有 timePassed 一样。但是，这里没有让每个动画函数都计算自己的 timePassed，而是单独用一个函数 moveGameObjects 来计算，然后调用 3 个动画函数，传入参数。所有的物体就可以根据计算出的 timeDiff 参数进行移动。

飞船的移动可以是转向、飞行，或者两者同时进行。如果按下向左或向右方向键，飞船转向，转向的速度取决于 timeDiff 参数和 shipRotationSpeed 常量。

如果按下向上方向键，飞船会加速。这里我们就可以使用 Math.cos 和 Math.sin 来确定推动器对飞船的水平和垂直方向的影响。

```
//飞船动画
public function moveShip(timeDiff:uint) {

    //旋转和推动
    if (leftArrow) {
        ship.rotation -= shipRotationSpeed*timeDiff;
    } else if (rightArrow) {
        ship.rotation += shipRotationSpeed*timeDiff;
    } else if (upArrow) {
        shipMoveX += Math.cos(Math.PI*ship.rotation/180)*thrustPower;
        shipMoveY += Math.sin(Math.PI*ship.rotation/180)*thrustPower;
    }
```

接下来，飞船的位置根据速度进行更新。

```
//移动
ship.x += shipMoveX;
ship.y += shipMoveY;
```

让这个游戏与众不同的一点是，飞船可以从屏幕的一边飞出然后从另一边飞入。下面就是实现的代码。这里有许多手工输入的数字，我们可以将它们移到类的开头，使用常量来定义。不过，将它们留在这里可以让代码更易于阅读和理解。

屏幕的宽度是 550 像素，高度是 400 像素。我们不希望飞船一碰到边界就消失不见，而是希望它能在完全消失在视线中时再出现在屏幕的另一边。所以，当飞船飞到 570 像素的位置时，将它移到-20 的位置。这样一来，飞船在任何时候都不会飞出玩家的视野。

说明

游戏中添加在屏幕边缘边的 *20* 像素就好像一个死亡区域一样。这个区域你看不到, 导弹也飞不到, 因为导弹一碰到屏幕的边缘就消失了。

你需要确保这个区域足够小, 否则, 接近垂直或者水平方向移动的小岩石会消失一段时间。如果这个区域设置过大, 你自己的飞船也很容易找不到了。

当然, 如果设置得太小, 物体就有可能还没有从一边消失, 就在另一边出现了。

```
//屏幕约束
if ((shipMoveX > 0) && (ship.x > 570)) {
    ship.x -= 590;
}
if ((shipMoveX < 0) && (ship.x < -20)) {
    ship.x += 590;
}
if ((shipMoveY > 0) && (ship.y > 420)) {
    ship.y -= 440;
}
if ((shipMoveY < 0) && (ship.y < -20)) {
    ship.y += 440;
}
}
```

4. 处理飞船碰撞

飞船在被导弹击中时会爆炸。我们需要将飞船的时间轴跳转到标记为"explode"的第 3 帧。removeAllShieldIcons 函数从屏幕上去除保护盾图标。然后, 设置好一个计时器, 在 2 秒钟后调用 newShip。飞船的数量减 1, removeShipIcon 从屏幕中移除一个飞船图标。

```
//移除飞船
public function shipHit() {
    gameMode = "delay";
    ship.gotoAndPlay("explode");
    removeAllShieldIcons();
    delayTimer = new Timer(2000,1);
    delayTimer.addEventListener(TimerEvent.TIMER_COMPLETE,newShip);
    delayTimer.start();
    removeShipIcon();
    shipsLeft--;
}
```

7.3.7 打开保护盾

飞船的保护盾是相对独立的部分。它作为一个独立的影片剪辑, 存在于飞船的影片剪辑中。所以, 打开保护盾, 只需要将它的 visible 属性设为 true。设置计时器以在 3 秒后关闭保护盾。打开保护盾的同时, shieldOn 被设置为 true, 这时候所有的岩石碰撞都会被忽略。

说明

保护盾实际上是一个半透明的图形，它让飞船可以在保护盾打开的情况下可见。在保护盾的颜色设定时，应用了透明度（Alpha）的设置。不需要使用ActionScript代码，图形就可以绘出这个效果。

在 startShield 函数的开头和结尾，函数也作了一些判断工作。在函数开头，要确保玩家还有剩余的保护盾。然后，还要确保当前保护盾已经关闭了。

在函数结尾，函数判断 freeShield 参数。如果结果是 false，我们就减少1个可用的保护盾，然后更新屏幕：

```
//打开保护盾3秒钟
public function startShield(freeShield:Boolean) {
    if (shieldsLeft < 1) return; //没有保护盾可用
    if (shieldOn) return; //保护盾已经打开

    //打开保护盾，设置计时器来关闭保护盾
    ship.shield.visible = true;
    shieldTimer = new Timer(3000,1);
    shieldTimer.addEventListener(TimerEvent.TIMER_COMPLETE,endShield);
    shieldTimer.start();

    //更新剩余的保护盾数量
    if (!freeShield) {
        removeShieldIcon();
        shieldsLeft--;
    }
    shieldOn = true;
}
```

如果计时器设置的时间到了，保护盾被设为不可见，shieldOne 这个布尔值被设为 false：

```
//关闭保护盾
public function endShield(event:TimerEvent) {
    ship.shield.visible = false;
    shieldOn = false;
}
```

7.3.8　岩石

接下来我们来关注处理岩石的函数。这些函数能够创建岩石、移除岩石和摧毁岩石。

1. 创建新的岩石

因为岩石有3种尺寸，所以创建新的岩石（调用 newRock）时，会传入 rockType 参数来指定岩石的尺寸。游戏开始的时候，创建的所有岩石都是大的，也就是传入"Big"作为参数。不过随着游戏的进行，每次碰撞会将大的岩石会分裂成中等或者小尺寸。

对于每种尺寸，我们都有对应的半径（rockRadius），大、中、小分别是35、20和10。稍后我们将用这些数据来检测碰撞。

说明

我们也可以通过查看岩石的影片剪辑，动态地得到每个岩石的半径。但在这里，我们还没有创建任何东西，所以不能得到这个值。更重要的是，这里我们不需要这些值。这个半径应该包含图形中离中心最远的点。不过这里我们希望使用一个近似值来代表岩石的通用半径。

为了完成岩石的创建工作，还需要指定一个随机速度，这可以给 dx 和 dy 指定一个随机数值实现。我们也需要给 dr 指定一个随机值，代表旋转的速度。

还有一个随机元素是岩石的外观。每个岩石影片剪辑都有 3 帧，每一帧都有一个不同的外观。

rocks 数组由数据对象组成，这些数据对象包含了 dx、dy 和 dr 值，以及 rockType（尺寸）和 rockRadius（半径）的值：

```
//创建一个指定尺寸的岩石
public function newRock(x,y:int, rockType:String) {

    //创建一个合适的新类
    var newRock:MovieClip;
    var rockRadius:Number;
    if (rockType == "Big") {
        newRock = new Rock_Big();
        rockRadius = 35;
    } else if (rockType == "Medium") {
        newRock = new Rock_Medium();
        rockRadius = 20;
    } else if (rockType == "Small") {
        newRock = new Rock_Small();
        rockRadius = 10;
    }

    //选择一种随机的外观
    newRock.gotoAndStop(Math.ceil(Math.random()*3));

    //设置起始位置
    newRock.x = x;
    newRock.y = y;

    //设置随机的运动和旋转
    var dx:Number = Math.random()*2.0-1.0;
    var dy:Number = Math.random()*2.0-1.0;
    var dr:Number = Math.random();

    //将岩石添加到舞台和岩石列表中
    gameObjects.addChild(newRock);
    rocks.push({rock:newRock, dx:dx, dy:dy, dr:dr, rockType:rockType, rockRadius:
rockRadius});
}
```

2. 创建岩石群

游戏开始以及每次需要一波新的岩石时，可以调用下面的函数，创建 4 个大岩石，均匀地放置在屏幕上。图 7-12 展示了游戏开始时的情况。

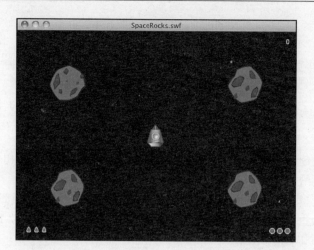

图7-12　4块岩石放置在距离4条边100像素的位置

我们将gameMode设为true，表示游戏开始。如果这是第一波，我们已经将gameMode设为play了。但如果不是第一波，那么在shipHit函数中已经将gameMode设为delay了。所以这里需要将它设为play：

```
//创建4块岩石
public function nextRockWave(event:TimerEvent) {
    rocks = new Array();
    newRock(100,100,"Big");
    newRock(100,300,"Big");
    newRock(450,100,"Big");
    newRock(450,300,"Big");
    gameMode = "play";
}
```

说明

newRockWave函数每次在同样的位置创建4块岩石。你可能希望增加游戏的难度，通过检测gameLevel，如果它的值大于3或4的时候，就增加到6块岩石。这是增加游戏难度的简单办法。当然，也可以在游戏新的一关开始时放置一些中等岩石和小岩石。

3. 移动岩石

为了移动岩石，我们需要在rocks数组中查看每个岩石，获取它们的属性值。岩石的位置根据dx和dy的值更改。旋转根据dr的值变化。

同飞船一样，我们也需要让岩石从屏幕的一边移动到另外一边。这里处理的代码和飞船一样，当岩石越过边界20像素时，就将它移到屏幕的另一边：

```
//操纵所有的岩石
public function moveRocks(timeDiff:uint) {
```

```
for(var i:int=rocks.length-1;i>=0;i--) {

    //移动岩石
    var rockSpeed:Number = rockSpeedStart + rockSpeedIncrease*gameLevel;
    rocks[i].rock.x += rocks[i].dx*timeDiff*rockSpeed;
    rocks[i].rock.y += rocks[i].dy*timeDiff*rockSpeed;

    //旋转岩石
    rocks[i].rock.rotation += rocks[i].dr*timeDiff*rockSpeed;

    //约束岩石
    if ((rocks[i].dx > 0) && (rocks[i].rock.x > 570)) {
        rocks[i].rock.x -= 590;
    }
    if ((rocks[i].dx < 0) && (rocks[i].rock.x < -20)) {
        rocks[i].rock.x += 590;
    }
    if ((rocks[i].dy > 0) && (rocks[i].rock.y > 420)) {
        rocks[i].rock.y -= 440;
    }
    if ((rocks[i].dy < 0) && (rocks[i].rock.y < -20)) {
        rocks[i].rock.y += 440;
    }
}
}
```

4. 岩石碰撞

当岩石被击中时，rockHit 函数决定了接下来的行动。如果被击中的是大岩石，在它的位置上会创建两块中等的岩石。如果是中等的岩石，会创建两块小岩石。它们在原有岩石的位置上，但是有新的随机方向和旋转。

不管怎么样，被击中的岩石都会被移除。如果是小岩石，则彻底移除（不会有新的生成）：

```
public function rockHit(rockNum:uint) {
    //创建两块更小的岩石
    if (rocks[rockNum].rockType == "Big") {
        newRock(rocks[rockNum].rock.x,rocks[rockNum].rock.y,"Medium");
        newRock(rocks[rockNum].rock.x,rocks[rockNum].rock.y,"Medium");
    } else if (rocks[rockNum].rockType == "Medium") {
        newRock(rocks[rockNum].rock.x,rocks[rockNum].rock.y,"Small");
        newRock(rocks[rockNum].rock.x,rocks[rockNum].rock.y,"Small");
    }
    //移除原始的岩石
    gameObjects.removeChild(rocks[rockNum].rock);
    rocks.splice(rockNum,1);
}
```

7.3.9　导弹

导弹由玩家按下空格键创建。newMissile 函数让导弹从飞船的位置发射，同时用飞船的旋转值来决定导弹的发射方向。

导弹的初始位置并不是在飞船的中心，而是离中心有 shipRadius（飞船半径）的距离，导弹的方向设置成飞船飞行的方向。这样就防止了导弹看上去是从飞船中心发射的问题。

说明

这里我们使用了一个小技巧来简化导弹，那就是将导弹的图形设置为一个圆形的球。这样一来，就不需要对导弹的旋转方向作任何处理。这些圆形物体朝着任何方向移动时看起来都一样。

我们使用 missiles 数组来跟踪这些导弹：

```
//创建一颗新导弹
public function newMissile() {
    //创建
    var newMissile:Missile = new Missile();

    //设置方向
    newMissile.dx = Math.cos(Math.PI*ship.rotation/180);
    newMissile.dy = Math.sin(Math.PI*ship.rotation/180);

    //放置
    newMissile.x = ship.x + newMissile.dx*shipRadius;
    newMissile.y = ship.y + newMissile.dy*shipRadius;

    //添加到舞台和数组中
    gameObjects.addChild(newMissile);
    missiles.push(newMissile);
}
```

导弹运动时，我们使用 missileSpeed 常量和 timeDiff 来决定它的新位置。这些导弹和岩石与飞船不一样，不会穿越屏幕，它们在越过屏幕时就消失了。

```
//移动导弹
public function moveMissiles(timeDiff:uint) {
    for(var i:int=missiles.length-1;i>=0;i--) {
        //移动
        missiles[i].x += missiles[i].dx*missileSpeed*timeDiff;
        missiles[i].y += missiles[i].dy*missileSpeed*timeDiff;
        //离开屏幕
        if ((missiles[i].x < 0) || (missiles[i].x > 550) ||
                    (missiles[i].y < 0) || (missiles[i].y > 400)) {
            gameObjects.removeChild(missiles[i]);
            missiles.splice(i,1);
        }
    }
}
```

当导弹击中一块岩石，它会调用 missileHit 把自己移除：

```
//移除导弹
public function missileHit(missileNum:uint) {
    gameObjects.removeChild(missiles[missileNum]);
    missiles.splice(missileNum,1);
}
```

说明

我将移除导弹的代码单独放在 moveMissiles 而不是 missileHit 中，是为了将来考虑。导弹飞出屏幕和击中岩石是两种不同的情况。当我们希望导弹击中一个物体时发生一些特殊的事件，我们可以放在 missileHit 中。但是，这里导弹只是飞出了屏幕，显然不需要发生什么。

7.3.10 游戏控制

到目前为止，我们有 3 个动画函数：moveShip、moveRocks 和 moveMissiles。这 3 个函数都被基本动画函数 moveGameObjects 调用。而 moveGameObjects 则被一开始设置的 ENTER_FRAME 事件调用。

1. 移动游戏对象

moveGameObjects 函数和空袭游戏一样，计算出 timePassed，然后发送给 3 个动画函数。注意到，moveShip 只有在 gameMode 不为"delay"时才能被调用。

最后，moveGameObjects 函数调用 checkCollisions，这是整个游戏的核心部分：

```
public function moveGameObjects(event:Event) {
    //得到经过的时间，然后开始动画
    var timePassed:uint = getTimer() - lastTime;
    lastTime += timePassed;
    moveRocks(timePassed);
    if (gameMode != "delay") {
        moveShip(timePassed);
    }
    moveMissiles(timePassed);
    checkCollisions();
}
```

2. 检测碰撞

checkCollisions 函数进行碰撞检测的计算。它循环遍历岩石和导弹，判断它们之间是否发生了碰撞。岩石的 rockRadius 记录了它的半径，用来判断碰撞的发生。用距离来判断比调用 hitTestPoint 更快。

如果检测到了碰撞，rockHit 和 missileHit 函数被调用来处理碰撞的结果。

如果一个岩石和一个导弹将要被移除，那么它就不会被其他对象碰撞到了。所以，这两个嵌套了 for 循环的对象都被加上了标记 (label)。标记是一种指定 break 或 continue 命令所期望的 for 循环的方法。这里，我们希望在 rockloop 中继续，它在嵌套循环的外部。一个简单的 break 语句表示代码会继续检查岩石与飞船的碰撞。但是，因为飞船已经不存在了，所以使用 break 会发生一个错误：

```
//寻找导弹与岩石的碰撞
public function checkCollisions() {
    //循环遍历岩石
```

```
rockloop: for(var j:int=rocks.length-1;j>=0;j--) {
    //循环遍历导弹
    missileloop: for(var i:int=missiles.length-1;i>=0;i--) {
        //碰撞检测
        if (Point.distance(new Point(rocks[j].rock.x,rocks[j].rock.y),
                new Point(missiles[i].x,missiles[i].y))
                    < rocks[j].rockRadius) {

            //移除岩石和导弹
            rockHit(j);
            missileHit(i);

            //增加分数
            gameScore += 10;
            updateScore();

            //结束这次循环，然后开始下一次
            continue rockloop;
        }
    }
```

每一个岩石都被检测是否与飞船碰撞。首先，我们要确保现在不是飞船被击中和重生之间的时间段。我们还需要确保保护盾是关闭的。

如果飞船被击中，shipHit 和 rockHit 被调用：

```
    //检测岩石与飞船的碰撞
    if (gameMode == "play") {
        if (shieldOn == false) {  //只有当保护盾关闭时
            if (Point.distance(new Point(rocks[j].rock.x,rocks[j].rock.y),
                    new Point(ship.x,ship.y))
                        < rocks[j].rockRadius+shipRadius) {

                //移除飞船和岩石
                shipHit();
                rockHit(j);
            }
        }
    }
}
```

checkCollisions 完成之前，它需要查看屏幕上岩石的数量。如果所有的岩石都被清除了，会设置一个计时器，计时 2 秒钟。gameLevel 会增加 1，下一次的岩石会有更快的速度。同时，gameMode 被设置为"betweenlevels"。这段时期内，就不需要进行碰撞的判断了，不过还是要允许玩家移动飞船：

```
    //岩石被清光了，改变游戏模式，增加难度
    if ((rocks.length == 0) && (gameMode == "play")) {
        gameMode = "betweenlevels";
        gameLevel++; //增加难度
        delayTimer = new Timer(2000,1);
        delayTimer.addEventListener(TimerEvent.TIMER_COMPLETE,nextRockWave);
        delayTimer.start();
    }
}
```

3. 结束游戏

如果飞船被击中，而且玩家的所有飞船都被消灭了，那么游戏就结束，调用 endGame。该函数进行必要的清理工作，然后将影片的时间轴设置为第 3 帧：

```
public function endGame() {
    //移除所有的物体和侦听器
    removeChild(gameObjects);
    removeChild(scoreObjects);
    gameObjects = null;
    scoreObjects = null;
    removeEventListener(Event.ENTER_FRAME,moveGameObjects);
    stage.removeEventListener(KeyboardEvent.KEY_DOWN,keyDownFunction);
    stage.removeEventListener(KeyboardEvent.KEY_UP,keyUpFunction);

    gotoAndStop("gameover");
}
```

7.3.11 修改游戏

这里的保护盾在原版的 Asteroids 游戏中是没有的。但是，在其后很多其他游戏中可以发现这个特性。在最初的游戏中，有穿越特性。这表示飞船可以消失，然后出现在一个随机的位置。尽管出现在随机位置很可能让飞船被击中，但是这是玩家在没办法躲避时的孤注一掷。

增加穿越功能很简单，只需要在 keyDownFunction 中增加一个新的按键，然后给飞船添加一个随机的 x 和 y 值。

这个游戏可以增加一些基本功能来增加可玩性，比如声音或更多的动画。推进器帧可以简单地用一个循环的图形元件来替代。这样就不需要 ActionScript 代码了。

可以在这类游戏中增加常用的奖励生命值的功能。只需要查看游戏的得分，比如到 1000 分以后，就增加 shipsLeft 的值。你可以在这时重画飞船图标，或者也可以增加一段表示奖励的音乐。

在网上，大多数此类游戏都不是发生在太空环境中的。同样的概念可以用在教育或者市场营销中，只需要将岩石替换为其他物体。比如，它们可能是名词和动词，而玩家只应该射击那些名词。它们也可以被换成垃圾堆，你需要把它们清理干净。

一个简单的改变是，完全抛弃导弹，而只期望岩石和飞船的碰撞。你可以收集物体，而不是向它们射击。当然，你可能只需要收集一些物体，同时需要躲避其他物体。

7.4 气球游戏

源文件

http://flashgameu.com

A3GPU207_BalloonPop.zip

空袭2的一个现代变种是这样的，子弹在空中飞行，打中一些固定的物体。这些物体在空中排列成一定的形状，你必须经过几轮的攻击才能够把它们消灭干净。

这种游戏结合了空袭类型的物理特性和拼图类型的分布特性。通常情况下，玩家面前会出现许多固定的物体，必须使用尽可能少的子弹把它们都消灭掉。

让我们构建一个拥有分散的气球，并且使用了空袭2中基本思想的游戏吧。

7.4.1　游戏元素设计

这里的游戏元素和空袭2中的相似。我们需要一个大炮和一个大炮底座。大炮可以旋转，而其底座固定不动。然后，我们使用加农炮弹来替代普通炮弹。我们还使用不同颜色的气球来替代飞机。我们可以重用空袭游戏中飞机爆炸时的帧，并在影片剪辑中进行类似的安排。

图 7-13 显示了游戏的第一个级别的气球分布，你可以看到气球飞在空中，高射炮改成了加农大炮，加农炮弹飞到了一个爆炸的气球上。

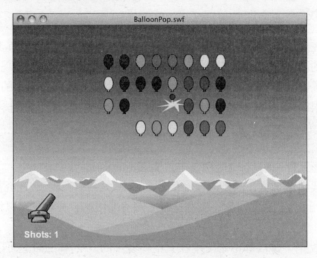

图 7-13　气球游戏采用了类似空袭2游戏的设置

对于 ActionScript 3.0 的设计，我们将所有东西都放在了一个类中，而不是像在空袭中一样，分为单独的炮弹类、高射炮类和飞机类。

在时间轴的设计上，我们需要作一些改变。和前面一样，我们使用了 intro、play 和 gameover 帧，不过这次我们需要有多个级别的分布。play 帧需要知道将气球放在屏幕的哪个位置。

我们可以在代码中做到这些。使用一个函数，在游戏的每个级别上，根据气球在数组中的位置将它们逐一放置，不过这比较难。更好的方式是使用 Flash 图形环境中的舞台和时间轴来放置气球。所以，我们有 3 帧，每帧都是一种不同的分布情况。在每一帧中，我们都将气球影片剪辑的一个副本拖曳到屏幕的不同位置上，从而预置气球。

level1 帧中，气球排列成简单的长方形。level2 帧中的气球排列成了圆形。level3 帧中，气球则排成了两组圆形。

还可以继续创建新的分布情况，每帧一种。拖曳气球的影片剪辑很方便，也可以使用 Flash 的绘图工具（如网格等工具）来帮助排列。在某些时候，我们必须使用 ActionScript 代码来指明如何将这些预先放置的影片剪辑加入到游戏中来。接下来你就会看到。

7.4.2 设置图形

这个游戏在影片剪辑的设计上和空袭 2 很相似。只是把普通炮弹换成了加农炮弹，把炮台换成了加农炮。

此外，飞机也换成了五颜六色的气球。不过它们爆炸时使用的帧没有变。

尽管气球已经被预先放置在了 Flash 舞台上，但我们还是需要声明一个链接的类名，因为我们将要在代码中使用这个类名。

7.4.3 设置类

两个游戏之间另一个不同是，在气球游戏中，我们一次只需要一颗炮弹。因此不需要一个数组来存储，而只需要一个变量。不过我们需要一个数组来存储气球，还需要一些变量来记录炮弹的飞行轨迹：

```
package {
        import flash.display.*;
        import flash.events.*;
        import flash.text.TextField;

        public class BalloonPop extends MovieClip {

                //显示对象
                private var balloons:Array;
                private var cannonball:Cannonball;
                private var cannonballDX, cannonballDY:Number;
```

我们使用下面的布尔值来跟踪左右方向键：

```
                //按键
                private var leftArrow, rightArrow:Boolean;
```

接下来，我们设置一些游戏属性。这里不记录得分，而是跟踪发射炮弹的数量。当炮弹从大炮中飞出去时，我们用一个属性记录炮弹的初始速度。当然，我们也必须记录当前所处分布的级别。此外，我们还需要一个常量来表示重力：

```
                //游戏属性
                private var shotsUsed:int;
                private var speed:Number;
                private var gameLevel:int;
                private const gravity:Number = .05;
```

7.4.4　开始游戏

intro 帧中的开始按钮称为 startBalloonPop。它会设置 gameLevel 和 shotsUsed 属性。然后跳转到 level1 帧，让游戏开始：

```
public function startBalloonPop() {
        gameLevel = 1;
        shotsUsed = 0;
        speed = 6;
        gotoAndStop("level1");
}
```

游戏从 startLevel 函数开始。如果我们像目前为止的大多数游戏一样，只有一个分布级别，那么 startGame 和 startLevel 这两个函数就可以合并成一个。这里，我们希望当游戏开始时，startGame 能够做一些（比如设置使用炮弹的数量事情），在每一个级别开始时，StartLevel 也能够做一些事情。

startLevel 函数在时间轴的每一帧上都被调用。这就确保了这个函数在当前帧绘制完毕后运行，那时候当前分布的每个气球都已经放置好了。

该函数首先设置屏幕上的分数，然后调用函数 findBalloons，接着设置键盘和帧的事件侦听器：

```
public function startLevel() {
        showGameScore();

        //创建对象数组
        findBalloons();

        //侦听键盘
        stage.addEventListener(KeyboardEvent.KEY_DOWN,keyDownFunction);
        stage.addEventListener(KeyboardEvent.KEY_UP,keyUpFunction);

        //检测碰撞
        addEventListener(Event.ENTER_FRAME,gameEvents);
}
```

findBalloons 将要完成一大堆的工作，让我们以后再看。

7.4.5　准备一个游戏级别

在每个分布级别开始，当影片跳转到当前级别的帧时，我们需要做一些工作。每个级别帧上都包含了一组气球。我们需要得到所有气球的影片剪辑，然后存储在数组中，将来用于碰撞检测并最终移除。

为了获取所有的气球，我们需要遍历屏幕上的所有显示对象，使用 numChildren 判断有多少气球，并使用 getChildAt 逐个访问。

说明

你可以使用 is 语句来判断对象是否属于某个类。在这个例子中，如果显示对象是个气球，则(getChildAt(i) is Balloon)返回 true；如果不是，则返回 false。

当我们发现一个影片剪辑是气球类的实例，就将它添加到数组中。我们还有机会让这个气球跳转到它自身 5 个帧中随机的一帧，每一帧都有一种不同的颜色。这就让当前分布级别中的气球变得五颜六色了：

```
public function findBalloons() {
        balloons = new Array();

        //遍历所有显示对象
        for(var i:int=0;i<numChildren;i++) {

                //判断当前对象是否是气球
                if (getChildAt(i) is Balloon) {

                        //如果是，得到随机的气球颜色
                        MovieClip(getChildAt(i)).gotoAndStop(Math.floor
                        (Math.random()*5)+1);

                        //添加到气球列表
                        balloons.push(getChildAt(i));
                }
        }
}
```

7.4.6 主要的游戏事件

gameEvents 函数每帧都被调用，它内部调用 3 个主要的游戏函数：

```
public function gameEvents(event:Event) {
        moveCannon();
        moveCannonball();
        checkForHits();
}
```

当按下一个方向键时，大炮的朝向就会发生改变。为了改变朝向，我们首先得到大炮影片剪辑的旋转值。然后，根据方向键是否按下来增加或者减少旋转值，每次 1°：

```
public function moveCannon() {
        var newRotation = cannon.rotation;

        if (leftArrow) {
                newRotation -= 1;
        }

        if (rightArrow) {
                newRotation += 1;
        }
```

我们不希望大炮可以指向任何方向，所以我们将朝向约束在 $-90°\sim-20°$。 $-90°$ 是朝向上面，$-20°$ 接近于地面了。下面，我们用大炮的旋转值来设置朝向：

```
        //判断边界
        if (newRotation < -90) newRotation = -90;
        if (newRotation > -20) newRotation = -20;

        //重定位
        cannon.rotation = newRotation;
}
```

移动大炮和移动子弹一样，不过这里我们要将重力考虑进来。所以，每次我们都将重力增加到 cannonballDY 上。我们还需要判断炮弹是否穿过了屏幕底部。

只有当炮弹在飞行的过程中时，我们才运行函数中的代码。当大炮不存在时，cannonball 变量返回 null，因为没有对象指向。当我们移除炮弹时，将 cannonball 设为 null：

```
public function moveCannonball() {

        //只有当炮弹存在时才移动
        if (cannonball != null) {

                //改变位置
                cannonball.x += cannonballDX;
                cannonball.y += cannonballDY;

                //增加重力
                cannonballDY += gravity;

                //判断炮弹是否落到地面
                if (cannonball.y > 340) {
                        removeChild(cannonball);
                        cannonball = null;
                }
        }
}
```

游戏的主函数最后调用 checkForHits。这个函数遍历所有的气球，然后将每一个气球和炮弹进行碰撞检测。只有在炮弹存在的时候才进行碰撞检测。

如果检测到碰撞，被击中的气球会开始播放爆炸动画。动画的最后，气球会被移除。下面我们会看到：

```
//碰撞检测
public function checkForHits() {
        if (cannonball != null) {

                //遍历所有的气球
                for (var i:int=balloons.length-1;i>=0;i--) {

                        //判断它是否与炮弹接触
                        if (cannonball.hitTestObject(balloons[i])) {
                                balloons[i].gotoAndPlay("explode");
```

```
                                break;
                        }
                }
        }
}
```

7.4.7 玩家控制

下面的函数会设置代表键盘的变量的布尔值，这和空袭 2 游戏基本一致。唯一不同的是，空格键（键值是 32）会调用 fireCannon：

```
//按下键
public function keyDownFunction(event:KeyboardEvent) {
        if (event.keyCode == 37) {
                leftArrow = true;
        } else if (event.keyCode == 39) {
                rightArrow = true;
        } else if (event.keyCode == 32) {
                fireCannon();
        }
}

//释放键
public function keyUpFunction(event:KeyboardEvent) {
        if (event.keyCode == 37) {
                leftArrow = false;
        } else if (event.keyCode == 39) {
                rightArrow = false;
        }
}
```

fireCannon 函数记录了一次开火，同时更新了显示。它接着创建一颗新的炮弹，将它设置在大炮的位置。

说明

fireCannon 函数的开头就要判断 cannonball 是否存在。如果 cannonball 存在，函数直接返回。在这个游戏中，我们已经看到了两个基于影片剪辑存在与否移除代码的方法。第一个方法是，在 moveCannonball 和 checkForHits 中，将所有的函数代码都放在了一个很大的 if...then 语句中。第二个是使用 return 语句直接从函数返回。第一个方法适用于小函数，第二个用在大型的函数中效果更好。这两个都是编程可选的风格。

当炮弹创建好以后，它必须在大炮的后面，这样才能看起来像是大炮将它发射出去的。使用 addChild 将炮弹放在大炮的上面。然后，再次使用 addChild 将大炮的影片剪辑移到上面。但是，这会将大炮放在大炮底座的上面，所以必须第三次使用 addChild，将大炮的底座放在最上面：

```
public function fireCannon() {
        if (cannonball != null) return;

        shotsUsed++;
        showGameScore();

        //创建炮弹
        cannonball = new Cannonball();
        cannonball.x = cannon.x;
        cannonball.y = cannon.y;
        addChild(cannonball);

        //将大炮和底座移到上面
        addChild(cannon);
        addChild(cannonbase);

        //设置炮弹的方向
        cannonballDX = speed*Math.cos(2*Math.PI*cannon.rotation/360);
        cannonballDY = speed*Math.sin(2*Math.PI*cannon.rotation/360);
}
```

fireCannon 函数的最后，根据大炮的朝向和速率常量来设置 cannonballDX 和 cannonballDY 的值，从而给予炮弹一个初始速度。

7.4.8　弹出气球

在气球爆炸动画的结尾，会有一个回调函数，让气球发出请求，请求自己被移除出游戏。这个过程可以用如下代码表示：

```
MovieClip(root).balloonDone(this);
```

balloonDone 函数将气球从屏幕中移除，然后遍历气球数组，将该气球从数组中移除。函数的最后，判断气球数组是否已经空了。如果数组空了，那么这个分布级别就结束了，endLevel 或者 endGame 会被调用：

```
//气球回调函数，将自己移除
public function balloonDone(thisBalloon:MovieClip) {

        //从屏幕中移除
        removeChild(thisBalloon);

        //在数组中查找和移除
        for(var i:int=0;i<balloons.length;i++) {
                if (balloons[i] == thisBalloon) {
                        balloons.splice(i,1);
                        break;
                }
        }

        //查看气球是否都被消灭
        if (balloons.length == 0) {
                cleanUp();
```

```
            if (gameLevel == 3) {
                    endGame();
            } else {
                    endLevel();
            }
        }
    }
```

7.4.9 结束分布级别和游戏

注意到当一个分布级别或者游戏结束时，balloonDone 会调用 cleanUp 函数。这个函数将对游戏进行清理工作。事件侦听器会被停止，Cannon、cannonbase 和 cannonball 都会被移除。不用去关心气球，因为到了这一步，所有的气球都已经被移除了。

```
//停止游戏
public function cleanUp() {

        //停止所有事件
        stage.removeEventListener(KeyboardEvent.KEY_DOWN,keyDownFunction);
        stage.removeEventListener(KeyboardEvent.KEY_UP,keyUpFunction);
        removeEventListener(Event.ENTER_FRAME,gameEvents);

        //移除炮弹
        if (cannonball != null) {
                removeChild(cannonball);
                cannonball = null;
        }

        //移除大炮
        removeChild(cannon);
        removeChild(cannonbase);
}
```

endLevel 和 endGame 函数只是将影片跳转到另一帧上。你甚至可以不用这两个函数，而将 gotoAndStop 调用直接放置在 balloonDone 中，但我更喜欢将它们放在独立的函数中，这样在以后扩展时就可以放入更多的代码：

```
public function endLevel() {
        gotoAndStop("levelover");
}

public function endGame() {
        gotoAndStop("gameover");
}
```

当一个分布级别结束后，游戏停在 levelover 帧上，这一帧上的按钮将把玩家带入下一个级别，并开始游戏：

```
public function clickNextLevel(e:MouseEvent) {
        gameLevel++;
        gotoAndStop("level"+gameLevel);
}
```

这里还有一个函数 showGameScore。尽管名字和空袭 2 中的函数一样，但这里它实际显示的是使用的炮弹数量：

```
public function showGameScore() {
        showScore.text = String("Shots: "+shotsUsed);
}
```

7.4.10 时间轴脚本

我们已经看到，气球需要在它自身时间轴的最后一帧调用 balloonDone。在主时间轴上也需要更多的函数调用。

3 个 level 帧都需要调用 startLevel 函数：

```
startLevel();
```

同时，intro 帧上需要设置一个按钮用于开始游戏：

```
stop();
startButton.addEventListener(MouseEvent.CLICK,clickStart);
function clickStart(event:MouseEvent) {
        startBalloonPop();
}
```

同样地，levelover 帧上需要设置自身的按钮，用来调用主类中的 clickNextLevel 函数：

```
nextLevelButton.addEventListener(MouseEvent.CLICK,clickNextLevel);
```

最后，gameover 帧也需要为按钮添加脚本：

```
playAgainButton.addEventListener(MouseEvent.CLICK,playAgainClick);
function playAgainClick(e:MouseEvent) {
        gotoAndStop("intro");
}
```

7.4.11 修改游戏

这个游戏和其他游戏一样，也可以用于很多不同的场合。你可以将气球和大炮换成任何其他物体。你也可以在气球和大炮的影片剪辑中增加一些动画，而不用增加任何代码。比如说，在炮弹击中时，如果能看到一个马戏团小丑跳出来，会很有意思。

当然，你也可以很方便地增加分布级别。按照你的喜好，可以给玩家增加一些挑战，比如说尝试用最少的炮弹完成任务。

注意到速率变量不是常量。但我们将它设置为 6，然后不再改变。我们可以在每一个分布级别的帧上都重新设置不同的速度值。在第 1～10 级，可以设为 6，然后从第 11 级开始设置为 7，还可以在发射更大威力的炮弹时，将大炮的图形设置得更大。

还可以作一些改动，比如设置一些气球或者其他物体，让它们能够挡住炮弹。如果炮弹击中这些物体，炮弹就被消耗了，这样其他气球就得到了保护。这些新的元素可以一直存在，也可以在被击中后移除。这就为以后的级别设置增加了一些办法。

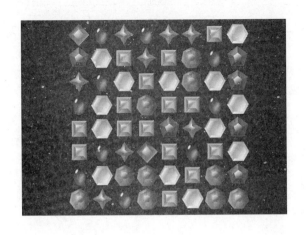

休闲游戏：同色消除和消除方块

本章内容

❑ 可重用的类：爆炸点
❑ 同色消除
❑ 消除方块

最初，视频游戏都是简单好玩的，像俄罗斯方块这样的小型动作类益智游戏非常流行。后来，3D 图形技术的发展将游戏推向了虚拟世界，其中第一人称射击和在线角色扮演游戏（RPG）广受欢迎。

然而，十年前，作为在线免费且可下载的游戏，益智游戏又重新流行起来。这些游戏通常被称为休闲游戏。

说明

术语"休闲游戏"存在很多混淆的地方。维基百科将它定义为：面向广大普通玩家的电子或者计算机游戏类型。这是一个广义的定义。一个狭义的定义是同色消除游戏，因为网站上卖的大部分"休闲游戏"都是同色消除游戏。

不过，本书中的许多游戏都符合这个广义的定义。事实上，许多拼图游戏和字谜游戏都是和同色消除游戏一起卖的。

大多数休闲游戏是动作类益智游戏，这意味着它们不仅仅是益智游戏，还结合了一些移动或者时间限制，用来增加可玩性。

本章中，我们先来看一下爆炸点（point burst），它是休闲游戏中的一个常用特效。接着，我们来构建一个典型的同色消除游戏，最后来完成一个流行的益智类游戏：消除方块。

8.1   可重用的类：爆炸点

源文件

http://flashgameu.com

A3GPU208_PointBurst.zip

街机游戏时代的早期，一般当你在游戏中做对了一些事情时，就会得到分数奖励。这一点一直没有改变，改变的是奖励的展现方式。

在早期的街机游戏中，你只是简单地看到屏幕边上的分数发生了变化。但是，有可能你当时并没有看屏幕的那个角落，直到完成那个动作，才会看看屏幕的分数栏。所以，游戏演变为在动作发生的位置，将获得的奖励分数展示出来。

查看几乎所有优秀的休闲游戏，你都会看到这一点。图 8-1 展示了我的游戏 Gold Strike（打黄金），这时刚好玩家单击了一些金块得分了。你可以看到在原先黄金的位置出现了"30"的字样。这些数字瞬间从小到大，然后消失。它们只存在足够长的时间，向玩家展示获得的分数。

图 8-1   获得的分数显示在动作发生的位置

我将这种特殊效果称为爆炸点。它是如此地普遍，而且这里会频繁地用到，因此我将它作为一个特殊类，可以在许多游戏中构建，然后重用。

8.1.1 开发爆炸点类

PointBurst.as 类应该尽可能是自包含的（self-contained）。事实上，我们的目标是在游戏中只用一行代码就可以使用爆炸点。所以，类本身必须负责创建文本和 Sprite，设置元件的动画，并在完成后将自身完全移除。

说明

PointBurst 类不仅只需要一行代码就可以使用，而且除了使用一种字体外，不需要主影片库里的任何条目。

图 8-2 显示了我们将要实现的版本，它随着时间变化。一开始爆炸点很小，然后慢慢变大。同时，爆炸点一开始应该是完全不透明的，然后慢慢消逝，变成透明的。在一秒钟以内，这个变化就应该完成了。

图 8-2 这张时序图展示了爆炸点开始时处于左边的形态，随着动画的进行，从左到右的变化

1. 类定义

对于这么小的类，我们仍然需要 4 个 import 语句。我们将使用计时器来控制爆炸点动画，而不用另一个选择，即用 ENTER_FRAME 事件将其设置为基于时间的：

```
package {
    import flash.display.*;
    import flash.events.*;
    import flash.text.*;
    import flash.utils.Timer;
```

尽管 PointBurst 类属于演示性质的动画，但它仍然只是一个 Sprite，因为它不需要使用多帧。相反，我们将在每个时间段中重设 Sprite 的透明度（alpha）。

我们使用静态常量来设置字体类型、大小和颜色：

```
public class PointBurst extends sprite {
    //文本样式
    static const fontFace:String = "Arial";
    static const fontSize:int = 20;
    static const fontBold:Boolean = true;
    static const fontColor:Number = 0xFFFFFF;
```

我们也为动画设置了几个常量。animSteps 和 animStepTime 定义了动画的长度和平滑度。比如，将 animSteps 设置为 10，animStepTime 设置为 50，那就相当于设置了 10 个间隔，每个间隔 50 ms，进行了 500 ms 的动画；相对地，如果设置 20 个间隔，每个 25 ms，那么动画的总长度也是 500 ms，但是间隔多了一倍，所以动画显得更加平滑：

```
//动画
static const animSteps:int = 10;
static const animStepTime:int = 50;
```

影片的大小随着动画的进行作相应的改变。下面两个常量定义了影片开始和结束时的大小：

```
static const startScale:Number = 0;
static const endScale:Number = 2.0;
```

定义好常量以后，我们定义几个变量，用来保存爆炸点中的几个条目。其中一个保存文本域，一个保存 Sprite，这个 Sprite 会封装文本域。第 3 个变量保存我们希望将爆炸点放置的位置，可能是舞台或者一个影片剪辑。最后一个变量就是计时器对象：

```
private var tField:TextField;
private var burstSprite:Sprite;
private var parentMC:MovieClip;
private var animTimer:Timer;
```

2. PointBurst 函数

我们创建 PointBurst 使用的那行代码，其实就是创建一个新的 PointBurst 对象。它会调用 PointBurst 构造函数，该函数接收几个参数。这些参数是我们与 PointBurst 对象进行沟通的唯一方式，可以传递一些关键信息，比如爆炸点的位置和显示的文本。

说明

pts 参数是一个对象 (Object)，因为我们希望它能接收任何类型的变量：int、Number 或 String。因为 TextField 的 text 属性需要接收一个 String 类型，所以我们将它转换为 String。

PointBurst 的第一个参数是影片剪辑 mc。它可能是对舞台、另一个影片剪辑或 Sprite 的引用，在这些元素中，爆炸点将由 addChild 添加：

```
public function PointBurst(mc:MovieClip, pts:Object, x,y:Number) {
```

函数必须首先创建一个 TextFormat 对象，用来设置我们接下来创建的 TextField。它用到了我们之前定义的格式常量。它还将域中的对齐方式设为居中"center"：

```
//创建文本格式
var tFormat:TextFormat = new TextFormat();
tFormat.font = fontFace;
tFormat.size = fontSize;
tFormat.bold = fontBold;
tFormat.color = fontColor;
tFormat.align = "center";
```

接下来，我们创建文本域。除了将文本域设为不可选外，我们还要设置域的嵌入字体，而不是使用系统默认字体。这是因为，我们要设置文本的透明度，而这只有在使用嵌入字体时才能完成。

为了让接下来创建的文本处在中央，我们设置域的默认尺寸（autoSize）为 TextField-AutoSize.C ENTER。然后，我们设置 x 和 y 的属性值为宽度和高度的相反数的一半。这样就将文本放在了点(0,0)：

```
//创建文本域
tField = new TextField();
tField.embedFonts = true;
tField.selectable = false;
tField.defaultTextFormat = tFormat;
tField.autoSize = TextFieldAutoSize.CENTER;
tField.text = String(pts);
tField.x = -(tField.width/2);
tField.y = -(tField.height/2);
```

现在我们创建一个 Sprite，它包含文本，是动画的主要显示对象。我们将该 Sprite 的位置设置为传入函数的 x 和 y 值。设置它的缩放值为 startScale 常量值。将 alpha 设置为 0。然后，我们将该 Sprite 添加到传入函数的 mc 影片剪辑中：

```
//创建 Sprite
burstSprite = new Sprite();
burstSprite.x = x;
burstSprite.y = y;
burstSprite.scaleX = startScale;
burstSprite.scaleY = startScale;
burstSprite.alpha = 0;
burstSprite.addChild(tField);
parentMC = mc;
parentMC.addChild(burstSprite);
```

既然 PointBurst 是一个 Sprite，我们只需要开启一个计时器，控制 500 ms 的动画。计时器调用 rescaleBurst 几次，当计时完成后，调用 removeBurst：

```
//开始动画
animTimer = new Timer(animStepTime,animSteps);
animTimer.addEventListener(TimerEvent.TIMER, rescaleBurst);
animTimer.addEventListener(TimerEvent.TIMER_COMPLETE, removeBurst);
animTimer.start();
}
```

3. 爆炸点动画

当计时器调用 rescaleBurst 时，我们需要设置 Sprite 的缩放属性和透明度。首先，我们根据计时器的当前步数和总步数 animSteps 计算 percentDone。然后，我们将这个值应用在 startScale 和 endScale 常量上，得到当前的缩放值。也可以用 percentDone 来设置透明度，但我们希望让透明度的值从 1.0 到 0.0，所以需要反转这个数值。

说明

alpha 属性设置了 Sprite 或影片剪辑的透明度。当它的值为 1.0 时，对象和之前一样，所有的纯色都 100%显示。这也意味着那些未填充的区域，比如说字符的边框外面，就还是透明的。当值为 0.5，即 50%透明时，之前不透明的区域，比如说线条还有字符填充区域，都能够显示出它后面的颜色。

```
//动画
public function rescaleBurst(event:TimerEvent) {
    //动画进度
    var percentDone:Number = event.target.currentCount/animSteps;
    //设置缩放值和透明度
    burstSprite.scaleX = (1.0-percentDone)*startScale + percentDone*endScale;
    burstSprite.scaleY = (1.0-percentDone)*startScale + percentDone*endScale;
    burstSprite.alpha = 1.0-percentDone;
}
```

当计时器完成时，它会调用 removeBurst。removeBurst 会将 PointBurst 对象中的所有资源消除，不需要主影片或者主影片类中的任何操作。

从 burstSprite 中移除 tField 之后，burstSprite 也从它的父影片剪辑 parentMC 中移除。然后，burstSprite 和 tField 都被设置为 null，从内存中消除。最后，使用 delete 将 PointBurst 对象完全删除。

说明

其实，并不清楚是否需要 removeBurst 中所有的语句。你应该可以通过 delete 语句来删除一个对象的所有引用。但是，delete 语句删除了 PointBurst，所以还需要移除它的两个变量。移除 burstSprite 的同时还需要移除 tField。没有办法证明删除操作的机制，当本书完成时，还没有详细的技术文档告诉我们 Flash 播放器内部是如何实现的。所以，最好的办法就是使用一个函数，确保所有的对象都被清除了。

```
//清除所有对象
public function removeBurst(event:TimerEvent) {
    burstSprite.removeChild(tField);
    parentMC.removeChild(burstSprite);
    tField = null;
    burstSprite = null;
    delete this;
}
```

8.1.2　在影片中使用爆炸点

在影片中创建 PointBurst 对象之前，需要做两件事。首先，需要在库中创建一个 Font（字体对象）；然后，还需要告诉 Flash 在哪里找到 PointBurst.as 文件。

1. 为影片添加字体

因为我们要设置文本的透明度，所以需要添加一种字体。要做到这一点，只能在库中嵌入一种字体。

为了创建一个嵌入的字体，需要打开 Library 面板的下拉菜单，然后选择 New Font（新建字体）。然后，添加字体，确保在左边添加了 Arial 字体，然后选择 Basic Latin，这样可以包含 95 种基本字符。图 8-3 展示了 Font Embedding（字体嵌入）对话框，你可以跟着做。你还可以趁此机会多尝试一下对话框，熟悉一下如何添加字体。

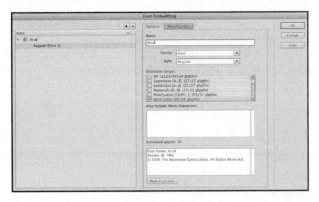

图 8-3 在 Font Embedding 对话框中，你可以选择一种字体添加到库中

不过，这只是第一步。第二步是要确保字体能被 ActionScript 使用，这可不太明显。为了让 ActionScript 能够使用，你只需要简单地单击 Font Embedding 对话框的 ActionScript 标签，然后选中 Export for ActionScript（为 ActionScript 导出），并为类取好名字，如图 8-4 所示。或者，你也可以跳过这一步，然后在 Library 面板中给字体设置一个 Linkage（链接）名称，就像为影片剪辑或其他要在代码中使用的类一样。

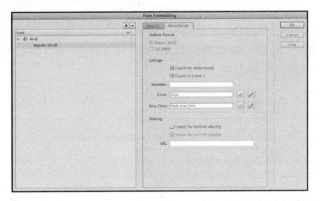

图 8-4 在 Font Embedding 对话框中，你可以为库中字体指定类名

2. 类的位置

在我们的例子中，并不需要告诉 Flash 在哪里找到 PointBurst.as 类文件。这是因为它和 Flash 影片在同一个目录下。

但是，如果你需要在多个项目中使用同一个 PointBurst.as 类文件，就需要将它放在所有项目影片都能够访问到的地方，并且告诉它们如何找到这个文件。

有两种方法能让影片知道类文件的位置。第一种方法是在 Flash Preferences（Flash 首选参数）面板中添加类路径。你可能希望创建一个目录，将所有常用的类都放在里面。然后，进入 Flash Preferences 面板，选择类别中的 ActionScript。在那里，单击 ActionScript 3.0 Setting 按钮，然后在类路径中添加放置类文件的目录。

说明

其实，也可以使用库类的默认位置 Flash Classes 文件夹，它一般在 Program Files 或者 Applications 文件夹下的 Flash 文件夹中。我不喜欢这么做，因为我希望我创建的文件都远离 Applications 文件夹，只保留默认安装的文件。

第二种方法是打开 File（文件菜单），选择 Publish Settings（发布设置），在 ActionScript 版本选择的右边单击 Setting（设置）按钮。接着，你就可以单独为这个影片添加类路径。

总结起来，Flash 影片一共有 4 种方法来访问类文件：

(1) 将类文件和影片放置在同一文件夹中；

(2) 将类的位置添加到 Flash Perferences 中；

(3) 将类文件放到 Flash 应用程序的类文件夹中；

(4) 将类文件的位置添加到影片的 Publish Settings 中。

3. 创建爆炸点

当库中包含了字体，而且影片能够访问到类，则只需要一行代码就可以创建一个爆炸点实例。下面是一个例子：

```
var pb:PointBurst = new PointBurst(this,100,50,75);
```

这将创建一个 100 像素的爆炸点。它会出现在(50,75)的位置。

示例影片 PointBurstExample.fla 和对应的 PointBurstExample.as 类展示了一个更高级的例子。它会在你单击的位置创建一个爆炸点：

```
package {
    import flash.display.*;
    import flash.events.*;

    public class PointBurstExample extends MovieClip {

        public function PointBurstExample() {
            stage.addEventListener(MouseEvent.CLICK,tryPointBurst);
        }

        public function tryPointBurst(event:MouseEvent) {
            var pb:PointBurst = new PointBurst(this,100,mouseX,mouseY);
        }
    }
}
```

现在我们有了这个独立的代码块，它可以处理复杂的特效，我们可以将它用在接下来的游戏中，而几乎不需要额外的编码工作。

8.2　同色消除

源文件

http://flashgameu.com

A3GPU208_MatchThree.zip

虽然同色消除（Match Three）[①]是最常见、最流行的休闲游戏，但是它并不容易编写。事实上，同色消除游戏中的许多功能都需要一些巧妙的技术来实现。接下来，我们将会仔细研究这个游戏。

8.2.1　玩同色消除游戏

如果很不巧，你在过去的几年里都没有玩过同色消除游戏，那么就来先看一下它的玩法。

在一块 8×8 的板上，随机地放置着 6～7 种小块。你可以单击任何水平或垂直方向上相连的两个小块，将它们交换。如果交换后能将 3 个或 3 个以上同一类型的小块排成了一条直线，那么允许交换。连成直线的小块都被移除了，在这些小块上面的那些会掉下来，填补空缺。

这就是同色消除游戏的规则。简单的规则是它流行的原因之一。游戏可以一直玩下去，直到没有任何交换能够让小块被消除为止。

图 8-5 展示了我的游戏《牛顿的噩梦》（Newton's Nightmare），一个非常典型的同色消除游戏。

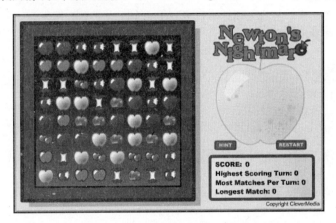

图 8-5　《牛顿的噩梦》将苹果作为小块

说明

游戏宝石迷阵（Bejeweled）也被称为钻石宝藏（Diamond Mine），引领了同色消除类游戏的潮流。

8.2.2　游戏功能概述

游戏的流程遵循 12 个步骤，每一步都提出了不同的编程挑战。

---

① 国内常称为对对碰。——编者注

(1) 创建一个随机游戏

游戏开始时，8×8的游戏板上，随机排列了 7 种不同的元素。

(2) 检查匹配

游戏初始化时，需要添加一些约束。首先就是板上不能存在 3 个以上连成直线的小块。必须由玩家来完成第一个匹配。

(3) 检查移动

初始板上的第二个约束是，必须至少存在一个移动能够消除小块。这就意味着玩家必须能够通过交换两个小块，完成一次匹配。

(4) 玩家选择两个小块

小块必须在水平或者垂直方向上相连，而且交换后必须有一次匹配。

(5) 交换小块

通常使用动画来展示两个小块移动到对方的位置。

(6) 判断匹配

如果进行了一次交换，游戏必须搜索行或列上 3 个以上元素的匹配。如果找不到匹配，交换就会被取消，回退到交换前的状态。

(7) 奖励分数

如果完成了一次匹配，需要奖励相应的分数。

(8) 移除匹配的元素

匹配涉及的小块会被移除。

(9) 掉落

如果小块被移除，它上方的小块就会掉落下来，填补空缺。

(10) 添加新的小块

新的小块会从板上方掉落下来，填补空缺。

(11) 再次判断匹配

当原有的和新加的小块都掉落到了空缺上时，需要进行新一轮的匹配搜索工作。重复第 6 步。

(12) 判断是否没有新的移动

当把游戏控制权交给玩家之前，需要判断是否存在有效的移动。如果没有，游戏就结束了。

8.2.3 影片和 Match Three 类

MatchThree.fla影片比较简单。影片中除了库中的 Arial 字体，只有代表游戏中小块的一个影片剪辑，以及一个充当选择指示器的剪辑。

图 8-6 展示了 Peice 影片剪辑。它一共有 7 帧，每一帧有不同的小块。在最上面的图层中，还有一个代表选中的影片剪辑，它存在于每一帧中。这个选择指示器可以通过 visible 属性打开和关闭。

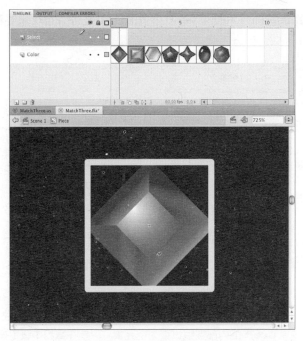

图 8-6　Peice 影片剪辑共有 7 种不同的形态以及一个选中框

让我们首先来看一下类的定义，接着再看其中的逻辑。令人惊讶的是，其实没有太多需要定义的东西。只需要最基本的 import 语句：

```
package {
    import flash.display.*;
    import flash.events.*;
    import flash.text.*;
    import flash.utils.Timer;
```

对于常量，只需用一个常量来表示小块的数量，以及用 3 个常量来表示屏幕的显示位置。

```
public class MatchThree extends MovieClip {
    //常量
    static const numPieces:uint = 7;
    static const spacing:Number = 45;
    static const offsetX:Number = 120;
    static const offsetY:Number = 30;
```

游戏的状态会存储在 5 个不同的变量中。第一个是 grid，它包含了对所有小块的引用。它其实是一个数组的数组。所以，grid 的每一个元素都是一个数组，包含了 8 个 Peice 影片剪辑的引用。因此，grid 是一个 8×8 的嵌套数组。然后，我们就可以简单地使用 grid[x][y] 语法来访问所有的小块。

gameSprite 包含了所有我们创建的 Sprite 和影片剪辑。这让它与舞台上现存的图形元素区分开来了。

firstPiece 变量保存了对我们第一次单击的小块的引用，类似于第 3 章中匹配游戏的做法。

两个布尔变量 isDropping 和 isSwappig 跟踪此刻是否有小块需要移动。gameScore 变量存储着玩家的得分：

```
//游戏的网格和模式
private var grid:Array;
private var gameSprite:Sprite;
private var firstPiece:Piece;
private var isDropping,isSwapping:Boolean;
private var gameScore:int;
```

8.2.4　设置游戏网格

游戏的第一个函数会设置游戏的变量，包括设置游戏的网格。

1. 设置游戏变量

要开始游戏，我们需要设置所有的游戏状态变量。我们首先创建 grid 这个数组的数组。然后，我们调用 setUpGrid 来填充它。

说明

没有必要将 Grid 的内部数组设置为空元素。只要在数组中设定好位置，然后创建一个元素，那么之前未设置的元素都会被填充为 undefined（未定义）。比如，创建了一个新的数组，然后它的第 3 个元素被设置为 "My String"，那么该数组的长度变为 3，第 0 和第 1 个元素的值变为 undefined。

接着，我们设置 isDropping、isSwapping 和 gameScore 变量。同时，我们设置一个 ENTER_FRAME 侦听器来控制游戏中的所有运动。

```
//设置网格并开始游戏
public function startMatchThree() {
    //创建 grid 数组
    grid = new Array();
    for(var gridrows:int=0;gridrows<8;gridrows++) {
        grid.push(new Array());
    }
    setUpGrid();
    isDropping = false;
    isSwapping = false;
    gameScore = 0;
    addEventListener(Event.ENTER_FRAME,movePieces);
}
```

2. 设置游戏网格

为了设置网格，我们使用 while(true)语句开始一个无限循环。然后，在里面创建网格中的条目。我们首先尝试着建立一个有效的游戏板。

创建一个新的 gameSprite，用来包含游戏中的小块。然后，通过 addPiece 函数创建 64

个随机的小块。我们接下来再看函数，不过现在你应该知道这个函数不仅将小块添加 grid 数组中，还加到了 gameSprite 上面：

```
public function setUpGrid() {
    //循环到网格创建完成为止
    while (true) {
        //创建 Sprite
        gameSprite = new Sprite();

        //添加 64 个随机的小块
        for(var col:int=0;col<8;col++) {
            for(var row:int=0;row<8;row++) {
                addPiece(col,row);
            }
        }
```

接下来，我们通过检查两点来判断，创建的网格是否满足开始游戏的要求。lookForMatches 函数会返回查找到的匹配，返回的类型是数组。我们将在本章后面看到如何进行判断。在这里，我们先返回 0，表示屏幕中没有匹配出现。一条 continue 命令将 while 循环跳过，重新开始创建一个新的网格。

接下来，我们调用 lookForPossibles 函数，它会检查是否存在满足条件的一次移动。如果它返回 false，那这个起始点就不满足要求，因为游戏这时候就已经结束了。

如果上面两个条件都不存在，那么 break 命令就允许程序跳出 while 循环。然后，我们将 gameSprite 添加到舞台：

```
        //如果有匹配出现，继续尝试
        if (lookForMatches().length != 0) continue;

        //如果没有允许的移动了，继续尝试
        if (lookForPossibles() == false) continue;

        //没有匹配，但是目前的状态允许继续玩下去
        break;
    }

    //添加 Sprite
    addChild(gameSprite);
}
```

3. 添加游戏小块

addPiece 函数在行列中的位置上创建一个随机的小块。它创建了影片剪辑并设置它的位置：

```
//创建一个随机小块，添加到 Sprite 和网格
public function addPiece(col,row:int):Piece {
    var newPiece:Piece = new Piece();
    newPiece.x = col*spacing+offsetX;
    newPiece.y = row*spacing+offsetY;
```

每个小块需要跟踪自己在游戏板上的位置。动态属性 col 和 row 将为这个目的而设置。同时，type 属性包含了小块类型的编号，同时也对应了小块影片剪辑显示的帧：

```
newPiece.col = col;
newPiece.row = row;
newPiece.type = Math.ceil(Math.random()*7);
newPiece.gotoAndStop(newPiece.type);
```

在 Piece 影片剪辑中的 select 影片，是当玩家选中小块时显示的轮廓。我们在开始时将其设为不可见。然后，将小块添加到 gameSprite。

为了将小块放入 grid 数组，我们使用了两个方括号来指明嵌套数组的位置：grid[col][row] = newPiece。

每个小块都有自己的单击事件侦听器。然后，返回对小块的引用。我们不在之前的 setUp-Grid 函数中进行侦听，而是在之后创建新的小块替换匹配的小块时，才进行侦听：

```
newPiece.select.visible = false;
gameSprite.addChild(newPiece);
grid[col][row] = newPiece;
newPiece.addEventListener(MouseEvent.CLICK,clickPiece);
return newPiece;
}
```

图 8-7 展示了一个完全随机的有效网格。

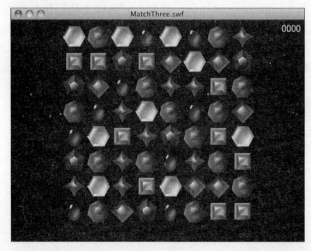

图 8-7　从几乎无限大的数字中选出一个来产生游戏网格

8.2.5　玩家交互

当玩家单击了一个小块，发生的情况取决于这是他单击的第一个还是第二个小块。如果是第一个小块，那么该小块被选中，没有其他事情发生。

如果玩家单击相同的小块两次，该小块被取消选中，玩家回到之前的状态：

```
//玩家单击一个小块
public function clickPiece(event:MouseEvent) {
    var piece:Piece = Piece(event.currentTarget);
```

```
//第一次单击
if (firstPiece == null) {
    piece.select.visible = true;
    firstPiece = piece;

//再次单击第一个小块
} else if (firstPiece == piece) {
    piece.select.visible = false;
    firstPiece = null;
```

如果玩家单击了第二个小块，我们要判断是否能进行交换。首先，我们关闭第一个小块选中后的高亮。

第一个判断是两个小块是否在同一行上，而且是否相邻。当然，小块也可以在同一列上相邻。

如果满足这个情况，就调用 makeSwap 函数。该函数会判断这次交换是否是允许的，也就是说是否会产生一次匹配。不管交换允许与否，firstPiece 变量都被设为空，准备玩家的下一次选择。

另一方面，如果玩家单击的第二个小块离第一个很远，那么可以假定玩家想放弃第一次选择，开始第二次选择：

```
//单击第二个小块
} else {
    firstPiece.select.visible = false;

    //同一行，相邻列
    if ((firstPiece.row == piece.row) && (Math.abs(firstPiece.col-piece.col)
        == 1)) {
        makeSwap(firstPiece,piece);
        firstPiece = null;

    //同一列，相邻行
    } else if ((firstPiece.col == piece.col) && (Math.abs(firstPiece.row-piece.row)
        == 1)) {
        makeSwap(firstPiece,piece);
        firstPiece = null;

    //错误的移动，重置第一个小块
    } else {
        firstPiece = piece;
        firstPiece.select.visible = true;
    }
}
}
```

makeSwap 函数交换两个小块，然后查看是否存在匹配。如果没有匹配，它将小块回退到初始状态。如果存在匹配，isSwapping 变量被设为 true，开始播放动画：

```
//开始交换两个小块的动画
public function makeSwap(piece1,piece2:Piece) {
    swapPieces(piece1,piece2);

    //查看交换是否成功
    if (lookForMatches().length == 0) {
```

```
        swapPieces(piece1,piece2);
    } else {
        isSwapping = true;
    }
}
```

为了实际的完成交换，我们需要将第一个小块的位置存储到临时变量中。然后，我们将第一个小块的位置设置为第二个小块的初始位置。图 8-8 为交换步骤图。

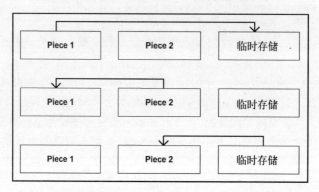

图 8-8 在交换两个值的过程中，需要创建一个临时变量来保存其中一个值

当小块的位置交换后，网格需要更新。因为这时每个小块都有了正确的行和列的值，我们只需要将小块放在网格中正确的位置：

```
//交换两个小块
public function swapPieces(piece1,piece2:Piece) {
    //交换行和列的值
    var tempCol:uint = piece1.col;
    var tempRow:uint = piece1.row;
    piece1.col = piece2.col;
    piece1.row = piece2.row;
    piece2.col = tempCol;
    piece2.row = tempRow;

    //交换网格位置
    grid[piece1.col][piece1.row] = piece1;
    grid[piece2.col][piece2.row] = piece2;
}
```

交换是完全可以进行反向操作的，这一点很重要，因为经常需要进行反向操作。事实上，一直到交换完成，我们都不知道这次交换能否完成一次匹配。所以，我们经常需要交换小块，查看匹配，如果没有匹配就交换回原先的状态。

8.2.6 制作小块的移动动画

我们将要使用一个有趣的，但是不那么直观的方法来制作小块的移动动画。每个小块都知道它所在的行列位置，因为它有 row 和 col 动态属性。它还知道自身在屏幕上的位置，因为它有 x 和 y 属性。

上面两者应该是匹配的,当然要先经过 spacing、offsetX 和 offsetY 这些变量的换算。所以,在第 3 列的小块的 x 值,就应该是 3×spacing+offsetX。

但是,当小块被移到新的列时的位置呢?假设我们将小块的列属性 col 设为 4,那么新的 x 坐标值就会是 4×spacing+offsetX,将会右移 45 (spacing 的值)像素。如果那样的话,我们可以让小块朝着右边一点点移动,慢慢接近新的位置。如果我们每一帧都移动一小步,小块最终会到达目的地,然后停止移动(因为它会有一个新的列值和相匹配的 x 坐标值)。

可以将这个方法用在所有需要移动的小块上。甚至不需要预先设置小块的动画。我们需要做的就是改变小块的行或列的属性,其余的交给下面这个函数。

movePieces 在每次 ENTER_FRAME 事件时都会调用,这一点在类的开头就设置好了。它会遍历所有的小块,检查它们的行和列的值,决定是否需要改变 x 和 y 的坐标值。

说明

我们在 movePieces 中每帧都移动 5 像素。为了让 x 和 y 的值与行列相对应,我们要让间隔保持在 5 的倍数。在本例的影片中,间隔设为了 45,满足了要求。假如你将间隔变为 48,就需要选择一个新的,能够将 48 整除的移动像素值,比如 4、6 或 8。

```
public function movePieces(event:Event) {
    var madeMove:Boolean = false;
    for(var row:int=0;row<8;row++) {
        for(var col:int=0;col<8;col++) {
            if (grid[col][row] != null) {

                //需要向下移动
                if (grid[col][row].y <
                        grid[col][row].row*spacing+offsetY) {
                    grid[col][row].y += 5;
                    madeMove = true;

                //需要向上移动
                } else if (grid[col][row].y >
                        grid[col][row].row*spacing+offsetY) {
                    grid[col][row].y -= 5;
                    madeMove = true;

                //需要向右移
                } else if (grid[col][row].x <
                        grid[col][row].col*spacing+offsetX) {
                    grid[col][row].x += 5;
                    madeMove = true;

                //需要向左移
                } else if (grid[col][row].x >
                        grid[col][row].col*spacing+offsetX) {
                    grid[col][row].x -= 5;
                    madeMove = true;
```

8

```
                }
            }
        }
    }
```

在 movePieces 的开头，我们将 madeMove 这个布尔变量设为 false。然后，假如需要任何动画，我们再将其设为 true。换句话说，如果 movePieces 什么都不做，那 madeMove 就是 false。

然后，这个值会和类属性 isDropping 和 isSwapping 进行比较。如果 isDropping 是 true，而 madeMove 是 false，那就意味着所有小块的下落动作都完成，是时候寻找更多的匹配了。

同样，如果 isSwapping 是 true，而 madeMove 是 false，那就意味着两个小块刚刚完成交换。如果这样的话，也需要寻找匹配。

```
//如果所有的下落完成
if (isDropping && !madeMove) {
    isDropping = false;
    findAndRemoveMatches();

//如果所有的交换完成了
} else if (isSwapping && !madeMove) {
    isSwapping = false;
    findAndRemoveMatches();
}
}
```

8.2.7　寻找匹配

在同色消除游戏中，有两个比较困难的部分。第一个是在游戏板上找到所有的匹配。在第 1 章中，我讲了一个将大问题分解成小问题的编程技巧，而这就是一个极好的例子。

在游戏网格中找到由 3 个或者更多的连续小块组成的匹配，这个问题也不容易。不能通过一个简单的步骤解决。所以，你不能把它当成一个简单的问题来求解。

1. 将任务分解成小步骤

你应该将它分解为更小的问题，不停地分解，一直到问题简单到能够很容易解决为止。

所以，findAndRemoveMatches 函数首先将任务分解为两块：寻找匹配和删除匹配的小块。删除小块是一个很简单的任务。它只需要从 gameSprite 中删除小块对象，再将网格上的位置清空，然后给玩家增加一些分数。

说明

奖励玩家的分数取决于匹配中小块的数量。如果一次有 3 个小块匹配，那就表示总共有 300 分，每一个小块计 $(3-1) \times 50$ 即 100 分。4 个小块就会是 600 分，每一个小块计 $(4-1) \times 50$ 即 150 分。

但是，有一些小块的消失就意味着它上面的小块悬浮在空中，需要下落。这也不容易处理。

所以，我们有两个极具挑战的任务：寻找匹配；告诉那些位于删除小块上面的小块，它们需要下落。我们将把这两个任务放在不同的函数中：lookForMatches 和 affectAbove。其余的简单任务我们就都放在 findAndRemoveMatches 函数中。

2. findAndRemoveMatches 函数

我们遍历所有发现的匹配，将它们放在 matches 数组中。然后，针对每个匹配，给玩家奖励分数。接下来，遍历所有需要移除的小块并移除它们。

提示

在处理困难的问题时，将问题放在新的函数中，而这些函数你还没有创建——这种编程方法称为**自顶向下编程**。不去担心如何寻找匹配，我们简单地设想一个 lookForMatches 函数来完成这个任务。我们会自顶向下来完成这个程序，首先关注整体，然后来关心那些实现细节相关的函数。

```
//得到匹配，然后删除它们并增加相应分数
public function findAndRemoveMatches() {
    //获得匹配列表
    var matches:Array = lookForMatches();
    for(var i:int=0;i<matches.length;i++) {
        var numPoints:Number = (matches[i].length-1)*50;
        for(var j:int=0;j<matches[i].length;j++) {
            if (gameSprite.contains(matches[i][j])) {
                var pb=new
                PointBurst(this,numPoints,matches[i][j].x,matches[i][j].y);
                addScore(numPoints);
                gameSprite.removeChild(matches[i][j]);
                grid[matches[i][j].col][matches[i][j].row] = null;
                affectAbove(matches[i][j]);
            }
        }
    }
```

findAndRemoveMatches 函数还有两个任务需要完成。首先，它调用 addNewPieces 来替换列中消失的小块。然后，它调用 lookForPossibles，确保还留有移动。只有在没有匹配发现时，才需要这么做。只有在新的小块完成下落，而且当前没有发现匹配时，调用 findAndRemoveMatches 才会发生。

```
    //添加新的小块到游戏板顶部
    addNewPieces();

    //没有发现匹配，可能游戏结束了?
    if (matches.length == 0) {
        if (!lookForPossibles()) {
            endGame();
        }
    }
}
```

3. lookForMatches 函数

lookForMatches 函数还需要完成一个相当艰巨的任务。它必须创建一个数组，保存所有发现的匹配。需要在水平和垂直方向上寻找两个以上的小块构成的匹配。为了搜索匹配，函数需要首先遍历所有的行，然后是列。只需要检查前面 6 行和 6 列，因为如果从第 7 格开始，只有两格长度，不可能产生匹配。

getMatchHoriz 和 getMatchVert 函数会完成委派的任务，判断网格中匹配的长度。比如说，点(3,6)上面的小块是类型 4 的，点(4,6)的类型也是 4，但是点(5,6)的类型是 1，那么调用 getMatchHoriz(3,6)会返回 2，因为点(3,6)后面有两个小块的类型是匹配的。

如果发现了一个串，我们希望能将循环推进几个步骤。所以，如果有一个匹配是 4 个小块连接而成的，比如是(2,1)、(2,2)、(2,3)、(2,4)，那么，只需要判断(2,1)并得到结果 4，就可以略过后面 3 个小块，直接从(2,5)开始。

每当 getMatchHoriz 或 getMatchVert 发现匹配，它们都会返回一个，包含了匹配中每个小块的数组。接下来，这些数组就被添加到了 lookForMatches 中的 matches 数组中，这个数组会在调用 lookForMatches 时返回：

```
//返回发现的所有匹配的数组
public function lookForMatches():Array {
    var matchList:Array = new Array();

    //搜索水平方向的匹配
    for (var row:int=0;row<8;row++) {
        for(var col:int=0;col<6;col++) {
            var match:Array = getMatchHoriz(col,row);
            if (match.length > 2) {
                matchList.push(match);
                col += match.length-1;
            }
        }
    }

    //搜索垂直方向的匹配
    for(col=0;col<8;col++) {
        for (row=0;row<6;row++) {
            match = getMatchVert(col,row);
            if (match.length > 2) {
                matchList.push(match);
                row += match.length-1;
            }

        }
    }
    return matchList;
}
```

4. getMatchHoriz 和 getMatchVert 函数

getMatchHoriz 函数现在有个特定的运行步骤。传入一个行和一个列，它会判断下一个小块是否与当前小块类型匹配。如果匹配，就添加到一个数组中。它会不停地在水平方向进行判断，直到发现不匹配的小块。这时，它就返回得到的数组。如果当前小块与下一个小块就不匹配，这个数组就只有一个元素，也就是当前小块。如果它们匹配，而再下一个小块也与它们类型相同，那么这个数组就会包含 3 个小块：

```
//从当前点开始寻找水平方向的匹配
public function getMatchHoriz(col,row):Array {
    var match:Array = new Array(grid[col][row]);
    for(var i:int=1;col+i<8;i++) {
        if (grid[col][row].type == grid[col+i][row].type) {
            match.push(grid[col+i][row]);
        } else {
            return match;
        }
    }
    return match;
}
```

getMatchVert 函数几乎与 getMatchHoriz 函数相同，只是它沿着列进行匹配搜索：

```
//从当前点开始寻找垂直方向的匹配
public function getMatchVert(col,row):Array {
    var match:Array = new Array(grid[col][row]);
    for(var i:int=1;row+i<8;i++) {
        if (grid[col][row].type == grid[col][row+i].type) {
            match.push(grid[col][row+i]);
        } else {
            return match;
        }
    }
    return match;
}
```

5. affectAbove 函数

我们接着来完成 findAndRemoveMatches 需要的所有函数。下一个是 affectAbove 函数。我们传入一个小块，然后希望它能够通知所有上方的小块向下移动。在效果上，这等于是一个小块说："我现在要走了，兄弟们快下来填补我留下的空缺。"

函数中，通过一个循环来查看当前小块正上方的小块。所以，如果当前小块是(5,6)，它会分别查看(5,5)、(5,4)、(5,3)、(5,2)、(5,1)、(5,0)。这些小块的列会增加 1。同时，这些小块也会告诉网格，现在它们在一个新的位置上。

还记得 movePieces 函数吗？通过它我们不需要担心小块移动到新位置的动画，我们只需要改变行和列的值，它会搞定一切的。

```
//通知正上方的小块向下移动
public function affectAbove(piece:Piece) {
    for(var row:int=piece.row-1;row>=0;row--) {
```

```
    if (grid[piece.col][row] != null) {
        grid[piece.col][row].row++;
        grid[piece.col][row+1] = grid[piece.col][row];
        grid[piece.col][row] = null;
    }
    }
}
```

6. addNewPieces 函数

我们要构建的下一个函数是 addNewPieces。它会查看每一列，然后查看列中的每个位置，找到被设为 null 的点。在每个设为 null 的点上，都会有一个新的小块被添加。虽然新添加小块的行和列的值设为了它的最终位置，但它的 y 值还是设在了列的顶端，所以会表现为从顶部掉落。同时，isDropping 布尔值会设为 true，表示需要产生动画：

```
//如果有遗漏的小块，添加上，然后让它下落
public function addNewPieces() {
    for(var col:int=0;col<8;col++) {
        var missingPieces:int = 0;
        for(var row:int=7;row>=0;row--) {
            if (grid[col][row] == null) {
                var newPiece:Piece = addPiece(col,row);
                newPiece.y = offsetY-spacing-spacing*missingPieces++;
                isDropping = true;
            }
        }
    }
}
```

8.2.8　寻找可能的移动

寻找可能的移动的技巧和寻找匹配一样，不过比寻找匹配要容易一些。寻找可能的移动不是直接搜索已经连成 3 连的匹配，而是寻找在进行交换后能连成 3 连的匹配。

简单点说就是搜索整个游戏板，尝试每一种交换：(0,0)和(1,0)，然后是(1,0)和(2,0)，直到结束。在每次交换后，使用前面的方法来检查是否存在匹配。一旦在交换后找到了有效的匹配，就停止寻找，返回 true。

这种蛮力方法能够完成工作，不过会相当慢，特别是在一些较老的电脑上。还有一种更好的方法。

如果你思考一下在什么情况下能完成一次匹配，肯定能想到有一些固定的模式。典型的情况是这样，你有两个相同类型的小块在相邻的位置上。在第三个位置上是一个不一样类型的小块，但是可以通过交换，在其余三个方向上换来一个与前两个小块同类型的小块，从而构成一个匹配。或者，也可能有两个同类型小块相互间隔，然后一次交换就将一个与它们同类型的小块换到它们中间的位置，构成一次匹配。

图 8-9 展示了这两种模式，还进一步划分成了 6 种可能的情况。水平方向上，缺失的小块能够从左边或者右边填入，而在垂直方向上，能够从上方或者下方填入。

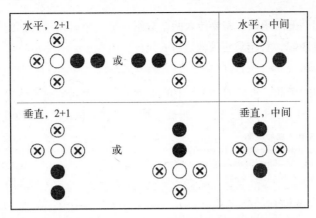

图 8-9　实心的圆圈代表了不动的小块。空心的圆圈代表了必须被换入，以完成匹配的
小块。带有 X 的圆圈表示为了完成匹配，可能的换入位置

由于只需要考虑几种可能的模式，我们可以写一个函数来帮我们判定是否有可能的匹配模式。使用自顶向下的编程，我们首先写 lookForPossibles 函数，之后再考虑如何实现模式匹配的函数。

因此，让我们先来看一下图 8-9 中的第一个模式。我们先得到了构成匹配的前两个点的位置，还有了 3 个可能构成匹配的位置，只要它们中有一个的类型与之前两个点的类型相同，就能够完成一次匹配，得到需要的结果。将左边的实心圆圈的位置记为(0,0)，那么与之相邻的(1,0)位置上的小块肯定满足要求。然后，来考虑 3 个可能的匹配位置(-1,-1)，(-2,0)，(-1,1)，只要有一个位置上的小块满足要求，就能完成匹配。同样的，匹配也能发生在初始匹配对的右边。右边的位置为(2,-1)，(2,1)，(3,0)。

因此，判定工作从一个起始小块开始。然后，它的四周必须有一个小块与初始小块匹配。然后，考虑其余 6 个可能完成匹配的位置。图 8-10 对此进行了展示。

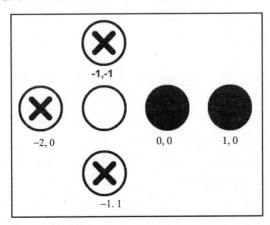

图 8-10　(1,0)需要与(0,0)相匹配。6 个带有 X 标记的位置中，至少有一个要与(0,0)匹配

这个寻找可能的匹配的函数，需要传入两个数组，第一个表示已经匹配的位置，第二个表示至少有一个位置需要匹配。看起来应该像这样：

```
matchPattern(col, row, [[1,0]], [[-2,0],[-1,-1],[-1,1],[2,-1],[2,1],[3,0]]))
```

我们还需要类似的函数，来应对图 8-9 中的水平方向上中间空缺的情况。然后，同样考虑垂直方向上的模式。lookForPossibles 函数会搜索所有的情况，遍历网格中的所有位置：

```
//查看游戏板上是否有可能的匹配
public function lookForPossibles() {
    for(var col:int=0;col<8;col++) {
        for(var  row:int=0;row<8;row++) {

            //水平方向上，2+1 模式
            if (matchPattern(col, row,
                [[1,0]], [[-2,0],[-1,-1],[-1,1],[2,-1],[2,1],[3,0]])) {
                return true;
            }

            //水平方向上，中间空缺
            if (matchPattern(col, row, [[2,0]], [[1,-1],[1,1]])) {
                return true;
            }

            //垂直方向上，2+1 模式
            if (matchPattern(col, row,
                [[0,1]], [[0,-2],[-1,-1],[1,-1],[-1,2],[1,2],[0,3]])) {
                return true;
            }

            //垂直方向上，中间空缺
            if (matchPattern(col, row, [[0,2]], [[-1,1],[1,1]])) {
                return true;
            }
        }
    }

    //没有发现可能的移动
    return false;
}
```

matchPattern 函数虽然需要完成很多任务，但是函数本身并不大。它需要得到指定位置上小块的类型。然后，它会遍历 mustHave 列表，判断相应位置的小块。如果没有匹配，那么函数就返回 false。

如果发生了匹配，就需要判断 needOne 列表中的每一个小块。如果其中有匹配，函数返回 true；如果没有，函数返回 false：

```
public function matchPattern(col,row:uint, mustHave, needOne:Array) {
    var thisType:int = grid[col][row].type;

    //确保有所有的 mustHave
```

```
    for(var i:int=0;i<mustHave.length;i++) {
        if (!matchType(col+mustHave[i][0],
                row+mustHave[i][1], thisType)) {
            return false;
        }
    }

    //确保至少有一个匹配
    for(i=0;i<needOne.length;i++) {
        if (matchType(col+needOne[i][0],
                row+needOne[i][1], thisType)) {
            return true;
        }
    }
    return false;
}
```

matchPattern 函数中的所有比较都是通过调用 matchType 函数实现的。这么做的原因是我们经常会尝试比较不在网格中的小块。比如，如果传入 matchPattern 函数的位置是(5,0)，那么偏移(-1,-1)得到的(4,-1)位置是未定义的，因为数组中不存在-1的条目。

matchType 函数会检查网格位置的值，如果位置在网格之外，就会返回 false。否则，会检查网格的值，如果类型匹配就返回 true：

```
public function matchType(col,row,type:int) {
            //确保列和行的值在有效范围内
    if ((col < 0) || (col > 7) || (row < 0) || (row > 7)) return false;
    return (grid[col][row].type == type);
}
```

8.2.9 分数记录和游戏结束

回到 findAndRemoveMatches 函数，我们调用 addScore 来给玩家奖励分数。这个简单的函数会给玩家增加分数，然后改变屏幕上的文本字段显示：

```
public function addScore(numPoints:int) {
    gameScore += numPoints;
    MovieClip(root).scoreDisplay.text = String(gameScore);
}
```

如果没有可能的匹配存在，endGame 函数就会将主时间轴带入游戏结束画面。它还用 swapChildIndex 将 gameSprite 移到最后面，这样在 gameover 帧中的 Sprite 就会在游戏网格的前面。

我们这么做是因为在游戏的最后我们并不删除游戏网格。相反，我们会将它留在那儿给玩家研究：

```
public function endGame() {
    //移到后面
    setChildIndex(gameSprite,0);
    //结束游戏
```

```
    gotoAndStop("gameover");
}
```

当玩家准备继续的时候，我们才将网格和 gameSprite 移除。通过调用 cleanUp 函数来完成它：

```
public function cleanUp() {
    grid = null;
    removeChild(gameSprite);
    gameSprite = null;
    removeEventListener(Event.ENTER_FRAME,movePieces);
}
```

在主时间轴上，与 Play Again 按钮绑定在一起的函数会在玩家跳回前一帧、开始新游戏之前，调用 Clean UP 函数。

8.2.10　修改游戏

你需要作出的一个重要决定是，游戏中小块的种类是 6 还是 7。大多数游戏中使用的是 6。过去我用过 7 个，那也不错。使用 7 个会让游戏完成得更快一些。

额外奖励是游戏能作的另一个改进。一个额外的图形层被加到了小块上，类似于选择边框。它能随机地出现在小块上，指示有额外的奖励。奖励的属性也可以添加到小块上，当小块被移除时，会再次触发 addScore 函数，增加额外的分数。

增加提示能让游戏变得更吸引人。当 lookForPossibles 被调用时，它会多次调用 matchType。当在 matchType 中发现一个可能的匹配时，会返回 true。matchType 中检测到的位置，就是能够通过一次交换得到一个匹配的位置。可以将这个位置放入类似于 hintLocation 这样的新变量中，然后当玩家单击一个提示按钮时，这个位置上的小块就可以被高亮显示。

8.3　消除方块

源文件

http://flashgameu.com

A3GPU208_CollapsingBlocks.zip

消除方块（Collapsing Blocks）是另一个流行的休闲游戏。与同色消除一样，游戏会展现一个游戏小块的网格，而且，你选择小块的目的也是希望将小块从网格中消除。

两者最大的不同是与小块的交互。在消除方块游戏中，你寻找小块的集合。组成集合的小块，必须是相同颜色的，而且互相之间是连接的。

图 8-11 展示了游戏开始时的场景，有 4 种不同类型的小块。

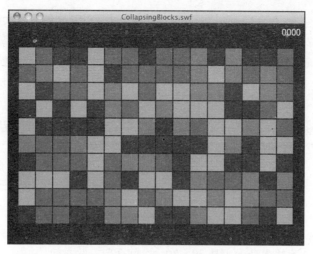

图 8-11 游戏使用了 16×10 的网格来放置 4 种颜色的小块

图 8-12 展示了一组被灰色小块包围的 9 个白色小块组成的集合。集合中每个小块彼此之间都是相连的。右边另一个集合中只有两个白色小块。这两个集合彼此独立，不相连接。

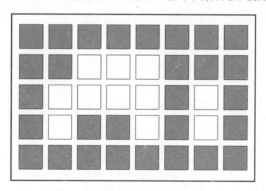

图 8-12 两个独立的白色小块集合

在消除方块游戏中，小块本身是不能被替换的。当你选择了一组 3 个小块的集合时，就会在网格中留下 3 个空格。类似于同色消除，上面的小块会落下来填充空格，不过不会有新的小块从上方填充进来。

因此，有可能将一列中所有的小块都消除掉。这时候，就需要将小块从右向左移动，不在列与列之间留下空隙。当玩家选择一个小块集合时，整个集合就自顶部向下，自右向左消除。大多数情况下游戏都会在左下角剩下几个小块时结束。

游戏看上去不太费脑，不过对于玩家来说有两种策略。第一种选择小块集合的策略是，在游戏结束时，使剩下的小块最少。如果玩家的选择明智的话，往往存在将小块消除干净的办法。

更重要的是，有一个得分策略。得分取决于集合中小块的数量。按照指数方法计分。两个小块的集合的得分是 2 的平方，等于 4。而 3 个小块的集合的得分是 3 的平方，等于 9。4 个小块的集合的得分是 4 的平方，等于 16。所以，一次移除 4 个小块的集合好于两次移除 2 个小块的集合。如果玩家的选择明智的话，就可以通过单击大型的集合，来获得更多的分数。20 个小块的集合得分为 400。如果玩家能再加 9 个小块进来，那么消除这个 29 个小块的集合就可以得到 841 分。

8.3.1　设置图形

游戏中唯一的图形元素是小块。我们将用类似于同色消除游戏中的方法来设置它。小块一共有 4 帧，每一帧对应一种颜色。不需要加选择边框，因为单击小块后就会立刻消除集合。

游戏的其余部分和同色消除类似，有一个开始帧，一个结束帧，右上角有一个计分器。

8.3.2　设置类

导入类以后，我们先设置一些常量。其中一个用于表示小块之间的距离。在这个例子中，小块之间间隔 32 像素。小块本身大小是 30×30，之间会留一些空间。

我们还用常量定义了小块在左边和顶部的偏移量。网格中行和列的数量也用常量定义了。这样，你就可以通过这些数值来调整网格的尺寸及其在屏幕中的位置。

最后一个常量是 moveStep，表示了每一帧小块掉落的像素值。我们有针对性地将这个数值设为能被间隔常量 spacing 整除，这样就可以将小块整齐地移入下一个位置：

```
package {
    import flash.display.*;
    import flash.events.*;
    import flash.text.*;

    public class CollapsingBlocks extends MovieClip {

        //常量
        static const spacing:Number = 32;
        static const offsetX:Number = 34;
        static const offsetY:Number = 60;
        static const numCols:int = 16;
        static const numRows:int = 10;
        static const moveStep:int = 4;
```

游戏中只有 4 个变量。这样一来，我们就不需要追踪太多的变量。我们需要和同色消除游戏中的 grid 一样的变量，但是在这里，我们称之为 blocks。它还是一个包含了所有游戏小块的二维数组。

blocks 当然需要出现在屏幕上，但是我们将它放在 gameSprite 这个 Sprite 中。接着，我们使用 gameScore 来追踪得分情况。最后，我们定义了一个布尔变量 checkColumns。后面你会知道如何使用它。

```
        //游戏网格和模式
        private var blocks:Array;  //小块的网格
        private var gameSprite:Sprite;
        private var gameScore:int;
        private var checkColumns:Boolean;
```

8.3.3 开始游戏

在游戏中设置网格和小块与同色消除游戏中很相似。只是在这里，我们不需要判断游戏在开始时是不是处在合理的情况下。任何将 4 个不同颜色的小块随机安排的办法，都能产生一个有效的能移动的网格，只要网格大于或等于 3×3。

我们首先用空的列来设置小块数组，然后遍历每一列，并调用 addBlock 函数来向每一列中的每一行增加小块。这个函数负责将小块添加到 gameSprite 中。在这里，我们只需要创建 game-Sprite 并把它添加到舞台上：

```
public function startCollapsingBlocks() {

        //创建小块数组
        blocks = new Array();
        for(var cols:int=0;cols<numCols;cols++) {
                blocks.push(new Array());
        }

        //创建 gameSprite 并将小块添加到 gameSprite 和数组中
        gameSprite = new Sprite();
        for(var col:int=0;col<numCols;col++) {
                for(var row:int=0;row<numRows;row++) {
                        addBlock(col,row);
                }
        }
        addChild(gameSprite);
```

一开始 checkColumns 的值为 false，得分设为 0。和同色消除游戏一样，我们需要一个侦听器来让小块掉入空格中。所以，我们在这里添加了侦听器：

```
        //设置初始值
        checkColumns = false;
        gameScore = 0;

        //开始侦听事件
        addEventListener(Event.ENTER_FRAME,moveBlocks);
}
```

addBlock 函数会从库中创建一个新的小块，然后设置 3 个动态属性：col、row 和 type。前面两个用来跟踪小块自身的位置。最后一个代表小块的颜色。在之后的游戏代码中，会手动将 type 属性与颜色对应起来：

```
public function addBlock(col,row:int) {

        //创建对象，设置位置和类型
        var newBlock:Block = new Block();
        newBlock.col = col;
        newBlock.row = row;
        newBlock.type = Math.ceil(Math.random()*4);
```

小块在屏幕上的位置是 col 和 row 的值乘以间隔常量 spacing。另外，偏移量用来将整个网格在屏幕中居中放置。然后，我们跳转到匹配小块类型那一帧。还需要将小块添加到

gameSprite 中：

```
//在屏幕中的位置
newBlock.x = col*spacing+offsetX;
newBlock.y = row*spacing+offsetY;
newBlock.gotoAndStop(newBlock.type);
gameSprite.addChild(newBlock);
```

下面将小块添加到 blocks 数组中，按照列和行的位置放置：

```
//添加到数组中
blocks[col][row] = newBlock;
```

每个小块都需要添加鼠标侦听器，用来回应单击事件：

```
//设置鼠标侦听器
newBlock.addEventListener(MouseEvent.CLICK,clickBlock);
}
```

8.3.4 递归

如果你看过代码，会注意到这个游戏的代码没有同色消除游戏的多。正因为如此，你可能会觉得这个游戏编写起来更加简单。

这里代码少的原因是我们使用了递归（recursion）的编程技术。这个技术不需要使用很多的代码，但是它需要对编程有更深的理解。许多非专业的程序员经常会觉得它很难。

说明

递归在整个计算机科学中有许多的用途。两个最常用的地方是排序函数和搜索算法。另一个是游戏中的路径寻找，你可以告诉你的游戏小块到达某个位置，然后它经过充满障碍的路径，到达目的地。

递归函数就是一个调用自身的函数。为什么要这么做呢？因为消除方块游戏是简单递归的一个好例子。让我们通过一个例子来学习一下。在图 8-13 中，每一个小块都是玩家单击消除的集合的一部分。

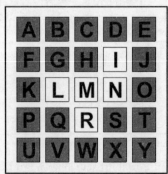

图 8-13 玩家单击了小块 M，整个集合中的白色小块都会被移除

玩家单击 M，M 是集合中第一个被移除的小块，但是我们如何寻找集合中的其他小块呢，而且要在不包含灰色小块的情况下？

一开始的几步是很简单的。函数会从上下左右四个方向进行查看。任何与第一个小块颜色相同的小块都会被添加到集合中。L、N 和 R 被添加进来了，但是如何继续找到小块 I 呢？

这里是代码的另一种工作方式。函数判断一个小块是否与指定颜色匹配。如果匹配，那么就继续。如果没有，就返回 Sorry, no matches here（对不起，这里没有匹配）。

如果继续了，就会开启一个列表。先将自己添加到列表中。然后，要求它的 4 个邻居也做同样的事。

所以，函数第一次调用，会将小块 M 和颜色作为参数传入。函数指出 M 是白色的，然后开启一个列表，将 M 加在列表中。

然后，它会判断相邻的 4 个邻居小块是否也是白色的，如果是，就会返回一个列表，记录了所有相连的白色小块。

函数看上去是这样运行的。

❑ 开启一个白色小块的空列表。

❑ 询问我是不是白色小块？如果是的，加入列表中。如果不是，就返回一个空的列表。

❑ 因为我是一个白色小块，我就会问我四周的 4 个小块是否是白色的，如此往复。将这些列表添加到初始列表中。

❑ 返回白色小块的列表。

在这个例子中，函数第一次调用传入了 M。我们称这个函数为 `testBlock`。函数有一个白色小块的空列表，因为 M 本身是白色的，所以将自身加入到列表中，然后继续执行。

函数接着调用 `testBlock`，传入 H 为目标小块。H 不是白色的，所以返回一个空列表。初始函数将这个空列表添加到初始列表中，这个列表还是只有 M 一个元素。

然后，它传入小块 L 调用 `testBlock`。这一次，函数返回一个包含 L 的列表。然后传入 G、K 和 Q 来调用 `testBlock`，得到对应的列表。因为没有一个是白色的，所以 `testBlock` 返回空列表。

同样的结果也发生在 R 身上。函数只返回了 R，然后用 Q、W 和 S 调用 `testBlock` 返回空列表。

当初始函数传入 N 来调用 `testBlock` 时，不一样的事情发生了。N 被添加到列表中，然后 `testBlock` 使用了 I、O 和 S 作为参数。这一次，第一个调用返回了列表，包含有 I。I 被添加到了 N 的列表中，初始函数就得到了包含有 N 和 I 的列表。

初始函数从 M 开始，没有从上方添加新的小块，L 来自左边，R 来自下方，N 和 I 来自右边。列表最终包含了 M、L、R、N 和 I。

8

说明

这个方法最终不就是一遍遍不停地判断小块吗？当M判断完了，就判断H、L、R和N。然后当判断完L后，又开始判断G、K、Q和M。M又被判断到了！这会导致一个无限的循环，M和L会被永远地判断下去。所以，我们需要将M标记为已经加入到列表中了。只需要将 type 设为 0。然后，我们就让列表忽略所以 type 为 0 的添加请求。这就可以防止无限循环了。

弄糊涂了？对于很多人来说，递归都是一个困难的概念。也许当你看了游戏代码，然后实践一下，才会理解。或者，你可以认为 testBlock 函数首先关注一个小块，然后检查所有的邻居，直到找到相连的集合中所有的小块为止。

8.3.5   使用递归移除小块

小块移除代码的第一部分就是处理鼠标单击小块的函数。这很简单。它会对单击的小块调用 findAndRemoveMatches 函数，然后将得到的分数保存。这个 pointsScored 数值只是用来判断是否发生了消除，然后需要显示多少分数。实际的计分在 findAndRemoveMatches 函数中完成：

```
public function clickBlock(event:MouseEvent) {
        var block:Block = Block(event.currentTarget);
        var pointsScored:int = findAndRemoveMatches(block);

        if (pointsScored > 0) {
                var pb = new PointBurst(this,pointsScored,mouseX,mouseY);
        }
}
```

findAndRemoveMatches 函数几乎完成了所有移除集合的工作，除了判断哪些小块需要移除。

findAndRemoveMatches 函数首先得到被单击的小块的颜色或者类型。然后，它会调用神奇的 testBlock 函数，这我们在后面会看到。从那里能得到集合中所有小块的列表。

```
public function findAndRemoveMatches(block:Block):int {

        //得到小块类型
        var type:int = block.type;

        //递归搜索所有匹配的小块
        var matchList:Array = testBlock(block.col, block.row, type);
```

我们只移除集合。对于单独的小块，我们不做任何事情。如果集合中有多于两个小块，我们就将集合从 gameSprite 中删除，然后调用 affectAbove，它会通知上方的小块掉落，就和同色消除中一样：

```
        //查看是否匹配
        if (matchList.length > 1) {

                //移除它们，然后让它们上方的小块掉落
```

```
for(var i=0;i<matchList.length;i++) {
        gameSprite.removeChild(matchList[i]);
        affectAbove(matchList[i]);
}
```

接下来，函数会设置 checkColumns 布尔标记。这个标记会在代码中提醒我们检查，当所有的小块都掉落下来后，是否有空列存在：

```
//当所有的小块掉落后，是否有空列
checkColumns = true;
```

下面就是增加分数，然后函数完成，返回得分：

```
//根据小块数量计算得分，然后返回得分
var pointsScored:int = matchList.length * matchList.length;
addScore(pointsScored);
return pointsScored;
```

如果集合中没有足够的小块会发生什么情况？首先要做的是将被单击小块的 type 属性设为它的初始值。

然后，在函数的结尾，会返回 0，因为没有得分：

```
} else {
        //没有足够的匹配，所以重新存为初始的小块类型
        block.type = type;
}

//没有得分
return 0;
}
```

这就是这个完整的递归函数了。注意到它有多短小：实际代码只有 10 行。递归函数，通常完成艰巨的任务，但只需要很少的代码。

testBlock 函数首先接受列、行和块的类型作为参数。然后建立一个空数组。它调用 getBlockType 函数，判断类型是否为 0，这意味着小块或者已经被添加到了集合列表中，或者已经被移除了，或者由于参数指示的位置不合理而不存在。

接着，它会判断类型的颜色是否与我们寻找的相匹配。如果匹配，就添加到列表中，然后递归地调用它四个方向上的小块：

```
public function testBlock(col,row,type) {

        //从空数组开始
        var testList:Array = new Array();

        //小块存在吗，还是小块已经被搜索到了？
        if (getBlockType(col,row) == 0) return testList;

        //小块的类型正确吗？
        if (blocks[col][row].type == type)  {

                //将小块添加到列表，将类型设为0
                testList.push(blocks[col][row]);
```

```
        blocks[col][row].type = 0;

        //从该小块四周进行测试
        testList = testList.concat(testBlock(col+1, row, type));
        testList = testList.concat(testBlock(col-1, row, type));
        testList = testList.concat(testBlock(col, row+1, type));
        testList = testList.concat(testBlock(col, row-1, type));
    }

    //返回结果
    return testList;
}
```

在递归函数的结尾，需要返回一个找到的匹配小块的数组。

说明

你可能会注意到小块经常会被搜索到一次以上。比如在图 8-13 中，小块 Q 会在 L 的下方被查看到，然后又在 R 的左边被查看。在这个游戏中，这个重复的过程不会影响游戏的速度。在更复杂的递归搜索中，可能需要将每个添加到集合中的条目标记为已查看。然后，你就可以避免查看两次了。

接着，还有一个递归函数。简单的用列、行和类型，返回与初始小块匹配而且相邻的所有小块的列表。

最后是一个松散的 getBlockType 函数。这里的做法是，如果小块不存在，或者位置超出了网格的边缘，就返回 0。否则，返回实际类型的值：

```
public function getBlockType(col,row) {
    //首先判断位置是否在网格中
    if ((col < 0) || (col >= numCols)) return 0;
    if ((row < 0) || (row >= numRows)) return 0;

    //小块是否存在？
    if (blocks[col][row] == null) return 0;

    //小块存在，所以返回类型
    return blocks[col][row].type;

}
```

8.3.6　掉落的小块

小块掉落的方法和同色消除游戏中的几乎一样。不过，稍微简化的是小块只能向下和向右移动。此外，我们使用常量 moveStep 来优化这些函数，而不是使用硬编码的值：

```
public function moveBlocks(event:Event) {
    var madeMove:Boolean = false;
```

```
for(var row:int=0;row<numRows;row++) {
        for(var col:int=0;col<numCols;col++) {
            if (blocks[col][row] != null) {

                //需要向下移动
                if (blocks[col][row].y <
blocks[col][row].row*spacing+offsetY) {
                        blocks[col][row].y += moveStep;
                        madeMove = true;

                //需要向左移
                } else if (blocks[col][row].x >
blocks[col][row].col*spacing+offsetX) {
                        blocks[col][row].x -= moveStep;
                        madeMove = true;
                }
            }
        }
    }
```

这里的一个不同是，当所有的移动都停止时，我们需要判断是否存在空列：

```
//移动都完成了，是时候来判断空列了
if ((!madeMove) && (checkColumns)) {
        checkColumns = false;
        checkForEmptyColumns();
    }
}
```

affectAbove 函数会让小块运动，通过查看一个新移除小块的上方小块，设置它们掉落到网格中的下一个位置：

```
//通知这个小块上方所有的小块掉落
public function affectAbove(block:Block) {

        //移除这个小块
        blocks[block.col][block.row] = null;

        //检查上方的小块，将它们移下来
        for(var row:int=block.row-1;row>=0;row--) {
            if (blocks[block.col][row] != null) {
                    blocks[block.col][row].row++;
                    blocks[block.col][row+1] = blocks[block.col][row];
                    blocks[block.col][row] = null;
            }
        }
    }
```

8.3.7   检查空列

下面就是当小块停止运动后，查看所有的列的函数。

这是一个相当复杂的过程。它从左边开始，查看每一列。如果发现底部的小块已经消失了，就将标记 foundEmpty 设为 true。

从那里开始，不再寻找更多的空列，而是简单地将所有剩余的列向左移动：

```
public function checkForEmptyColumns() {

        //假设没有发现列
        var foundEmpty:Boolean = false;
        var blocksToMove:int = 0;

        //遍历每一列，从左到右
        for(var col:int=0;col<numCols;col++) {

                //如果还没有发现空列
                if (!foundEmpty) {

                        //查看底部小块是否消失了
                        if (blocks[col][numRows-1] == null) {

                                //这一列是空的!
                                foundEmpty = true;

                                //记住要再次判断空列
                                checkColumns = true;
                        }

                //之前已经发现空列，所以必须向左移动
                } else {

                        //遍历所有小块，将它们向左移动
                for(var row:int=0;row<numRows;row++) {
                        if (blocks[col][row] != null) {
                                blocks[col][row].col--;
                                blocks[col-1][row] = blocks[col][row];
                                blocks[col][row] = null;
                                blocksToMove++;
                        }
                }
                }
        }
}
```

在函数的最后，我们知道是否还有列需要移动。如果没有了，那么这就是判断游戏是否结束的好地方：

```
        //不要移动任何小块，判断游戏是否结束
        if (blocksToMove == 0) {
                checkColumns = false;
                checkForGameOver();
        }
}
```

将小块移动到左边是通过 moveBlocks 函数完成的，它在每一帧都被调用。这个函数并不关心小块是下落还是左移，而是将两者都做了。

8.3.8 游戏结束

在拼图游戏中我最喜欢的一个编程任务就是写判断游戏是否结束的函数。而在消除方块的例子中，你的第一直觉会想去测试每个小块，判断是否会有集合存在——这当然可以完成任务。

然而，这个例子中，存在着更加有技巧，也更有效的方法来完成它。

我们可以简单地遍历所有列和行，检查每个出现的小块。如果它与右边或者下方的小块匹配，就表示网格中存在着至少有两个小块的集合。因此，游戏还存在着有效的移动。

如果没有发现匹配，游戏就结束了：

```
public function checkForGameOver() {

        //遍历所有的小块
        for(var col=0;col<numCols;col++) {
                for(var row=0;row<numRows;row++) {

                        //如果小块与右边
                        //或者下面的小块匹配，那就存在可能的移动
                        var block:int = getBlockType(col,row);
                        if (block == 0) continue;
                        if (block == getBlockType(col+1,row)) return;
                        if (block == getBlockType(col,row+1)) return;
                }
        }

        //没有发现可能的移动，游戏必须结束
        endGame();
}
```

当游戏结束时，和同色消除游戏一样，我们将 gameSprite 放在后面，然后跳到另一帧：

```
public function endGame() {
        //移到后面
        setChildIndex(gameSprite,0);
        //结束游戏
        gotoAndStop("gameover");
}
```

当玩家想重新开始游戏的时候，还有一个 cleanUp 函数清除所有的游戏元素：

```
public function cleanUp() {
        blocks = null;
        removeChild(gameSprite);
        gameSprite = null;
        removeEventListener(Event.ENTER_FRAME,moveBlocks);
        scoreDisplay.text = "0";
}
```

就要完成了，下面是 addScore 函数：

```
public function addScore(numPoints:int) {
        gameScore += numPoints;
        scoreDisplay.text = String(gameScore);
}
```

8.3.9   修改游戏

　　和大多数拼图游戏一样，消除方块可以应用于其他主题。可以用任何图标来替换 4 种小块类型。还可以增加背景图片来加强主题。在这个游戏的一个版本中，我将小块变成了购物车，让主题变成了超市的收银台。

　　还可以增加奖励机制。一个简单的奖励方式是将一些小块标记为有加倍的分数。或者，也可以创造一个终极的奖励，如果玩家最终将所有的小块都消除了，就可以得到额外的分数。

　　还可以方便地改变网格中小块的数量，甚至可以用 5 种小块类型，这可以让游戏变得更难。

```
L P F F S F L H A E G M K W J
F Z L T I R T N B Q Y L O P O
H W F U G H A E S I R W S C G
K I Y F T K W M W I G R A I K
N U V U C O S U N E V U X M H
M E R C U R Y W B O R D G F F
E X P L T M W C J A J S M F X
S N W S Z C Y K N V O P L Q B
B A U X Z K Z U C T K R Q G H
F R I T H W S S P W X E Q I T
P J X K P Z D A N Z E T E V U
Y H X C N E W T J A G I L G Y
H T R A E J N U V K M P F C I
T U I M Z S S R Q A H U Q H U
B H N I D U O N T A X J G H Y
```

文字游戏：Hangman 和单词搜索

本章内容

❑ 字符串和文本字段
❑ Hangman
❑ 单词搜索

从 20 世纪中叶开始，使用字母和单词制作的游戏就一直很流行，比如桌游中的 Scrabble（拼字）游戏，纸面游戏中的字谜和单词搜索游戏。

这些游戏在计算机和基于网页的环境中也工作得很好。本章我们将会看到两个传统的游戏：Hangman 和单词搜索。不过首先，我们需要深入研究一下 ActionScript 处理字符串和文本字段的方法。

9.1　字符串和文本字段

源文件

http://flashgameu.com

A3GPU209_TextExamples.zip

开始制作文字游戏之前，有必要先好好研究一下 ActionScript 3.0 是如何处理字符串和文本字段的。毕竟，我们在游戏中会经常用到它们。

9.1.1　ActionScript 3.0 字符串处理

在 ActionScript 中，String 变量是一串字符的集合。到目前为止，我们已经多次使用了字符串，但还没有仔细研究如何更高效地使用它们。

创建字符串很容易，只需要设置一些字符，用引号包括起来，然后赋给一个 String 类型的变量：

```
var myString:String = "Why is a raven like a writing desk?";
```

1. 字符串拆解

可以用多种函数拆解字符串。如果想要得到特定位置上的一个字符，我们可以使用 charAt 函数：

```
myString.charAt(9)
```

它会返回"r"。

说明

ActionScript 对字符串从 0 开始计数。所以，例子中的第 0 个字符是"W"，第 9 个是"r"。

我们可以使用 substr 函数从字符串中得到一个或者多个字符。它的第一个参数是起始位置，第二个参数是返回的字符数量：

```
myString.substr(9,5)
```

它会返回"raven"。

substring 函数可以用来替代 substr 函数，它使用起始位置和终点位置作为参数。然后，返回从起始位置开始到终点位置前一个的字符集合：

```
myString.substring(9,14)
```

这也会返回"raven"。

slice 函数和 substring 函数类似，只是对第二个参数的解释方式不同。在 substring 中，如果第二个参数比第一个小，那么参数就会交换。所以 myString.substring(9,14) 和 myString.substring(14,9) 是一样的。

slice 函数允许你将第二个参数设为负数。它会将负数解释为从最后一个位置回退的位置。因此，myString.substring(9,-21) 会返回"raven"。

substring 和 slice 都允许将第二个参数留空，表示从起始位置开始的剩余字符串：

```
myString.slice(9)
```

这会返回"raven like a writing desk?"。

2. 比较和搜索字符串

为了比较两个字符串，你只需要使用==操作符：

```
var testString = "raven";
trace(testString == "raven");
```

它会返回 true。但是，这个比较是区分大小写的，所以下面的例子会返回 false：

```
trace(testString == "Raven");
```

如果想比较两个字符串，而不区分大小写，那么可以先将两个字符串都转成大写或者小写的。可以使用 toUpperCase 和 toLowerCase 方法：

```
testString.toLowerCase() == "Raven".toLowerCase()
```

要在一个字符串中寻找另一个字符串，可以使用 indexOf：

```
myString.indexOf("raven")
```

这会返回 9。我们也可以使用 lastIndexOf 寻找一个字符串在另一个中最后一次出现的位置：

```
myString.indexOf("a")
myString.lastIndexOf("a")
```

第一个会返回 7，第二个返回 20。分别对应了 a 在字符串"Why is a raven like a writing desk?"中第一次和最后一次出现的位置。

说明

还可以给 indexOf 和 lastIndexOf 第二个参数。这个参数会告诉函数从哪个位置开始寻找字符串，而不是从开头和结尾开始寻找。

大多数情况下，使用 indexOf 不是为了找到子串出现的位置，而是要判断子串是否出现了。如果子串出现了，那就会返回 0 或者更大的数字；如果没有出现，就返回-1。所以，你可以这样判断一个字符串是否出现在另一个字符串中：

```
(myString.indexOf("raven") != -1)
```

还可以使用 search 函数来做同样的事情：

```
myString.search("raven")
```

这会返回 9。

search 函数会将字符串作为参数，这和前面的一样，不过，它还能使用正则表达式作为参数：

```
myString.search(/raven/);
```

说明

正则表达式是在字符串中查找和替换另一个字符串的一种模式。它在很多编程语言和工具中得到了广泛的使用。

正则表达式的主题很大，大到有几本 1000 多页的专著专门讲述它。还有许多网站也对它作了深入的讲解。可以在 http://flashgameu.com 中找到这个主题的链接。

这个例子使用最简单的正则表达式，做到了和 search 一样的结果。注意到这里用 / 而不是引号将字符串包围起来了。

还可以给正则表达式添加一些选项。最有用的可能是 i，用于设置区分大小写。

```
myString.search(/Raven/i);
```

这会返回 9，即使使用了大写的字符 R。

你也可以在正则表达式中使用通配符。比如，下面的句点字符表示可以是任何字符：

```
myString.search(/r...n/)
```

这会返回 9，因为单词 raven 与模式相匹配，它以 r 开头，跟着 3 个任意字符，然后以 n 结尾：

```
myString.search(/r.*n/)
```

这也会返回 9，因为在这个模式中，只要以 r 开头，然后可以跟随任意的字符，最后以 n 结尾。

3. 创建和修改字符串

你可以使用 + 操作符来添加字符串。ActionScript 会指出这是一个字符串，而不是一个数字，所以不会使用加法，而是进行字符串连接。你还可以使用 += 进行连接的简化操作：

```
myString = "Why is a raven like";
myString += " a writing desk?";
```

为了在现有的字符串前面添加字符串，可以如下使用代码：

```
myString = "a writing desk?";
myString = "Why is a raven like "+myString;
```

之前讲过 search 函数可以搜索，返回一个索引值，而 replace 需要一个正则表达式作为参数，还能将字符串的一部分进行替换：

```
myString.replace("raven","door mouse")
```

执行的结果是 "Why is a door mouse like a writing desk? "。

你可以在第一个参数里填入一个正则表达式。由于正则表达式的强大功能，你可以做许多复杂的事情，比如将文本在字符串中移动，而不只是单纯地替换文本：

```
myString.replace(/(raven)(.*)(writing desk)/g,"$3$2$1")
```

这段代码会在字符串中寻找 raven 和 writing desk，中间可以放任何数量的字符。然后将字符串重排，将 writing desk 放在前面，raven 放在最后，而中间的字符不变。

4. 在字符串和数组之间转换

字符串和数组在存储列表的信息时都很有用，因此有必要对它们进行相互转换。

例如，你有一个字符串"apple,orange,banana"，你可能想从它开始构造一个数组。为了实现这个功能，需要使用split指令：

```
var myList:String = "apple,orange,banana";
var myArray:Array = myList.split(",");
```

你也可以将这个操作反向，只需要使用join指令：

```
var myList:String = myArray.join(",");
```

在上面的例子中，传入函数中的字符表示对字符串进行分割的字符。如果使用join指令，返回的字符串是用逗号拼接成的。

5. 字符串函数总结

表9-1包含了目前为止讨论的所有字符串函数，还添加了一些新的函数。

表9-1 字符串函数

函　　数	语　　法	描　　述
charAt	myString.charAt(pos)	返回所在位置的字符
charCodeAt	String.charCodeAt(pos)	返回所在位置的字符的编码
concat	myString.concat(otherString)	返回一个新字符串，由两个连接而成
fromCharCode	String.fromCharCode(num)	返回字符编码对应的字符
indexOf	myString.indexOf (innerString,startPos)	返回内部字符串在整个字符串中的位置
join	myArray.join(char)	将数组元素拼成一个字符串
lastIndexOf	myString.lastIndexOf (innerString,startPos)	返回内部字符串在整个字符串最后出现的位置
match	myString.match(regexp)	返回符合正则表达式的字符串
replace	myString.replace (regexp,replacement)	替换模式
search	myString.search(regexp)	返回符合模式的子串的位置
slice	myString.slice(start,end)	返回子串
split	myString.split(char)	将字符串分割成数组
string	String(notAString)	将数组和其他值变为字符串
substr	myString.substr(start,len)	返回子串
substring	myString.substr(start,end)	返回子串
toLowerCase	myString.toLowerCase()	返回全小写的字符串
toUpperCase	myString.toUpperCase()	返回全大写的字符串

9.1.2 对文本字段应用文本格式

为了将文本显示在屏幕上，你需要创建一个新的文本字段（TextField）。在前几章中，我们已经看到如何使用文本字段来显示文本信息和分数。

如果不想使用默认的字体和样式，则需要创建一个文本格式（TextFormat）对象，并将它赋给这个文本字段。为了在游戏中使用文本的高级功能，我们还需要查看下影片中包含的字体。

1. TextFormat 对象

一般我们在创建 TextField 之前会创建 TextFormat 对象。如果你需要为几个文本字段设置格式，也可以在类的开头就创建这些对象。

所有的 TextFormat 对象其实都是属性的集合。这些属性定义了文本展示方式。

说明

在 ActionScript 中，你也可以使用样式表，就像在 HTML 文档中使用 CSS 一样。但是，这只对 HTML 格式的文本字段有效。在我们的游戏中，将只使用普通的文本字段。

创建 TextFormat 对象时，你有两种选择。第一个选择是创建一个空白的对象，然后设置其中的每个属性。另一个选择是在 TextFormat 声明时就设置大多数常用属性。

下面是快速创建 TextFormat 对象的方法：

```
var letterFormat:TextFormat = new
    TextFormat("Courier",36,0x000000,true,false,false,null,null,"center");
```

当然，这需要记住 TextFormat 中参数的准确顺序。它的顺序是这样的：font、size、color、bold、italic、underline、url、target 和 align。只要按照这个顺序，你可以包含任意参数。对于不希望设置的参数，只需要用 null 来忽略。

说明

事实上，参数的列表还可以扩展，不过我将它们从前面的例子中排除出来了：leftMargin、rightMargin、indent 和 leading。

下面的方法也可以设置属性，只是代码更长：

```
var letterFormat:TextFormat = new TextFormat();
letterFormat.font = "Courier";
letterFormat.size = 36;
letterFormat.color = 0x000000;
letterFormat.bold = true;
letterFormat.align = "center";
```

注意，我遗漏了 italic 和 underline 属性，因为它们的默认属性都是 false。

表 9-2 总结了所有的 TextFormat 属性。

表9-2　Text Format属性

属　　性	值	描　　述
align	TextFormatAlign.LEFT	文本对齐
	TextFormatAlign.RIGHT	
	TextFormatAlign.CENTER	
	TextFormatALign.JUSTIFY	
blockIndent	数字	段落中所有行的缩进
bold	true/false	文本是否加粗
Bullet	true/false	文本是否加强调符号
color	颜色	文本颜色（如x000000）
font	字体名	字体名称
indent	数字	段落中第一行的缩进
italic	true/false	斜体
kerning	True/false	在一些字体中打开特殊字符的间隔
leading	数字	行间距
leftMargin	数字	左边距大小
letterSpacing	数字	字母间隔
rightMargin	数字	右边距大小
size	数字	字体尺寸
tabStops	数组	Tab 键的位置
target	字符串	浏览器的链接目标，比如说"_blank"
underline	true/false	下划线
url	字符串	链接的地址

2. 创建 TextField 对象

当有了格式以后，就需要将它赋给文本字段。创建文本字段的方式和创建 Sprite 一样。事实上，它们都是显示对象类型的，都能使用 addChild 函数添加到其他的 Sprite 和影片剪辑中：

```
var myTextField:TextField = new TextField();
addChild(myTextField);
```

将格式添加到文本字段上，最好的办法是使用 defaultTextFormat 属性：

```
myTextField.defaultTextFormat = letterFormat;
```

还可以使用 setTextFormat 函数。不过它有个问题，当你使用 text 属性来设置文本时，文本的格式又会回到默认状态：

```
myTextField.setTextFormat(letterFormat);
```

setTextFormat 函数的优势是，你可以添加两个或者三个参数，来指明格式应用的文本范围。你可以只对一部分文本应用格式，而不是全部。

在游戏中，我们通常只需要比较小的文本字段，比如得分、级别、时间和生命值等。

这些文本字段不需要多个格式，而且它们经常需要更新。所以，在大多数情况下，使用 defaultTextFormat 是更好的办法。

除了 defaultTextFormat 外，还有一个重要的属性是 selectable。游戏中的大多数文本字段只用于显示，不可单击。我们关闭 selectable 属性，那样当鼠标光标移过文本字段时就不会发生改变，用户也不能选择文本。

说明

文本字段的 border 属性在判断用 ActionScript 创建的文本字段的尺寸和位置时很有用。例如，当你只在文本字段中添加了一个单词或字母时，如果没有将 border 设置为 true，就看不到文本字段真实的大小，至少在测试时是这样。

表 9-3 给出了一些有用的 TextField 属性。

表9-3　文本字段属性

属　　性	值	描　　述
autoSize	TextFieldAutoSize.LEFT TextFieldAutoSize.RIGHT TextFieldAutoSize.CENTER TextFieldAutoSize.NONE	文本字段根据填入的文本自适应
background	true/false	是否有背景
backgroundColor	颜色	背景颜色（如 0x000000）
border	true/false	是否有边框
borderColor	颜色	边框颜色（如 0x000000）
defaultTextFormat	TextFormat 对象	新文本创建时指定默认的文本格式对象
embedFonts	true/false	使用嵌入的字体时必须设为 true
multiline	true/false	包含多行文本时必须设为 true
selectable	true/false	如果设为 true，文本是可以选择的
text	字符串	设置域中的文本内容
textColor	颜色	设置文本颜色（如 0x000000）
type	TextFieldType.DYNAMIC TextFieldType.INPUT	设置用户能否编辑文本
wordWrap	true/false	文本是否能自动换行

3. 字体

如果你只是做一个示例的快速游戏，或者只是为了向朋友展示，又或者只是用来证明一个概念，那么可以只使用基本的字体。为了简单起见，本书中大多数游戏都是这么做的。

但是，如果你在为客户或者你的网站开发，就需要将使用的字体导入到库中，以防用户的电脑中没有你使用的字体。而且你也可以使用更高级的字体特效，比如旋转和透明度。

为了导入字体，进入库（Library），从下拉菜单中选择 New Font（在第 7 章中已经操作过了）。

当你导入并命名字体以后，确保在库中给字体设置了一个链接名称，这样在发布的时候就能包含在影片中。

说明

忘记给字体设置 Linkage 名称是常见的错误。在测试影片时，要在 Output 面板中查看错误，并在影片中查看漏掉的文本，这些文本原本是应该由 ActionScript 创建的。

即使嵌入了字体，在你将 embedFonts 属性设置为 true 之前，文本字段也不会使用它们。现在可以使用库中的字体了，你可以用多种方式操作和移动文本。

4. 文本动画示例

TextFly.fla 和 TextFly.as 文件展示了使用字符串、文本格式和文本字段来创建动画。在影片文件中只有字体。舞台是空的。TextFly.as 类有一个字符串，并将它分割成字符，为每个字符创建一个文本字段和 Sprite。然后移动这些 Sprite。

这个类首先定义了一些常量，用来设置动画的表现形式：

```
package {
    import flash.display.*;
    import flash.text.*;
    import flash.geom.Point;
    import flash.events.*;
    import flash.utils.Timer;

    public class TextFly extends MovieClip {
        //定义动画的常量
        static const spacing:Number = 50;
        static const phrase:String = "FlashGameU";
        static const numSteps:int = 50;
        static const stepTime:int = 20;
        static const totalRotation:Number = 360;
        static const startScale:Number = 0.0;
        static const endScale:Number = 2.0;
        static const startLoc:Point = new Point(250,0);
        static const endLoc:Point = new Point(50,100);
        private var letterFormat:TextFormat =
                new TextFormat("Courier",36,0x000000,true,false,
                false,null,null,TextFormatAlign.CENTER);
```

说明

使用 Courier 字体时要注意。它在大多数电脑上是标准字体，但不是所有。如果你的电脑上没有 Courier，使用其他等宽字体替代。

接下来定义一些变量，包括 Sprite 和动画的状态：

```
//跟踪动画的变量
private var letters:Array = new Array();
private var flySprite:Sprite;
private var animTimer:Timer;
```

构造函数创建了所有的 TextField 和 Sprite 对象。同时还通过创建一个计时器启动了动画：

```
public function TextFly() {
    //保存所有元素的 Sprite
    flySprite = new Sprite();
    addChild(flySprite);

    //为每个字母创建文本字段，并放入 Sprite 中
    for(var i:int=0;i<phrase.length;i++) {
        var letter:TextField = new TextField();
        letter.defaultTextFormat = letterFormat;
        letter.embedFonts = true;
        letter.autoSize = TextFieldAutoSize.CENTER;
        letter.text = phrase.substr(i,1);
        letter.x = -letter.width/2;
        letter.y = -letter.height/2;
        var newSprite:Sprite = new Sprite();
        newSprite.addChild(letter);
        newSprite.x = startLoc.x;
        newSprite.y = startLoc.y;
        flySprite.addChild(newSprite);
        letters.push(newSprite);
    }

    //开始动画
    animTimer = new Timer(stepTime,numSteps);
    animTimer.addEventListener(TimerEvent.TIMER,animate);
    animTimer.start();
}
```

然后，在动画的每一步，Sprite 的旋转和缩放都会被重设：

```
public function animate(event:TimerEvent) {
    //动画的长度
    var percentDone:Number = event.target.currentCount/event.target.repeatCount;

    //改变位置、尺寸和旋转
    for(var i:int=0;i<letters.length;i++) {
        letters[i].x = startLoc.x*(1.0-percentDone) +
                (endLoc.x+spacing*i)*percentDone;
        letters[i].y = startLoc.y*(1.0-percentDone) + endLoc.y*percentDone;
        var scale:Number = startScale*(1-percentDone)+endScale*percentDone;
        letters[i].scaleX = scale;
        letters[i].scaleY = scale;
        letters[i].rotation = totalRotation*(percentDone-1);
    }
}
```

图 9-1 展示了动画的中间过程。

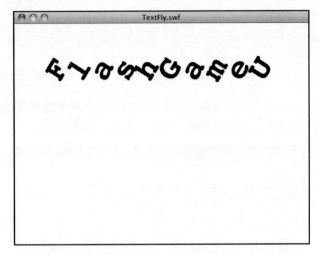

图 9-1 TextFly 程序为文本中的字符配上了飞入动画

如果你计划制作以字母和单词为基本元素的游戏，那么这个层次的控制文本字段和格式的能力是必须的。接下来，我们会看一下 Hangman（猜字）游戏，这可能是你创建的最简单的文字游戏。

9.2 Hangman

源文件

http://flashgameu.com
A3GPU209_Hangman.zip

Hangman 不仅是最容易的游戏，而且它还很容易编写。为了保持简洁的特性，下面的例子是 Hangman 游戏的一个精简版本。

9.2.1 设置 Hangman 游戏

一般情况下，Hangman 游戏是两个人一起玩的。一个玩家想一个单词或短语，另一个玩家来猜该单词或短语中的每一个字母。第一个人抽走单词或短语，在每个字母的位置留出空白（加下划线）。

当猜字的玩家猜出了短语中存在的一个字母时，想字的玩家将这个字母存在的位置都填上。如果玩家猜的字母不在短语中，那么想字的玩家就在一张图片中给悬挂的小人添上一笔。传统上，需要 7 步绘制完这个悬挂的小人，这也就意味着猜字的玩家有 7 次机会。

说明

Hangman（悬挂的小人）这个猜字游戏始于 19 世纪，那时候常用绞刑架来惩罚罪犯。不过这些非常规的图片被保留了下来，虽然可以用任何 7 步的图片序列来替换它。

　　在我们的游戏中，会使用 7 步的悬挂的小人的图片序列，每步都进行微小的变化。图 9-2 为我们的小人挂在树枝上的图片。如果你猜错了 7 次，他就会掉落下去。

图 9-2　这个 7 帧的序列可以用任何其他图片代替

　　因此，Hangman.fla 影片中只有一个影片剪辑，它放置在舞台的右边。除此之外，影片中没有任何元素，只需要将文档类设为 `Hangman`。

9.2.2　`Hangman` 类

　　整个游戏只有 50 行代码，只需要 4 个变量。

　　看到用 ActionScript 3.0 能如此快速简单地创造一个这么有意思的游戏，真是太好了。

　　游戏需要两个字符串，一个保存短语，另一个保存显示的文本，一开始用下划线进行填充。我们还需要两个变量，一个放置对文本字段的引用，另一个用来记录错误的猜测次数：

```
package {
    import flash.display.*;
```

```
import flash.text.*;
import flash.events.*;

public class Hangman extends Sprite {
    private var textDisplay:TextField;
    private var phrase:String =
            "Imagination is more important than knowledge.";
                        //——阿尔伯特·爱因斯坦
    private var shown:String;
    private var numWrong:int;
```

当类开始时，它通过将 phrase 贯穿一个带有正则表达式的 replace 函数，创建了 phrase 的一个副本。正则表达式/[A-Za-z]/g 会匹配任何字母（A~Z，a~z）。然后用下划线将它们全部替换。

```
public function Hangman() {
    //创建一个副本，使用_替换每个字母
    shown = phrase.replace(/[A-Za-z]/g,"_");
    numWrong = 0;
```

我们创建的文本字段会使用 Courier 字体，30 点。然后设置文本的宽度和高度，这样就不会影响到右边悬挂小人的图像。

说明

我选择 Courier 是因为它是等宽字体。这就意味着每个字母的宽度都是一样的。其他字体中不同的字母(如 l 和 w)有不同的宽度。使用等宽字体，当我们换回原始字母时，文本的位置不会发生变化。

```
//设置文本字段的外观
textDisplay = new TextField();
textDisplay.defaultTextFormat = new TextFormat("Courier",30);
textDisplay.width = 400;
textDisplay.height = 200;
textDisplay.wordWrap = true;
textDisplay.selectable = false;
textDisplay.text = shown;
addChild(textDisplay);
```

pressKey 函数会将 KEY_UP 事件添加到舞台上：

```
    //侦听按键事件
    stage.addEventListener(KeyboardEvent.KEY_UP,pressKey);
}
```

当玩家按下一个键，能够通过返回的 event.charCode 得到按下的字母：

```
public function pressKey(event:KeyboardEvent) {
    //得到按下的字母
    var charPressed:String = (String.fromCharCode(event.charCode));
```

当得到按下的字母后，phrase 会搜索任何满足的匹配。我们会小心地使用 toLowerCase，让按下的字母能够同时和 phrase 的大小写版本匹配。

找到一个匹配后，shown 变量会更新，使用实际的字母替换掉下划线。使用这个方法，大小写的字母都会按照实际的状态出现：

```
//遍历，寻找匹配字母
var foundLetter:Boolean = false;
for(var i:int=0;i<phrase.length;i++) {
    if (phrase.charAt(i).toLowerCase() == charPressed) {
        //发现匹配，改变 shown 短语
        shown = shown.substr(0,i)+phrase.substr(i,1)+shown.substr(i+1);
        foundLetter = true;
    }
}
```

当搜索开始时，布尔变量 foundLetter 被设为 false；当发现匹配时，会重设为 true。所以，如果它一直是 false，我们就知道字母不在短语中，那么悬挂的小人的图像就会更进一步。

但是首先，我们将文本字段设为 shown，来更新屏幕上的文本：

```
//更新屏幕上的文本
textDisplay.text = shown;

//更新悬挂的小人
if (!foundLetter) {
    numWrong++;
    character.gotoAndStop(numWrong+1);
}
}
```

说明

在 Flash 中测试时，确保选择了 Control（控制）菜单下的 Disable Keyboard Short Cuts（禁用快捷键）选项。否则，你的键盘按键可能不会体现在游戏窗口中。

这个短小而简单的游戏可以通过扩展，包含一些我们常用的游戏元素，比如一个开始界面和一个结束界面。这个快速的游戏告诉你，不需要几个小时也可以创造一个有趣的游戏。

接下来，让我们看一个更健全的文字游戏——流行的单词搜索。

9.3　单词搜索

源文件

http://flashgameu.com

A3GPU209_WordSearch.zip

你可能会觉得单词搜索（word search）已经存在很长时间了，但事实上，它们直到 20 世纪 60 年代才出现。它们在报纸的猜谜版面上很流行，有时也会被搜集起来整理出书。

基于计算机的单词搜索游戏能够从单词表或者词典中随机地产生需要的数据。这可以简化创建的过程，你只需要一个单词表。

不过，在创建电脑版本的单词游戏时，也有很多挑战，比如显示字母，允许水平、垂直和对角线方向的高亮，以及维护一个单词表。

9.3.1 开发策略

我们的游戏拥有一个单词表，还会有一个 15×15 的字母网格，将这些单词隐藏在其他随机的字母下面。图 9-3 展示了一个完整的网格。

图 9-3 游戏开始时的网格，单词列表在右边

我们会从一个空网格开始，然后从单词表中随机选择单词，设置随机的位置和朝向。然后，我们将这些单词插入到网格中。如果它们的位置无法放置，可能会超出边缘或者那里已经放置了其他的字母，那么就换一个单词，尝试新的位置和朝向。

说明

不是所有的单词搜索都使用 8 个方向。有一些没有逆向的单词，还有一些没用对角线方向。这只是一个难度的问题。容易的游戏对于青少年来说比较适合，而对成年人来说就太容易了。

这个遍历和插入过程会一直持续，直到所有的单词都放置好了，或者已经进行了特定次数的

尝试。固定尝试的次数可以防止一个单词已经没有位置的情况。所以，不能保证所有的单词都会在游戏中出现。

我们的例子只使用 9 个单词，所以这不太可能会发生，但是更长的单词表可能会发生这个问题。大型的单词表每次会使用一类单词，这可以让游戏更具有针对性。

当单词放置好以后，所有未使用的位置都被填充了随机的字母。

此外，单词表位于屏幕的右边。当有单词被找出后，单词表中对应单词的颜色就会改变。

玩家可以使用鼠标来单击和拖曳网格。我们会在被选中的字母下面画一条线作为标记。但是，只有选择有效时才进行标记。有效的选择可以是水平的、垂直的或者 45°对角线方向。图 9-4 展示了单词可以放置的不同朝向。

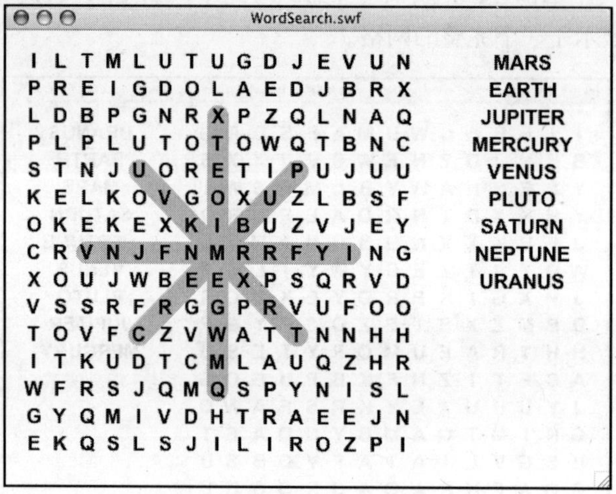

图 9-4   有效的选择有 8 个方向

在所有的单词都被找到后，游戏就结束了。

9.3.2   定义类

影片中的 game 这一帧是完全空白的。我们用 ActionScript 创建所有元素。为此，我们需要 flash.display、flash.text、flash.geom 和 flash.events 这些类库：

```
package {
    import flash.display.*;
    import flash.text.*;
    import flash.geom.Point;
    import flash.events.*;
```

使用常量可以更方便地调整游戏尺寸、字母间隔、线条大小、屏幕间距以及文本格式：

```
public class WordSearch extends MovieClip {
    //常量
    static const puzzleSize:uint = 15;
    static const spacing:Number = 24;
```

```
static const outlineSize:Number = 20;
static const offset:Point = new Point(15,15);
static const letterFormat:TextFormat = new
        TextFormat("Arial",18,0x000000,true,false,
        false,null,null,TextFormatAlign.CENTER);
```

我们将使用 3 个数组来跟踪单词和网格中的字母：

```
//单词和网格
private var wordList:Array;
private var usedWords:Array;
private var grid:Array;
```

dragMode 跟踪了当前玩家是否选中了一个字母序列。startPoint 和 endPoint 会定义字母的起止范围。numFound 会记录玩家已经发现的单词：

```
//游戏状态
private var dragMode:String;
private var startPoint,endPoint:Point;
private var numFound:int;
```

游戏中会用到几个 Sprite。gameSprite 保存着所有的元素。其余的分别针对一个特定的元素：

```
//Sprite
private var gameSprite:Sprite;
private var outlineSprite:Sprite;
private var oldOutlineSprite:Sprite;
private var letterSprites:Sprite;
private var wordsSprite:Sprite;
```

9.3.3 创建单词搜索网格

为了创建游戏中使用的网格，startWordSearch 函数需要做大量的工作。它需要依赖 placeLetters 函数来完成一部分工作。

1. startWordSearch 函数

游戏开始，我们需要创建一个数组来放置游戏中使用的单词。在本例中，我们会使用 9 大行星，不要去管关于国际天文联合会（IAU）关于冥王星的看法[①]：

```
public function startWordSearch() {
    //单词表
    wordList = ("Mercury,Venus,Earth,Mars,Jupiter,Saturn,Uranus,
        Neptune,Pluto").split(",");
```

接下来，会创建 Sprite。它们按照在屏幕中放置层次的顺序出现。字体选中的轮廓应该在字母的下面。只有 gameSprite 被添加到了舞台，所有其他的 Sprite 都被添加到了 gameSprite 上面：

[①] 2006 年 8 月 24 日，第 26 届国际天文联合会在捷克首都布拉格举行。会议通过第五号决议，将冥王星划为矮行星，于是，之前的 9 大行星减为 8 大行星。——编者注

```
//设置 Sprite
gameSprite = new Sprite();
addChild(gameSprite);

oldOutlineSprite = new Sprite();
gameSprite.addChild(oldOutlineSprite);

outlineSprite = new Sprite();
gameSprite.addChild(outlineSprite);

letterSprites = new Sprite();
gameSprite.addChild(letterSprites);

wordsSprite = new Sprite();
gameSprite.addChild(wordsSprite);
```

字母 Sprite 会存储在 grid 数组中。但是，我们首先会调用 placeLetters 函数得到一个放置了所有字母 Sprite 的二维数组。

因此，我们必须将把创建游戏的任务分为两步。第一步是创建一个虚拟的字母网格，其实就是一个二维数组。这一步需要将单词表添加进去，然后在其余位置放置随机字母：

```
//字母数组
var letters:Array = placeLetters();
```

现在我们已经知道字母的放置位置了，接着要创建 Sprite，一个字母对应一个。首先，每个字母都对应一个文本字段（TextField），然后将这个文本字段添加到一个新的 Sprite 上：

```
//Sprite 数组
grid = new Array();
for(var x:int=0;x<puzzleSize;x++) {
    grid[x] = new Array();
    for(var y:int=0;y<puzzleSize;y++) {

        //创建一个新的字母文本字段和 Sprite
        var newLetter:TextField = new TextField();
        newLetter.defaultTextFormat = letterFormat;
        newLetter.x = x*spacing + offset.x;
        newLetter.y = y*spacing + offset.y;
        newLetter.width = spacing;
        newLetter.height = spacing;
        newLetter.text = letters[x][y];
        newLetter.selectable = false;
        var newLetterSprite:Sprite = new Sprite();
        newLetterSprite.addChild(newLetter);
        letterSprites.addChild(newLetterSprite);
        grid[x][y] = newLetterSprite;
```

除了被创建和添加到 letterSprites 以外，这些字母 Sprite 还需要附加两个事件：MOUSE_DOWN 和 MOUSE_OVER。第一个开始选择过程，第二个在鼠标移到不同的字母时，对选择进行更新：

```
//添加事件侦听器
newLetterSprite.addEventListener(
            MouseEvent.MOUSE_DOWN, clickLetter);
newLetterSprite.addEventListener(
```

```
                                    MouseEvent.MOUSE_OVER, overLetter);
            }
        }
```

当玩家释放鼠标时，我们不能确保鼠标在一个字母上面。所以，不能将 MOUSE_UP 事件侦听器放在字母上，而应该放在 stage 上面：

```
//舞台侦听器
stage.addEventListener(MouseEvent.MOUSE_UP, mouseRelease);
```

最后，还需要创建单词表，并放在屏幕的右边。这只需要创建一组 TextField 对象的集合，并放在 wordsSprite 中。一个 TextField 对象对应 usedWords 数组中的一个单词。这个数组会在 placeLetters 函数中创建，只包含能够放置到网格中的单词：

```
//创建单词表文本字段和 Sprite
for(var i:int=0;i<usedWords.length;i++) {
    var newWord:TextField = new TextField();
    newWord.defaultTextFormat = letterFormat;
    newWord.x = 400;
    newWord.y = i*spacing+offset.y;
    newWord.width = 140;
    newWord.height = spacing;
    newWord.text = usedWords[i];
    newWord.selectable = false;
    wordsSprite.addChild(newWord);
}
```

最后，还剩下 dragMode 和 numFound 变量没有设置：

```
//设置游戏状态
dragMode = "none";
numFound = 0;
}
```

2. placeLetters 函数

placeLetters 负责一些有挑战性的工作。首先，它用二维数组的形式创建一个 15×15 的空白网格。网格中的每一个点都用*进行了填充，表示一个空格：

```
//将单词放入字母网格
public function placeLetters():Array {

    //创建空白网格
    var letters:Array = new Array();
    for(var x:int=0;x<puzzleSize;x++) {
        letters[x] = new Array();
        for(var y:int=0;y<puzzleSize;y++) {
            letters[x][y] = "*";
        }
    }
}
```

下一步是创建 wordList 的副本。我们不使用原本，而用副本，是因为要对网格中的单词进行移除操作。还需要将使用的单词放入新数组 usedWords 中：

```
//创建单词表的副本
var wordListCopy:Array = wordList.concat();
usedWords = new Array();
```

　　现在可以将单词填入网格中了。这可以通过选择随机的单词、随机的位置和随机的朝向来完成。选择好以后，尝试一个字母一个字母地放入网格中。如果发生任何冲突（比如说到达了边缘，或者当前需要放置的位置已经被占用了），尝试就终止了。

　　我们的尝试有时会成功，有时也会失败。我们会不停地尝试直到 wordListCopy 变成空的。但是，我们会通过 repeatTimes 来记录尝试的次数，它从 1000 开始，每尝试一次就减 1。如果 repeatTimes 变成了 0，我们就停止添加单词。这时，能够被填入网格的单词已经都填入了。对于那些不能填入的单词，就不再使用了。

说明

这里我们使用了标记循环的技术，这样我们就可以使用 continue 语句强行使程序跳转到当前循环外部循环的起始点。如果没有这些标记，创建下面的代码会比较麻烦。

```
//进行1000次的填入操作
var repeatTimes:int = 1000;
repeatLoop:while (wordListCopy.length > 0) {
    if (repeatTimes-- <= 0) break;

    //得到一个随机单词、位置和朝向
    var wordNum:int = Math.floor(Math.random()*wordListCopy.length);
    var word:String = wordListCopy[wordNum].toUpperCase();
    x = Math.floor(Math.random()*puzzleSize);
    y = Math.floor(Math.random()*puzzleSize);
    var dx:int = Math.floor(Math.random()*3)-1;
    var dy:int = Math.floor(Math.random()*3)-1;
    if ((dx == 0) && (dy == 0)) continue repeatLoop;

    //查看网格中的每个位置，看是否已被占用
    letterLoop:for (var j:int=0;j<word.length;j++) {
        if ((x+dx*j < 0) || (y+dy*j < 0) ||
                        (x+dx*j >= puzzleSize) || (y+dy*j >= puzzleSize))
                    continue repeatLoop;
        var thisLetter:String = letters[x+dx*j][y+dy*j];
        if ((thisLetter != "*") && (thisLetter != word.charAt(j)))
                    continue repeatLoop;
    }

    //将单词插入网格
    insertLoop:for (j=0;j<word.length;j++) {
        letters[x+dx*j][y+dy*j] = word.charAt(j);
    }

    //将单词从列表中移除
```

```
        wordListCopy.splice(wordNum,1);
        usedWords.push(word);
    }
```

现在我们已经得到了网格中存在的单词，网格看起来类似于图 9-5，这是进行游戏下一步的基础。

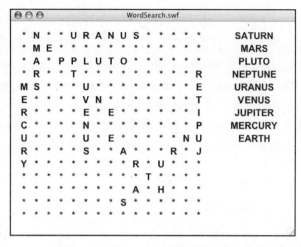

图 9-5 网格中用*表示此外放置随机字母

下一个循环会查看网格中的每一个字母，将*用随机的字母替代：

```
//用随机字母替换
for(x=0;x<puzzleSize;x++) {
    for(y=0;y<puzzleSize;y++) {
        if (letters[x][y] == "*") {
            letters[x][y] = String.fromCharCode(
                                65+Math.floor(Math.random()*26));
        }
    }
}
```

当 placeLetters 函数完成时，它会返回一个数组，字母 Sprite 可以由它来构建：

```
    return letters;
}
```

9.3.4 用户交互

我们使用侦听器来跟踪 3 个不同的鼠标操作：单击鼠标、将光标移过一个新的 Sprite 和释放鼠标。

1. 单击鼠标

当玩家单击一个字母时，它在网格中的位置会被记录下来并放在 startPoint 中。而且，dragMode 被设置为"drag"。

findGridPoint 函数会返回一个保存着网格中位置的点（Point），下面来构造这个函数：

```
//玩家单击一个字母，开始跟踪
public function clickLetter(event:MouseEvent) {
    var letter:String = event.currentTarget.getChildAt(0).text;
    startPoint = findGridPoint(event.currentTarget);
    dragMode = "drag";
}
```

2. 光标拖曳

每当光标移过屏幕上的字母时，就会调用 overLetter 函数。但是，它首先会判断 dragMode 是否等于"drag"。所以，这个函数的代码只有在玩家单击一个字母以后才会执行。

当前光标的位置存储在 endPoint 中。现在我们已经有了 startPoint 和 endPoint 了，可以判断它们之间的跨度是否合理。首先我们假定不合理，先将 outlineSprite 图形层清空。如果是合理的跨度，那么 drawOutline 函数会重新设置 outlineSprite，画一条新的线。

所以，简单点说，轮廓会在光标移到不同的字母时被删除然后重绘：

```
//玩家移到了新的字母上
public function overLetter(event:MouseEvent) {
    if (dragMode == "drag") {
        endPoint = findGridPoint(event.currentTarget);

        //如果跨度合理，就绘制轮廓
        outlineSprite.graphics.clear();
        if (isValidRange(startPoint,endPoint)) {
            drawOutline(outlineSprite,startPoint,endPoint,0xFF0000);
        }
    }
}
```

3. 释放鼠标

当玩家从一个字母上释放鼠标时，dragMode 被设置为"none"，轮廓会被清除。接着，如果跨度是合理的，就会调用两个函数来处理这次选择。

getSelectedWord 函数会得到这个跨度，然后返回跨度之间的字母。然后，checkWord 函数会判断这个单词是否在列表中，如果在，会进一步执行：

```
//释放鼠标
public function mouseRelease(event:MouseEvent) {
    if (dragMode == "drag") {
        dragMode = "none";
        outlineSprite.graphics.clear();

        //得到单词并判断
        if (isValidRange(startPoint,endPoint)) {
                    var word = getSelectedWord();
            checkWord(word);
        }
    }
}
```

4. 有用的函数

findGridPoint 函数传入一个字母 Sprite，然后指出它所在的位置。因为 Sprite 是从零开始创建的，所以它们无法添加动态变量。因此，我们不能保存每一个 Sprite 的 x 和 y 值。

于是，我们需要遍历整个网格，找出与当前 Sprite 匹配的条目：

```
//当字母被单击时，找出并返回位置
public function findGridPoint(letterSprite:Object):Point {

    //遍历所有的 Sprite，找出匹配项
    for(var x:int=0;x<puzzleSize;x++) {
        for(var y:int=0;y<puzzleSize;y++) {
            if (grid[x][y] == letterSprite) {
                return new Point(x,y);
            }
        }
    }
    return null;
}
```

为了判断起始点和终点之间的跨度是否合理，我们进行 3 个测试。如果它们在同一行或者列上，那么是合理的。第 3 个测试判断它们的 x 和 y 的间隔，如果间隔相同，那么不管间隔的正负，都是 45° 对角线方向上的合理跨度：

```
//判断是否在同一行或者列上，或者是 45° 对角线方向上
public function isValidRange(p1,p2:Point):Boolean {
    if (p1.x == p2.x) return true;
    if (p1.y == p2.y) return true;
    if (Math.abs(p2.x-p1.x) == Math.abs(p2.y-p1.y)) return true;
    return false;
}
```

在字母序列下面绘制轮廓线也是游戏中的一大难题。但在这里你很走运。因为线条是以圆形结尾的，所以你只需要在两个位置之间画一条线，设置好漂亮的样式，就可以得到一个好看的轮廓。

需要给线条的结尾增加一些补偿，因为线条会在字母的中心收尾，无法覆盖整个字母。字母对应于文本字段和字母 Sprite 的左上角。所以，增加 spacing 这个常量的一半作为补偿：

```
//从一个位置向另一个位置绘制粗线
public function drawOutline(s:Sprite,p1,p2:Point,c:Number) {
    var off:Point = new Point(offset.x+spacing/2, offset.y+spacing/2);
    s.graphics.lineStyle(outlineSize,c);
    s.graphics.moveTo(p1.x*spacing+off.x ,p1.y*spacing+off.y);
    s.graphics.lineTo(p2.x*spacing+off.x ,p2.y*spacing+off.y);
}
```

9.3.5　处理发现的单词

当玩家完成一次选择后，首先需要从选择的字母中构造一个单词。这需要我们得到两个点之间的间隔 dx 和 dy，帮助我们取得网格中的字母。

从 startPoint 开始，我们一次移动一个字母。如果 dx 的值是正的，那么每次向右移动一

列；如果是负的，就向左移。对 dy 也做类似的处理，不过是上下方向。这样做，我们可以处理选择的 8 个可能方向。

最后的结果是一个由字母构成的字符串，同样的字母也可以在屏幕上的选择中看到：

```
//根据起始点和终点得到选择的字母
public function getSelectedWord():String {

    //取得选择的 dx 和 dy，还有单词长度
    var dx = endPoint.x-startPoint.x;
    var dy = endPoint.y-startPoint.y;
    var wordLength:Number = Math.max(Math.abs(dx),Math.abs(dy))+1;

    //得到选择的每一个字母
    var word:String = "";
    for(var i:int=0;i<wordLength;i++) {
        var x = startPoint.x;
        if (dx < 0) x -= i;
        if (dx > 0) x += i;
        var y = startPoint.y;
        if (dy < 0) y -= i;
        if (dy > 0) y += i;
        word += grid[x][y].getChildAt(0).text;
    }
    return word;
}
```

知道用户选择的单词后，就可以遍历 usedWords 数组，将选择的单词与已有的进行比较了。我们比较必须在正向和反向两个方向上进行。我们不希望约束玩家只能正向选择单词，特别是当我们可能在开始就将单词逆向排列的时候。

为了反转单词，一个比较快的办法是使用 split 将数组转化为字符串，然后用 reverse 指令来反转数组，最后使用 join 指令将数组拼接成字符串。split 和 join 都使用""这个空字符串作为分隔符，这是因为我们只需要数组中的元素本身，而不需要额外的元素：

```
//判断单词是否在单词表中
public function checkWord(word:String) {

    //遍历单词
    for(var i:int=0;i<usedWords.length;i++) {

        //比较
        if (word == usedWords [i].toUpperCase()) {
            foundWord(word);
        }

        //比较反转的单词
        var reverseWord:String = word.split("").reverse().join("");
        if (reverseWord == usedWords [i].toUpperCase()) {
            foundWord(reverseWord);
        }
    }
}
```

当发现一个单词后，我们希望永久地用轮廓显示它，并将它从右边的列表中移除。

drawOutline 函数能够在任何 Sprite 上绘制线条。因此，我们让它在 oldOutlineSprite 上面绘制线条（带浅红阴影）。

然后，我们遍历 wordsSprite 中的 TextField 对象，查看每一个的 text 属性。如果与发现的单词匹配，就将它的颜色变成浅灰。

我们还需要增加 numFound 的值，如果所有的单词都被找到了，就调用 endGame 函数：

```
//发现单词，从列表中移除并永久显示轮廓
public function foundWord(word:String) {

    //在永久存在的 Sprite 上面绘制轮廓
    drawOutline(oldOutlineSprite,startPoint,endPoint,0xFF9999);

    //找到文本字段，并设为浅灰
    for(var i:int=0;i<wordsSprite.numChildren;i++) {
        if (TextField(wordsSprite.getChildAt(i)).text.toUpperCase() == word) {
            TextField(wordsSprite.getChildAt(i)).textColor = 0xCCCCCC;
        }
    }

    //判断是否发现了所有的单词
    numFound++;
    if (numFound == usedWords.length) {
        endGame();
    }
}
```

endGame 函数只是简单地把主时间轴移到"gameover"帧。我们不希望现在就擦除游戏的元素，而是让它们显示在 GAME OVER 信息和 PLAY AGAIN 按钮后面。

为了让结束信息排列得更好，我将它们放在一个实心矩形中。否则，它们会和网格中的字母混杂在一起（见图 9-6）。

图 9-6　矩形突出显示了 GAME OVER 信息和按钮

```
public function endGame() {
    gotoAndStop("gameover");
}
```

PLAY AGAIN 按钮会调用 cleanUp 函数，然后回到 play 帧重新开始游戏。因为我们将所有的 Sprite 都放在了 gameSprite 中，所以只要移除它，并清空 grid 就可以完成清理工作：

```
public function cleanUp() {
    removeChild(gameSprite);
    gameSprite = null;
    grid = null;
}
```

9.3.6   修改游戏

玩家对游戏的兴趣很大程度上与单词关联着。只需要一个通用的单词表，你就可以创建任何主题的游戏。

事实上，你可以使用第 2 章中提到的技术，用网页中的 HTML 代码传入短小的单词表。这样一来，就可以将原本单一的单词搜索游戏通过传入不同的单词表，在许多不同的页面上应用。

你也可以调整游戏的朝向约束，以及字母的尺寸和间隔。这可以让孩子们更容易上手。

你还可以从外部文件中导入单词表。我们将在第 10 章中学习如何导入外部数据。

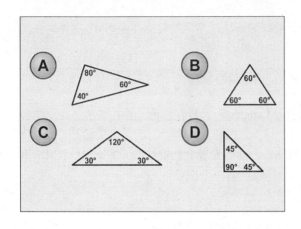

问题和答案：问答游戏

本章内容

❑ 存储和获取游戏数据
❑ 问答游戏
❑ 问答游戏豪华版
❑ 图片问答游戏

每一类游戏都有不同的用途，但很少有游戏能像问答游戏一样，有如此形形色色的用途。可以围绕任何主题开发任何难度的问答游戏。制作问答游戏时最困难的部分是如何让它们好玩。毕竟，只提供了一些选择题的游戏看起来更像是一个测试，而没人喜欢被测试。

问答游戏是数据驱动的。它们依赖于提问和回答这两个主要的游戏元素。这些文本数据最好存储在外部文件中，在游戏中能够动态地导入进来。我们在开始制作游戏之前会看到这方面的做法。

接下来，我们会制作一个问答游戏，它能从外部文件中读取数据作为提问和回答的材料。然后，我们更进一步，使用外部图片来制作一个图片问答游戏。

10.1　存储和获取游戏数据

源文件

http://flashgameu.com

A3GPU210_XMLExamples.zip

　　一个问答游戏需要大量的提问和回答数据。最好的方法是将这些数据存入 XML 文件，在游戏开始时读入这个文件。

10.1.1　理解 XML 数据

　　XML 代表可扩展标记语言（eXtensible Markup Language），旨在提供一种在系统之间交换数据的简单格式。

　　如果你之前没有见过 XML 文件，但用过 HTML，你会发现它们很相似。在 XML 中用小于号和大于号括起来的关键词定义称为标签（tag）。让我们看一个例子：

```
<trivia>
    <item category="Entertainment">
        <question>Who is known as the original drummer of
                  the Beatles?</question>
        <answers>
            <answer>Pete Best</answer>
            <answer>Ringo Starr</answer>
            <answer>Stu Sutcliffe</answer>
            <answer>George Harrison</answer>
        </answers>
        <hint>Was fired before the Beatles hit it big.</hint>
        <fact>Pete stayed until shortly after their first
              audition for EMI in 1962, but was fired on
              August 16th of that year, to be replaced by
              Ringo Starr.</fact>
    </item>
</trivia>
```

　　这个 XML 表示了问答游戏中的一道题。数据是嵌套在一起的，标记之中还有其他的标记。例如，整个文档都在一个 `<trivia>` 对象中。它的里面是一个 `<item>`。在 `<item>` 里面，有 1 个 `<question>` 对象、1 个 `<answers>` 对象，还有 4 个 `<answer>` 对象以及 1 个 `<hint>` 对象和 1 个 `<fact>` 对象。

说明

在 XML 文档中，单个对象又称为**节点**（node）。一个节点可以保存一些数据，也可以有几个子节点。一些节点关联了额外的数据，比如上面例子中的 item 节点还有 category。这些都称为**特性**（attribute）。

　　可以直接将 XML 文档放入 ActionScript 3.0 的代码中。比如，下面的例子是影片 xmlExample.fla 第 1 帧的代码：

```
var myXML:XML =
    <trivia>
        <item category="Entertainment">
```

```
<question>Who is known as the original drummer of
                the Beatles?</question>
<answers>
    <answer>Pete Best</answer>
    <answer>Ringo Starr</answer>
    <answer>Stu Sutcliffe</answer>
    <answer>George Harrison</answer>
</answers>
<hint>Was fired before the Beatles hit it big.</hint>
<fact>Pete stayed until shortly after their first
                audition for EMI in 1962, but was fired on
                August 16th of that year, to be replaced by
                Ringo Starr.</fact>
        </item>
    </trivia>
```

注意，在 XML 数据的周围，没有使用引号或括号。XML 可以直接存在于 ActionScript 3.0 代码中（尽管数据很大时看起来会很杂乱）。

现在我们将一些 XML 数据存在了一个 XML 对象中，可以尝试如何从中提取出信息来。

说明

在 ActionScript 3.0 中，处理 XML 数据的能力得到了极大的增强。之前，你必须使用很复杂的语句才能从数据中找到一个指定的节点。ActionScript 3.0 中的新 XML 对象与 ActionScript 2.0 中的不同，这意味着你不能直接在它们之间转换。所以，要注意老的代码中可能会使用 ActionScript 2.0 格式。

为了从数据中得到 question 节点，你只需要这样写：

```
trace(myXML.item.question);
```

这看起来很直观。为了得到特性，你可以使用 attribute 函数：

```
trace(myXML.item.attribute("category"));
```

说明

一个获取特性的快捷方法是使用@符号。你可以使用 myXML.item.@category 来替换之前写的 myXML.item.attribute("category")。

在<answers>节点中，我们有 4 个答案。可以把这些节点看成数组，然后用方括号访问：

```
trace(myXML.item.answers.answer[1]);
```

获得节点（如<answers>节点）子节点的数量，会相对复杂一点。但是，我们也可以通过下面的方式获取：

```
trace(myXML.item.answers.child("*").length());
```

child 函数根据传入的字符串或数值返回子节点。而使用"*"会返回所有的子节点。然后，使用 length()返回子节点的数量。如果只是简单地希望得到一个节点的 length()，那么只会得到 1，因为一个节点的长度永远是 1。

现在你知道如何从 XML 数据中找到需要的数据了，让我们开始学习如何处理从外部文件中导入的较大的 XML 文档。

10.1.2 导入外部 XML 文件

当 XML 存入文件时，这个文件相当于一个纯文本文件。事实上，你可以使用大多数文本编辑器直接打开 XML 文件。trivia1.xml 是一个小文件，只存有 10 个问答项。

为了打开和读取外部文件，我们需要使用 URLRequest 和 URLLoader 对象。然后，当文件导入完成时触发一个事件。

下面的代码是 xmlimport.as 中的导入代码。其中的构造函数创建了一个 URLRequest 对象，使用 XML 文件的名称作为参数。然后，使用 URLLoader 来导入。

说明

可以将任何有效的 URL（统一资源定位符）传入 URLRequest。在这里我们只用了一个文件名，这表示这个文件和当前的 SWF 影片在同一个文件夹中。当然，也可以指定一个子文件夹，或者使用../或其他方式给它一个相对 URL。还可以使用绝对 URL。这在服务器或者本地测试时都是可行的。

我们还要给 URLLoader 增加一个侦听器。当文件载入完成时，侦听器会调用 xmlLoaded 函数：

```
package {
    import flash.display.*;
    import flash.events.*;
    import flash.net.URLLoader;
    import flash.net.URLRequest;

    public class xmlimport extends MovieClip {
        private var xmldata:XML;

        public function xmlimport() {
            xmldata = new XML();
            var xmlURL:URLRequest = new URLRequest("xmltestdata.xml");
            var xmlLoader:URLLoader = new URLLoader(xmlURL);
            xmlLoader.addEventListener(Event.COMPLETE,xmlLoaded);
        }
```

xmlLoaded 函数会从 event.target.data 中得到导入的数据，然后转换为 XML，并存入 xmldata 中。作为一个测试，这个例子会将第一个问题的第二个答案输出到窗口中：

```
function xmlLoaded(event:Event) {
    xmldata  = XML(event.target.data);
    trace(xmldata.item.answers.answer[1]);
    trace("Data loaded.");
    }
  }
}
```

说明

XML 对象和数组一样，索引都是从 0 开始的。所以，上面例子中的第一个答案在 0 位置，而第二个答案在位置 1。

10.1.3　处理加载错误

加载时很可能会发生错误，因此最好能做一些错误检测。你可以在 URLLoader 中添加另一个事件：

xmlLoader.addEventListener(IOErrorEvent.IO_ERROR,xmlLoadError);

然后，可以通过传入 xmlLoadError 的 event 得到错误信息：

```
function xmlLoadError(event:IOErrorEvent) {
    trace(event.text);
}
```

但是，我不能直接将错误信息告诉最终用户。比如，如果你将文件移除，然后运行影片，你会得到下面这个错误，后面跟着文件名：

Error #2032: Stream Error. URL: file:

你不会想将这样的信息展示给玩家的，此时显示 Unable to load game file（无法导入游戏文件）可能更好一些。

现在，你知道如何获取大型的 XML 文档了，让我们开始构建问答游戏吧。

10.2　问答游戏

源文件

http://flashgameu.com

A3GPU210_TriviaGame.zip

20 世纪 50 年代，随着电视机的出现，问答游戏开始成为了一种新的娱乐方式。智力竞赛节目也逐渐流行起来。

80 年代，棋盘问答（Trivial Pursuit）等桌面游戏变得流行，人们开始玩问答游戏（之前一直是观看）。不久问答游戏也在计算机和网络上流行开来。

问答游戏可以使用任何需要的主题。如果你有一个关于海盗的网站，那就做一个海盗问答游戏。如果你为一个在克利夫兰市举办的会议制作光盘，就增加一个关于克利夫兰趣事的问答游戏吧。

下面，让我们首先构造一个简单的问答游戏，然后增加更多花哨的功能。

10.2.1　设计一个简单的问答游戏

一个基本的问答游戏就是一系列的问题。玩家读到一个问题，然后从几个选项中选择一个答案。玩家如果答对了，就会得到一个分数或者一些奖励。然后，游戏开始另一个问题。

我们构建的游戏和其余章节中构建的游戏类似，都包含了 3 帧，中间帧是游戏的主要部分。

在本例中，当游戏开始时，会出现一系列的文本和按钮。我们首先会问玩家是否准备好了。它们需要单击按钮进入游戏（见图 10-1）。

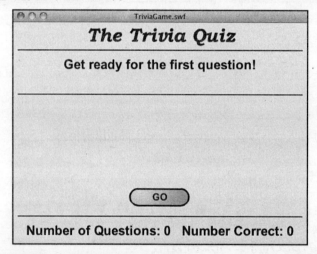

图 10-1　游戏开始时，玩家面前会出现一个按钮，只有单击它才能开始第一个问题

接下来，我们会给出 1 个问题和 4 个答案。玩家必须选择一个答案。如果答对了，系统会显示 Your Got It!（你答对了！）。如果答错了，会显示 Incorrect（不正确）。

每次玩家想进入下一个问题前，都需要单击另一个按钮。

现在，可以尝试发布 TriviaGame.fla，试玩一下，感受下游戏的内容和进程。下面，让我们构建游戏的主体。

10.2.2　设置影片

影片中我们使用两帧，而不是之前使用的三帧。为了创建这个游戏，在影片库中我们需要增加一个新的元件。这个元件外部是一个圆圈，中间带有一个字母。在影片中，它会出现在答案边上。图 10-2 展示了这个影片剪辑。

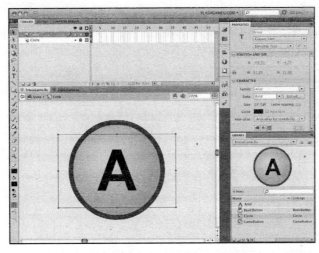

图 10-2 Circle 影片剪辑包含了一个动态文本字段和一个背景圆圈

在 Circle 影片剪辑中的文本字段叫做 letter。我们将创建 4 个这样的影片剪辑，每个对应一个答案，并将它们放置在答案的边上。每个的 letter 文本字段都不一样，分别是 A、B、C 和 D。

说明

仔细看图 10-2，你会发现影片剪辑的注册点在右上角。这样就和它后面出现的文本字段的(0,0)位置相匹配。这样，我们就可以将 Circle 和答案文本的位置设成一样。它们就会前后出现，而不会重叠到一起。

10

这种将背景图形和文本字段结合在一起的方法，会在之后的 GameButton 影片剪辑中再次使用。这个方法让我们可以复用游戏中的影片剪辑。

这个影片还包含了一些背景图形、一个显眼的标题和几条横线（如图 10-1 所示）。此外，记得要将我们使用的字体包含进来。在本例中，通过图 10-2 中的库，可以看到我们使用 Arial Bold 字体。

10.2.3 设置类

因为游戏需要从外部文件中导入问答数据，所以我们需要导入 flash.net 类库中的 URLLoader 和 URLRequest 类：

```
package {
    import flash.display.*;
    import flash.text.*;
```

```
import flash.events.*;
import flash.net.URLLoader;
import flash.net.URLRequest;
```

游戏使用了许多变量。我们将从外部导入的数据存到 dataXML 中。还有几个变量用于存放即将创建的文本格式和动态文本字段：

```
public class TriviaGame extends MovieClip {

    //问题数据
    private var dataXML:XML;

    //文本格式
    private var questionFormat:TextFormat;
    private var answerFormat:TextFormat;
    private var scoreFormat:TextFormat;

    //文本字段
    private var messageField:TextField;
    private var questionField:TextField;
    private var scoreField:TextField;
```

我们将所有的 Sprite 都放入一个 gameSprite 中。gameSprite 中有一个 questionSprite，它包含了一个问题需要的所有元素：一个用来放问题的文本字段和几个用来放答案的 Sprite。answerSprites 包含了所有答案的文本字段和 Circle 剪辑，每个答案被存入一个 Sprite 中。不过，我们不需要类变量来引用这些答案，因为答案都放在了 answerSprites 中。

还有一个变量 gameButton 存放了 GameButton，因此在创建按钮时，可以用这个变量移除这个按钮：

```
    //Sprite 和对象
    private var gameSprite:Sprite;
    private var questionSprite:Sprite;
    private var answerSprites:Sprite;
    private var gameButton:GameButton;
```

为了跟踪游戏状态，我们需要 question Num numCorrect 和 numQuestionsAsked 变量，其中，第 1 个变量记录了我们提供的问题数量；第 2 个表示玩家回答正确的数量，会影响到玩家的得分；第 3 个也会对玩家的得分产生影响。

为了跟踪已经提过的问题，我们将 4 个答案随机放入 answers 数组中。在打乱答案之前，我们将原始的第一个答案（也就是正确的答案）记录在 correctAnswer 变量中：

```
    //游戏状态变量
    private var questionNum:int;
    private var correctAnswer:String;
    private var numQuestionsAsked:int;
    private var numCorrect:int;
    private var answers:Array;
```

构造函数会创建 gameSprite，然后设置 3 个 TextFormat 对象：

```
public function startTriviaGame() {
```

```
//创建游戏的 Sprite
gameSprite = new Sprite();
addChild(gameSprite);

//设置文本格式
questionFormat = new TextFormat("Arial",24,0x330000,
          true,false,false,null,null,"center");
answerFormat = new TextFormat("Arial",18,0x330000,
          true,false,false,null,null,"left");
scoreFormat = new TextFormat("Arial",18,0x330000,
          true,false,false,null,null,"center");
```

说明

没有办法复制 `TextFormat` 对象。如果你简单地进行赋值，比如设置 `answerFormat` `=questionFormat`，然后改变其中一个，那么另外一个也会改变。所以，要为每一个变量创建单独的 `TextFormat` 对象。

不过，可以设置临时变量，比如将 `myFont` 设置为`"Arial"`，然后用 `myFont` 代替`"Arial"`来给所有的 `TextFormat` 对象赋值。这样一来，就可以在一个地方一次改变整个游戏的字体了。

游戏开始时，创建 `scoreField` 和 `messageField`。我们无需创建文本字段，使用 `addChild` 添加它，并为文本的每个部分设置需要的属性，而只用将所有这些都放进了一个 `createText` 函数中，只需要一行代码就可以完成创建。例如，`messageField` 会包含`"Loading Questions..."` 文本，使用了 `questionFormat` 格式。它放置在 `gameSprite` 中的(0,50)位置，宽度为 550。我们在后面会看到 `creatText` 函数：

```
//创建得分文本字段和开始信息文本字段
scoreField = createText("",questionFormat,gameSprite,0,360,550);
messageField = createText("Loading Questions...",questionFormat,
          gameSprite,0,50,550);
```

设置好游戏状态后，会调用 `showGameScore`，将得分的文本放在屏幕底部。我们在后面会看到它的使用方法。

最后，程序调用 `xmlImport` 获取问答数据：

```
//设置游戏状态，导入问题
questionNum = 0;
numQuestionsAsked = 0;
numCorrect = 0;
showGameScore();
xmlImport();
}
```

导入文本的过程中，文本 Loading Questions...会出现在屏幕上，持续到 XML 文档读入为止。在测试时，可能只会出现不到 1 秒钟。当游戏放到服务器上以后，根据玩家的网络响应时间，持续时间会长短不一。

10.2.4 导入问答数据

导入问答数据使用的函数和本章开头的例子很类似。简单起见，我们不对它做错误处理。文件 trivia1.xml 中包含了 10 个问答项：

```
//开始导入问题
public function xmlImport() {
    var xmlURL:URLRequest = new URLRequest("trivia1.xml");
    var xmlLoader:URLLoader = new URLLoader(xmlURL);
    xmlLoader.addEventListener(Event.COMPLETE, xmlLoaded);
}
```

导入完成后，数据放在 dataXML 中。然后，之前显示的 Loading Questions...信息被移除，换成了 Get ready for the first question!（准备回答第 1 个问题）。

为了创建一个 GameButton，需要调用另一个实用的函数 showGameButton。在本例中，按钮文本 GO!会被放进创建的按钮中。后面，我们会详细分析 showGameButton 函数：

```
//问题导入
public function xmlLoaded(event:Event) {
    dataXML = XML(event.target.data);
    gameSprite.removeChild(messageField);
    messageField = createText("Get ready for the first
            question!",questionFormat,gameSprite,0,60,550);
    showGameButton("GO!");
}
```

现在就等着玩家单击按钮了。

10.2.5 信息文本和游戏按钮

为了创建文本字段和按钮，我们需要几个函数。这些实用函数可以大幅减少代码量。通过它们，可以免去在每次创建文本字段的重复工作，比如新建文本字段、增加 addChild，以及设置 x 和 y 值等。

createText 通过传入的几个参数来创建一个新的文本字段。它会根据参数中的值设置 x、y、width 和 TextFormat 的值。它也会默认设置一些常量参数的值，比如 multiline（多行）和 wordWrap（自动换行），这些值会应用于所有用该函数创建的文本中。

文本的对齐方式有两种，可以是居中对齐或者左对齐。这可以在 TextFormat 中设置。但是，为了将 autoSize 属性设置为合适的值，需要进行测试，来决定将 autoSize 设为 TextFieldAutoSize.LEFT 还是 TextFieldAutoSize.RIGHT。

最后，设置文本字段的 text 属性，将文本字段加入到传入的 Sprite 参数中。函数会返回创建的文本字段，我们可以设置一个变量来引用它，用于以后移除：

```
//创建文本字段
public function createText(text:String, tf:TextFormat,
            s:Sprite, x,y: Number, width:Number): TextField {
    var tField:TextField = new TextField();
```

```
        tField.x = x;
        tField.y = y;
        tField.width = width;
        tField.defaultTextFormat = tf;
        tField.selectable = false;
        tField.multiline = true;
        tField.wordWrap = true;
        if (tf.align == "left") {
            tField.autoSize = TextFieldAutoSize.LEFT;
        } else {
            tField.autoSize = TextFieldAutoSize.CENTER;
        }
        tField.text = text;
        s.addChild(tField);
        return tField;
    }
```

scoreField 在游戏中会一直存在，创建后不会重新创建，也不会被删除。它只创建一次，就一直被放在屏幕的底部，可以使用 showGameScore 更新域中的文本：

```
//更新得分
public function showGameScore() {
    scoreField.text = "Number of Questions: "+numQuestionsAsked+
        "    Number Correct: "+numCorrect;
}
```

createText 允许我们使用一个函数创建不同类型的文本字段，同样地，showGameButton 允许我们创建不同的按钮。它的参数 buttonLabel 会被设置为按钮中的文本。然后，函数会将按钮放置在屏幕上。

gameButton 是一个类的属性，因此我们以后可以使用 removeChild 将其移除。我们给这个按钮添加了一个事件侦听器，当它被单击时会调用 pressedGameButton 函数，用来推进游戏进程：

```
//询问玩家是否准备好开始下一个问题
public function showGameButton(buttonLabel:String) {
    gameButton = new GameButton();
    gameButton.label.text = buttonLabel;
    gameButton.x = 220;
    gameButton.y = 300;
    gameSprite.addChild(gameButton);
    gameButton.addEventListener(MouseEvent.CLICK,pressedGameButton);
}
```

说明

使用自顶向下方法编程时，你会想测试刚刚写完的代码。遗憾的是，上面的代码会产生一个错误，因为 pressedGameButton 函数并不存在。这种情况下，我通常会创建一个傻瓜式的 pressedGameButton 函数，里面是空的。这样我就可以先测试按钮是否放对了地方，而不用考虑玩家单击按钮后发生的事情。

10.2.6   推进游戏进程

当玩家单击按钮后，游戏会前进一步。大多数时候，屏幕上会出现一个新的问题。但是，如果问题都问完了，游戏就结束了。

首先，我们将移除前一个问题。如果这是第一个问题，那么 questionSprite 还没有创建。因此，我们首先需要判断 questionSprite 是否存在，只有在它存在时才将它移除：

```
//玩家准备就绪
public function pressedGameButton(event:MouseEvent) {
    //移除问题
    if (questionSprite != null) {
        gameSprite.removeChild(questionSprite);
    }
```

函数还需要移除一些东西，比如在前一个问题和下一个问题之间出现的信息和按钮：

```
//移除按钮和信息
gameSprite.removeChild(gameButton);
gameSprite.removeChild(messageField);
```

现在我们必须判断是否所有问题都已经答完。如果是的，就跳转到游戏结束帧。由于已经移除了之前的问题、信息和按钮，屏幕这时候已经变成空白了。

如果还有问题，就调用 askQuestion 来显示下一个问题：

```
//请求下一个问题
if (questionNum >= dataXML.child("*").length()) {
    gotoAndStop("gameover");
} else {
    askQuestion();
}
}
```

10.2.7   显示问题和答案

askQuestion 函数会从问答数据中获取下一个问题然后显示出来。它将创建的所有元素放入 questionSprite 中，便于以后删除。图 10-3 展示了一个问题显示后的界面。

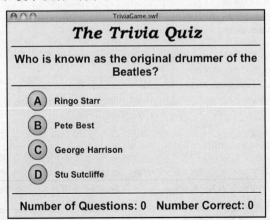

图 10-3   问题和 4 个答案显示在 questionSprite 中，占据了屏幕中间大部分空间

```
//设置问题
public function askQuestion() {
    //准备新问题的 Sprite
    questionSprite = new Sprite();
    gameSprite.addChild(questionSprite);
```

问题的内容会出现在屏幕顶部的一个文本字段中：

```
//创建问题的文本字段
var question:String = dataXML.item[questionNum].question;
questionField = createText(question,questionFormat,questionSprite,0,60,550);
```

在放置答案之前，需要打乱它们的顺序。原始数据中的第一个答案是正确答案，我们将正确答案存一份在 correctAnswer 中。然后，调用 shuffleAnswers 得到存有所有答案的数组，只是里面的顺序被打乱了：

```
//创建答案的 Sprite，得到正确的答案，然后随机排列所有的答案
correctAnswer = dataXML.item[questionNum].answers.answer[0];
answers = shuffleAnswers(dataXML.item[questionNum].answers);
```

答案放在 questionSprite 的一个子 Sprite 中，称为 answerSprites。对每个答案，都会创建一个文本字段和一个 Circle。Circle 对象会使用不同的字母，从 A 到 D。前面说过，文本和 Circle 都放在同样的位置，但是因为 Circle 会放在它的注册点的左边，所以看上去文本内容在右边。

文本和 Circle 会绑在同一个 Sprite 中，这个 Sprite 会被附加一个 CLICK 击侦听器，这样它就表现得和按钮一样了：

```
//将每个答案放进一个新的 Sprite 中，并添加一个 Circle
answerSprites = new Sprite();
for(var i:int=0;i<answers.length;i++) {
    var answer:String = answers[i];
    var answerSprite:Sprite = new Sprite();
    var letter:String = String.fromCharCode(65+i); //A~D
    var answerField:TextField =
                createText(answer,answerFormat,answerSprite,0,0,450);
    var circle:Circle = new Circle(); //从库中得到
    circle.letter.text = letter;
    answerSprite.x = 100;
    answerSprite.y = 150+i*50;
    answerSprite.addChild(circle);
    answerSprite.addEventListener(MouseEvent.CLICK,clickAnswer);
    answerSprite.buttonMode = true;
    answerSprites.addChild(answerSprite);
}
questionSprite.addChild(answerSprites);
}
```

说明

为了将数字转换为字母，使用了 String.fromCharCode(65+i)。它会将 65 转成 A，66 变成 B，后面依次类推。

shuffleAnswers 函数的参数是 XMLList，该参数是调用 dataXML.item[question-Num].answers 返回的结果。shuffleAnswers 函数会遍历 XMLList 列表，每次从中随机移除一个元素，然后将移除的元素放在答案数组中。最后返回随机存储的答案数组：

```
//获取所有的答案，并将其随机放置在数组中
public function shuffleAnswers(answers:XMLList) {
    var shuffledAnswers:Array = new Array();
    while (answers.child("*").length() > 0) {
        var r:int = Math.floor(Math.random()*answers.child("*").length());
        shuffledAnswers.push(answers.answer[r]);
        delete answers.answer[r];
    }
    return shuffledAnswers;
}
```

10.2.8　判断玩家的答案

到目前为止，我们编写的函数已经能将问题显示出来了。现在，玩家面前已经出现了问题，如前面的图 10-3 所示。

当玩家单击 4 个答案中的一个时，会调用 clickAnswer 函数。这个函数首先会取出选中答案的文本。该文本字段是 currentTarget 的第一个子节点，所以，这里将 text 属性取出，放进 selectedAnswer 中。

然后，将它与存储着的 correctAnswer 进行比较。如果玩家答对了，numCorrect 会加 1。同时，会出现一个文本信息提醒你答对与否：

```
//玩家选择一个答案
public function clickAnswer(event:MouseEvent) {

    //得到选中的文本并比较
    var selectedAnswer = event.currentTarget.getChildAt(0).text;
    if (selectedAnswer == correctAnswer) {
        numCorrect++;
        messageField = createText("You got it!",
                    questionFormat,gameSprite,0,140,550);
    } else {
        messageField = createText("Incorrect! The correct answer was:",
                    questionFormat,gameSprite,0,140,550);
    }
    finishQuestion();
}
```

然后函数会调用 finishQuestion 检查所有的答案。finishQuestion 函数会遍历每一个 Sprite。正确答案会被移动到屏幕的中央。所有事件侦听器也会被移除。其余答案会被设为不可见。图 10-4 展示了这时的屏幕。

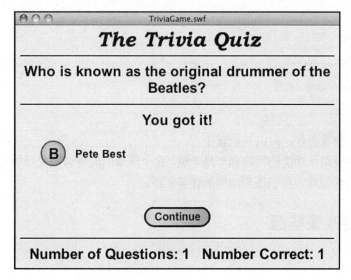

图 10-4 正确答案被移到了屏幕中央，并且还显示一条新信息

```
public function finishQuestion() {
    //移除所有不正确的答案
    for(var i:int=0;i<4;i++) {
        answerSprites.getChildAt(i).removeEventListener(MouseEvent.CLICK,clickAnswer);
        if (answers[i] != correctAnswer) {
            answerSprites.getChildAt(i).visible = false;
        } else {
            answerSprites.getChildAt(i).y = 200;
        }
    }
}
```

得分和 `questionNum` 也需要更新。然后，创建一个新按钮，按钮名为 Continue。可以在图 10-4 中看到这个按钮：

```
//下一个问题
questionNum++;
numQuestionsAsked++;
showGameScore();
showGameButton("Continue");
}
```

`clickAnswer` 函数创建的按钮是进入下一个问题的入口。当玩家单击该按钮后，会调用 `pressGameButton` 函数，它会让游戏转入下一个问题，或者直接结束游戏。

10.2.9 结束游戏

游戏结束帧有一个 Play Again（重新开始）按钮，它会将玩家带回到游戏开始界面。但在重新开始之前，它需要调用 `cleanUp` 函数将游戏清理干净：

```
//清理 Sprite
public function cleanUp() {
    removeChild(gameSprite);
    gameSprite = null;
    questionSprite = null;
    answerSprites = null;
    dataXML = null;
}
```

现在，游戏已经准备好，可以开始玩了。

对于那些只需要简单功能的网站和产品来说，这个简单的问答游戏已经够用了。但是如果要一个功能更加完善的游戏，我们还应该增加许多东西。

10.3　问答游戏豪华版

源文件

http://flashgameu.com

A3GPU210_TriviaGameDeluxe.zip

为了让游戏变得更加刺激、更有挑战性，我们需要对游戏进行改进，增加一些新的特性。

首先，要设置一个回答问题的时间限制。大多数展示和测试类游戏都有时间限制。

其次，增加一个 Hint（提示）按钮，这样玩家就可以得到一点额外的帮助。有两种类型的提示，我们会研究如何添加它们。

再次，我们会通过在每个问题后面增加一些额外的信息，让游戏拥有信息量。这会让游戏更有教育意义。这些信息可以扩展玩家在回答问题时学到的东西。

最后，我们会修改积分系统。必须将玩家回答问题用的时间，还有玩家是否使用了提示考虑进去。

作为额外奖励，我们会使用一个大型的问答资料库，但是只随机选用 10 个问题。这样可以让测试每次都不一样。

10.3.1　添加时间限制

为了给游戏添加时间限制，我们需要在玩家回答问题时显示时间。我们可以创建一个独立的影片剪辑对象。这个 Clock 对象可以是任何能够显示时间的东西：时钟正面、文本或其他元素。

在本例中，我会设置一个 26 帧的影片剪辑。所有的帧中包含 25 个圆圈。从第 2 帧开始，每一帧都会填充一个圆圈。所以，在第 1 帧，25 个圆都是空心的。在第 26 帧，所有圆圈都填满了。图 10-5 展示了这个 Clock 影片剪辑。

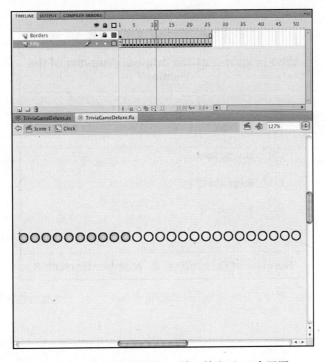

图 10-5　Clock 剪辑的第 15 帧，填充了 14 个圆圈

我们使用一个计时器来计算秒数。我们需要将它添加到 import 语句中：

```
import flash.utils.Timer;
```

下面，我们将增加一个 Clock 对象：

```
private var clock:Clock;
```

还有一个计时器：

```
private var questionTimer:Timer;
```

在 askQuestion 函数中，我们需要添加 Clock 对象，然后启动计时器：

```
//设置新的 Clock 对象
clock = new Clock();
clock.x = 27;
clock.y = 137.5;
questionSprite.addChild(clock);
questionTimer = new Timer(1000,25);
questionTimer.addEventListener(TimerEvent.TIMER,updateClock);
questionTimer.start();
```

Clock 对象会被放在屏幕下方。事实上，我们需要将游戏的高度增加一点，将元素向下移动一点，以适应增加的 Clock 对象，以及接下来要增加的其他元素。图 10-6 展示了这个新的布局。

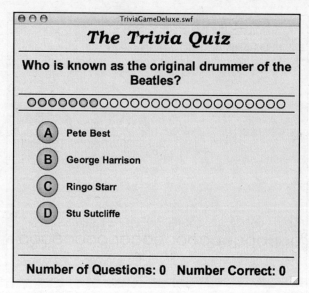

图 10-6　增加了 Clock 后，下面还留有一些空间，给其他特性使用

说明

使用 25 个圆圈表示时钟完全是随意的。你可以使用任何 26 帧的序列作为一个影片剪辑，然后使用它（如秒表或进度条）。你甚至不需要 25 个独立的元素。还可以方便地替换成 5 个一组变化，然后在时间轴上修改。

每一秒都会调用一次 updateClock 函数。Clock 影片剪辑会移动一帧。当时间到了以后，会显示一条信息并调用 finishQuestion，就好像玩家单击了一个答案一样：

```
//更新时钟
public function updateClock(event:TimerEvent) {
    clock.gotoAndStop(event.target.currentCount+1);
    if (event.target.currentCount == event.target.repeatCount) {
        messageField = createText("Out of time! The correct answer was:",
                    questionFormat,gameSprite,0,190,550);
        finishQuestion();
    }
}
```

现在玩家在两种情况下会被视为答错题：单击一个错误答案或超时。

10.3.2　添加提示

你可能已经注意到，在 XML 样例文件中，每一个问题条目下面都包含着一个提示和一个额外的信息数据。我们现在终于开始使用它们中的一个了。

为了给游戏增加一些简单的提示，我们需要在每个问题后面包含一个 Hint 按钮。在玩家单击它后，就会出现一些文本提示信息。

实现这个功能还需要一些东西。首先，我们在类定义中增加一个 hintFormat，跟在文本变量定义后面：

```
private var hintFormat:TextFormat;
```

然后，我们在构造函数中设置这个格式：

```
hintFormat = new TextFormat("Arial",14,0x330000,true,false,false,null,null,"center");
```

我们还会在类的变量列表中增加一个 hintButton，跟在其他的 Sprite 和对象定义后面：

```
private var hintButton:GameButton;
```

在 askQuestion 函数中，我们将创建新的 Hint 按钮，并放在最后一个答案下面，如图 10-7 所示。

```
//放置 Hint 按钮
hintButton = new GameButton();
hintButton.label.text = "Hint";
hintButton.x = 220;
hintButton.y = 390;
gameSprite.addChild(hintButton);
hintButton.addEventListener(MouseEvent.CLICK,pressedHintButton);
```

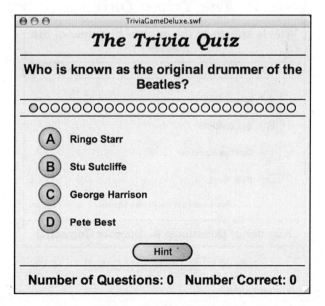

图 10-7 Hint 按钮位于底部

玩家单击按钮后，按钮就会被移除。在它的位置上会出现一个新的文本字段，格式设置为小文本格式 hintFormat：

```
//玩家想要提示
public function pressedHintButton(event:MouseEvent) {
```

```
//移除按钮
gameSprite.removeChild(hintButton);
hintButton = null;

//显示提示
var hint:String = dataXML.item[questionNum].hint;
var hintField:TextField = createText(hint,hintFormat,questionSprite,0,390,550);
}
```

我们也希望在 finishQuestion 函数中使用 removeChild 语句，首先判断 hintButton 是否存在，如果存在的话就在玩家点击时将它移除：

```
//移除 Hint 按钮
if (hintButton != null) {
    gameSprite.removeChild(hintButton);
}
```

移除这个按钮，可以防止玩家在回答问题以后再次单击它。

这就是显示提示这个功能需要做的所有工作。因为 hintField 是 questionSprite 的一部分，它会在玩家完成回答后随着 questionSprite 一起被清除。图 10-8 展示了当玩家单击 Hint 按钮后出现的提示信息。

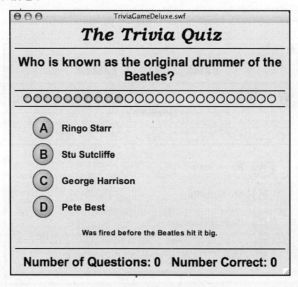

图 10-8　提示出现在按钮的位置

说明

怎样才能写好提示？写提示比写问题和答案更难。你不想直接暴露答案，但是又想帮助玩家。通常最好的方式是给一个指向答案的提示，但是用不同的表达方式。比如，如果问题是关于州首府的，而答案是卡森城（内华达州），那么提示可以是"同时也是长期主持《今夜秀》（*Tonight Show*）节目的主持人的名字"。

10.3.3 添加事实描述

在问题的后面添加一个额外的事实相对来说比较容易，这个事实有时也被称为事实描述（factoid）。它的功能和提示类似，但是它只在玩家回答了问题后自动出现。

不需要给它增加新的变量。事实上，我们需要的只是一个回答完问题后自动弹出的文本字段。代码添加在 finishQuestion 函数中：

```
//显示事实描述
var fact:String = dataXML.item[questionNum].fact;
var factField:TextField = createText(fact,hintFormat,questionSprite,0,340,550);
```

因为新的文本字段是 questionSprite 的一部分，所以它会同时被清除。我们在这个文本字段上也使用了 hintFormat，而不是单独创建一个新的文本格式。图 10-9 展示了结果。

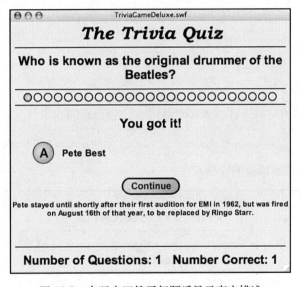

图 10-9　在玩家回答了问题后显示事实描述

在决定事实描述的位置时，我特地保证了提示和事实描述能够共存。如果玩家选择了提示，那么在答完问题后提示还在屏幕上，只是在事实描述的正下方。

10.3.4 添加复杂的计分方式

之前的提示函数和时钟计时存在的问题是，使用提示或超时，玩家只受到很小的损失。

为了让游戏更具挑战性，需要在使用提示时扣除一定的分数。此外，玩家回答问题的速度也会影响总得分。

为了完成这些改变，我们引入了两个新变量。它们可以放在变量定义的任何地方，不过最好是和游戏状态变量的定义放在一起。这两个变量会记录当前问题的分值，以及玩家到目前为止的得分：

```
private var questionPoints:int;
private var gameScore:int;
```

在 startTriviaGame 函数中，我们在调用 showGameScore 函数之前将 gameScore 设为 0：

```
gameScore = 0;
```

showGameScore 函数被替换为一个新的版本。它会显示当前问题的分值以及玩家的得分情况：

```
public function showGameScore() {
    if (questionPoints != 0) {
        scoreField.text =
            "Potential Points: "+questionPoints+"\t   Score: "+gameScore;
    } else {
        scoreField.text =
            "Potential Points: ---\t   Score: "+gameScore;
    }
}
```

说明

scoreField.text 中的 \t 表示一个 tab 字符。在文本字段中使用 tab，可以保证两部分文本保持相同的间隔，即使它们的数字长度不一致。这个解决方法虽不完美，但比创建两个独立的文本字段要简单。如果想完全控制这些数字的显示，可以使用两个独立的文本字段。

图 10-10 显示了屏幕底部新的计分方式。

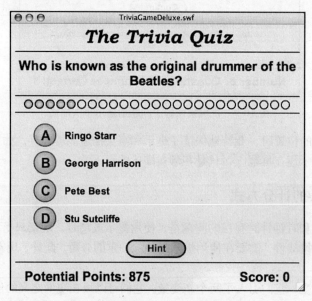

图 10-10　之前的问题数量和回答正确的数量已经被替换，
换为了当前问题的分值和玩家的得分

由于现在 showGameScore 函数更新当前问题的分值和总得分，我们会经常调用它。每当 questionScore 变化时，我们都需要调用 showGameScore，让玩家知道新的值。

如果 questionScore 为 0，我们会显示---而不是 0。这可以清楚地显示出，在问题与问题之间，当前问题的分值是没有任何意义的。

在 askQuestion 函数中，我们将当前问题的分值设为 1000：

```
//从最大分值开始
questionPoints = 1000;
showGameScore();
)
```

然后，随着时间的流逝，分值不断减小。这个过程在 updateClock 函数中完成。每当一个圆圈被填充时，都会从当前分值中减去 25 分：

```
//减少分值
questionPoints -= 25;
showGameScore();
```

此外，当玩家请求提示时，分值也会减少。请求提示会损失 300 分：

```
//提示的损失
questionPoints -= 300;
showGameScore();
```

当然，玩家获取分数的唯一办法就是答对问题。所以，可以将加分过程放在 clickAnswer 中的合适位置：

```
gameScore += questionPoints;
```

不需要在这里调用 showGameScore，因为它会在 finishQuestion 函数后面立即被调用。事实上，这里我们要将 questionPoints 设为 0：

```
questionPoints = 0;
showGameScore();
```

可以保留底部原有的积分文本字段，而将当前的分值和总得分放在另一个文本字段中。这样，玩家就可以看到所有的统计数据。

影片 TriviaGameDeluxe.fla 和 TriviaGameDeluxe.as 将这些数据保存在了 numCorrect 和 numQuestionAsked 中，不过并没有使用它们。

10.3.5 随机选择问题

在玩问答游戏时，你可能不希望回答和其他人一样的问题。这可以通过更改游戏来实现。

如果希望每次的问题都不一样，而且游戏是基于网页的，那么最好在服务器端创建一个随机的 XML 文档保存问答数据，这些数据从一个大型数据库中获取。

不过，如果你希望简单点，只要从一个小问题集中随机选择一些来回答，那么可以通过 ActionScript 来完成。

当读入 XML 文档后，这些原始数据会被处理，选择一部分随机放入一个小的 XML 文档。

新的 xmlLoaded 函数开头看起来会像下面这样：

```
public function xmlLoaded(event:Event) {
    var tempXML:XML = XML(event.target.data);
    dataXML = selectQuestions(tempXML,10);
```

selectedQuestions 函数获取完整的数据集，然后返回其中的部分问题。它会从原始的 XML 文档中随机选择一些 item 节点，然后创建一个新的 XML 对象：

```
//随机选择一些问题
public function selectQuestions(allXML:XML, numToChoose:int):XML {

    //创建一个新的 XML 对象，用来保存问题
    var chosenXML:XML = <trivia></trivia>;

    //遍历，一直到数量够了为止
    while(chosenXML.child("*").length() < numToChoose) {

        //随机选择一个，然后移入新对象
        var r:int = Math.floor(Math.random()*allXML.child("*").length());
        chosenXML.appendChild(allXML.item[r].copy());

        //从原有 XML 中移除
        delete allXML.item[r];
    }

    //返回
    return chosenXML;
}
```

对于简单的游戏来说，这个随机选择和排序方式都是很方便的。但是，如果有 100 多个问题，你就不希望影片每次都读入这么大一个 XML 文档了。我强烈建议使用服务器端的解决方案。如果你没有服务器端的编程经验，可以与会的人合作或雇一个人。

10.4　图片问答游戏

源文件

http://flashgameu.com

A3GPU210_PictureTriviaGame.zip

并不是所有的问答游戏都可以只用文本的。有时候图片是更好的选择。比如，如果你希望测试某人的几何知识，基于文本的问答就不一定能表达你的测试意图。

将我们的问答游戏变为基于图像的游戏，并不是那么困难。我们只需要对屏幕进行重新布局，然后从外部导入一些图像文件。问答游戏的主体部分可以保持不变。

10.4.1　更好的答案布局

导入图像之前，我们需要对答案在屏幕上的布局作一些改进。在图 10-11 中，答案以 2×2

的方式排列，而不是之前的 4 行的形式。

　　这里给图像预留了大约 250×100 像素的空间。所以，导入的图像的尺寸最好在 200×80，这样就不会和其余的按钮混在一起。

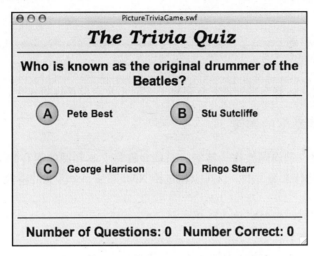

图 10-11　答案现在排成了 2 行 2 列的形式

　　完成这个改变只需要在 askQuestion 函数中作一些修改。变量 xpos 和 ypos 会从(0,0)开始跟踪当前的位置。然后，给 xpos 增加 1 就会向右移动。然后，xpos 被重设为 0，ypos 增加。这样就得到了 4 个位置，分别为(0,0)、(1,0)、(0,1)和(1,1)。对应的屏幕位置是(100,150)、(350,150)、(100,250)和(350,250)。

说明

因为我们在后面还会对代码进行一些修改，所以下面的代码和最终的 PictureTriviaGame.as 中的不一样。

```
//将每个答案和一个 Circle 放入一个 Sprite 中
answerSprites = new Sprite();
var xpos:int = 0;
var ypos:int = 0;
for(var i:int=0;i<answers.length;i++) {
    var answer:String = answers[i];
    var answerSprite:Sprite = new Sprite();
    var letter:String = String.fromCharCode(65+i); //A~D
    var answerField:TextField = createText(answer,answerFormat,answerSprite,0,0,200);
    var circle:Circle = new Circle(); //从库中得到
    circle.letter.text = letter;
    answerSprite.x = 100+xpos*250;
```

```
        answerSprite.y = 150+ypos*100;
        xpos++
        if (xpos > 1) {
            xpos = 0;
            ypos += 1;
        }
        answerSprite.addChild(circle);
        answerSprite.addEventListener(MouseEvent.CLICK,clickAnswer); //变成一个按钮
        answerSprites.addChild(answerSprite);
    }
```

这个修改很有用，让答案排列得更有意思了，而不像之前那样将 4 个一路排下来。

10.4.2   识别两种类型的答案

这里的目标不仅仅是将图像作为答案，而是允许将文本和图像混合起来。所以，我们需要 XML 文件指出答案是什么类型的。这可以通过给 XMl 添加一个答案的特性来实现：

```
<item>
    <question type="text">Which one is an equilateral triangle?</question>
    <answers>
        <answer type="file">equilateral.swf</answer>
        <answer type="file">right.swf</answer>
        <answer type="file">isosceles.swf</answer>
        <answer type="file">scalene.swf</answer>
    </answers>
</item>
```

为了决定答案应该显示为文本，还是需要从外部导入文件，我们只需要看一下 type 属性。下面，我们会修改代码来完成这些工作。

10.4.3   创建 Loader 对象

在 shuffleAnswers 函数中，我们从 XML 对象中构建一个答案的随机排列数组。这些答案的文本存储在数组中。但是，现在我们需要同时存储答案的文本和类型。所以，为数组添加答案的行改成下面这样：

```
    shuffledAnswers.push({type: answers.answer[r].@type, value: answers.answer[r]});
```

现在，当我们创建答案时，需要判断答案是文本还是图像。如果是图像，我们需要创建一个 Loader 对象。这就像一个从库里取出的影片剪辑一样，只是我们还需要给它附加一个 URL-Request，然后使用 load 指令从外部文件中获取影片剪辑的内容：

```
    var answerSprite:Sprite = new Sprite();
    if (answers[i].type == "text") {
        var answerField:TextField =
                    createText(answers[i].value,answerFormat,answerSprite,0,0,200);
    } else {
        var answerLoader:Loader = new Loader();
        var answerRequest:URLRequest = new URLRequest("triviaimages/"+answers[i].value);
        answerLoader.load(answerRequest);
```

```
answerSprite.addChild(answerLoader);
}
```

上述代码假设所有的图像都在文件夹 triviaimages 中。

Loader 对象会自动处理。当你用 load 指令使 Loader 对象起作用时，它们从服务器获取文件，然后出现在指定位置上。不需要在导入完成时跟踪它们。

说明

要将这个例子和之前影片中的 Clock 函数结合起来，还需要作一些额外的工作。如果一些答案还没有出现，就开始计时了，是不是不公平？所以，你需要侦听每个 Loader 的 Event.COMPLETE 事件，只有在答案全部显示后才开启时钟。

图 10-12 展示了从外部导入 4 个影片剪辑作为答案的情形。

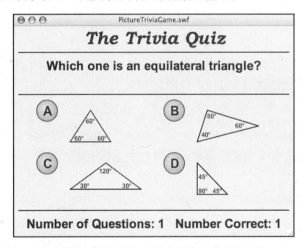

图 10-12　外部影片替换了原先答案中的文本

10.4.4　判断正确答案

之前我们根据答案中的 text 属性来判断玩家是否选择了正确的答案。现在我们不能这样做了，因为 Loader 对象中不像文本字段一样有 text 属性。这里，我们会发现在 answerSprite 中的第二个对象是动态创建的 Circle。所以，我们可以给它添加一个 answer 属性，然后将答案保存在上面：

```
circle.answer = answers[i].value;
```

然后，在 clickAnswer 函数中，我们会查看这个新的 answer 属性，来判断玩家是否单击了正确的答案：

```
var selectedAnswer = event.currentTarget.getChildAt(1).answer;
```

注意到 Circle 是 answerSprite 中的编号为 1 的子节点。之前，我们已经看到编号为 0 的子节点是文本字段。

另一个变化是当玩家作出选择时，为正确答案设置合适的位置。之前，答案都排成了一列，它们的 x 坐标都是一样的。所以当我们需要将正确答案居中时，只需要设置 answerSprite 的 y 值。但是，现在正确答案可能在左边或者右边，我们还需要设置 x 值。下面是 finishQuestion 函数中新的代码：

```
answerSprites.getChildAt(i).x = 100;
answerSprites.getChildAt(i).y = 200;
```

10.4.5　扩展单击区域

完成回答之前，还有一个问题要解决。如果答案是文本的，玩家可以单击 Circle 或者文本字段来提交答案。但是，如果答案是导入的影片，那就没有什么可以单击的了。在图 10-12 中，答案是由一些小线条构成的三角形。

为了点中答案，玩家必须单击 Circle 或其他图形元素。但是，它们应该能够通过单击答案的各个部分来选中答案。

对于这个问题，一个快速的解决方法是在每个答案所在的 Sprite 中放一个实心矩形。它们都有实心的颜色，但是将透明度设为了 0，变得不可见：

```
//设置一个更大的单击区域
answerSprite.graphics.beginFill(0xFFFFFF,0);
answerSprite.graphics.drawRect(-50, 0, 200, 80);
```

图 10-13 展示了每个答案后面的图形。这里我将透明度从 0 改为了 0.5，这样就可以看到这个矩形。

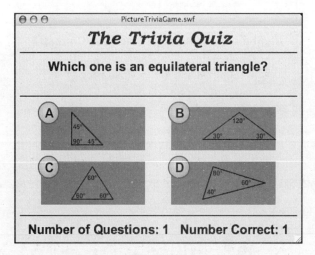

图 10-13　每个答案后面画了一个矩形

现在玩家能够单击每个答案的区域了。

10.4.6　将图像作为问题

除了将图像用于答案以外，你也可以将图像用于问题。我们使用同样的方式来实现，即在 XML 中使用 type 属性：

```
<item>
    <question type="file">italy.swf</question>
    <answers>
        <answer type="text">Italy</answer>
        <answer type="text">France</answer>
        <answer type="text">Greece</answer>
        <answer type="text">Fenwick</answer>
    </answers>
</item>
```

因为问题不是动态元素，所以可以方便地将这个改动添加到 ActionScript 中。我们只需要用 Loader 对象来替换文本字段。下面是对 askQuestion 的改动：

```
//创建问题的文本字段
var question:String = dataXML.item[questionNum].question;
if (dataXML.item[questionNum].question.@type == "text") {
    questionField = createText(question,questionFormat,questionSprite,0,60,550);
} else {
    var questionLoader:Loader = new Loader();
    var questionRequest:URLRequest = new URLRequest("triviaimages/"+question);
    questionLoader.load(questionRequest);
    questionLoader.y = 50;
    questionSprite.addChild(questionLoader);
}
```

图 10-14 中的题目采用了外部图像作为问题，而答案使用了文本。当然，也可以将问题和 4 个答案都用外部文件来显示。

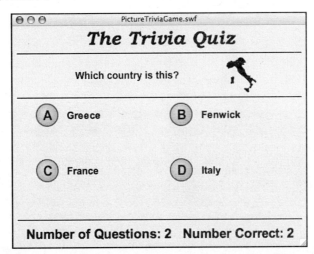

图 10-14　问题使用了外部的 Flash 影片，但是 4 个答案是文本

图 10-14 演示了如何使用外部文件来显示问题和答案，但这并不意味着它们必须是图画或图像。它们也可以包含文本。有时候，比如在数学测验中，需要显示很多复杂的分数、指数或符号。

10.4.7   修改游戏

不管如何改进程序和界面，问答游戏的精髓都在于问题和答案。如果你计划做一个娱乐类的，就需要让问题和答案都富有吸引力。如果你是出于教育目的，就要确保问题和答案清楚而且公正。

也可以修改游戏，增加或者减少答案的数量，这很容易。只要你想，你完全可以只提供两个答案，比如 Ture（正确）和 False（错误）。很少会有超过 4 个答案的情况，除了有时候会看到"以上全选"或者"以上全不选"之类的选项。这里没有什么特殊的编程技巧，只要在答案列表中增加到 5 个或者 6 个答案。

除了需要显示的问题和答案之外，还有一个可以修改的地方——游戏的主题。这可以通过玩家在游戏中的表现可视化地表现出来。也可以根据游戏进行修改。

比如，玩家会有角色在爬一根绳索。每当玩家答对了，就向上爬一步。当玩家答错了，角色就掉到了底部。只有连续答对一组问题，角色才能够到达顶部。

游戏主题可以让游戏与相关的网页和产品更贴近。比如，一个野生动物保护网站可以设计一个关于动物的问答游戏。

动作类游戏：平台游戏

本章内容

- ❑ 设计游戏
- ❑ 创建类
- ❑ 修改游戏

源文件

http://flashgameu.com

A3GPU211_PlatformGame.zip

横向卷轴（side-scrolling）游戏也叫平台（platform）游戏，最早出现于 20 世纪 80 年代初，之后迅速成为电子游戏（video game）的主流制作方式，直到 90 年代 3D 游戏的出现。

横向卷轴平台游戏让玩家以侧面视角来控制游戏角色。角色可以左右移动而且通常可以跳起。当他移动到屏幕一端时，背景会随之展开更多的活动区域。

说明

平台游戏几乎都会设计一个会跳跃的角色。最出名的当然就是任天堂制作的马里奥了。从《大金刚》到任天堂的其他大量冒险游戏都有这位老兄的身影。

本章我们会打造一个非常简单的横向卷轴平台游戏，主角可左右移动且会跳跃，里面有墙、平台、敌人和要收集的物品（item）。

11.1　设计游戏

在正式编程之前，我们就要考虑到游戏的方方面面。我们需要设计一个英雄、很多敌人、各种物品，还要考虑关卡的建立方式。

11.1.1　关卡设计

平台游戏的一个重要方面是关卡的设计。就像第 10 章提到的问答游戏不能离开内容而存在一样，平台游戏也需要"内容"。而此处所需的"内容"就是关卡布局。

关卡总要由人设置出来，不是程序员就是美工或专门的关卡设计师。图 11-1 展示了一个关卡，实际上就是这个游戏的第一关。

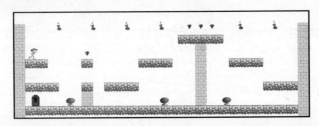

图 11-1　我们在平台游戏的第一关设置了 3 个敌人、几件宝物、一把钥匙和一扇门

比较成熟的平台游戏都会有一个关卡编辑器。这样关卡设计师就可以建立许多不同的关卡并进行测试，而游戏的其余部分就交给程序员和美工了。

不过，在我们所举的简单例子中，关卡设计直接在 Flash 中进行，方法是建立包含各种游戏零件的影片剪辑。

影片 PlatformGame.fla 的元件库里包含了各种游戏零件。下面是一张清单。

❑ 地板——一个简易的 40×40 的方块，英雄可以站在上面，它在左右两端挡住英雄。
❑ 墙——在用途上和地板差不多，不过外观不同。
❑ 英雄——玩的角色。包括了站立、行走、跳跃和死亡的动画。
❑ 敌人——包含一段行走动画的相对简单的角色。
❑ Treasure——闪闪发光的简单宝物。
❑ 钥匙——简单的钥匙图案。
❑ 门——包含开启动画的门。

要用这些物品创建一个关卡，只需要把它们拖进一个影片剪辑里放好就行了。

图 11-1 展示了这样的一个影片剪辑。其实它就是影片 PlatformGame.fla 元件库里的影片剪辑 `gamelevel1`。

1. 墙和地板零件

为了简化关卡的建立，我通过选择 View（视图）→Grid（网格）→Edit Grid（编辑网格）菜单，在弹出的 Grid 对话框中将网格设置为 40×40。接着，我把地板和墙零件从元件库里面拖出来并沿着网格将它们放好。

图 11-2 展示了带隐藏背景的关卡，好让你可以看到网格印记。

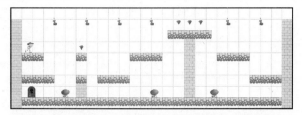

图 11-2　沿着网格摆放墙和地板零件使关卡设计更容易了

游戏中墙和地板零件的外观是不同的，不过在代码中都是相同种类的对象。你可以增加更多像这样的"构件"来使游戏内容更丰富。

说明

这个游戏没有用到的一个创意是使用多个版本的墙和地板砖——全部都储存在一个影片剪辑的不同帧里。然后，在游戏开始时，砖块会以随机的一帧呈现出来。

墙和地板不需要特别的名称。但是，如图 11-3 所示，元件库里面的元素有个相应的 Linkage（链接）名称。这样做很重要，因为代码会找寻 `Floor` 和 `Wall` 对象。

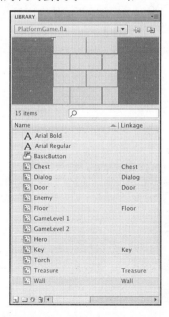

图 11-3　库里面有很多带有 Linkage 名称的游戏元素，这些名称有助于代码引用相应的类

2. 英雄与敌人

英雄已经在图 11-1 和图 11-2 的左上角出现。他被小心放置，好让他刚好站在 Floor 的一块砖上。

英雄的影片剪辑里有几个不同的动画部分，如图 11-4 所示。

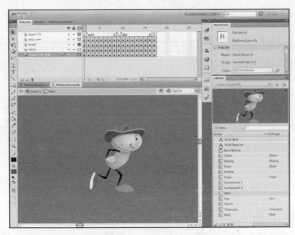

图 11-4　英雄拥有站立、行走、跳跃和死亡的帧

注意，影片剪辑注册点设置在角色的脚底。我们使这个点位于角色所在地板砖的顶面上。而在水平方向上，角色处于正中心。

放置英雄的时候，要让他的 y 坐标刚好和他脚下地板的 y 坐标匹配。这样，英雄就从站立的姿势开始动身。如果把他定位于地板砖上方的话，他会以从落到地板上的方式开始征程。这又是另一种方式了，如果你想让角色以跌入场景的方式开始的话。

敌人是个和英雄差不多的影片剪辑，只不过仅有站立和行走的连续动画（图 11-5）。注意，他的注册点也是在脚底。

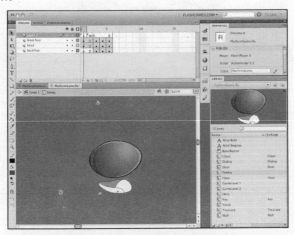

图 11-5　敌人只有站立和行走标签

避开这些小家伙只需跳起来即可。实际上，英雄也得这么做，因此他们都是矮胖的。我们不需要为他们设计"死亡"动画，因为当他们被消灭的时候我们是直接将他们从屏幕移除，同时使用本书第 8 章提到的 `PointBurst`，在他们消失之处给出一条信息。

敌人当然也需要直接放到一块地砖上。不然的话，他们会掉到下一块砖上——如果那就是你想要的开局方式的话也无妨。

敌人一样需要实例名。图 11-1 和图 11-2 里显示的 3 个敌人分别为 enemy1、enemy2 和 enemy3。

敌人还有一个特点：他们被设成前后走动，碰到墙体时会掉头。所以，你应该把他们放置在两端都有墙的地方。如果他们所处的区段有一端没有墙，他们应该在第一次经过那里时就掉下去。应该保证他们每次经过无墙的一端时都掉下，直到稳定在一个两端都有墙的地方，并在那里前后走动。

3. 宝物和物品

在图 11-1 和图 11-2 中，你会看到各种各样其他的物体。像红宝石的物体是可以取得分数的宝物。宝物（Treasure）影片剪辑不用多说，包含了许多不停闪耀的动画帧。这对游戏没有任何实质影响，它只关乎视觉效果。

说明

如果你想要更多种类的宝物，在单个影片剪辑的每一帧放置一种不失为一种简易可行的方法。或者，你需要创建各种不同的物体，比如钻石、硬币、婚戒之类的。然后，你需要在代码里对其进行甄别。

Key 和 Door 的影片剪辑也差不多。Key 只有几帧长的动画。而 Door 从第 2 帧开始有个 open 序列。图 11-6 展示了这个影片剪辑。

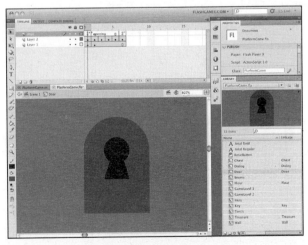

图 11-6　影片剪辑 Door 里有个静止的第一帧，接着是一个开门的动画

物品不需要很精确地放到某个网格里。它们只需要放在英雄走或跳时够得着的地方。不过，将门放在地板上会让人看上去更自然一些。

说明

请留意游戏元素的层次。需在游戏进行的时候保持警惕。举个例子，当英雄的层次处于一堵墙或某个对象之后时，墙的图片会在他靠近时遮住他的图片。

另一方面，可以让物体出现在玩家的前面，如一块半透明的窗玻璃或家具的一小部分。

Treasure、Key、和 Door 影片剪辑都已经设好了链接名称，如我们在之前的图 11-3 中看到的那样。代码通过类来找到它们。影片剪辑实例本身不需要任何名称。

箱子是游戏里的另一样物品。这个两帧影片剪辑包含了宝物箱的开和闭。这是玩家要寻找的目标，当玩家找到它时游戏就结束了。

4. 艺术背景

游戏关卡在影片剪辑中包含了一个带有艺术背景的图层。在这里，它是一个渐变遮罩。不过，还可以添加很多东西。你加到背景中的东西虽然是看得见，但还不够活跃。

所以，你可以在场景里任意涂色。可以在墙上挂上画作、熊熊燃烧的火炬、提示语和指示牌等。

图 11-1 和图 11-2 展示了举在高处的火炬。它们如图片一样被置于相同的背景层里。我们的游戏代码甚至不用去理会它们，因为它们是随着背景移动的。

5. 对话框

这个影片包含了一个对话框，我们可以在想要传递某些信息的时候将它放到玩家面前并等候他的输入。你可以在图 11-7 看到这个对话框的影片剪辑。

图 11-7　Dialog 影片剪辑等待玩家单击按钮以继续

每当英雄死亡、游戏结束、某个关卡完成或者玩家胜利的时候，就会显示对话框。当以上这些事件发生时，游戏会暂停并弹出一个对话框。我们把这个对话框做成一个单独的影片剪辑，其中包括了一个动态文本字段和一个按钮。

6. 主时间轴

主时间轴上会提供一个带着说明的 start 帧。之后的每一帧包含一个游戏关卡影片剪辑。这使得不管是在游戏进行中还是在创建关卡时，玩家都很容易地从这一关跳到另一个关。

第 2 帧包含游戏的第 1 关——GameLevel1（实例名为 gamelevel）。第 3 帧包含游戏的第 2 关——GameLevel2（实例名也是 gamelevel）。

当 ActionScript 执行时，它会寻找当前帧里面实例名为 gamelevel 的影片剪辑。这样，我们可以将不同的游戏关卡影片剪辑（以相同的实例名）分别放到不同的帧里。

在游戏关卡帧中，我们有 3 个动态文本字段：一个用于显示关卡，一个用于显示剩余生命条数，而最后一个用于显示分数。图 11-8 展示了游戏开始时屏幕上的实际情况。

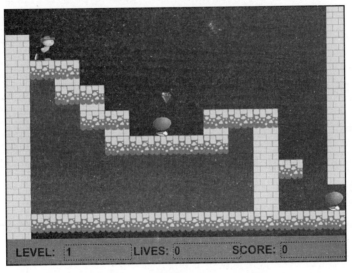

图 11-8　屏幕底部是 3 个文本字段

11.1.2　设计类

类会首先查看影片剪辑 gamelevel。它会遍历该影片剪辑里的每一个子元件，弄清它的作用以及它需要在游戏类中如何呈现。

举个例子，如果某子元件是 Wall 或 Floor，它会被加入到相应的对象数组里。然后，当角色移动时，这些对象会被遍历以检测碰撞。

它也会找英雄和敌人。假设英雄的实例名就叫 hero，而敌人叫做 enemy1、enemy2，等等。

说明

为检测影片剪辑所属对象类型，我们会使用 is 操作符。这个操作符会将一个变量的对象类型和一个对象类型进行比较（如 (Thisthing is MyObject)）。

代码的绝大部分都是对移动的处理。英雄可以向左移，向右移，而且可以跳跃。但是，他也会受到重力影响，也会从边缘掉下去。他可以和墙体碰撞并停住，当然也会和地板相碰撞，使得他掉下的时候不至于穿过地板。

敌人也一样，他们和英雄遵守同样的规则，不同的无非就是他们不受方向键控制。

那么，与其分别在英雄和敌人身上使用不同的移动代码，不如让他们分享同一个角色运动函数。

横向滚轴是另一种移动因素。英雄和敌人都在 gamelevel 影片剪辑里移动着，如果英雄在舞台上的相对位置走得太靠左边或右边的话，我们会把整个 gamelevel 影片剪辑相对角色进行反向移动。代码的其余部分会忽略这种情况，因为实际上 gamelevel 里并没有东西在移动。

11.1.3　规划所需函数

在开始编程之前，让我们先看看在类中所有用到的函数和它们相互之间的依赖关系。

- ❑ startPlatformGame——初始化分数和玩家生命条数。
- ❑ startGameLevel——关卡初始化，调用下面 3 个函数。
  - ■ createHero——根据 hero 影片剪辑实例所在位置创建 hero 对象。
  - ■ addEnemies——根据现有的 enemyX 影片剪辑创建 enemy 对象。
  - ■ examineLevel——查找墙体（wall）、地板（floor）和 gamelevel 影片剪辑中的其他物品。
- ❑ keyDownFunction——记录玩家按下的键。
- ❑ keyUpFunction——记录玩家释放的键。
- ❑ gameLoop——每帧都计算已过的时间然后调用以下 4 个函数。
  - ■ moveEnemies——遍历所有敌人并移动他们。
  - ■ moveCharacter——移动角色。
  - ■ scrollWithHero——根据英雄的位置来移动影片剪辑 gamelevel。
  - ■ checkCollisions——监测英雄是否碰到了敌人或其他物品。之后调用以下 3 个函数。
    - ◆ enemyDie——敌人被移除。
    - ◆ heroDie——英雄减掉一条命，游戏可能终结。
    - ◆ getObject——英雄获得一件物品。
- ❑ addScore——增加分值，显示分数。

- ❑ showLives——显示剩余命条数。
- ❑ levelComplete——通关成功, 暂停并显示对话框。
- ❑ gameComplete——找到宝物, 暂停并显示对话框。
- ❑ clickDialogButton——点击对话框按钮, 执行下一个动作。
- ❑ cleanUp——移除 gamelist 以准备下一关。

既然我们已经知道需要准备哪些函数, 那就一起来建立 PlatformGame.as 类吧。

11.2 建立类

考虑到这个游戏的全部功能, 这个包文件 (package file) 其实并不算太长。正因如此, 我们把所有东西都放在一个类里。尽管对于一个大型游戏来说, 分别对角色、物品以及固定物体建立单独的类才实用。

11.2.1 类的定义

在类的开始部分, 我们可以看到标准的导入列表 (import listing), 其中包含了基于时间动画所需的 flash.utils.getTimer:

```
package {
    import flash.display.*;
    import flash.events.*;
    import flash.text.*;
    import flash.utils.getTimer;
```

我们只需要几个常量, 第一个是 gravity (重力加速度), 然后便是启动横向滚轴所需的屏幕边距值。

说明

重力常数的确定需要花些工夫。失之毫厘, 谬以千里。所以我一般从较小的值开始。我会在游戏完成后再调整它, 直到跳跃以及跌下的行为看上去完全合理为止。

```
public class PlatformGame extends MovieClip {
    //移动常量
    static const gravity:Number = .004;

    //滚屏所需边距
    static const edgeDistance:Number = 100;
```

当对 gamelevel 影片剪辑进行扫描的时候, 所有找到的对象被放进两个数组的其中一个里面。

fixedObjects 数组保存对可让玩家站立或者可阻挡玩家的所有物体的引用。而 otherObjects 数组则持有对钥匙、门、箱子和宝物等物品的引用：

```
//对象数组
private var fixedObjects:Array;
private var otherObjects:Array;
```

英雄的影片剪辑已经命名为 hero 并可以通过 gamelevel.hero 访问。但是我们的类里的 hero 对象负责保存这个引用和其他关于英雄角色的信息。同样地，enemies 数组保存带着每一个敌人信息的对象列表。

```
//英雄和敌人
private var hero:Object;
private var enemies:Array;
```

我们需要很多变量来记录游戏状态。我们使用数组 playerObjects 来存储玩家捡起的物体。这个游戏里仅有的物体就是 Key，不过我们仍将它放在数组里以便以后可以增加更多的物体。

gameMode 这个字符串变量帮助我们了解英雄应由哪些函数作用着。它的值一开始是 "start"，然后在游戏准备运行时变成"play"。

gameScore 和 playerLives 分别为得分和玩家剩余命数。

变量 lastTime 记录着最近一步游戏动画的毫秒值。我们用它来驱动游戏元素里所使用的基于时间的动画。

```
//游戏状态
private var playerObjects:Array;
private var gameMode:String = "start";
private var gameScore:int;
private var playerLives:int;
private var lastTime:Number = 0;
```

11.2.2 开始游戏和关卡

游戏开始时，我们需要设置好几个和游戏状态有关的变量。这可以通过在包含游戏首关的帧内调用 startPlatformGame 函数来完成。我们还有些其他变量需要在每关进行重设。它们每次都会在下一帧里通过调用 startGameLevel 函数进行设置。

```
//开始游戏
public function startPlatformGame() {
    playerObjects = new Array();
    gameScore = 0;
    gameMode = "play";
    playerLives = 3;
}
```

图 11-9 展示了游戏开始时的界面，上面有个按钮由玩家按下以继续。

图 11-9　这个平台游戏的开始界面

1. startGameLevel 函数

startGameLevel 函数由每一个包含 gamelevel 影片剪辑的帧调用。接着它会分配寻找和建立英雄、敌人和游戏物品等：

```
//开始关卡
public function startGameLevel() {

    //创建角色
    createHero();
    addEnemies();

    //检测关卡并记录所有对象
    examineLevel();
```

startGameLevel 函数也准备了 3 个事件侦听器。第一个便是主要的 gameLoop 函数，它负责依据帧频推动动画进程。另外两个是玩家键盘事件的侦听器：

```
//添加侦听器
this.addEventListener(Event.ENTER_FRAME,gameLoop);
stage.addEventListener(KeyboardEvent.KEY_DOWN,keyDownFunction);
stage.addEventListener(KeyboardEvent.KEY_UP,keyUpFunction);
```

最后，gameMode 被设成"play"，调用两个函数来设置得分和命数的显示。得分显示更新由 addScore 负责，它要做的就是加分并更新文本字段。如果我们加了 0 分，那么它就只是个纯粹的显示函数而已：

```
//设置游戏状态
gameMode = "play";
addScore(0);
showLives();
}
```

11

2. createHero 函数

影片剪辑 hero 已经在 gamelevel 之中了，蓄势待发。不过，我们还需要设置并使用很多的属性，因此我们在类里面创建了一个 hero 对象来储存这些属性：

```
//创建 hero 对象并设置所有属性
public function createHero() {
    hero = new Object();
```

第一个属性是对 hero 影片剪辑的引用，它属于英雄的视觉载体。现在，我们是以 hero.mc 而非 gamelevel.hero 来指代英雄。当我们使用 hero 对象进行玩家角色操作的时候这么做更加合适：

```
    hero.mc = gamelevel.hero;
```

下面是描述 hero 速度的两个属性：

```
    hero.dx = 0.0;
    hero.dy = 0.0;
```

当英雄没有站在坚实地面的时候属性 hero.inAir 会设为真：

```
    hero.inAir = false;
```

hero.direction 属性值为-1 或 1，这取决于 hero 面朝的方向：

```
    hero.direction = 1;
```

hero.animstate 属性保存"stand"或"walk"。当它为"walk"时，我们知道角色一定是在按照他的行走序列移动。而这些动画帧都储存在 hero.walkAnimation 里。本例中，行走序列位于第 2~8 帧。而关于当前动画正处于哪一帧的信息我们会将其存在 hero.animstep 里：

```
    hero.animstate = "stand";
    hero.walkAnimation = new Array(2,3,4,5,6,7,8);
    hero.animstep = 0;
```

hero.jump 属性会在玩家按下空格键时被设为真。类似地，hero.moveLeft 和 hero.moveRight 的真假取决于相应方向键是否被按下。

```
    hero.jump = false;
    hero.moveLeft = false;
    hero.moveRight = false;
```

以下两个属性是用来决定角色跳跃高度和行走速度的常量：

```
    hero.jumpSpeed = .8;
    hero.walkSpeed = .15;
```

说明

这些常量的确定也要经过摸索。我开始时是猜的，比如以为角色以 100~200 像素/秒的速度行走，不过，当我建立游戏的时候又进行了调整。

常量 hero.width 和 hero.height 用于碰撞的判定。因为角色的实际宽度和高度在动画进行的每一帧都会不一样，所以我们不使用角色的实际高度和宽度，而使用以下固定值：

```
hero.width = 20.0;
hero.height = 40.0;
```

如果英雄发生碰撞，则将其重置到在当前关卡的开始位置。因此，我们需要记录下此位置的坐标值：

```
hero.startx = hero.mc.x;
hero.starty = hero.mc.y;
}
```

3. addEnemies 函数

敌人都储存在看上去和 hero 对象差不多的对象里。由于 hero 和 enemy 对象具有相同的属性，我们可以把它们放进同一个 moveCharacter 函数。

addEnemies 函数寻找 enemy1 影片剪辑并把它作为对象加入到 enemies 数组里，然后接着寻找 enemy2，如此进行下去。

英雄和敌人的不同点很少，其中一个是敌人不需要 startx 和 starty 属性。而且，enemy.moveRight 属性开始时为真，所以敌人开始时会向右行走：

```
//寻找关卡中的所有敌人并为每一个创建一个对象
public function addEnemies() {
    enemies = new Array();
    var i:int = 1;
    while (true) {
        if (gamelevel["enemy"+i] == null) break;
        var enemy = new Object();
        enemy.mc = gamelevel["enemy"+i];
        enemy.dx = 0.0;
        enemy.dy = 0.0;
        enemy.inAir = false;
        enemy.direction = 1;
        enemy.animstate = "stand"
        enemy.walkAnimation = new Array(2,3,4,5);
        enemy.animstep = 0;
        enemy.jump = false;
        enemy.moveRight = true;
        enemy.moveLeft = false;
        enemy.jumpSpeed = 1.0;
        enemy.walkSpeed = .08;
        enemy.width = 30.0;
        enemy.height = 30.0;
        enemies.push(enemy);
        i++;
    }
}
```

4. examineLevel 函数

当英雄和所有敌人都建立之后，examineLevel 函数查看影片剪辑 gamelevel 的所有子元件。

```
//查看所有子元件并标注墙、地板和其他部件
public function examineLevel() {
    fixedObjects = new Array();
    otherObjects = new Array();
    for(var i:int=0;i<this.gamelevel.numChildren;i++) {
        var mc = this.gamelevel.getChildAt(i);
```

如果对象是 Floor 或 Wall，它就会作为具有影片剪辑引用的对象加入到 fixedObjects 数组里，而且它还有其他信息。四条边的位置值存储在 leftside、rightside、topside 和 bottomside 中。在判断碰撞时我们需要快速访问这些值：

```
//把地板和墙添加到 fixedObjects 数组里
if ((mc is Floor) || (mc is Wall)) {
    var floorObject:Object = new Object();
    floorObject.mc = mc;
    floorObject.leftside = mc.x;
    floorObject.rightside = mc.x+mc.width;
    floorObject.topside = mc.y;
    floorObject.bottomside = mc.y+mc.height;
    fixedObjects.push(floorObject);
```

所有其他对象则添加到 otherObjects 数组里：

```
//把宝物、钥匙和门添加到 otherObjects 里
} else if ((mc is Treasure) || (mc is Key) ||
            (mc is Door) || (mc is Chest)) {
    otherObjects.push(mc);
}
    }
}
```

11.2.3　键盘输入

对键盘输入的响应一如前面游戏里所述的，使用方向键。不过，这里我们直接设置英雄的 moveLeft、moveRight 和 jump 属性。我们只会在英雄已经不处于空中时让 jump 为真。

```
//记录按键，设置 hero 的属性
public function keyDownFunction(event:KeyboardEvent) {
    if (gameMode != "play") return; //非 play 模式不动

    if (event.keyCode == 37) {
        hero.moveLeft = true;
    } else if (event.keyCode == 39) {
        hero.moveRight = true;
    } else if (event.keyCode == 32) {
        if (!hero.inAir) {
            hero.jump = true;
        }
    }
}
```

keyUpFunction 识别玩家释放按键，然后关闭 moveLeft 或 moveRight 的当前状态：

```
public function keyUpFunction(event:KeyboardEvent) {
    if (event.keyCode == 37) {
        hero.moveLeft = false;
    } else if (event.keyCode == 39) {
        hero.moveRight = false;
    }
}
```

11.2.4 游戏主循环

多亏了有 EVENT_FRAME 侦听器，gameLoop 函数得以每帧调用一次。它决定了两次调用之间间隔的毫秒数。

如果 gameMode 的值是"play"，那么它会调用各种函数。首先，它会调用以 hero 为操作对象的 moveCharacter 函数。它同时也会把 timeDiff 传给 moveCharacter。

接着，它调用 moveEnemies，用以遍历敌人以及为每一个敌人调用 moveCharacter。checkForCollisions 函数负责跟踪所有敌人与英雄之间的碰撞以及英雄与物品之间的碰撞。

最后，scrollWithHero 负责在必要时协调影片剪辑 gamelevel 与英雄的位置：

```
public function gameLoop(event:Event) {

    //获取时间差
    if (lastTime == 0) lastTime = getTimer();
    var timeDiff:int = getTimer()-lastTime;
    lastTime += timeDiff;

    //只在 play 模式执行任务
    if (gameMode == "play") {
        moveCharacter(hero,timeDiff);
        moveEnemies(timeDiff);
        checkCollisions();
        scrollWithHero();
    }
}
```

moveEnemies 函数检查每一个敌人的 hitWallRight 和 hitWallLeft 属性。这些是 moveCharacter 在执行时赋予角色对象身上的特殊属性。我们把它们用在敌人身上而没有用在 hero 对象上。

当敌人碰到墙之后，我们让它掉转方向：

```
public function moveEnemies(timeDiff:int) {
    for(var i:int=0;i<enemies.length;i++) {

        //移动
        moveCharacter(enemies[i],timeDiff);

        //如果撞墙，转身
        if (enemies[i].hitWallRight) {
```

```
            enemies[i].moveLeft = true;
            enemies[i].moveRight = false;
        } else if (enemies[i].hitWallLeft) {
            enemies[i].moveLeft = false;
            enemies[i].moveRight = true;
        }
    }
}
```

说明

让不同的敌人拥有不同的行为方式或许更可取。例如，让敌人根据英雄相对于自己或左或右的位置来确定自己移动的方向；又或者，可以监视英雄和敌人之间的距离以便让敌人在英雄靠近的时候才开始移动。

11.2.5　角色的运动

现在到了考查游戏核心——moveCharacter 函数的时候了。它接受一个 character 对象（hero 或 enemy），并把它储存在 char 变量里。它同时也获取已经过去的毫秒数，储存在 timeDiff 变量里：

```
public function moveCharacter(char:Object,timeDiff:Number) {
```

游戏之初，变量 lastTime 被初始化，时间差为 0。因为零值在一些速度公式里会引起小麻烦，所以我们在 timeDiff 为零时中断函数运行：

```
    if (timeDiff < 1) return;
```

说明

如果 timeDiff 是 0，那么 verticalChange 也是 0。如果 verticalChange 是 0，新旧纵坐标的值一样，就很难分辨角色到底在地面还是在半空中了。

我们首先是要根据重力加速度计算纵坐标值。重力总是会作用到我们身上，即使站在地面上时也是如此。我们根据重力常数和已用时间计算出角色速度和纵轴位置的变化。

为在基于时间的动画里根据重力计算出纵轴变化，我们引入当前纵轴速度（char.dy），并让它乘以 timeDiff。这囊括了角色当前向上或向下的速度。

然后，我们加上 timeDiff 乘以 gravity 的值来估算最近一次纵轴速度更新之后的运行距离。

```
    //假设角色被重力向下拉
    var verticalChange:Number = char.dy*timeDiff + timeDiff*gravity;
```

```
if (verticalChange > 15.0) verticalChange = 15.0;
char.dy += timeDiff*gravity;
```

说明

verrticalChange 现在限制在 15.0。这就是所谓的**终极速度**（terminal velocity）。在实际生活里，这常发生在风阻抵消了重力作用，至使物体不能继续加速下落的情况。我们在这里加上这个是为了防止，角色掉落了一段较长距离后，速度快到肉眼看上去觉得不自然。

在我们考查向左或向右运动之前，我们先对接下来发生的事情作些假设。我们假设动画状态是"stand"，那么角色新的方向就和当前一样。我们也假设横向位置上没有变化：

```
//对按键变化的反应
var horizontalChange = 0;
var newAnimState:String = "stand";
var newDirection:int = char.direction;
```

然后，我们通过检查 char.moveLeft 和 char.moveRight 属性快速验证以上假设。这可以在跟踪玩家按下向左还是向右方向键的 keyDownFunction 函数里面设好了。

如果按下的是向左方向键，horizontalChange 被设为负的 char.walkSpeed*timeDiff。同时，newDirection 设为−1。如果按下的是右方向键，horizontalChange 设为正的 char.walkSpeed*timeDiff，而且 newDirection 设为 1。这两种情况下，newAnimState 都被设为"walk"：

```
if (char.moveLeft) {
    //向左走
    horizontalChange = -char.walkSpeed*timeDiff;
    newAnimState = "walk";
    newDirection = -1;
} else if (char.moveRight) {
    //向右走
    horizontalChange = char.walkSpeed*timeDiff;
    newAnimState = "walk";
    newDirection = 1;
}
```

下一个我们要查看的是 char.jump，当玩家按下空格键时它为 true。我们会迅速地把它设回 false，以保证这个动作在每次空格键按下时只发生一次。

接着，我们把 char.dy 变为负的 char.jumpSpeed 常量。这给了角色一个向上的推力，也就是跳的源动力。

我们也要记得将 newAnimState 设为"jump"。图 11-10 展示了英雄跳起的状态。

11

图 11-10　英雄在空中时的样子

```
if (char.jump) {
    //开始跳
    char.jump = false;
    char.dy = -char.jumpSpeed;
    verticalChange = -char.jumpSpeed;
    newAnimState = "jump";
}
```

现在我们将查看场景里的 fixedObjects 以检测运动碰撞。但在此之前，我们假设左右都没有墙体碰撞，而角色保持在空中。

```
//假设没有撞墙，挂在空中
char.hitWallRight = false;
char.hitWallLeft = false;
char.inAir = true;
```

我们基于当前位置和之前设置的 verticalChange 来计算角色新的纵轴位置：

```
//寻找新的纵轴位置
var newY:Number = char.mc.y + verticalChange;
```

现在，我们浏览每一个固定物体以确定是否有角色的立足之地。要达到目的，我们先看看角色是否和物体在横轴上保持一致。如果它过于靠左或靠右，我们就没必要对其进行检测。

图 11-11 展示了其中一个例子。矩形 A 显示的是在当前位置的角色，而矩形 B 展示了在将来位置的角色。你可以看到角色的底部在 A 里位于地板的上面，而在 B 里是在地板的下面。

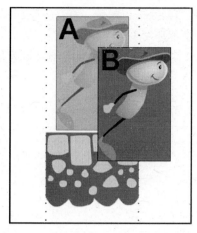

图 11-11　只需一步，如果代码不进行阻止的话角色就会穿过地板

下一步，我们查看角色当前是否在物体之上而他的 newY 是否在它之下。是的话就意味着角色可以如常的穿过物体。记住角色的注册点在脚底，而墙体和地板的注册点在顶部。

不能让角色穿过物体，我们要把它挡在物体的顶部表面。char.dy 属性设为 0，而 char.inAir 属性设为 false：

```
//遍历所有固定物体，看看角色是否站在其上
for(var i:int=0;i<fixedObjects.length;i++) {
    if ((char.mc.x+char.width/2 > fixedObjects[i].leftside) &&
                    (char.mc.x-char.width/2 < fixedObjects[i].rightside)) {
        if ((char.mc.y <= fixedObjects[i].topside) &&
                            (newY > fixedObjects[i].topside)) {
            newY = fixedObjects[i].topside;
            char.dy = 0;
            char.inAir = false;
            break;
        }
    }
}
```

说明

当一个角色站在地板上或墙上的时候，每一步都会进行纵向检测，这样就保证了它一直走在地板上。

下一步，我们对横轴位置执行了相似的检测。在假设没有碰撞的情况下，我们以新的横轴位置创建了变量 newX：

```
//寻找新的横轴位置
var newX:Number = char.mc.x + horizontalChange;
```

现在，我们查看每一个 Wall 和 Floor 对象，看看是否纵向匹配。如果匹配了，我们就看看从当前位置到新的位置的时候是不是发生了跨越。

我们需要检查左右两边。只要测出有 true 值，x 位置被设为和墙精确匹配，而 char.hit-WallLeft 或 char.hitWallRight 会被设为 true：

```
//遍历所有物体以查看角色是否撞进了墙里
for(i=0;i<fixedObjects.length;i++) {
    if ((newY > fixedObjects[i].topside) &&
                    (newY-char.height < fixedObjects[i].bottomside)) {
        if ((char.mc.x-char.width/2 >= fixedObjects[i].rightside) &&
                        (newX-char.width/2 <= fixedObjects[i].rightside)) {
            newX = fixedObjects[i].rightside+char.width/2;
            char.hitWallLeft = true;
            break;
        }
        if ((char.mc.x+char.width/2 <= fixedObjects[i].leftside) &&
                        (newX+char.width/2 >= fixedObjects[i].leftside)) {
            newX = fixedObjects[i].leftside-char.width/2;
            char.hitWallRight = true;
            break;
        }
    }
}
```

现在知道了角色新的位置，并综合考虑了横向和纵向的速度、重力，以及地板和墙的碰撞。我们就可以设定角色的位置：

```
//设置角色位置
char.mc.x = newX;
char.mc.y = newY;
```

函数的剩余部分处理角色的外观。我们检测 char.inAir 的值，如果它这时是 true，我们需要将 newAnimState 设定为"jump"：

```
//设置动画状态
if (char.inAir) {
    newAnimState = "jump";
}
```

我们完成了对 newAnimState 的更改。该值开始设为"stand"，然后，当左右方向键按下的时候便成了"walk"。它也可以在玩家按下空格键或者角色在空中的时候变为"jump"。现在，我们把 animstate 设为 newAnimState 的值：

```
char.animstate = newAnimState;
```

下面，我们使用 animstate 来决定角色的样子。如果角色是在走动，animstep 会以零碎的 timeDiff 增加，而我们会检测看看 animstep 是否该从零开始。然后，角色的帧根据 walkAnimation 指定的帧进行设置：

```
//循环走动
if (char.animstate == "walk") {
    char.animstep += timeDiff/60;
```

```
        if (char.animstep > char.walkAnimation.length) {
            char.animstep = 0;
        }
        char.mc.gotoAndStop(char.walkAnimation[Math.floor(char.animstep)]);
```

如果角色不是在走动，我们就根据 `animstate` 的值将帧设置为`"stand"`还是`"jump"`：

```
//不是行走，展示站立或跳跃状态
} else {
    char.mc.gotoAndStop(char.animstate);
}
```

`moveCharacter` 要做的最后一件事是设置角色的方向。`Direction` 属性是−1时向左，是 1 时向右。我们把它设为之前就确定的 `newDirection` 的值。然后我们设置角色的 `scaleX` 属性。

说明

设置一个 Sprite 或者影片剪辑的 `scaleX` 值是反转对象的一种简易方式。不过如果你在对象的图片里弄了阴影或三维效果的话，你就需要画一个相反方向的独立版本；不然，反转的角色会有些怪。

```
//改变方向
if (newDirection != char.direction) {
    char.direction = newDirection;
    char.mc.scaleX = char.direction;
}
}
```

11.2.6　滚动游戏关卡

另一个每帧执行的函数就是 `scrollWithHero`。它会检查英雄与舞台的相对位置。通过把 `gamelevel.x` 和 `hero.mc.x` 的相加取得 `stagePostion`。然后，我们也需要获得基于屏幕边缘的 `rightEdge` 和 `leftEdge`，减去 `edgeDistance` 常量。这些就是屏幕需要开始滚动的位置。

如果英雄越过了 `rightEdge` 则 `gamelevel` 的位置也会向左移动相同的距离。不过，如果 `gamelevel` 离左边太远的话，它就会被限制移动，`gamelevel` 的右端就刚好在舞台的右侧。

同样地，如果英雄走到了离左边足够近的地方，那么影片剪辑 gamelevel 会向右移动，不过当 gamelevel 的左侧移到屏幕的左边时，gamelevel 不能再向右移动了。

```
//按需要向右或左滚动
public function scrollWithHero() {
    var stagePosition:Number = gamelevel.x+hero.mc.x;
    var rightEdge:Number = stage.stageWidth-edgeDistance;
    var leftEdge:Number = edgeDistance;
    if (stagePosition > rightEdge) {
        gamelevel.x -= (stagePosition-rightEdge);
        if (gamelevel.x < -(gamelevel.width-stage.stageWidth))
                    gamelevel.x = -(gamelevel.width-stage.stageWidth);
```

11

```
    }
    if (stagePosition < leftEdge) {
        gamelevel.x += (leftEdge-stagePosition);
        if (gamelevel.x > 0) gamelevel.x = 0;
    }
}
```

11.2.7　检测碰撞

checkCollisions 函数先遍历所有敌人，然后遍历所有 otherObjects。它对每一个物体使用简单的 hitTestObject 函数来执行碰撞检测。

如果英雄和敌人碰撞发生时，英雄正处于空中并且在向下掉，通过调用 enemyDie 让敌人消灭。不过，如果不是上述情况的话，调用的就是 heroDie 了：

```
//检测与敌人、物品间的碰撞
public function checkCollisions() {

    //敌人
    for(var i:int=enemies.length-1;i>=0;i--) {
        if (hero.mc.hitTestObject(enemies[i].mc)) {

            //是 hero 跳到 enemy 头上吗?
            if (hero.inAir && (hero.dy > 0)) {
                enemyDie(i);
            } else {
                heroDie();
            }
        }
    }
```

如果英雄碰到的是 otherObjects 列表里的一个物品，那么会以该物品在列表里的序号为参数来调用 getObject：

```
    //物品
    for(i=otherObjects.length-1;i>=0;i--) {
        if (hero.mc.hitTestObject(otherObjects[i])) {
            getObject(i);
        }
    }
}
```

11.2.8　敌人和玩家的死亡

当一个 enemy 对象被消灭，它会同时从影片剪辑 gamelevel 里和 enemies 列表里移除。这就是让它消失需要做的所有事情了。

不过，我们还添上了一个特效。通过运用第 8 章的 PointBurst 类，我们可以在敌人消失的位置显示某些文字。在这个例子里，出现的是文字 Got Em!。图 11-12 展示了一个敌人被消灭瞬间的画面。

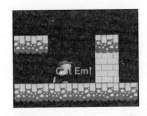

图 11-12 文字 Got Em!出现在敌人曾经的位置上并升腾着迅速隐去

```
//移除敌人
public function enemyDie(enemyNum:int) {
    var pb:PointBurst = new PointBurst(gamelevel,
            "Got Em!",enemies[enemyNum].mc.x,
            enemies[enemyNum].mc.y-20);
    gamelevel.removeChild(enemies[enemyNum].mc);
    enemies.splice(enemyNum,1);
}
```

说明

要使用 PointBurst 类，你需要将它复制到 PlatformGame.fla 以及 PlatformGame.as 所在的文件夹里。你还需要在 PlatformGame.fla 的库里面增加 Arial 字体并设置让它随 ActionScript 输出。

当玩家最终因为撞上一个敌人而死的时候，我们会提供之前就做好的对话框。

要创建这个对话框，我们需要创建一个新的 Dialog 对象并把它赋给一个临时变量。然后，我们设置 x 和 y 的位置并用 addChild 把它添加到舞台上。

接着，我们看看 playerLives 里的数字。如果是 0 的话，我们就设置对话框里的文字为 Game Over!（游戏结束!）并设 gameMode 为"gameover"。不过，如果仍然剩有生命的话，我们就把它减 1 并把信息设为 He Got You!（你被干掉了!），将 gameMode 设为"dead"。

gameMode 在玩家按下对话框里的按钮时扮演了非常重要的角色：

```
//敌人干掉了玩家
public function heroDie() {
    //显示对话框
    var dialog:Dialog = new Dialog();
    dialog.x = 175;
    dialog.y = 100;
    addChild(dialog);

    if (playerLives == 0) {
        gameMode = "gameover";
        dialog.message.text = "Game Over!";
    } else {
        gameMode = "dead";
        dialog.message.text = "He Got You!";
```

11

```
        playerLives--;
    }

    hero.mc.gotoAndPlay("die");
}
```

heroDie 函数所做的最后一件事是告诉影片剪辑 hero 播放 die 帧。这个函数开始播放玩家倒下的动画。hero 动画主时间轴的结尾有个 stop 命令，这就防止了循环播放。图 11-13 展示了英雄死亡，对话框出现的情景。

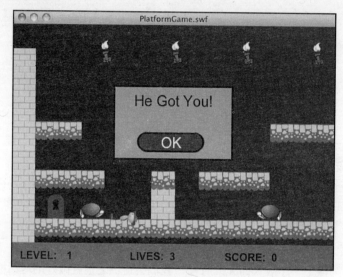

图 11-13 英雄死了，玩家需要按下按钮开始新的生命

11.2.9 收集分数和物体

当玩家和 otherObjects 数组里的一个物体发生碰撞，他要么获得分数，要么获得一件物品，或者让关卡结束。

如果物体的类型是 Treasure（宝物），玩家获得 100 分。我们再次使用 PointBurst 在原位显示 100。然后，我们从 gamelevel 和 otherObjects 中移除物体，调用函数 addScore 给总分加上 100 分并更新得分。

```
//玩家碰到物体
public function getObject(objectNum:int) {

    //宝物的奖励分
    if (otherObjects[objectNum] is Treasure) {
        var pb:PointBurst = new PointBurst(gamelevel,100,
                    otherObjects[objectNum].x,otherObjects[objectNum].y);
        gamelevel.removeChild(otherObjects[objectNum]);
        otherObjects.splice(objectNum,1);
        addScore(100);
```

说明

让不同宝物具有不同分值的一个简单途径是利用 Treasure 的实例名。而这个游戏一直都没有使用实例名。所以，可以设置一个宝物名叫"100"而另外一个叫"200"。然后，可以从 otherObjects[objectNum].name 获得分数值。

如果物体是 Key，我们使用 PointBurst 来显示信息 GotKey!（得到钥匙!）。我们把字符串 "Key"添加到 playerObjects 数组里，好像一张清单一样。接着这个物体就被从 gamelevel 和 otherObjects 里移除：

```
//获得钥匙，加入清单
} else if (otherObjects[objectNum] is Key) {
    pb = new PointBurst(gamelevel,"Got Key!",
                otherObjects[objectNum].x,otherObjects[objectNum].y);
    playerObjects.push("Key");
    gamelevel.removeChild(otherObjects[objectNum]);
    otherObjects.splice(objectNum,1);
```

物体还有可能是门。这种情况下，我们检查清单 playerObjects 看看"Key "在不在。如果玩家已经拿到钥匙，门就打开。我们通过让 Door 播放 open 帧开始来做这件事。然后，我们调用 levelComplete，它也同样会弹出对话框：

```
//碰到门，如果英雄有钥匙就通关
} else if (otherObjects[objectNum] is Door) {
    if (playerObjects.indexOf("Key") == -1) return;
    if (otherObjects[objectNum].currentFrame == 1) {
        otherObjects[objectNum].gotoAndPlay("open");
        levelComplete();
    }
```

最后的可能就是玩家已经找到了箱子。这意味着第 2 关的结束，也意味着玩家使命的结束。这个影片剪辑一样有个 open 帧，不过我们使用的是 gotoAndStop，因为并没有动画。然后，gameComplete 被调用：

```
//获得箱子，游戏胜利
} else if (otherObjects[objectNum] is Chest) {
    otherObjects[objectNum].gotoAndStop("open");
    gameComplete();
    }
}
```

11.2.10 显示玩家状态

现在是时候看一些功能函数了。它们在游戏需要时在各种地方进行调用。第一个是把数字加到 gameScore 上，然后在舞台上更新 scoreDisplay 文本字段：

```
//加分
public function addScore(numPoints:int) {
```

11

```
        gameScore += numPoints;
        scoreDisplay.text = String(gameScore);
    }
```

下面的函数把 playerLives 的值放到文本字段 levesDisplay 上：

```
//更新玩家命数
public function showLives() {
    livesDisplay.text = String(playerLives);
}
```

11.2.11　关卡和游戏的结束

第一关在玩家拿到钥匙和打开门后结束。第二关在玩家找到宝箱后结束。两种情况下都有一个 Dialog 对象被创建到屏幕中心。

在打开门和完成第一关时，对话框显示 Level Complete!（通关成功!），而且 gameMode 被设为"done"：

```
//关卡结束，显示对话框
public function levelComplete() {
    gameMode = "done";
    var dialog:Dialog = new Dialog();
    dialog.x = 175;
    dialog.y = 100;
    addChild(dialog);
    dialog.message.text = "Level Complete!";
}
```

在玩家找到宝箱的第二关结束时，弹出的信息是 You Got the Treasure!（你得到了宝物!），gameMode 被设为"gameover"：

```
//游戏结束，显示对话框
public function gameComplete() {
    gameMode = "gameover";
    var dialog:Dialog = new Dialog();
    dialog.x = 175;
    dialog.y = 100;
    addChild(dialog);
    dialog.message.text = "You Got the Treasure!";
}
```

11.2.12　游戏对话框

当玩家死亡、通关或者完成游戏时会出现对话框。当玩家单击对话框里的按钮时，会调用主类里的 clickDialogButton 函数。下面是在 Dialog 对象里的代码：

```
okButton.addEventListener(MouseEvent.CLICK,MovieClip(parent).clickDialogButton);
```

clickDialogButton 函数所做的第一件事就是移除对话框：

```
//对话框按钮被按下
public function clickDialogButton(event:MouseEvent) {
```

```
removeChild(MovieClip(event.currentTarget.parent));
```

接着，它要根据 gameMode 的值决定下一步做什么。如果玩家死了，更新命数的显示，而当关卡开始时英雄会放回到曾经的位置，而 gameMode 会设为"play"好让游戏继续。

```
//新生命，重新开始；或到下一关
if (gameMode == "dead") {
    //重置英雄
    showLives();
    hero.mc.x = hero.startx;
    hero.mc.y = hero.starty;
    gameMode = "play";
```

如果 gameMode 是"gameover"，也就是玩家失去最后一条命或找到宝箱的情况下，cleanUp 函数被调用以移除影片剪辑 gamelevel，影片回到开始：

```
} else if (gameMode == "gameover") {
    cleanUp();
    gotoAndStop("start");
```

另一种可能是 gameMode 为"done"。这就意味着它该到下一关了。cleanUp 函数再次被调用，然后影片跳到下一帧，一个新版本的 gamelevel 又将开始：

```
} else if (gameMode == "done") {
    cleanUp();
    nextFrame();
}
```

最后，要记得把键盘焦点交回给舞台。当按钮被单击时舞台失去了焦点。我们要确保方向键和空格键都已经回到了舞台范围内：

```
//把键盘焦点交还给舞台
stage.focus = stage;
}
```

由 clickDialogButton 函数调用的 cleanUp 函数移除了 gamelevel、用在舞台上的侦听器，以及 ENTER_FRAME 侦听器。如果玩家进入下一关的话，这些会在 startLevel 重建：

```
//清理游戏
public function cleanUp() {
    removeChild(gamelevel);
    this.removeEventListener(Event.ENTER_FRAME,gameLoop);
    stage.removeEventListener(KeyboardEvent.KEY_DOWN,keyDownFunction);
    stage.removeEventListener(KeyboardEvent.KEY_UP,keyUpFunction);
}
```

11.3　修改游戏

要让这个游戏更实际和富有挑战性，需要增加更多关卡和元素。可以增加任意多的关卡。

目前，第一关在得到钥匙找到门后结束。你可能想要让代码增加其他选项，比如门并不需要钥匙或者门需要多把钥匙。

另一个让游戏更有趣的特性是让死法更多样。现在来说，你只会在非跳跃时碰到敌人才会死。而杀死它们非常容易。

如果同时存在能杀死你的砖头或者其他物体的话呢？例如，可以有些动态火坑让你不得不跳过它来朝目标进发。

也可以有更多动态的险境，比如从墙上飞出长矛。飞出的武器碰到对面墙就会自动"死亡"，如一般的敌人。而你可以设个计时器定下长矛射出的间隔。

一切皆有可能。虽然做一个有创意和有趣的平台游戏很容易，而做一个差的也很容易。因此，要仔细考虑你的游戏设计并不断地测试和调整设计。

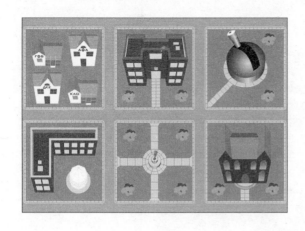

驾驶和竞速游戏

本章内容

❑ 创建俯视图驾驶游戏
❑ 建立 Flash 竞速游戏

在第11章里，你了解了在 ActionScritpt 游戏里怎样创建一个小世界。这种平台游戏创建了一种经常用在室内冒险和探索游戏里的侧视图场景。

俯视图是游戏世界里的另一种视角。这种视图几乎可以适用于任何情节和主题。你可以在很多俯视图游戏里看到玩家能够开着车在小镇或者其他室外环境里兜风。

在本章中，我们看看俯视图驾驶游戏和一个直线竞速游戏。两种类型的游戏有某些相同之处。

12.1 创建俯视图驾驶游戏

我们来创建一个简单的俯视图驾驶游戏吧。这个游戏的特征是有一张详细的地图、一部小车、要收集的物品和一个包括存放所收集物品的地方的复杂游戏逻辑。

源文件

http://flashgameu.com
A3GPU212_TopDownGame.zip

12.1.1 创建一个俯视下的世界

这章的示例游戏提供的是一个校园环境。它是一个 3×3 的区域，包括了各式各样的建筑及其之间的街道。图 12-1 展示了这个校园。

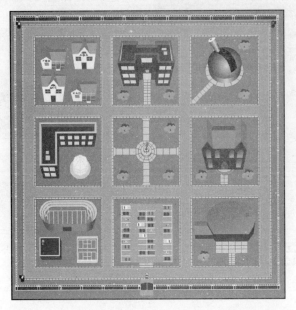

图 12-1   整个游戏界面约为 2400 像素 × 2400 像素

如果仔细看看地图的底部附近的门口,你会发现一部小车。那就是玩家的车,玩家可以"开着"它在地图里兜风。

因为地图很大,所以玩家每次都只能看到其中的一小块地方。重申一下,地图是 2400 像素见方的,而屏幕只有 550 像素 × 400 像素。

当玩家开车时,地图会根据车的位置自动调整使车始终在舞台的中心。

图 12-2 显示了游戏开始时的界面,你可以看到底部的大门,大门的上面有很多停车位。

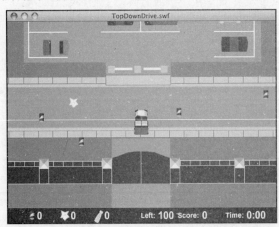

图 12-2   每次都只能看到地图上 550 像素 × 400 像素的一小块区域

地图在一个叫做 GameMap 的影片剪辑里面。由于布局上的需要，其中的 9 个建筑群都有自己的影片剪辑。街道由直线部分和三种不同的转角部分组成。外墙也是由一些不同的部分组成。

所有这些图形元素都只是为了装饰，对于代码来说不那么重要。这对于美工来说是个好消息，因为这意味着他们在游戏艺术背景的创建上可以有自由支配的权力。

车在屏幕上可以移动到任何地方，限制很少。

首先，车只能在外墙之内移动。这个限制由最大和最小的 x 和 y 值定义。

其次，车无法进入其他影片剪辑的特定区域。我们将这些影片剪辑称为 Block。如果车碰到了其中的一个，它会停在其边缘。

说明

block（障碍物，街区）的使用有 3 层意义。最重要的是，它阻止了车进入某个区域。此外，它还表示了地图上的城市街区。最后，它也表示了视觉上的矩形。

这 9 个 Block 被置于地图中九大建筑群之上。图 12-3 用厚厚的边框展示了这些 Block 的位置。

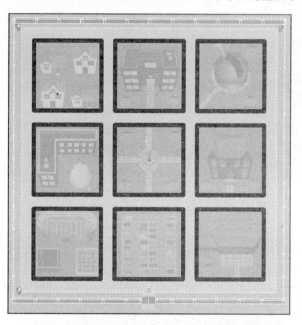

图 12-3　9 个 Block 影片剪辑都带着粗粗的外框线

这个游戏的目的是收集校园垃圾并将其丢在垃圾桶里。在校园的 3 个角上有垃圾桶。

有 3 种类型的垃圾，一个垃圾桶对应一种：易拉罐、废纸和玻璃瓶。

我们不是手动将垃圾摆到图上，而是用代码。代码会在校园里随机摆放 100 件垃圾。我们要确保它们不是在 Block 上，否则，车就无能为力了。

　　游戏的难度在于，要收集所有的垃圾并将其分别投到对应的垃圾桶里。而且，车每次只能装 10 件不同的垃圾。玩家要再装别的垃圾的话，就必须先找到一个垃圾桶卸掉其中的一部分。

　　在玩家必须根据自己要前往的垃圾桶来决定自己应该收集哪种垃圾时，游戏就会变得更有挑战性。

12.1.2　游戏设计

　　在开始编程之前，先花时间看看所有的游戏输入、物件以及机制是值得的。这有助于弄清楚我们需要做什么。

1. 车的控制

车由方向键控制。事实上，只需要 3 个键。图 12-4 展示了影片剪辑 car。

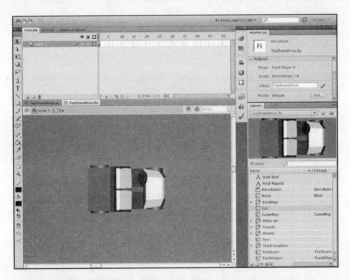

图 12-4　影片剪辑 car 朝向右边，所以 0° 刚好匹配由 Math.cos 和 Math.sin 所表示的方向

　　我们并不是完全模拟真实世界，所以诸如加速、刹车、倒车等都忽略不计，因为玩家并不需要用到这些。在这个例子里，可以左转、右转和向前移动就已经足够了。

　　我们使用向左和向右方向键直接改变车的 rotation 属性。然后使用 rotation 的 Math.cos 和 Math.sin 值来决定向前的移动。这和我们在第 7 章里太空岩石游戏对方向键和三角函数的使用相似。

2. 车的分界线

车被限制在街道上。详细点说，就是车不能离开地图，也不能越过任何 Block 影片剪辑。Block 影片剪辑如图 12-5 所示。

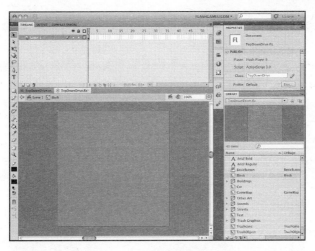

图 12-5　只有设计者才能看到 Block。一个红色细线外框和半透明填充帮助我们对它们
进行定位

要实现这种限制，我们把 car 和 Block 的矩形相比较。我们会在游戏一开始就获得它们的清单。如果 car 的矩形和任何一个 Block 相交，我们就让它退回到之前 Block 以外的位置。

这和第 5 章中弹球游戏的运行方式一样。不过，不是把 car 从 Block 弹开，而是刚好将其拒于 Block 之外就行了。

3. 垃圾

垃圾其实是一个有 3 帧的影片剪辑 TrashObject。我们把它们随机摆在地图上，确保一个都不要放在 Block 上。

当垃圾被定位之后，它会被随机设置到第 1、2 或 3 帧，代表易拉罐、废纸和玻璃瓶这 3 类垃圾中的一类。图 12-6 展示了 TransObject 影片剪辑。

图 12-6　TrashObject 影片剪辑有 3 个不同的帧，各有一个种类的垃圾

当车在四处搜寻垃圾的时候，我们查看每个 TrashObject 和它之间的距离，好把车开到足够近将垃圾捡起。

我们将垃圾从屏幕移除并持续记录玩家所持有的各类垃圾的数量。我们把每次的总数控制在 10，并在满载时通知玩家。

然后，当玩家接近一个垃圾桶时，我们把玩家的收集里该种类的件数清零。聪明的玩家会每次只装一种垃圾，这样在相应的垃圾桶边就可以全部清空。

4. 游戏记分和计时

在图 12-7 底部的分数提示器比我们之前在其他游戏里所做的都更重要。玩家必须小心留意。

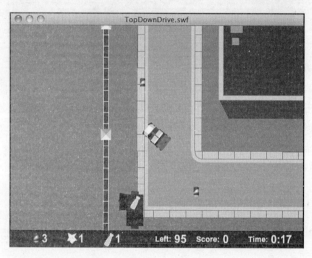

图 12-7   分数提示器在屏幕底部，下面垫着半透明框

头 3 个提示标识是玩家拥有的垃圾数。因为玩家在驶向垃圾桶之前最多只能装 10 个垃圾，所以他们会尽量装一样的。而且，他们会留意自己什么时候将要装满。

我们会在车满载的时候把这 3 个数字变成红色。我们也会采用声音提示。当玩家驶近一块垃圾的时候会播放一个捡起的声音。不过，当车满载的时候，会播放另一段声音，而把垃圾扔在街上。

接着的 3 个提示标识分别显示了剩余的垃圾数、已找到的垃圾数和已用时间。时间在这儿是个关键值。玩家只要不早早退出，就总能找到 100 件垃圾。时间相当于得分。游戏玩得好也就意味着用时短。

12.1.3   类的定义

目前来看这个游戏的代码非常简单。它首先会检查 Flash 影片所创建的环境，然后逐帧查看玩家的变化和移动。

pakcage 始于大范围类库的导入。除了常规方面，我们加上用在 Point 和 Rectangle 对象身上的 flash.geom.*，还有用在音效方面的 flash.media.Sound 和 flash.media.

SoundChannel：

```
package {
    import flash.display.*;
    import flash.events.*;
    import flash.text.*;
    import flash.geom.*;
    import flash.utils.getTimer;
    import flash.media.Sound;
    import flash.media.SoundChannel;
```

这个游戏的常量很多。speed 和 turnSpeed 控制车对方向键的反应。carSize 决定了车相对于中心点的矩形边界：

```
public class TopDownDrive extends MovieClip {

    //常量
    St atic const speed:Number = .3;
    static const turnSpeed:Number = .2;
    static const carSize:Number = 50;
```

常量 mapRect 定义了地图的边界。相当于环绕校园的外墙：

```
    static const mapRect:Rectangle = new Rectangle(-1150,-1150,2300,2300);
```

常量 numTrashObjects 是游戏开始时生成的垃圾数。我们用 maxCarry 设置玩家每次能运送的最大量：

```
    static const numTrashObjects:uint = 100;
    static const maxCarry:uint = 10;
```

接下来的两个常量设置垃圾和垃圾桶的有效作用距离。如果你把垃圾桶移到离道路稍远的地方或者改变了常量 carSize，或许就需要调整这个数字：

```
    static const pickupDistance:Number = 30;
    static const dropDistance:Number = 40;
```

说明

别把 pickUpDistance 设得过大，因为多数玩家都希望在专心收集某类垃圾的时候可以无所顾忌地从其他类的垃圾旁边溜过。

变量可以分为 3 组。第一组是用于记录游戏对象的一系列数组。

blocks 数组包含所有阻止车驶离道路的 Block 对象。trashObjects 是地图上随机散布的所有垃圾的清单。trashcans 数组包含了用来扔垃圾的 3 个垃圾桶：

```
    //游戏对象
    private var blocks:Array;
    private var trashObjects:Array;
    private var trashcans:Array;
```

下一组变量用来处理游戏状态。我们从常规的按键布尔值变量开始：

```
//游戏变量
private var arrowLeft, arrowRight, arrowUp, arrowDown:Boolean;
```

接下来是两个时间值。第一个是 lastTime，用于决定上一个动画步之后的时间长度。gameStartTime 用于计算玩家的游戏时间：

```
private var lastTime:int;
private var gameStartTime:int;
```

onboard 数组是垃圾桶的清单，每个元素代表一个垃圾桶，因此它一共有 3 个元素。这 3 个元素都从 0 开始，包含着目前玩家所载的各种垃圾数目。

```
private var onboard:Array;
```

变量 totalTrashObjects 包含了 onboard 里 3 个数字的总和。我们将用它来快速简单地确定车是否还有空间载得更多：

```
private var totalTrashObjects:int;
```

score 是成功捡起并运到垃圾桶的垃圾数量：

```
private var score:int;
```

lastObject 变量用来决定什么时候播放表示"不能再装啦，车已经满啦"的声音。当玩家已经收集了 10 个垃圾，而他又碰到了一个垃圾的时候，我们播放一段消极的声音，和有空间放时播放的积极声音刚好相反。

由于垃圾不会从地图上抹去，可以想象得到，碰撞会马上再次发生，直到车开到离这个垃圾足够远的地方为止。

因此，我们把对这个 Trash 对象的引用记到了 lastObject 里并用于随后的引用。这样我们就知道针对这个对象的消极声音已经播放了，即使车仍在附近也不会重复播放：

```
private var lastObject:Object;
```

最后的这些变量是对影片库里存储的 4 个声音的引用。所有这些声音已经设好了 linkage 属性，所以它们能像类一样让 ActionScript 访问：

```
//声音
var theHornSound:HornSound = new HornSound();
var theGotOneSound:GotOneSound = new GotOneSound();
var theFullSound:FullSound = new FullSound();
var theDumpSound:DumpSou nd = new DumpSound();
```

12.1.4　构造函数

当影片播放至第 2 帧的时候，它调用 startTopDownDrive 来开启游戏。

这个函数马上调用 findBlocks 和 placeTrash 来设置地图。我们稍后就看看这些函数：

```
public function startTopDownDrive() {
```

```
//获取街区
findBlocks();

//放置垃圾
placeTrash();
```

因为只有 3 个垃圾桶，而且它们已经在 gameSprite 里进行了特别命名，所以我们用一行简单的代码把它们放进数组 trashcans 里。

说明

gamesprite 是 GameMap 在舞台上的实例。在库里它实际上是一个影片剪辑。不过因为它只含有一帧，所以我们叫它 gamesprite。

```
//设置垃圾桶
trashcans = new Array(gamesprite.Trashcan1,
    gamesprite.Trashcan2, gamesprite.Trashcan3);
```

因为 Trash 对象是用代码创建的，而 car 在代码运行之前就已经存在于 gameSprite 里，所以垃圾会在车之上。这种情况会在车满载通过其他垃圾时尤为明显。你会看到垃圾漂浮在汽车之上——如果我们不采取措施的话。通过调用 setChildIndex 时传入 gameSprite.numChildren-1 参数，我们把 car 重新放到了整个游戏的最顶层。

```
//确保 car 在顶层
gamesprite.setChildIndex(gamesprite.car,gamesprite.numChildren-1);
```

说明

还有一种方法，就是在 GmaeMap 里创建一个空的影片剪辑来存放所有的垃圾。然后我们可以把它放在时间轴的一个层里，这一层比车低，比街区高。当我们有某些部件（例如桥）需要高于车和垃圾时，这种做法就很重要。

我们需要 3 个侦听器，一个用于侦听 ENTER_FRAME 事件，该事件管理着整个游戏，其他两个用于侦听按键：

```
//添加侦听器
this.addEventListener(Event.ENTER_FRAME,gameLoop);
stage.addEventListener(KeyboardEvent.KEY_DOWN,keyDownFunction);
stage.addEventListener(KeyboardEvent.KEY_UP,keyUpFunction);
```

我们接着设置游戏状态。GameStartTime 设为当前时间。onboard 数组全部设为 0，totalTrashObjects 和 score 也是如此。

```
//设置游戏变量
gameStartTime = getTimer();
onboard = new Array(0,0,0);
```

```
totalTrashObjects = 0;
score = 0;
```

我们马上调用两个功能函数让游戏运行起来。centerMap 函数负责把 gameSprite 放好以使 car 处于屏幕中心。如果现在不调用它，则会在第一个 ENTER_FRAME 事件发生之前在原始时间轴上有一段 gameSprite 出现的 flash。

调用 showScore 的背后其实也是有类似想法的，所以所有分数提示器在玩家看到它们之前都被设为原值始：

```
centerMap();
showScore();
```

最后，我们以调用功能函数 playSound 播放一段声音来结尾。我放进了简单的鸣笛声提醒玩家游戏已经开始：

```
playSound(theHornSound);
}
```

12.1.5　寻找街区

要在 gameSprite 里寻找所有 Block 对象，我们需要遍历 gameSprite 里所有的子元件并利用 is 操作符看看哪些子元件是 Block 类型的。

找到之后，把它们添加到 blocks 数组里。我们还要将每一个 Block 对象的 visible 属性设置为 false，以让它们对玩家不可见。这么做使我们在影片开发阶段能清晰地看着它们，一直到游戏制作完成之前都不用急着去隐藏它们或把它们设为透明色。

```
//寻找所有 Block 对象
public function findBlocks() {
    blocks = new Array();
    for(var i=0;i<gamesprite.numChildren;i++) {
        var mc = gamesprite.getChildAt(i);
        if (mc is Block) {
            //加到数组里并使其不可见
            blocks.push(mc);
            mc.visible = false;
        }
    }
}
```

12.1.6　垃圾的放置

为随机放置 100 个垃圾，我们需要循环 100 次，每一次放一个：

```
//创建随机的 Trash 对象
public function placeTrash() {
    trashObjects = new Array();
    for(var i:int=0;i<numTrashObjects;i++) {
```

每一次的放置，我们都会开启第二循环。接着，我们为垃圾尝试各种 x 值和 y 值：

```
//一直循环
while (true) {

    //随机位置
    var x:Number = Math.floor(Math.random()*mapRect.width)+mapRect.x;
    var y:Number = Math.floor(Math.random()*mapRect.height)+mapRect.y;
```

得到一个位置之后，需要检测它是否和既有的 Block 对象冲突。如果该位置就在一个 Block 对象上，那么要通过将局部变量 inOnBlock 设置为 true 来标注它：

```
//遍历所有 Block 看看垃圾放置点有没有在其之上
var isOnBlock:Boolean = false;
for(var j:int=0;j<blocks.length;j++) {
    if (blocks[j].hitTestPoint(x+gamesprite.x,y+gamesprite.y)) {
        isOnBlock = true;
        break;
    }
}
```

如果位置点没有和任何 Block 对象重合，我们接着就创建一个新的 TrashObject 对象。然后，我们设好它的位置。我们也需要为其选择一个随机类型，方法是让影片剪辑跳到 1、2、3 帧中的一帧。图 12-8 展示了游戏开始时 3 个 TrashObject 影片剪辑被放到 car 起始点附近的情形。

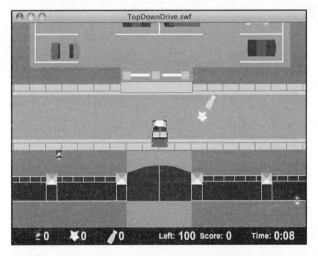

图 12-8　游戏开始时 3 个 TrashOjbect 影片剪辑被随机放到了 car 的附近

说明

影片剪辑 TrashObject 里有 3 帧，各含有一张不同的图形。这些帧实际上本身也是影片剪辑。本来在 TrashObject 里是不需要独立的影片剪辑的，不过我们希望把相同的图形显示在垃圾桶上以表明该桶所对应的垃圾类型。这样，我们只需要在库里有每一张图形的一个版本就行了。

我们把这块垃圾添加到 trashObjects 里并退出循环。

最后的这个 break 退出了 while 循环并让程序进入下一个垃圾的定位。不过，如果 isOnBlock 为真，我们会继续 while 循环并选另一个位置来测试：

```
//没有重合，所以可以用
if (!isOnBlock) {
    var newObject:TrashObject = new TrashObject();
    newObject.x = x;
    newObject.y = y;
    newObject.gotoAndStop(Math.floor(Math.random()*3)+1);
    gamesprite.addChild(newObject);
    trashObjects.push(newObject);
    break;
}
}
}
}
```

说明

测试诸如 placeTrash 的定位函数时，最有效的方法就是把对象数设得很高。例如，在测试 Place Trash 时，我就把对象数设到了 10 000。这会让垃圾堆满街，不过我可以清楚地看到它们都在我让它们在的地方，而不会跑到别的地方。

12.1.7 键盘输入

游戏包含了一套与之前游戏所用差不多的键盘输入函数。4 个布尔值对应 4 个方向键的按下和释放。

```
//标注按键，设置属性
public function keyDownFunction(event:KeyboardEvent) {
    if (event.keyCode == 37) {
        arrowLeft = true;
    } else if (event.keyCode == 39) {
        arrowRight = true;
    } else if (event.keyCode == 38) {
        arrowUp = true;
    } else if (event.keyCode == 40) {
        arrowDown = true;
    }
}
public function keyUpFunction(event:KeyboardEvent) {
    if (event.keyCode == 37) {
        arrowLeft = false;
    } else if (event.keyCode == 39) {
        arrowRight = false;
    } else if (event.keyCode == 38) {
```

```
        arrowUp = false;
    } else if (event.keyCode == 40) {
        arrowDown = false;
    }
}
```

12.1.8 游戏循环

gameLoop 函数掌控车的移动。在这个游戏中也没有其他移动的物体。玩家移动车,games-
ite 里的其他东西都固定不动。

这是个基于时间的动画游戏,所以我们计算上一帧起已过的时间并根据时间值移动物体:

```
public function gameLoop(event:Event) {

    //计算已过时间
    if (lastTime == 0) lastTime = getTimer();
    var timeDiff:int = getTimer()-lastTime;
    lastTime += timeDiff;
```

我们监测左右方向键并调用 rotateCar 来控制转弯。我们传入 timeDiff 和要转的方向:

```
    //左转或右转
    if (arrowLeft) {
        rotateCar(timeDiff,"left");
    }
    if (arrowRight) {
        rotateCar(timeDiff,"right");
    }
```

如果按的是向上方向键,我们调用传入 timeDiff 的 moveCar。之后,我们调用 centerMap
来确保 gameSprite 相对于 car 的新位置准确地保持一致。

函数 checkCollisions 负责查看玩家是否碰到垃圾或接近垃圾桶:

```
    //移动车
    if (arrowUp) {
        moveCar(timeDiff);
        centerMap();
        checkCollisions();
    }
```

请记住,时间是这个游戏里的真正得分。玩家是和时钟赛跑。因此,我们要更新时间让玩家
知道他玩得如何:

```
    //更新时间并检查游戏是否结束
    showTime();
}
```

让我们马上看看 centerMap 函数,因为它是如此简单。它所要做的无非就是设置 ganes-
ite 的位置为其中 car 位置值的相反数。例如,car 在 gameSprite 里的位置为(1000, 600),就
设置 gameSprite 的位置为(-1000, -600),这就使得 car 处于舞台的(0,0)位置。

不过,我们并不是要定到(0,0)位置,即中心的左上角。我们要的是让它在舞台的中心,因此

12

加上了(275, 200)来调整它到中心。

说明

如果你想要改变舞台的可视区域,比如改到 640×480,你也要相应调整上面这些值来适应这个变化。所以,一个 640×480 的舞台意味着 car 要定的中心位置 x 和 y 值分别为 320 和 240。

```
public function centerMap() {
    gamesprite.x = -gamesprite.car.x + 275;
    gamesprite.y = -gamesprite.car.y + 200;
}
```

12.1.9 车的移动

游戏里对车的掌控其实并不符合实际:车可以以自己为中心逐帧转动一些角度,也就是说这辆车可以不用向前开就能实现转弯。你可以用自己的丰田车试试看行不行。

当然,你在玩的时候是不会在意的。旋转是基于时间的,所以它是 timeDiff 和 trunSpeed 常量的产物。无论影片的帧频为多少,车都应该以相同的速率转弯:

```
public function rotateCar(timeDiff:Number, direction:String) {
    if (direction == "left") {
        gamesprite.car.rotation -= turnSpeed*timeDiff;
    } else if (direction == "right") {
        gamesprite.car.rotation += turnSpeed*timeDiff;
    }
}
```

把车向前移动也可以是很简单的——假如不需要检测和 Block 对象以及地图边缘的碰撞的话。

我们用 Rectangle 对象和 intersects 函数简化了碰撞检测。所以,我们首先需要的是 car 的 Rectangle 对象。

因为车会旋转所以 car 已然做成矩形了,但直接使用影片剪辑自身的 Rectangle 会有问题,因此我们用一个根据 car 和 carSize 的中心虚构的 Rectangle。这个方块区域和车的形状很相似,以至于玩家根本察觉不到。

说明

保持车图片近似于方形(即长宽差不多),对于准确地描述碰撞非常重要。如果任由车的长度远大于宽度的话,计算当它转弯时与边缘的碰撞情况就会更加复杂。

```
//让车前进
public function moveCar(timeDiff:Number) {
    //计算车的现有位置
    var carRect = new Rectangle(gamesprite.car.x-carSize/2,
        gamesprite.car.y-carSize/2, carSize, carSize);
```

现在我们就有了用 carRect 表示的车的现有位置。要计算车的新位置，我们把车的旋转度数转换成弧度，以配合 Math.cos 和 Math.sin 对参数的要求，然后把这些值乘以 speed 和 timeDiff。使用常量 speed 做基于时间的移动。接着，newCarRect 存下了车的新位置：

```
//计算车的新位置
var newCarRect = carRect.clone();
var carAngle:Number = (gamesprite.car.rotation/360)*(2.0*Math.PI);
var dx:Number = Math.cos(carAngle);
var dy:Number = Math.sin(carAngle);
newCarRect.x += dx*speed*timeDiff;
newCarRect.y += dy*speed*timeDiff;
```

我们也需要 x 和 y 值来配合新的 Rectangle。我们对 x 和 y 加上相同的值来获得新位置：

```
//计算新位置
var newX:Number = gamesprite.car.x + dx*speed*timeDiff;
var newY:Number = gamesprite.car.y + dy*speed*timeDiff;
```

现在，是时候遍历 block 来看看新的位置是否和它们重合了：

```
//遍历 block 并检测碰撞
for(var i:int=0;i<blocks.length;i++) {

    //获得 block 矩形，查看是否有碰撞
    var blockRect:Rectangle = blocks[i].getRect(gamesprite);
    if (blockRect.intersects(newCarRect)) {
```

如果有碰撞，我们会分别从横轴和纵轴看待碰撞。

如果车经过了 Block 的左边，我们会把车推回到 Block 的边缘。对于 Block 的右边做法也是一样。我们不必费神去调整 Rectangle，只需 newX 和 newY 位置值。这些都用于设置车的新位置：

```
//横向推回
if (carRect.right <= blockRect.left) {
    newX += blockRect.left - newCarRect.right;
} else if (carRect.left >= blockRect.right) {
    newX += blockRect.right - newCarRect.left;
}
```

下面是处理 Block 顶部和底部碰撞的代码：

```
//纵向推回
if (carRect.top >= blockRect.bottom) {
    newY += blockRect.bottom-newCarRect.top;
} else if (carRect.bottom <= blockRect.top) {
    newY += blockRect.top - newCarRect.bottom;
}
}

}
```

12

检查完 Block 对象可能存在的所有碰撞之后，我们到地图边界上去看看。与对待 Block 对象不同，我们希望把车留在 Rectangle 的框界之内而不是之外。

因此，我们查看所有 4 条边并推回 newX 或 newY 值以防止车"跑"出地图：

```
//检查四边上的碰撞
if ((newCarRect.right > mapRect.right) && (carRect.right <= mapRect.right)) {
    newX += mapRect.right - newCarRect.right;
}
if ((newCarRect.left < mapRect.left) && (carRect.left >= mapRect.left)) {
    newX += mapRect.left - newCarRect.left;
}

if ((newCarRect.top < mapRect.top) && (carRect.top >= mapRect.top)) {
    newY += mapRect.top-newCarRect.top;
}
if ((newCarRect.bottom > mapRect.bottom) && (carRect.bottom <= mapRect.bottom)) {
    newY += mapRect.bottom - newCarRect.bottom;
}
```

既然车已经安全地处于边界之内、Block 之外，我们可以设置车的新位置了：

```
//设置车的新位置
gamesprite.car.x = newX;
gamesprite.car.y = newY;
}
```

12.1.10 检测与垃圾及垃圾桶的碰撞

checkCollisions 函数需要检查两种不同类型的碰撞。它首先从查看所有 trashObjects 开始。它使用 Point.distance 函数看看车的位置和 TrashOjbect 的位置之间的距离是否小于常量 pickupDistance：

```
public function checkCollisions() {


    //遍历垃圾
    for(var i:int=trashObjects.length-1;i>=0;i--) {

        //看看是否够得着 trash 对象
        if (Point.distance(new Point(gamesprite.car.x,gamesprite.car.y),
                new Point(trashObjects[i].x, trashObjects[i].y)) < pickupDistance) {
```

如果有垃圾足够靠近，我们就去检查 totalTrashObjects 和常量 maxCarry 之间的差值。如查还有空间的话，垃圾被捡起，这是通过将 onboard 括号右边的值设为影片剪辑 TrashObject 当前帧减 1 实现的。然后，它就会从 gameSprite 和数组 trashObjects 被移除。我们需要更新分数和播放音效 GotOneSound：

```
            //检查是否有空间
            if (totalTrashObjects < maxCarry) {
                //获取 trash 对象
                onboard[trashObjects[i].currentFrame-1]++;
```

```
gamesprite.removeChild(trashObjects[i]);
trashObjects.splice(i,1);
showScore();
playSound(theGotOneSound);
```

说明

我们的代码中有个容易混淆的地方是垃圾类型的引用方式。正如影片剪辑 TrashObject 所示，它包含了帧 1、2、3。不过数组是从 0 开始的，所以，在 onboard 数组里，我们把垃圾的类型 1、2、3 放在了数组位置的 0、1、2 上。垃圾桶被命名为 Trashcan1、Trashcan2 和 Trashcan3，和帧序号匹配。只要记住这些，修改代码时就没问题了。数组从 0 开始，而帧号却从 1 开始，这是 ActionScript 开发者经常面临的问题。

另一方面，如果玩家接近了一个垃圾但是已经没有多余空间了，我们会播放另一段声音。我们只在该垃圾不为 lastObject 时播放。这就防止了玩家每次经过它都会重复发出声音。它每次接触对象时只播一次：

```
    } else if (trashObjects[i] != lastObject) {
        playSound(theFullSound);
        lastObject = trashObjects[i];
    }
}
}
```

下一套碰撞和 3 个垃圾桶有关。我们在这儿也使用 Point.distance。检测到一次碰撞之后，我们就从 onboard 移除所有该类垃圾。我们更新分数并播放一段音效来承认玩家的成绩：

```
//当车接近垃圾桶时把垃圾丢弃
for(i=0;i<trashcans.length;i++) {

    //看是否够近
    if (Point.distance(new Point(gamesprite.car.x,gamesprite.car.y),
        new Point(trashcans[i].x, trashcans[i].y)) < dropDistance) {

        //看玩家是否有那种类型的垃圾
        if (onboard[i] > 0) {

            //丢掉
            score += onboard[i];
            onboard[i] = 0;
            showScore();
            playSound(theDumpSound);
```

如果分数加到了常量 numTrashObjects 的值，就是说最后一块垃圾都已经丢掉了，那么游戏结束：

```
            //看是否所有垃圾都丢掉了
            if (score >= numTrashObjects) {
                endGame();
                break;
```

```
            }
        }
      }
    }
}
```

12.1.11   时钟

时钟的更新非常简单，和我们在第 3 章中所做的相似。我们将当前时间减去开始时间获得一个毫秒数。然后，我们用功能函数 clockTime 来把它转换成时间格式。

```
//更新时间显示
public function showTime() {
    var gameTime:int = getTimer()-gameStartTime;
    timeDisplay.text = clockTime(gameTime);
}
```

clockTime 函数计算出秒数和分钟数，然后在需要之处加 0 以将它格式化：

```
//转换时间格式
public function clockTime(ms:int):String {
    var seconds:int = Math.floor(ms/1000);
    var minutes:int = Math.floor(seconds/60);
    seconds -= minutes*60;
    var timeString:String = minutes+":"+String(seconds+100).substr(1,2);
    return timeString;
}
```

12.1.12   分数提示器

在这个游戏里展示分数远比单纯展示一个数字复杂得多。我们展示 3 个存储在 onboard 的数字。同时我们要把这些数字加到 totalTrashObjects 里，它会被用在游戏的其他部分，以决定车上是否还有空间：

```
//更新时间文本元素
public function showScore() {

    //设置每件垃圾数，加起来
    totalTrashObjects = 0;
    for(var i:int=0;i<3;i++) {
        this["onboard"+(i+1)].text = String(onboard[i]);
        totalTrashObjects += onboard[i];
    }
```

而且我们也用 totalTrashObjects 来根据车是否满载给 3 个数字涂上红色或白色。这使我们可以向玩家做出最自然的提示，提醒他们是否该去垃圾桶边释放空间了：

```
//以是否满载决定 3 个数字的色彩
for(i=0;i<3;i++) {
    if (totalTrashObjects >= 10) {
        this["onboard"+(i+1)].textColor = 0xFF0000;
    } else {
```

```
                    this["onboard"+(i+1)].textColor = 0xFFFFFF;
                }
            }
```

之后，我们显示了分数和未处理的垃圾数：

```
    //设置剩余垃圾数和分数
    numLeft.text = String(trashObjects.length);
    scoreDisplay.text = String(score);
}
```

12.1.13 游戏结束

当游戏结束时，我们移除侦听器但不移除 gameSprite，因为 gameSprite 并非由我们创建。当我们使用 gotoAndStop 到下一帧它就会消失。因为 gameSprite 只存在于 play 帧，所以它在 gameover 帧上没有显示：

```
//游戏结束，移除侦听器
public function endGame() {
    blocks = null;
    trashObjects = null;
    trashcans = null;
    this.removeEventListener(Event.ENTER_FRAME,gameLoop);
    stage.removeEventListener(KeyboardEvent.KEY_DOWN,keyDownFunction);
    stage.removeEventListener(KeyboardEvent.KEY_UP,keyUpFunction);
    gotoAndStop("gameover");
}
```

当游戏达到 gameover 帧的时候，它调用 showFinalMessage。我们不能在之前调用它，因为 finalMessage 文本字段只存在 gameover 帧，在该帧出现前是访问不到它的。

我们把最终用时放到文本字段上：

```
//在最终屏幕上展示时间
public function showFinalMessage() {
    showTime();
    var finalDisplay:String = "";
    finalDisplay += "Time: "+timeDisplay.text+"\n";
    finalMessage.text = finalDisplay;
}
```

我们所需的最后一个函数是功能函数 playSound。它简单充当所有音效的开关：

```
public function playSound(soundObject:Object) {
    var channel:SoundChannel = soundObject.play();
}
```

> **说明**
>
> 只设一个统领全部音效初始化的函数，这样做的好处是可以快捷地建立静音和音量函数。如果把声音代码放得到处都是，那么当你想要增加静音或音量设置等功能的时候，就要修改每一处声音代码。

12.1.14　修改游戏

这个游戏可以修改成几乎任意的自由探索类、物件收集类游戏。你无需编程就可以更换背景元素。碰撞区域、Block 对象都可以通过移动和增加新的 Block 影片剪辑来修改。

你可以通过让垃圾的数量随着时间的逝去而增加来延长游戏。比如可以设个计时器使得垃圾每隔 5 秒增加一块。这个计时器可以持续这么做了几分钟再停。

你也可以增加一些玩家想要避开的消极因素，比如一些类似湿滑路面或地雷的东西。这个游戏的战争版还可以做成，让一辆救护车在战场上运送伤兵而且需要避开地雷。

12.2　建立 Flash 竞速游戏

在玩俯视图驾驶游戏的时候你也许会想竞下速。比如你能看到在校园兜风的时候你可以开到多快。

尽管之前的游戏是个好的开始，但我们仍需要增加多些元素来做一个竞速游戏。

源文件

http://flashgameu.com

A3GPU212_RacingGame.zip

12.2.1　竞速游戏的元素

虽然游戏不必真实，但我们仍然希望能让它开起来感觉上像是一辆真车。这意味着它既不会因向上方向键的按下而骤然加到满速，也不会因这个键的松开而突然停住。

我们为游戏增加正的和负的加速度。这样，向上方向键就会把加速度添加到车的速度里。然后，速度用在之后每一帧的运动里。

说明

在这类游戏中，街机游戏和模拟版本之间的差别比本书前面的任何游戏都要大。一个真实模拟需要考虑物理因素，比如车的质量、引擎的扭力、轮胎和路面之间的摩擦，更别提打滑了。

不仅简单的 Flash 游戏因超过能力范围而简化或忽略这些，很多高预算的电视游戏也会如此。毕竟不能让真实性降低了趣味性，也不能让它成为一个游戏在一定的时间和预算内完工的阻碍因素。

同样地，如果按下了向下方向键，就会产生一个负的加速度。如果之前是静止的，那么向下方向键就直接产生一个负的速度值，车就开始倒行。

竞速游戏的另一个要点是车必须遵循特定的路径。玩家不能抄近路或在极短时间内倒车再次越过终点线。

要记录玩家的路径，我们使用一种叫做路点（waypoint）的简单技术。基本上，玩家需要沿着路径靠近并除去沿着赛道的一系列点记号。只有在玩家碰过所有的点之后，才被允许越过终点线。

路点的优点在于玩家甚至不需要知道它们的存在。我们隐藏好路点并让它们默默地消除，而不必麻烦玩家去注意这个细节。他们只需要专注地进行诚实的比赛即可。

这个游戏让竞速感觉更逼真的一个地方就是加进了开始时的倒数。与即刻开始不同，把玩家还不能移动的时间设为 3 秒，这期间会有大号的 3、2、1 显示。

12.2.2　制作赛道

俯视图驾驶游戏的碰撞检测是基于矩形框的。直边的碰撞检测是非常容易的。

不过，赛道是包含弯道的。检测曲线甚至是斜墙面的碰撞都要困难得多。

因此，我们在这个游戏里避开它。

赛道包括 3 个部分：主道、侧道及其他。如果车在主道，它的移动是没有阻碍的。而如果它走在侧道上，它仍然可以移动，不过会有一个恒定的阻力产生的减速作用使得赛手损失时间。而如果车驶离了主道和侧道，减速更为严重，车需要转弯并艰难驶回主道。

图 12-9 展示了上述 3 个区域。主道在中间，在 Flash 中显示为灰色。紧挨着它的外边就是侧道，棕色区域，在这个黑白图像里看上去像与主道略微不同的灰色。

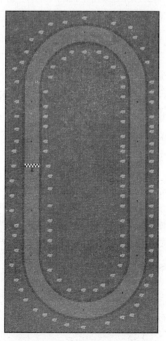

图 12-9　这条赛道被一条厚厚的 side 元素包围

12

这个赛道也包含了一些非动态元素，比如周围的树。

说明

虽然那些树并没被代码引用，甚至连影片剪辑也算不上，只是图片元件而已，但它们却扮演了重要角色。没有这些不显眼的元素做参照物，玩家有时会很难注意到车的移动并估计出它的速度。

影片剪辑 car 被放在赛道的起始点。那儿也刚好在终点线之上，而终点线是另一个独立的影片剪辑。

你看到的沿着赛道的点点就是 Waypoint 对象。你可以像我们一样沿着赛道放少量几个，而如果你的赛道七扭八拐并有折回的话可以放更多上去，以防止玩家作弊和抄近路。

所有这些元素都在 Track 影片剪辑里，也就是我们代码里 gameSprite 所引用的那个。

12.2.3　音效

这个游戏使用了很多音效。玩家开车的时候有 3 段不同的驾驶声循环播放。下面是游戏里使用的所有声音的列表。

- ❏ **DriveSound**——当车在主道上加速时播放的一段声音循环。听上去像跑车引擎。
- ❏ **SideSound**——当车在侧道上加速时播放的一段声音循环。听上去像轮胎穿过尘土。
- ❏ **OffroundSound**——当车在离开主道和侧道的地方加速时播放的一段声音循环。听上去像车开过沙地。
- ❏ **BrakestopSound**——当车越过终点线时的尖锐刹车声。
- ❏ **ReadysetSound**——当游戏开始时倒数过程中的高音蜂鸣。
- ❏ **GoSound**——当倒数到零的时候的一声低鸣。

这个游戏可以轻易地加上更多音效，比如车没有加速时的空转声。同样地，BrakestopSound 也可以用另一种表示到达终点的方式——人群欢呼声代替。

12.2.4　常量和变量

这个游戏的部分代码和俯视图驾驶游戏中的一样。我们只关注这里的新代码。

常量现在有加速度和负加速度常量。它们都非常小，因为它们要和帧之间经过的毫秒数相乘：

```
public class Racing extends MovieClip {

    //常量
    static const maxSpeed:Number = .3;
    static const accel:Number = .0002;
    static const decel:Number = .0003;
    static const turnSpeed:Number = .18;
```

游戏变量包含了一个 gameMode，用来提示比赛是否开始。我们也有一个 waypoints 数组，来保存 Waypoint 影片剪辑的 Point 位置信息。speed 变量保存当前移动的速率，它可以随车的加速和减速而改变：

```
//游戏变量
private var arrowLeft, arrowRight, arrowUp, arrowDown:Boolean;
private var lastTime:int;
private var gameStartTime:int;
private var speed:Number;
private var gameMode:String;
private var waypoints:Array;
private var currentSound:Object;
```

下面是所有新声音的初始化定义。所有声音文件都在库里并被设成 export for ActionScript use（导出以备 ActionScirpt 使用）：

```
//声音
static const theBrakestopSound:BrakestopSound = new BrakestopSound();
static const theDriveSound:DriveSound = new DriveSound();
static const theGoSound:GoSound = new GoSound();
static const theOffroadSound:OffroadSound = new OffroadSound();
static const theReadysetSound:ReadysetSound = new ReadysetSound();
static const theSideSound:SideSound = new SideSound();
private var driveSoundChannel:SoundChannel;
```

12.2.5　开始游戏

当游戏开始时，它不必寻找 Block。不过它需要寻找 Waypoint 对象。findWaypoints 函数就是做这件事的。我们接下来看看这个函数：

```
public function startRacing() {

    //获取 Waypoint 清单
    findWaypoints();
```

所需要的侦听器和俯视图驾驶游戏一样，不过开头所需要设定的变量现在包括 gameMode 和 speed。我们也将 timeDisplay 文本字段设置为空，因为在游戏开始的头 3 秒内它是空白的：

```
    //添加侦听器
    this.addEventListener(Event.ENTER_FRAME,gameLoop);
    stage.addEventListener(KeyboardEvent.KEY_DOWN,keyDownFunction);
    stage.addEventListener(KeyboardEvent.KEY_UP,keyUpFunction);

    //设置游戏变量
    speed = 0;
    gameMode = "wait";
    timeDisplay.text = "";
    gameStartTime = getTimer()+3000;
    centerMap();
}
```

请注意，gameStartTime 加了 3 秒。因为游戏开始有个 3 秒倒数。车在 3 秒数完和 gameTimer() 跟 gameStartTime 保持一致前是不能动的。

findWaypoints 函数和前一个游戏的 findBlocks 函数类似。不过，这次我们只需要知道每一个路点的 Point 位置。我们记录了之后，影片剪辑本身已无关紧要了：

```
//查看 gamesprite 的所有子元件并记下路点
public function findWaypoints() {
    waypoints = new Array();
    for(var i=0;i<gamesprite.numChildren;i++) {
        var mc = gamesprite.getChildAt(i);
        if (mc is Waypoint) {
            //添加到数组并使其不可见
            waypoints.push(new Point(mc.x, mc.y));
            mc.visible = false;
        }
    }
}
```

12.2.6   游戏主循环

我们跳过了键盘侦听器函数是因为它们和俯视图驾驶游戏是一样的。

不过，gameLoop 不一样。我们在其中放进了更多的游戏机制，而没有把委派分给其他函数。

在确定了从上一次 gameLoop 运行时起经过的时间之后，我们测试了向左和向右方向键并使其转向：

```
public function gameLoop(event:Event) {

    //计算已过时间
    if (lastTime == 0) lastTime = getTimer();
    var timeDiff:int = getTimer()-lastTime;
    lastTime += timeDiff;

    //只有在 race 模式时移动车
    if (gameMode == "race") {
        //左转或右转
        if (arrowLeft) {
            gamesprite.car.rotation -= (speed+.1)*turnSpeed*timeDiff;
        }
        if (arrowRight) {
            gamesprite.car.rotation += (speed+.1)*turnSpeed*timeDiff;
        }
```

请注意有 3 个因子影响到转弯的数值：speed、turnSpeed 常量以及 timeDiff。而且，speed 还补充了 0.1。这就让玩家在静止时可以轻轻地转身，当缓慢移动时也可以更轻地转身。

虽然和实际比起来不够精确，但是这么做却让游戏玩起来少了很多困惑。

说明

通过将 speed 和车的转弯挂钩，我们允许车在快速移动的时候也可以快速转弯。这让驾驶增加少许真实感并帮助过弯。

还要注意，转弯和接下来的运动都只发生在 gameMode 值为 "race" 时，而不会发生在 3 秒倒计时结束之前。

车的运动取决于速度。速度取决于加速度，加速度则产生于玩家操作向下方向键和向上方向键之后。下一段代码就将照顾到这些变化并用 maxSpeed 的限制来确保速度不会失控：

```
//车加速
if (arrowUp) {
    speed += accel*timeDiff;
    if (speed > maxSpeed) speed = maxSpeed;
} else if (arrowDown) {
    speed -= accel*timeDiff;
    if (speed < -maxSpeed) speed = -maxSpeed;
```

不过，如果向上和向下方向键都没有按下，车应该慢慢停下来。我们使用 decel 常量来减慢车的速度：

```
//没有按键按下，所以开始减速
} else if (speed > 0) {
    speed -= decel*timeDiff;
    if (speed < 0) speed = 0;
} else if (speed < 0) {
    speed += decel*timeDiff;
    if (speed > 0) speed = 0;
}
```

说明

也可以简单地加入刹车。只要加上空格键来配合 4 个方向键就可以了。然后，当空格键按下时，你可以有除了 decel 常量外更多的减速选项。

如果有速度值的话我们只需要检查车的运动。如果车静止在那儿，我们可以跳过下一部分。

不过，如果车在运动，我们需要重新定位它，检查它是不是在主道上，调整车处于地图中心，并检查有没有新的 Waypoint 对象要登记，看看车是否越过终点线：

```
//如果车开着，移动车并检查状态
if (speed != 0) {
    moveCar(timeDiff);
    centerMap();
    checkWaypoints();
    checkFinishLine();
}
}
```

不管车有没有动，时钟都需要更新：

```
//更新时间并检查游戏是否结束
showTime();
}
```

12

12.2.7   车的移动

车的移动取决于 rotation、speed 和 timeDiff。rotation 被转化成弧度，然后传入 Math.cos 和 Math.sin 里。车的原始位置信息存储在 carPos 里，而位置变化值在 dx 和 dy 里。

```
public function moveCar(timeDiff:Number) {

    //获取当前位置
    var carPos:Point = new Point(gamesprite.car.x, gamesprite.car.y);

    //计算变化
    var carAngle:Number = gamesprite.car.rotation;
    var carAngleRadians:Number = (carAngle/360)*(2.0*Math.PI);
    var carMove:Number = speed*timeDiff;
    var dx:Number = sMath.cos(carAngleRadians)*carMove;
    var dy:Number = Math.sin(carAngleRadians)*carMove;
```

当得出车的新位置时，我们同样也要弄清楚该播放哪段声音。如果车正在移动，并且在主道上，播放的就是 theDriveSound。我们假设这时就是这种情况，并在测试游戏状态的更多方面的时候调整 newSound 的值：

```
    //假设我们将使用 drive 声音
    var newSound:Object = theDriveSound;
```

这里我们要检查的第一项便是车辆当前是否在主道上。我们使用 hitTestPoint 来确定此事。hitTestPoint 的第 3 个参数允许我们测试一个点与主道这样的特定形体之间的碰撞。我们需要向车的位置增加 gameSprite.x 和 gameSprite.y，因为 hitTestPoint 运行于舞台以舞台位置为准，而不是以 gameSprite 级别的位置为准：

```
    //看车是否在主道外
    if (!gamesprite.road.hitTestPoint(carPos.x+dx+gamesprite.x,
        carPos.y+dy+gamesprite.y, true)) {
```

请注意上一行代码里非常关键的一点。! 意味着非，即对紧接其后的布尔值取反。与其查看车的位置是否在主道之内，不如看看它是否在主道之外。

既然我们知道了车并不在主道上，下一个测试就是看看车是否至少在侧道上：

```
        //看车是否在侧道上
        if (gamesprite.side.hitTestPoint(carPos.x+dx+gamesprite.x,
                    carPos.y+dy+gamesprite.y, true)) {
```

如果车在侧道上，我们使用 theSideSound 而不是 theDriveSound。我们同时也要以一个小的百分比值来降低车速：

```
            //使用特定声音，减速
            newSound = theSideSound;
            speed *= 1.0-.001*timeDiff;
```

如果车既不在主道也不在侧道上，我们使用 theOffroadSound 并用较大的数值来减速：

```
        } else {
            //使用特定声音，减速
```

```
        newSound = theOffroadSound;
        speed *= 1.0-.005*timeDiff;
    }
}
```

现在我们就可以设定车的位置了：

```
//设置车的新位置
gamesprite.car.x = carPos.x+dx;
gamesprite.car.y = carPos.y+dy;
```

剩下的就是弄清楚要播放哪段声音。我们将 newSound 设置为 theDirveSound、theSide-Sound 或 theOffroadSound。不过，如果玩家此刻不再加速，我们也不会播放任何声音：

```
//如果不动，不播放音效
if (!arrowUp && !arrowDown) {
    newSound = null;
}
```

变量 newSound 保存合适的声音。但是，如果该声音已经在播放并在循环的话，我们除了让它继续之外不会做其他事。我们只会在需要用新的声音替换当前声音的时候才做些事情。

如果出现了这种情况，我们通过一个 driveSoundChannel.stop()命令来取消旧声音，然后用一个新的带着高循环数的 play 命令来开始：

```
//如果有需要，换新的声音
if (newSound != currentSound) {
    if (driveSoundChannel != null) {
        driveSoundChannel.stop();
    }
    currentSound = newSound;
    if (currentSound != null) {
        driveSoundChannel = currentSound.play(0,9999);
    }
}
```

作为对 moveCar 函数的补充，我们还需要 centerMap 函数，它和本章开头所介绍的俯视图驾驶游戏中的一样的。这个将让车保持在屏幕的视觉中心上。

12.2.8 检查进度

要检查玩家在道路上的进度，我们要看看每一个 Waypoint 对象并看车是否接近它们。为此，我们要用到 Point.distance 函数。数组 waypoints 已经包含了 Point 对象，不过我们必须在过程中构建 car 的位置来和它对比。

我已经选择了 150 作为激活路点的距离。这个距离已经足够长使得车不会错过主道中间的任何一个路点，即使它是从边上驶过。把距离设得足够大让玩家不会轻易地从某个路点旁溜走是很关键的。如果溜过去了，他们就不能完成比赛，而且也不明个中原因：

```
//看看与路点是否足够接近
public function checkWaypoints() {
```

```
for(var i:int=waypoints.length-1;i>=0;i--) {
    if (Point.distance(waypoints[i],
                    new Point(gamesprite.car.x, gamesprite.car.y)) < 150) {
        waypoints.splice(i,1);
    }
  }
}
```

每当撞上一个 Waypoint，就把它从数组里清除。当数组为空时，我们知道所有的 Waypoint 对象已经被驶过了。

这是 checkFinishLine 需要首先精确查找的。如果 waypoints 数组里还有元素，玩家就还没准备好越过终点线：

```
//看看是否能超过终点线
public function checkFinishLine() {

    //只有在所有路点被碰过时
    if (waypoints.length > 0) return;
```

另一方面，如果玩家已经碰过了所有 Waypoints 对象，我们可以假设他正驶向终点线。我们检测车的 y 值来看看它是否越过了影片剪辑 finish 的 y 值。如果它越过了，玩家就完成了比赛：

```
if (gamesprite.car.y < gamesprite.finish.y) {
    endGame();
  }
}
```

说明

如果更改了地图并重新定位了终点线，在检测车是否越过它的时候就要小心了。比如，假设车是从左边接近终点线的，你就需要检查车的 x 值是否大于 finish 的 x 值。

12.2.9　倒计时和时钟

虽然这个游戏里的时钟和俯视图驾驶游戏中的类似，但这里还有另一个时钟，即游戏开始前的倒计时。

如果 gameMode 为 "wait"，比赛就还没开始。我们看看 gameTime 是不是负数。如果是的话，那么 gameTimer() 还没有赶上我们之前设置 gameStartTime 为 getTimer()+3000 时的 3 秒延迟。

我们把时间显示在 countdown 文本字段而不是 timeDisplay 文本字段里。不过我们只把它显示为一个整的秒数：3、2、1。

每次数字改变的时候我们都会播放 theReadysetSound。图 12-10 展示了游戏开始时的这个倒计时时钟。

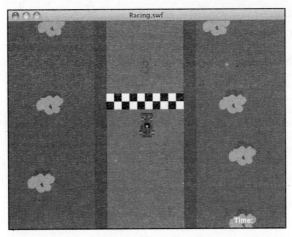

图 12-10 屏幕中心的数字显示了离比赛开始还有多少时间

```
//更新时间显示
public function showTime() {
    var gameTime:int = getTimer()-gameStartTime;

    //如果在wait模式，显示倒计时时钟
    if (gameMode == "wait") {
        if (gameTime < 0) {
            //显示3、2、1
            var newNum:String = String(Math.abs(Math.floor(gameTime/1000)));
            if (countdown.text != newNum) {
                countdown.text = newNum;
                playSound(theReadysetSound);
            }
```

当 gameTime 达到 0 时，我们改变 gameMode，移除 countdown 里的数字，并播放 theGoSound：

```
        } else {
            //倒计时结束，进入竞赛模式
            gameMode = "race";
            countdown.text = "";
            playSound(theGoSound);
        }
```

在游戏的余下部分，我们在 timeDisplay 文本字段里显示时间。clockTime 函数和本章前面使用的一模一样：

```
        //显示时间
    } else {
        timeDisplay.text = clockTime(gameTime);
    }
}
```

12.2.10 游戏结束

当游戏结束时，我们要比平常做更多的清理工作。让 driveSoundChannel 停止播放任何声音。不过，同时也要激活 theBrakeSound。

然后，我们移除所有的侦听器并跳到 gameover 帧：

```
//游戏结束，移除侦听器
public function endGame() {
    driveSoundChannel.stop();
    playSound(theBrakestopSound);
    this.removeEventListener(Event.ENTER_FRAME,gameLoop);
    stage.removeEventListener(KeyboardEvent.KEY_DOWN,keyDownFunction);
    stage.removeEventListener(KeyboardEvent.KEY_UP,keyUpFunction);
    gotoAndStop("gameover");
}
```

到了 gameover 帧之后，我们如俯视图驾驶游戏一样展示最后得分。不过，在这个例子里，我们要让 gameSprite 保持可见。在主时间轴，它存在于 play 帧和 gameover 帧中，所以当我们到 gameover 帧的时候它仍然在。

showFinalMessage 函数和前一个游戏里的一样，不在此赘述。主时间轴上的 gameover 帧里有相同的代码。

12.2.11 修改游戏

这个游戏的赛道非常简单——只是一个标准的竞速赛道。不过，你可以通过扭曲和回转来使它更复杂。

说明

制作主道和侧道是有技巧的，你只需要专注于主道影片剪辑的制作。当你做好了 road 之后，复制一个并将其改名为 side。选择影片剪辑里的形状并选择菜单 Modify（修改）→Shape（形状）→Expand Fill（扩展填充）。将赛道扩展约 50 像素。这就相当于创建了边比主道更厚而和主道走势一样的副本。

你也可以在主道上加一些障碍物。比如，湿滑路面可以降低车速。这些可以和做 Waypoint 对象一样，不过车要足够近来"碰"它们才行。接着就影响到了车的 speed。

这种类型的游戏里路面中间出现沙斑也很正常。你可以通过在 road 影片剪辑里的 shape 中挖去一个洞来让 side 影片剪辑显露出来。

另一个改进可以是让 Waypoint 对象以特定的顺序摆放。现在的情况是，游戏会在玩家碰了所有的路点对象以及通过终点线之后结束。不过，并没有涉及触碰 Waypoint 对象的顺序。所以，理论上来说，玩家可以以反方向来行驶，碰过所有的 Waypoint 对象，他在碰到最后一个路点时就赢了——因为他已经在终点线上了。这并没有帮玩家省多少时间因为它要花些时间来倒开。

你可以通过给 Waypoint 对象命名来给它们排序，比如说 waypoint0、waypoint1 等。之后你可以通过名字而非类型来查找每一个 Waypoint。接着，仅仅要求车接近下一个计划中的 Waypoint，而非所有的 waypoint。

纸牌游戏：猜大小、电子扑克和 21 点

本章内容

❑ 猜大小
❑ 电子扑克
❑ 21 点

纸牌游戏在计算机出现前就有了，不过电脑游戏让它们焕发了新生。例如，在计算机负责发牌和组织其他事务后，单人纸牌游戏变得更简单、更好玩。

在这一章里，我们将看到 3 种牌类游戏，从简单的猜大小（Higher or Lower）开始。之后我们看看两个赌场风格的游戏：电子扑克（Video Poker）和 21 点（Blackjack）。

作为学习如何在 Flash 里表现一叠牌的补充，我们也会涉及关于计时事件的概念。我们利用计时器使得电脑像人一样每次只处理一张牌，而不是一次性处理一叠牌。

13.1　猜大小

为从手持几张牌的游戏开始，我们使用简单的单人纸牌游戏。它有很多名称，这里我们叫它为“猜大小”。

最基本的前提是，每次只发一张牌。第一张牌之后，玩家必须断定下一张比前一张是大还是小。

你可以用常规的 52 张牌来玩。不过我们这里将使用 20 张标数分别为 1~20 的牌。

主要内容是看看如何在一个简单的影片剪辑里做成一叠牌，之后在一个简易游戏里展示那些牌。

源文件

http://flashgameu.com

A3GPU213_HigherOrLower.zip

13.1.1   创建牌堆

不管用的是 52 张还是 20 张牌，你都要避免让它们以独立库元件的形式出现。而应该采用一个影片剪辑，让这个影片剪辑里的一帧代表牌堆里的一张牌。

这就让你可以重复使用牌面上的元素。比如，你可以在所有牌上使用同样的边框装饰线。改动了这个边框就可以对这叠牌进行改动。

说明

对一叠牌使用单影片剪辑策略的另一个好处是，你可以在一个单独的 Flash 影片里对这一叠牌作艺术装饰以及同时进行编程。最后，只需把美工的作品放进你的影片里就可以了。你甚至可以做几个不同的主题，让游戏外观可以随意切换。

接着，你可以在屏幕上通过创建 Cards 影片剪辑的一个实例来创建一张牌，让它跳到特定的帧以表现相应的牌面。

图 13-1 展示了在 Cards 影片剪辑里的大小牌堆。你可以看到第一张牌。在时间轴上可以看到其他的一些牌。它们在 Card Face（牌面）那层有不同的数字，不过它们有着相同的背景层。

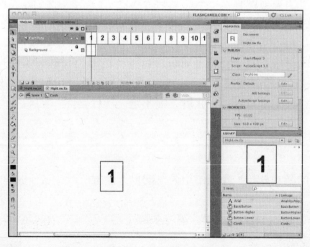

图 13-1   Cards 影片剪辑包含了 20 张有牌面不同但背景相同的牌

要把一张牌放到屏幕上，我们只需创建一个 `Cards` 实例，通过 `gotoAndStop` 将牌设置为一个特定值，用 x 和 y 设置它的位置，接着用 addChild 把它加入到显示列表里。

除了牌堆以外，我们还需要库里的 3 个按钮：一个用于开始游戏的按钮，一个 Higher（更大）按钮和一个 Lower（更小）按钮。

这个游戏也有两个 gameover（游戏结束）帧应付两种情况：一种是玩家 5 次猜对的情况下获胜，另一种情况是玩家在游戏进行中猜错了。两帧的不同之处仅仅是上面的文字不同而已。

13.1.2 建立类

影片将是 HighLow.fla，而影片类就是 HighLow.as。类起始于最基本的导入，然后我们会声明几个常量。一个是牌堆里牌的数量。其他 3 个常量决定了第一张牌的起始位置以及牌之间纵横间距：

```
package {
    import flash.display.*;
    import flash.events.*;
    import flash.text.*;

    public class HighLow extends MovieClip {
        //常量
        static const numCards:uint = 20;
        static const cardSpacing:Number = 90;
        static const cardX:Number = 50;
        static const cardY:Number = 160;
```

发牌的时候，我们是把所有牌存进一个数组里的。接着通过各自的变量指向各个按钮，让我们稍后能容易地移除它们：

```
        //游戏对象
        private var cards:Array;
        private var buttonHigher:ButtonHigher;
        private var buttonLower:ButtonLower;
```

游戏进行时，只有当前牌面的值和要发的下一张新牌的值是有意义的。我们把这些数字储存在下面这些变量里：

```
        //当前牌值以及新牌值
        private var currentCard:uint;
        private var newCard:uint;
```

13.1.3 开始游戏

我们在这个游戏里不使用构造函数，而是从第 2 帧开始游戏并调用 startHighLow，和我们在这本书里做过的很多游戏一样。

这个函数创建了 cards 数组和两个按钮，同时调用 addCard 启动游戏。addCard 的作用之一就是设置 newCard 变量的值。因为这个不是玩家需要的牌，我们立即将这个牌值复制到

13

currentCard 里。然后通过 setButtons 的调用把 Higher 和 Lower 按钮直接放到屏幕里牌的下方：

```
public function startHighLow() {
        cards = new Array();

        //创建两个按钮
        buttonHigher = new ButtonHigher();
        buttonLower = new ButtonLower();
        buttonHigher.addEventListener(MouseEvent.CLICK, clickedButtonHigher);
        buttonLower.addEventListener(MouseEvent.CLICK, clickedButtonLower);

        //增加第一张牌
        addCard();
        currentCard = newCard;
        setButtons();
}
```

addCard 函数就是用 Cards 影片剪辑创建一张新牌。先选一个随机的帧序数，接着用 gotoAndStop 设置影片剪辑跳到那一帧。接着设好位置，用 addChild 让其可见。这张牌也同时加到了 cards 数组里：

```
private function addCard() {

        //选择新的牌值并创建牌对象
        newCard = Math.floor(Math.random()*numCards+1);
        var card:Cards = new Cards();
        card.gotoAndStop(newCard);

        //放置牌
        card.x = cardX + cards.length*cardSpacing;
        card.y = cardY;
        addChild(card);

        //把牌添加到清单里
        cards.push(card);
}
```

我们可以只在游戏屏幕上摆两个按钮，一个是 Higher（更大），一个是 Lower（更小）。接着就让它们位于屏幕中心。不过让按钮随着新发的牌而向后移动会更好看些。所以，函数 setButton 设置两个按钮的位置位于最新的牌的下方。

```
private function setButtons() {
        buttonHigher.x = cardX + (cards.length-1)*cardSpacing;
        buttonHigher.y = cardY + 75;
        buttonLower.x = cardX + (cards.length-1)*cardSpacing;
        buttonLower.y = cardY + 110;
        addChild(buttonHigher);
        addChild(buttonLower);
}
```

在图 13-2 中，你可以看到发出的第一张牌，而按钮已经移到了它的下方。

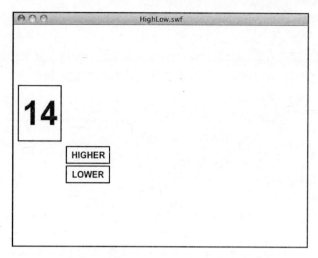

图 13-2　第一张牌已经发出，按钮出现供玩家选择

13.1.4　响应玩家的行为

每个按钮都分配到了一个事件处理程序以及一个配套的函数。以下两个函数都会为游戏添加下一张牌，接着它们将会根据"higher"或"lower"值来调用 checkCard 函数：

```
private function clickedButtonHigher(mouseEvent:MouseEvent) {
    addCard();
    checkCard("higher");
}
private function clickedButtonLower(mouseEvent:MouseEvent) {
    addCard();
    checkCard("lower");
}
```

checkCard 函数是这个游戏的核心。玩家的选择以字符串的形式传进来，接着就查看比较新牌和当前牌值。先假设玩家正确，if 语句看看玩家有没有错。如果错了，correct 就会设为 false：

```
private function checkCard(choice:String) {
    var correct:Boolean = true;

    if (choice == "higher") {
        //选择更大，看是否正确
        if (newCard <= currentCard) {
            correct = false;
        }

    } else if (choice == "lower") {
        //选择更小，看是否正确
        if (newCard >= currentCard) {
            correct = false;
```

```
        }
    }
```

如果玩家是对的，就检查牌的数量。这个游戏的要求是 6 张牌，如果已经够数，玩家将看到
gamewon（赢得游戏）帧，并且按钮会从屏幕移除。否则，按钮重新定位，玩家必须继续选择：

```
//正确, 处理下一张牌
if (correct) {
        if (cards.length == 6) {
                //所有 6 张牌都已发出, 玩家赢
                removeButtons();
                gotoAndStop("gamewon");
        } else {
                //将按钮设置在下一张牌下方
                currentCard = newCard;
                setButtons();
        }
```

如果玩家全猜错了，按钮也会移除，不过这次玩家看到的就是 gameover（游戏结束）帧。

```
        } else {
                //猜错了
                removeButtons();
                gotoAndStop("gameover");
        }
}
```

13.1.5　清空

removeButtons 函数很简单，但很重要。我们不想让玩家在游戏结束后还继续选择：

```
private function removeButtons() {
        removeChild(buttonHigher);
        removeChild(buttonLower);
}
```

gamewon 和 gameover 两帧上都有一个按钮供玩家继续尝试。在玩家单击之后，cleanUp 函
数就会被用来清除当前这套牌：

```
public function cleanUp() {
        for(var i:int=0;i<cards.length;i++) {
                removeChild(cards[i]);
        }
        cards = new Array();
}
```

这就是类的全部了。不过最后一帧上的代码值得一看，以下代码设置重新开始游戏的按钮：

```
playAgainButton.addEventListener(MouseEvent.CLICK,clickPlayAgain);
function clickPlayAgain(event:MouseEvent) {
        cleanUp();
        gotoAndStop("play");
}
```

clickPlayAgain 函数被用在了 gamewon 和 gameover 两帧上，不过它只需要出现一次。所

以，它位于两帧中的第一帧。

13.1.6　修改游戏

我试着让游戏尽量简单。不过如果我真的要把这个游戏做成一个项目的话，我要做的第一件事就是不让同一张牌出现两次。现在的情况是，玩家可以在开始时抽到 9，然后抽到的下一张牌可能也是 9。那样的话和现实世界并不一致，我们知道一张牌从牌堆里抽出之后，它就不会再被抽到了。

在接下来的两个游戏中，我们创建了由数组表示的一叠牌。数组中的每一个元素代表牌堆里的一张牌。然后我们打乱数组并每次从中抽出一张牌。这么做，牌堆里的每张牌就真的只出现一次，就和实际中的一叠牌一样了。

就算是这么个简单的游戏，你也可以通过加入好看的牌面图片和屏幕背景来创造一些有趣的风格。在棒球比赛现场大屏幕上有时也能看到这个游戏，他们使用带有棒球队员号码的棒球卡片。这使得它很具话题性并帮助人们了解球衣号码。这个想法同样可以用在网站游戏上来推广学校的运动队。

13.2　电子扑克

现在让我们试着做个使用真实扑克的游戏。在很多赌场的专用机器里都有这个游戏，而它作为网站的娱乐游戏也很受欢迎。

电子扑克（Video Poker）是一种赌博游戏。你开始时会得到一定的点数或现金——在游戏里也是如此。我使用美元来表示点数。不过你把 1 点说成是 1 便士、1 欧元或任何东西都行。

每次玩的时候，你都得押上一美元。你会得到 5 张牌，而如果这是手好牌的话，你会得到更多的点数。如果牌太差，你会得零点。

> **说明**
>
> 当然，扑克通常是和其他人对抗着玩的。不过那是另一种非常不同的游戏类型。在电子扑克里，你基本上是和一部有趣的角子机玩。如果参数设置恰当的话，可以老少咸宜。不过对于更看重娱乐性的网页游戏来说，你可能想让玩家赢。这可以通过修改类后面 `winnings` 函数中的奖励金额实现。

13

你有一次机会用手中的一张或几张牌换取新牌来改善手气，所以其中包含了某种策略。该游戏有几个新概念，比如数组中的一副洗过的牌和常规的计时事件。

源文件

http://flashgameu.com

A3GPU213_VideoPoker.zip

13.2.1　洗牌和发牌

在猜大小游戏里发出的牌只是一个随机的数字而已。例如，你可以有两张一样的牌。那其实并没有所谓的"牌堆"——每一张牌在游戏继续进行之前都是不存在的。

而对于使用真实扑克的纸牌游戏（如电子扑克和 21 点）来说，我们需要创建一堆牌并洗牌。我们涉及的这个技术要回溯到本书 2.6.5 节。

创建一副牌即拥有一个包含 52 个牌名的数组。简单地说，我们用一个字母和一个数字来命名这些牌。于是，c9 代表梅花 9，h5 代表红心 5，以此类推。字母 c、d、h 和 s 分别自代表梅花、方块、红心和黑桃四种花色。数字 2~10 代表相应数值。数字 1、11、12 和 13 分别代表 A、J、Q 和 K。

说明

花色字母在先是因为它总是一个字符。而数字既可能是一个字符（比如 7）也可能是两个字符（比如 10）。所以，我们可以很容易地通过分离出第一个字符而获得花色值，而第一个字符后面剩下的数字就是牌值了。

创建了带有所有 52 个牌名的数组之后，我们需要进行洗牌了。这就意味着要创建一个新的数组，并从原来的数组随机抽取牌放到新的数组里去。结果就是得到一"叠"完全随机洗过的牌。

我们接着就可以用 pop 取出这叠牌最上面这张，并把它发出去。

13.2.2　计时事件

在电子扑克的开始，玩家分到 5 张牌。把所有 5 张牌一次摆到屏幕上很容易。不过通常并非如此，而是在每张牌的发出显现之间都有一定的延时。

所以当要展示 5 张牌时，我们并非一次性把它们全铺到屏幕上，而是每次只发出一张。要做到这一点，我们采用 Timer 对象来使得牌与牌之间可以拉开 1 秒的间隔。

为了不一次发出 5 张牌，我们在一个数组列表里放 5 个发牌事件。然后我们就开启 Timer。每当 Timer 的函数被调用的时候，它将从 events 数组的顶部抽走并执行一个事件。

说明

做计时事件的关键在于不让玩家在所有事件都执行完之前做出任何动作。我们在此处的做法是直到最后一个事件发生之后才向玩家提供按钮来单击。世事无绝对，你也可以让按钮可用并让其被按下时可以识别到有事件未完成。在这种情况下，那些事件需要在对玩家的行为有所反馈之前毫不迟疑地执行完。

我们不只在初始化时这么做，在游戏随后每次替代牌的抽取时都是这样。

13.2.3 创建牌堆

跟之前一样，牌堆在库里是单个影片剪辑。不过这次每一帧的标签名将根据牌值来设置：c1，c2，c3，等等。而且，还有表现反转的帧以及一个空白帧。图 13-3 展示了选取到梅花 A 那帧的影片剪辑，你可以看到帧标签名叫 c1。

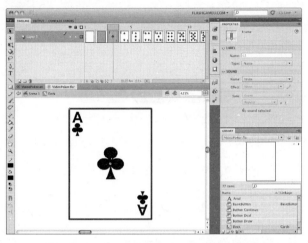

图 13-3　Deck 影片剪辑的一帧包含一张牌

当我们需要在舞台上摆放一张牌的时候，我们其实就创建了 Deck 的一个实例，然后通过 `gotoAndStop` 把它设置到我们需要的那张牌的图片。

说明

在影片的库里，你可以找到牌的影片剪辑，还有一个专门存放相关图片的文件夹。示例 deck 非常简单。在真实的游戏中，你需要在卡面上放图画。而那些图画都是特定的。比如，红心 K 就是"自杀王"，有把剑在他头的后面（或者说穿过头部，这取决于你的视角）。黑桃和红心 J 是"独眼杰克"，他们的头都转向一边，所以你只能看到一只眼。请确保你或你的美工在创建要使用的牌之前研究过扑克牌上的图案。

13.2.4 游戏元素

除了牌堆外，这个游戏还需要一些按钮。就像在猜大小游戏中一样，在这个游戏的进程期间也会不时出现按钮。在图 13-4 中你可以看到有 3 个按钮：Draw（抽牌）、Deal（发牌）和 Continue（继续）。不过我们不会让 3 个按钮同时出现。而是在一开始给出 Deal 按钮。当 5 张牌都打出的时候它就被移除。之后 Draw 按钮出现。当玩家单击的时候，它就消失而且牌就被替换了。而 Continue 按钮会在最后出现。

图 13-4　游戏主帧上包含了 3 个按钮，不过每次只出现一个

在这个示例游戏里，3 个按钮互相挨着。不过因为它们每次只出现一个，所以其实可以把它们摆到同一个位置。

这 3 个按钮的事件侦听器被分配在第 2 帧的时间轴代码上，那儿也同时调用游戏的开始函数：

```
startVideoPoker();
dealButton.addEventListener(MouseEvent.CLICK, dealCards);
drawButton.addEventListener(MouseEvent.CLICK, drawCards);
continueButton.addEventListener(MouseEvent.CLICK, endTurn);
```

13.2.5　建立类

除了标准的包之外，我们需要导入 Timer 函数，以便按时间间隔来发牌：

```
package {
    import flash.display.*;
    import flash.events.*;
    import flash.text.*;
    import flash.utils.Timer;
```

接下来，我们需要类的某些属性记录玩家持有的现金量以及每手牌的风险金。这种情况下，赌注是个变量，但它也可以是个常量。不过，如果你想扩展游戏让玩家下不同数量的赌注的话，它最好是个变量。

也需要为玩家的手牌准备一个数组。用一个独立的数组保存牌对象实例，以便我们稍后将之移除。最后一个数组记录着玩家已经选好要被替代的牌：

```
public class VideoPoker extends MovieClip {
    //常量

    //游戏对象
    private var cash:int; //总现金流
    private var bet:int = 1; //每次下注额
    private var deck:Array; //洗过的牌堆
```

```
private var playerHand:Array; //手牌清单
private var playerCards:Array; //card 对象清单
private var cardsToDraw:Array; //要抽的牌

//记录未来事件
private var timedEvents:Timer;
private var timedEventsList:Array;
```

最后两行声明了一个 Timer 对象和一个数组,在我们创建计时事件时会用到它们。

游戏开始函数以将玩家现金设置为 100 开始,接着调用 showCash 把它显示在文本字段里。当影片播到时间轴代码所在帧时,函数就会被其调用:

```
public function startVideoPoker() {

    //初始化 cash (现金)
    cash = 100;
    showCash();
```

下一步,它调用 createDeck 在数组里创建一叠的牌名并洗混它们。我们后面会看看这个函数:

```
    //开始游戏
    createDeck();
```

timedEventsList 是游戏在未来按固定间隔运行事件所需的一个数组。它开始时是空的:

```
    //建立计时事件列表
    timedEventsList = new Array();
```

将会有 3 个按钮在屏幕上。不过在游戏开始阶段,我们不想让所有按钮同时出现。要根据游戏进程来决定呈现哪个按钮。我们先开始隐藏全部按钮,接着让游戏的不同函数显示所需的按钮:

```
    //移除所有按钮
    removeChild(dealButton);
    removeChild(drawButton);
    removeChild(continueButton);
```

说明

记住,removeChild 只把对象从显示列表移除。所有其他属性,比如对象的位置保持不变。所以我们可以简单地通过 removeChild "拿掉" 物体,之后再通过 addChild 把它原封不动地放回去。

13

最后,游戏以调用 startHand 开始:

```
    //开始第一手牌
    startHand();
}
```

13.2.6　洗牌

要建立一叠洗混的牌，我们首先需要一叠有序的牌。这个数组应当是 c1~s13 的一个字符串集合。

那么我们从一个空数组开始，然后遍历代表 4 种花色的字母。我们把字母放进一个数组里，然后通过遍历 0~3 来获得每一种花色。

在上述的循环中，我们遍历 1~13 获取所有数字。接着我们把一个由花色字母和数字组成的字符串添加到数组里：

```
private function createDeck() {
        //创建一个有序牌堆的数组
        //用字符串代表牌值
        var suits:Array = ["c","d","h","s"];
        var temp:Array = new Array();
        for(var suit:int=0;suit<4;suit++) {
                for(var num:int=1;num<14;num++) {
                        temp.push(suits[suit]+num);
                }
        }
```

请注意，这个数组是创建在一个叫做 temp 的变量里的，因为该变量是临时的而且我们不会在函数之外用到它。真正的牌堆会在 deck 变量里，开始也是空的。接着我们在每次循环里从 temp 抽取一个随机的牌放进 deck，直至 temp 为空：

```
        //拣出随机牌直到牌堆被洗混
        deck = new Array();
        while (temp.length > 0) {
                var r:int = Math.floor(Math.random()*temp.length);
                deck.push(temp[r]);
                temp.splice(r,1);
        }
}
```

到这里，我们就有了一个填满完全随机顺序的 52 个牌名的 deck 数组。

13.2.7　计时事件

在开始这个游戏之前，我们先来看看用来处理计时事件的函数。

我们先从两个函数开始，第一个函数让游戏开始寻找计时事件并运行它们。它创建了一个计时器，设置了一个事件侦听器来调用 playTimedEvents，接着启动它。请注意数字 250 代表 250 毫秒，也就是 1/4 秒，这是事件之间的时间间隔：

```
private function startTimedEvents() {
        timedEvents = new Timer(250);
        timedEvents.addEventListener(TimerEvent.TIMER, playTimedEvents);
        timedEvents.start();
}
```

这儿有个相对应的事件寻找中止函数。我们可以在没有更多事件可执行的时候调用它：

```
private function stopTimedEvents() {
        timedEvents.stop();
        timedEvents.removeEventListener(TimerEvent.TIMER, playTimedEvents);
        timedEvents = null;
}
```

当有行动需要顺次执行时，我们通过调用下面这个函数把它添加到 timedEventsList 上：

```
private function addTimedEvent(eventString) {
        timedEventsList.push(eventString);
}
```

负责所有工作的函数是 playTimedEvents。它通过查看 if 语句来弄明白在 timedEvent-sList 里存储在前面的字符串指示要做的事情，然后据此运行某段代码。shift 函数和 pop 刚好相反，它从数组的前端（而不是末尾）取走一个元素。

```
//看看是否有新的事件在列表里并执行它
private function playTimedEvents(e:TimerEvent) {
        var thisEvent = timedEventsList.shift();
        if (thisEvent == "deal card") {
                dealCard(); //初始化发牌的部分
        } else if (thisEvent == "end deal") {
                waitForDraw(); //初始化发牌完成
        } else if (thisEvent == "draw card") {
                drawCard(); //替换一张牌
        } else if (thisEvent == "end draw") {
                drawComplete(); //所有牌替换完成，全部完成
        }
}
```

那么对于计时事件来说，关键在于往事件列表添加字符串然后确保在 playTimedEvents 有代码处理这个事件。你也必须记住不调用 startTimedEvents 是无法处理事件的，而且一个序列中最后的事件都应该在代码结束时调用 stopTimedEvents。

13.2.8　开始发牌

当游戏开始时，startHand 函数被调用。这个函数还不涉及发牌,它只是重设了数组并让 DEAL 按钮可见从而可以让玩家单击。同时它也在文本字段里放置了一些帮助文本供玩家参考：

```
private function startHand() {

        //清空玩家的手牌
        playerHand = new Array();
        playerCards = new Array();
        cardsToDraw = new Array();
        resultDisplay.text = "Press DEAL to start.";

        addChild(dealButton);
}
```

dealCards 函数负责初始化 5 张牌，开始时它从玩家的现金里减掉押出去的赌注并更新现金的显示，然后移除 DEAL 按钮让玩家不能再次单击。这时所有 3 个按钮都不可见：

```
private function dealCards(e:MouseEvent) {

        //从玩家那里扣下赌注
        cash -= bet;
        showCash();

        //移除 DEAL 按钮
        removeChild(dealButton);
```

下一步，发出 5 张牌。不过牌不是立刻发出去。它们会代之以通过发送字符串 "deal card" 到函数 addTimedEvent 向计时事件列表添加事件：

```
        //添加事件以发出 5 张牌
        for(var i:int=0;i<5;i++) {
                addTimedEvent("deal card");
        }
```

除了发牌事件之外，我们也需要增加一个结束发牌事件。它把 DRAW 按钮放置在屏幕上让玩家可以继续下一步。图 13-5 展示了游戏此时的屏幕情况。

图 13-5　头 5 张牌已经发出，现在玩家可以决定替换哪张牌

在加上最后一个事件之后，游戏就准备开始了。于是，调用 startTimedEvents 函数让游戏跟进那 6 个事件：

```
        //最后示意发牌结束
        addTimedEvent("end deal");

        //开始事件计时器
        startTimedEvents();
}
```

当执行到发牌事件时，对 dealCard 的调用就会发生。这个函数从牌堆取得下一张牌然后对其调用 showCard。它同时把这张牌添加到玩家手中：

```
private function dealCard() {
```

```
//从牌堆获得下一张牌
var newCardVal:String = deck.pop();

//展示它并把它加到手牌中
showCard(newCardVal);
playerHand.push(newCardVal);
}
```

showCard 函数用来创建 card 对象并让它以正确的帧出现在屏幕的正确位置上。

它还设置了 card 影片剪辑的两个属性：val 和 pos。第一个是牌值，比如 h11 代表红心 J。第二个是牌在手中的位置，为 0~4 中的一个数字。位置从数组 playerHand 的当前长度获得：

```
private function showCard(cardVal) {

    //获得一张新牌并添加到屏幕上
    var newCard:Cards = new Cards();
    newCard.gotoAndStop(cardVal);
    newCard.y = 200;
    newCard.x = 70*playerHand.length+100;
    newCard.val = cardVal; //获取值
    newCard.pos = playerHand.length; //获取位置
    newCard.addEventListener(MouseEvent.CLICK, clickDrawButton);
    addChild(newCard);

    //添加到 card 对象数组里
    playerCards.push(newCard);
}
```

showCard 函数所做的另一件事是为牌设置一个事件侦听器。这样使得牌成为一个可供玩家单击的"按钮"。

13.2.9　抽牌

在 5 个发牌事件按顺序处理完之后，就要处理结束发牌事件了。这会调用函数 waitForDraw，这个函数要做的基本上是把 DRAW 按钮放到屏幕上并更新帮助文本。因为在事件数组里已经没有事件需要执行了，它还会调用 stopTimeEvents。

```
private function waitForDraw() {

    //显示 DRAW 按钮和说明文字
    addChild(drawButton);
    resultDisplay.text = "Click to turn over cards you want to discard.";

    //就地停止事件计时器
    stopTimedEvents();
}
```

这时游戏暂停，轮到玩家行动。玩家可以单击任何一张牌或单击 DRAW 按钮。如果玩家单击了某张牌，相应的事件侦听器就会调用 clickDrawButton 函数。

这个函数把牌放到了本地变量 thisCard 里，接着会有两种情况要处理。第一种情况就是这张牌已经在展示第 2 帧，也就是牌的背面。这就是说这张牌已经被玩家翻面，应该翻回来。所谓翻牌，我们指的是使用 gotoAndStop 来让其显示正确的牌值。

说明

因为在这个游戏里，牌的背面只是用来表示某张牌该被替换了，所以你需要换一张让这个意思表达得更清楚的图片。可能你想在 cards 影片剪辑的第 2 帧加上 Draw 或 Draw New 字样，或者，在牌的上面或下面增加浮动文字。

另一种更普遍的情况，牌面向上而玩家要把它翻过去。这种情况下，我们让影片剪辑跳到第 2 帧。它依然知道自己的值，因为我们把它存储在 val 属性里了：

```
private function clickDrawButton(e:MouseEvent) {

        //让牌接受单击
        var thisCard:MovieClip = MovieClip(e.currentTarget);

        if (thisCard.currentFrame == 2) {
                //如果它已经被翻转（第 2 帧），那么翻过来
                thisCard.gotoAndStop(thisCard.val);

        } else {
                //通过跳到第 2 帧来翻转
                thisCard.gotoAndStop(2);
        }
}
```

在玩家翻转了任何他想交换的牌之后，DRAW 按钮推动游戏向前。draw Cards 会函数移除 Draw 按钮，接着遍历所有牌看哪些被翻转了。它会把那些牌添加到数组 cardsToDraw 里，而这个数组里就会有一个需要新牌的位置列表。对应其中每一个位置都有一个抽牌事件被添加到事件列表里：

```
private function drawCards(e:MouseEvent) {

        //移除 DRAW 按钮
        removeChild(drawButton);

        //遍历所有 5 张牌
        for(var i=0;i<playerCards.length;i++) {
                if (playerCards[i].currentFrame == 2) {
                        //牌被翻转了，添加到列表并设置事件
                        cardsToDraw.push(i);
                        addTimedEvent("draw card");
                }
        }
}
```

和发牌一样，我们也有个特定的事件来表示抽牌的结束。添加完之后，我们可以调用 startTimedEvents 来开始事件的处理了：

```
    //添加所有事件的结尾，添加检查结果的一个事件
    addTimedEvent("end draw");

    //再次启动计时器
    startTimedEvents();
}
```

抽牌和初始化时的发牌相似，不过没那么烦琐。我们通过调用 drawCard 来处理抽牌事件。这个函数从数组 cardsToDraw 获取牌的位置。然后从牌堆获取新的牌值。接着通过设置 playerHand 数组里的目标元素来将那儿的牌变为新的牌值，并用 gotoAndStop 来显示新的值：

```
private function drawCard() {

    //要替换的牌
    var cardToDraw = cardsToDraw.shift();

    //从牌堆中取得一张牌
    var newCardVal:String = deck.pop();

    //更新牌值
    playerHand[cardToDraw] = newCardVal;
    playerCards[cardToDraw].gotoAndStop(newCardVal);
}
```

请注意，牌的 val 属性没有变。我们不再需要这个属性，因为它只用在玩家翻牌时。此时只有 playHand 数组才重要。

13.2.10 完成一手牌

一张新牌抽出了以后，"结束抽牌"事件将触发对 drawComplete 的调用。这个函数调用 handValue，看玩家都有什么牌，然后调用 winnings，看它值为多少。我们稍后就将接触到这些函数。

接下来的这些值会显示在屏幕上的帮助文本里，而 winnings 如果有值的话，则会被添加到玩家的现金里。Continue 按钮是隐藏的，计时事件也会关闭，因为在下一手牌之前都不会再有事件发生了：

```
function endTurn(e:MouseEvent) {

    //移除按钮
    removeChild(continueButton);

    //移除旧牌
    while(playerCards.length > 0) {
        removeChild(playerCards.pop());
    }

    //重新洗牌并发一手新牌
    createDeck();
    startHand();
}
```

13

　　当玩家单击 Continue 按钮时，牌就会从屏幕上被移除，整个过程以调用 createDeck 创建一个新洗过的牌堆的方式重来，然后由 stratHand 开始新一轮发牌：

```
function endTurn(e:MouseEvent) {

    //移除按钮
    removeChild(continueButton);

    //移除旧牌
    while(playerCards.length > 0) {
        removeChild(playerCards.pop());
    }

    //重洗牌堆并发一手新牌
    createDeck();
    startHand();
}
```

用过多次的 showCash 函数把值放到文本字段里：

```
private function showCash() {
    cashDisplay.text = "Cash: $"+cash;
}
```

13.2.11　计算扑克赢分

　　函数 handValue 很重要，它有个任务是，查看 5 张牌所组成的数组并判断这一手牌的值。比如，一手[c5，d8，h6，s7，h4]应该返回的值为 Straight（顺）。

　　到目前为止，本书里每一个游戏中的每一块代码都是毫无保留地展示的。不过在这个例子中，我觉得最好把这个函数略过。它所做的不过是传入一个数组、返回一个字符串而已。函数内的计算可以简单也可以复杂。你可以自行决定是否值得去了解它的内部工作机制。

　　你可以到 VideoPoker.as 里看看这个函数。我已经增加了注释以便你弄明白它是如何做的。另外，我已经在网站 http://flashgameu.com 中对它的工作原理作了描述。

　　winnings 函数比较直接。它只是根据应该赢的现金数，向每一种扑克手牌值返回一个数字而已：

```
function winnings(handVal) {
    if (handVal == "Royal Flush") return 800;
    if (handVal == "Straight Flush") return 50;
    if (handVal == "Four-Of-A-Kind") return 25;
    if (handVal == "Full House") return 8;
    if (handVal == "Flush") return 5;
    if (handVal == "Straight") return 4;
    if (handVal == "Three-Of-A-Kind") return 3;
    if (handVal == "Two Pair") return 2;
    if (handVal == "High Pair") return 1;
    if (handVal == "Low Pair") return 0;
    if (handVal == "Nothing") return 0;
}
```

　　请注意一对小牌返回 0。所谓一对小牌就是指一对小于 J 的牌。一对大牌还能赢到 1 倍的钱，而一对小牌就输了。这在电子扑克游戏里是很标准的判定。如果只要是有一对就可以赢 1 倍的钱的话，那么一手牌赢的超过 1 倍就变得容易了。

13.2.12　修改游戏

　　电子扑克游戏很好地建立起来了，而游戏的基本原理并没有太多值得你修改的地方。不过你还是可以让这个游戏变得更好一些。

　　例如，Cash Out（结算）按钮可以让玩家带着虚拟的现金离开游戏。他们可以接着用全新的 100 美元重新开始游戏。

　　应该留意玩家的现金量。如果掉到 0 以下，游戏就应该结束了，可以跳到和按下 Cash Out 按钮之后一样的屏幕。

　　另一个选择就是允许玩家更改赌注。将每局下注最多 1 美元更改为最多 5 美元。下一个游戏里，我们的讨论就会涉及这方面的功能。

13.3　21点

　　比电子扑克还要流行的就是著名的 21 点（Blackjack）了。它和电子扑克有很多相似之处，比如开始时牌会摆到屏幕供玩家选择来完成游戏。这个例子里，玩家决定出击还是保留，而且他们还可以决定加倍下注。

　　我们将使用和前一个游戏相同的牌堆、洗牌流程和计时事件函数，但是会在发牌之前加进修改赌注大小的功能。

源文件

http://flashgameu.com
A3GPU213_Blackjack.zip

13.3.1　游戏元素

　　21 点的建立和电子扑克一样，不过有更多按钮。初始画面和之前一样有一个 Deal 按钮，此外，还有一个 Add to Bet（增加赌注）按钮。Draw 按钮被一个 Hit（出击）和一个 Stay（保留）按钮代替了，也有为玩家的总金额和本次下注准备的文本字段，另外还有两个文本字段显示玩家和庄家的手牌总张数。

　　图 13-6 显示了这些按钮。请注意它们有重合的情况。Continue 按钮不会和其他按钮同时出现，所以不要紧。同样地，你可以让 Add to Bet 和 Deal Cards 这一对按钮居中，Hit 和 Stay 按钮作为另一对按钮居中，因为它们都不会同时出现在屏幕上。

13

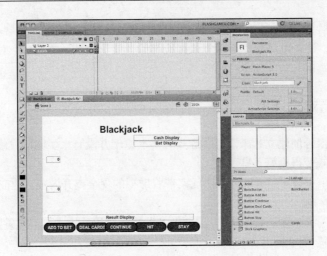

图13-6　21点游戏的主屏幕包括了几个文本字段和很多按钮

13.3.2　设置类

这个游戏使用了和电子扑克一样的导入类以及相似的一套游戏对象。不过除了要展示玩家的手牌之外，我们还需要展示庄家的手牌。而且，我们需要特别地记录某一张特殊牌（庄家的第一张牌，开始是正面朝下，随着游戏的进程会在稍后翻转过来）：

```
public class Blackjack extends MovieClip {
        //游戏对象
        private var cash:int; //记录金钱
        private var bet:int; //本次赌注
        private var deck:Array; //以全部牌值开局
        private var playerHand:Array; //玩家的牌值
        private var dealerHand:Array; //庄家的牌值
        private var dealerCard:Cards; //对翻开的牌的引用
        private var cards:Array; //准备洗的所有牌

        //未来事件的计时器
        private var timedEvents:Timer;
        private var timedEventsList:Array;
```

启动游戏的函数看起来和电子扑克中的一模一样。仅有的一处不同是需要隐藏更多的按钮。这个函数在影片到达第2帧时由时间轴代码调用：

```
public function startBlackjack() {

    //初始化现金
    cash = 100;
    showCash();
    cards = new Array();

    //开始游戏
    createDeck();
```

```
        //建立计时事件列表
        timedEventsList = new Array();

        //移除所有按钮
        removeChild(addBetButton);
        removeChild(dealButton);
        removeChild(hitButton);
        removeChild(stayButton);
        removeChild(continueButton);

        //开始第一手牌
        startHand();
    }
```

实际上21点里的 createDeck 函数稍有不同。我们不是用一副52张的牌，而是用一个包含了6个牌堆的数组。我们通过这样循环6次来创建6个排好顺序的牌堆，然后我们全部重洗。在赌场的21点中，使用6副或更多副牌是很正常的：

```
private function createDeck() {
        //在一个数组里创建 6 副排好顺序的牌堆
        //使用字符串来代表牌值
        var suits:Array = ["c","d","s","h"];
        var temp = new Array();
        for (var i:int=0;i<6;i++) {
                for(var suit:int=0;suit<4;suit++) {
                        for(var num:int=1;num<14;num++) {
                                temp.push(suits[suit]+num);
                        }
                }
        }

        //随机选牌直至牌堆被完全洗过
        deck = new Array();
        while (temp.length > 0) {
                var r:int = Math.floor(Math.random()*temp.length);
                deck.push(temp[r]);
                temp.splice(r,1);
        }
    }
```

13.3.3 开始游戏

startHand 函数建立了数组并清空了显示手牌值的两个文本字段。它设置开局赌注为5美元。接着把 Add to Bet 和 Deal 按钮放到屏幕上：

```
private function startHand() {

        //清空玩家和庄家的手牌
        playerHand = new Array();
        dealerHand = new Array();
        playerValueDisplay.text = "";
```

13

```
        dealerValueDisplay.text = "";

        //每一手牌都从最小赌注和隐藏发牌开始
        bet = 5;
        showBet();

        //显示按钮
        addChild(addBetButton);
        addChild(dealButton);
        resultDisplay.text = "Add to your bet if you wish then press Deal Cards.";
    }
```

当玩家单击 Add to Bet 按钮时，它会调用 addToBet 函数，将当前赌注增加 5 美元，上限是 25 美元：

```
    private function addToBet(e:MouseEvent) {
        bet += 5;
        if (bet > 25) bet = 25; //赌注限制
        showBet();
    }
```

然后玩家单击 Deal 按钮来开始游戏。这两个按钮的事件侦听器和其他按钮一样，都是分配在时间轴代码里的。

13.3.4 计时事件

函数 startTimedEvents、stopTimedEvents 以及 addTimedEvent 是和电子扑克是一样的。一个小小的不同就是时间延迟从 250 毫秒提高到 1000 毫秒。

不过 playTimedEvents 函数必须改变，因为 21 点中有一套完全不同的事件。这些事件是发牌到庄家、发牌到玩家、结束发牌、展示庄家牌和庄家继续。我们把这些都放到要调用的函数里：dealCard、waitForHitOrStay、showDealerCard 和 dealerMove：

```
    private function playTimedEvents(e:TimerEvent) {
        var thisEvent = timedEventsList.shift();
        if (thisEvent == "deal card to dealer") {
            dealCard("dealer");
        } else if (thisEvent == "deal card to player") {
            dealCard("player");
            showPlayerHandValue();
        } else if (thisEvent == "end deal") {
            if (!checkForBlackjack()) {
                waitForHitOrStay();
            }
        } else if (thisEvent == "show dealer card") {
            showDealerCard();
        } else if (thisEvent == "dealer move") {
            dealerMove();
        }
    }
```

当玩家单击 Deal 按钮时，dealCards 函数让事件列表充满需要发生的事件：

```
private function dealCards(e:MouseEvent) {

        //从玩家处取走赌注
        cash -= bet;
        showCash();

        //添加事件以发第一手牌
        addTimedEvent("deal card to dealer");
        addTimedEvent("deal card to player");
        addTimedEvent("deal card to dealer");
        addTimedEvent("deal card to player");
        addTimedEvent("end deal");
        startTimedEvents();

        //更换按钮
        removeChild(addBetButton);
        removeChild(dealButton);
}
```

这时 Add to Bet 按钮和 Deal 按钮从屏幕上移除了，在发牌结束前用户不需要做任何事情，所以按钮都不可见。

13.3.5 发牌

我们本可以用两个函数来发牌：一个是发到玩家手中，而另一个发到庄家手中。但这里，我们把它们做成一个函数，接受一个指定把牌发到哪里的参数。if 语句用来识别参数并执行相应的代码。

代码包括添加新牌到合适的数组和调用 showCard 把牌放到屏幕上。调用 showCard 时，参数"player"或"dealer"让它知道把牌放到哪边：

```
private function dealCard(toWho) {

        //从牌堆里获得下一张牌
        var newCardVal:String = deck.pop();

        if (toWho == "player") {
                //如果是发到玩家那里，亮出来并更新牌值
                playerHand.push(newCardVal);
                showCard(newCardVal,"player");

        } else {
                //如果发到庄家那里，先展示它，但是稍后才更新手牌值
                dealerHand.push(newCardVal);
                showCard(newCardVal,"dealer");
        }
}
```

showCard 函数看起来较复杂，其实不然。它仅仅是创建了一张新牌的影片剪辑并根据它是玩家牌还是庄家牌来确定这张牌的位置。如果不是庄家的第一张牌的话，它的影片剪辑会跳到这张牌所在的帧。而如果是庄家第一张牌的话，影片剪辑会跳到"back"帧隐藏牌值：

13

```
private function showCard(cardVal, whichHand) {

    //获得新牌
    var newCard:Cards = new Cards();
    newCard.gotoAndStop(cardVal);

    //设置新牌的位置
    if (whichHand == "dealer") {
        newCard.y = 100;
        if (dealerHand.length == 1) {
            //展示庄家第一张牌的背面
            newCard.gotoAndStop("back");
            dealerCard = newCard;
        }
        var whichCard:int = dealerHand.length;

    } else if (whichHand == "player") {
        newCard.y = 200;
        whichCard = playerHand.length;
    }
    newCard.x = 70*whichCard;

    //加牌
    addChild(newCard);
    cards.push(newCard);

}
```

13.3.6　要牌或停牌

一旦"结束发牌"事件来临，就调用 waitForHitOrStay 使游戏停下来。这个函数把两个按钮放在屏幕上并停止事件处理：

```
private function waitForHitOrStay() {
    addChild(hitButton);
    addChild(stayButton);
    timedEvents.stop();
}
```

在时间轴代码里已经为这两个按钮分配了事件侦听器。侦听器最后会在玩家单击了这些按钮后调用后面的两个函数。

第一个是要牌（hit）。它调用 dealCard 使玩家得到一张额外的牌。接着它调用 showPlayerHandValue 把手牌的值显示在文本字段上：

```
private function hit(e:MouseEvent=null) {
    dealCard("player");
    showPlayerHandValue();

    //如果玩家获得21点或更多，转而检查庄家
    if (handValue(playerHand) >= 21) stay();
}
```

最后，hit 用函数 handValue 检查玩家是突破还是刚好达到了 21。两种情况下，玩家都不

允许要更多的牌了。所以函数 stay 会自动调用——和玩家按下的 Stay（停牌）按钮时调用的函数一样，就好像 ActionScript 代码帮玩家自动按下 Stay 按钮。

说明

留意到函数 hit 和 stay 里参数位置的 e:MouseEvent=null 了吗？如果为一个参数指定了默认值（如 null），那么这个参数就成了可选的了。没有那一句的话，hit 对 stay 的调用会出现错误，因为 stay 需要一个参数。既然在 stay 里需要，为了保持一致，我们也把它放进 hit 里。

```
private function stay(e:MouseEvent=null) {
        removeChild(hitButton);
        removeChild(stayButton);
        addTimedEvent("show dealer card");
        addTimedEvent("dealer move");
        startTimedEvents();
}
```

除了通过去除 Hit 和 Stay 按钮让游戏向前发展外，stay 函数往事件列表里添加了两个新的事件并重新开始了计时事件。

这时，游戏如图 13-7 所示，玩家已经要了几次牌而庄家只有两张牌且第一张牌是未开的。

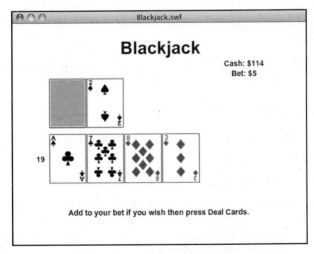

图 13-7　玩家已经拿够了，轮到庄家翻开他的第一张牌并要更多的牌

13.3.7　庄家行为

庄家做的第一件事是由 "show dealer card" 触发并由 showDealerCard 函数执行的一次性动作。简单来说，就是翻开此前一直没公布的第一张庄家牌。

还记得我们将对第一张庄家牌的引用存储在 dealerCard 里了吗？我们现在用它来为那张牌设置相应的帧：

```
private function showDealerCard() {
        dealerCard.gotoAndStop(dealerHand[0]);
        showDealerHandValue();
}
```

在这次初始动作之后，下一个事件是"庄家行为"。此时由庄家决定是要牌还是不要。这个游戏遵循的逻辑来自大多数赌场里运营的"大部分 21 点游戏"。如果庄家拿到 16 点或更少的话，他会再拿一张牌，而总值会更新。接着另一个"庄家行为"事件也在酝酿中：

```
private function dealerMove() {
        if (handValue(dealerHand) < 17) {
                //庄家还没到 17 点，还要继续抽牌
                dealCard("dealer");
                showDealerHandValue();
                addTimedEvent("dealer move");
```

否则，如果庄家拿到 17 点或更多，游戏就结束了，而剩下的唯一的事情是调用 decideWinner 函数看谁赢了：

```
        } else {
                //庄家拿够了
                decideWinner();
                stopTimedEvents();
                showCash();
                addChild(continueButton);
        }
}
```

在庄家够数的时候，Continue 按钮也及时现身好让玩家可以进行下一手牌。

13.3.8　计算 21 点的手牌

在我们更深入之前，来看看关键函数 handValue。这个函数对 hand 数组进行处理之后算出它的值。这个比电子扑克要容易很多。

一般来说，我们遍历手牌并把每张牌的值加起来求个总和。唯一的不同就是当 A 出现的时候，它可以是 1 也可以当成 11。只有在使总和不大于 21 的情况下它才会相当于 11。否则，它就是 1。

于是，我们遍历这手牌并对所有值求和，先把每一个 A 当成 1。最后，如果有一个 A 的话，我们就在总和少于或等于 11 的情况下再加 10。

```
private function handValue(hand) {
        var total:int = 0;
        var ace:Boolean = false;

        for(var i:int=0;i<hand.length;i++) {
                //牌值求和
                var val:int = parseInt(hand[i].substr(1,2));
```

```
          //J、Q和K都算10
          if (val > 10) val = 10;
          total += val;

          //记得有A这回事
          if (val == 1) ace = true;
     }

     //如果不会突破上限的话，A可以为11
     if ((ace) && (total <= 11)) total += 10;

     return total;
}
```

另外，还有特殊情况的手牌。到21点时刚好只有两张牌，这就是要特殊计分的"黑杰克"，玩家可以获得初始赌注的2.5倍而不是通常的2倍：

```
private function checkForBlackjack():Boolean {

     //如果玩家有黑杰克
     if ((playerHand.length == 2) && (handValue(playerHand) == 21)) {
          //奖励150%
          cash += bet*2.5;
          resultDisplay.text = "Blackjack!";
          stopTimedEvents();
          showCash();
          addChild(continueButton);
          return true;
     } else {
          return false;
     }
}
```

下面来看看decideWinner函数。它在最后根据游戏里的各种情况付给玩家从结果里赢得的现金。

该函数从取得各手牌的值开始：

```
private function decideWinner() {
     var playerValue:int = handValue(playerHand);
     var dealerValue:int = handValue(dealerHand);
```

第一种情况是玩家爆掉了（bust，也就是超过21点）。这样的话，玩家就输了：

```
     if (playerValue > 21) {
          resultDisplay.text = "You Busted!";
```

下面一种情况就是当庄家爆掉了。如果玩家没爆掉而庄家爆掉了，那么玩家就赢得初始押注的两倍：

```
     } else if (dealerValue > 21) {
          cash += bet*2;
          resultDisplay.text = "Dealer Busts. You Win!";
```

如果玩家或庄家都没有爆掉，而且庄家的值大于玩家，玩家输：

13

```
        } else if (dealerValue > playerValue) {
            resultDisplay.text = "You Lose!";
```

如果庄家和玩家有相同的值，游戏打平，玩家拿回赌注：

```
        } else if (dealerValue == playerValue) {
            cash += bet;
            resultDisplay.text = "Tie!";
```

最后还有一种结果就是庄家的值低于玩家。这种情况下玩家赢并取回赌注外加 1 倍赌注的奖金：

```
        } else if (dealerValue < playerValue) {
            cash += bet*2;
            resultDisplay.text = "You Win!";
        }
    }
```

13.3.9 游戏的其他函数

当玩家单击 Continue（继续）按钮时，整个过程重新开始。21 点里比较有趣的一件事就是牌堆不必每手都洗一次。相反，用过的牌会放一边，原来那堆牌继续用。直到牌堆（也叫 shoe）接近没有牌的时候。我们会在 shoe 达到 26 张牌或更少时创建一个新的数组。否则，我们还是从原来的数组里抽新牌：

```
function newDeal(e:MouseEvent) {
    removeChild(continueButton);
    resetCards();

    //如果牌堆少于 26 张牌，重洗
    if (deck.length < 26) {
        createDeck();
    } else {
        startHand();
    }
}
```

下面 4 个函数用来向屏幕上的文本字段里放置信息：

```
private function showPlayerHandValue() {
    playerValueDisplay.text = handValue(playerHand);
}

private function showDealerHandValue() {
    dealerValueDisplay.text = handValue(dealerHand);
}

private function showCash() {
    cashDisplay.text = "Cash: $"+cash;
}

private function showBet() {
    betDisplay.text = "Bet: $"+bet;
}
```

最后有个使用 `cards` 数组的 `resetCards` 函数清除屏幕上的所有牌以便开始新的一局：

```
function resetCards() {
        while(cards.length > 0) {
                removeChild(cards.pop());
        }
}
```

13.3.10　修改游戏

如果玩过 21 点，你可能会发现这个游戏有两个功能漏了：双倍下注和分牌。双倍下注很容易添加，因为就像是继续要第 3 张牌一样，只不过是加倍你的初始赌注，并且在双倍下注之后不会再要一张牌。

不过分牌就比较复杂了。就是允许你分掉手里一样的两张牌，比如两张 10，到独立的两手牌里。所以在这儿你会发现一个问题：你把两手牌摆哪里？而且，你如何在游戏交互流程中展示这两手牌？你可能需要一个手牌数组，而不是单个手牌。

可是，如果分牌导致另一手也可分呢？那么你就将有三手甚至更多手牌。在屏幕上和在代码里处理这个情况很困难，也超出了本书的范围。不过，如果你每一课都在认真跟进的话，而且自信可以应对大的挑战，那么你可以尝试添加这两个功能。

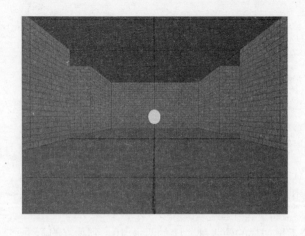

3D 游戏：打靶训练、竞速游戏和地牢冒险

本章内容

- ❏ Flash 3D 基础
- ❏ 打靶训练
- ❏ 3D 竞速游戏
- ❏ 3D 地牢冒险

三维（3D）画面已经成为各个平台游戏开发者的神圣目标。先是电脑游戏开始出现 3D，接着是游戏主机，而现在则轮到网页游戏了。

Flash CS5 确实有能力让你的游戏进入第三维度，不过效果十份有限。即便如此，你还是可以改进你的游戏让它们带点 3D 的感觉的。

电脑和主机游戏靠硬件和软件驱动的结合来营造 3D 环境。而在 Flash 中你能使用的功能完全无法与之相比。比如，你无法使用模型。你不能使用相机、光照、高级贴图、阴影，以及任何真实 3D 图形引擎所提供的重要功能。

你能做的就是把你的 2D 显示对象放到一个 3D 舞台上。你可以通过设置一个影片剪辑的深度值来让它离屏幕更远些——就像改变它的横坐标和纵坐标位置一样。你可以让物体围绕三个轴旋转，让它们向后或向前，或侧翻。

听上去好像不怎么样，不过这确实可以为游戏带来很多其他特性。我们先从一些基础开始，接着再为竞速和冒险游戏打造基本引擎。

14.1　Flash 3D 基础

源文件

http://flashgameu.com

A3GPU214_Demos.zip

我们看看进行 3D 作业所需要知道的基本 ActionScript 3.0 属性。

14.1.1　设置 3D 位置

在本章之前，我们是使用 x 和 y 值在屏幕上定位一个显示对象的。要开始使用 3D 的话，我们要增加 z。

例如，这儿有段代码创建了库里某 Sprite 的一个实例，并把它放到(100, 200)位置上：

```
var square1:Square = new Square();
square1.x = 100;
square1.y = 200;
addChild(square1);
```

好，假如我们同时也设置了这个 Sprite 的 z 属性呢？

```
square1.z = 100;
```

这句使方块向屏幕里面"后退了"100 像素。结果就是它变小了，因为它离观察者远了。

图 14-1 展示了 z 值在 0、100、200 的 3 个不同方块。方块不单是变小了，从透视的角度来看好像还越来越朝向屏幕中心位置了。

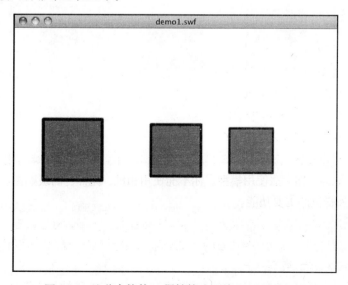

图 14-1　这些方块的 z 属性值分别为 0、100 和 200

14

因此，你可以通过设置 z 值把物体推到屏幕后面。把 x 当成物体的横坐标，y 当成纵坐标，而 z 就当成物体的深度。

14.1.2　旋转物体

你也可以让物体绕 3 个轴来旋转。之前我们只是使用了 rotation 属性来做旋转。那是让它在 2D 空间围绕中心旋转。这相当于围绕 z 轴旋转。想象一张中心被钉子钉在墙上的纸。你可以让这张纸围绕这颗钉进行旋转。这颗钉子就是 z 轴，纸就是绕着这条 z 轴旋转。

在 3D 环境里，我们也能围绕 x 轴和 y 轴旋转。例如，下面的代码将创建一个对象并让它围绕 x 轴旋转-30°。它看起来像是"掉"进屏幕里：

```
var square2:Square = new Square();
square2.x = 275;
square2.y = 200;
square2.rotationX = -30;
addChild(square2);
```

图 14-2 展示了 3 个方块。第一个没有设置 rotationX 值。第二个的 rotationX 值为-30，而第三个的 rotationX 值为-60。

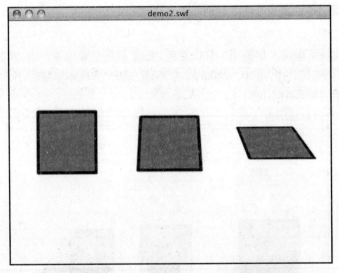

图 14-2　x 轴旋转值分别为 0、-30、-60 的 3 个方块

那么如果把对象旋转 90°呢？它将平躺。因为这些对象都刚好在屏幕的中心，y 坐标在 200（总长为 400），平的物体就不可见了——这跟从一张纸的边缘观察是一样的。

但是，如果你把这个扁平物体向下移动，到了视线下方的话，你就又可以看见它了。图 14-3 展示了这样的 3 个方块，它们在 x 轴上都设置了-90°的旋转。不过每一个都比前一个离 200 像素处的视线低一点。

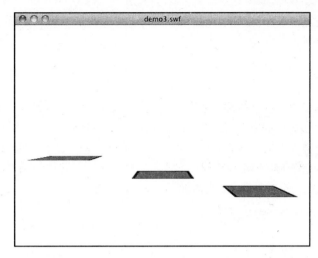

图 14-3　这 3 个方块的 y 坐标分别为 240、270 和 300，低于屏幕的中线

　　把 Sprite 沿着 x 轴旋转 90°并将其摆到低于视线的位置，对于在 3D 游戏中创建"地面"物体来说是个不错的办法。在那种情况下，这个 Sprite 要非常之大以占据大部分的区域，使得玩家看不到"世界边缘"。

　　那么，如果我们让对象围绕 y 轴旋转又会怎样呢？它们看上去像转向左或转向右。而你可以结合 3 个维度的旋转来制造更加复杂的物体变形。

　　要完全理解 3D 对象旋转可能有点难。在示例文件 demo4.fla 里，我放了 3 个方块，每一个各自围绕着一个轴进行 1 度/帧的旋转。在 Flash 里测试这个影片对于观察和理解 3D 旋转是个不错的方式。

　　图 14-4 展示了该影片运行一段时间后的样子。你可以看到，第一个围绕它的 x 轴轻微地进行旋转，第二个围绕 y 轴，而第三个则绕着 z 轴旋转。

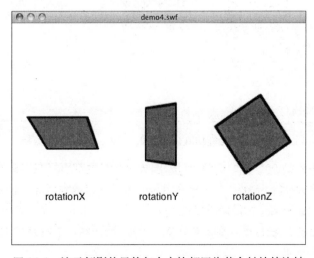

图 14-4　该示例影片里的每个方块都围绕某个轴持续旋转

这些就是在 ActionScript 3.0 里 3D 的基本用法，已经包括了我们创建一个简单游戏的全部所需。

14.2   打靶训练

源文件
http://flashgameu.com
A3GPU214_TargetPractice.zip

前面我们已经熟悉了在空袭和爆气球等游戏里的射击概念，下面我们来通过简单的打靶训练游戏让它在 3D 空间里再度呈现。

14.2.1   游戏元素

目标是创建一个 3D 游戏环境并完成一种简单的游戏行为。

从图 14-5 看看游戏完成后的模样。这个游戏提供了一个背景、一个标靶、一个加农炮弹（在空中飞着）和一台用一组圈圈组成的加农炮。如果靠近些看，你还可以发现加农炮弹的阴影。

图 14-5   加农炮弹正在飞向标靶的途中

你可能会惊讶于背景并非 3D。它只是个 2D 图形，和在空袭游戏里用到的那张相似。对于整个游戏来说它是个背景，不会和玩家有任何形式的互动。

标靶放置在地面上，在这个游戏里我们设其 y 为 350。然后它的横坐标通过设置 x 来确定，而设置 z 把它放进场景里。

说明

为什么地面是 350 而前景位于-100 呢？这只是因为它们好像比较符合我们的要求，并没什么神奇的地方。对于某些游戏来说是地面为 400 或者更多，而你可能不需要放任何东西上去。我是经过一些简单的试验，观察怎样才好看之后得出这些数字的。

　　加农炮弹从 z 值-100 开始，然后随着 z 值的增加来飞进场景里。它飞高的同时伴随 y 值的减少，在受到实际重力的作用之后 y 值才开始增加。它会在 y 值为 350 即撞到地面时停止。

　　那么那些圈圈呢？加农炮由一组 10 个圆圈组成。因为在 Flash 里不能用 3D 模型，我们只好即兴弄一个。要展示 3D 加农炮也许不可能——至少非常困难。因此我们用这些圈圈代替了加农炮。每一个都以 2D Sprite 的形式存在于 3D 空间，都和加农炮弹打出的方向保持一致。

　　这个游戏运作方式是这样的：标靶随机放置。玩家可以用方向键左右移动加农炮，也可以通过向上向下方向键调整加农炮的角度。用空格键打出的加农炮弹以加农炮的角度和位置作为自己的角度和初始位置。当加农炮弹着陆时，如果它离标靶足够近，标靶就被重新定位。

14.2.2　设置类

信不信由你，3D 并没有什么类需要特别导入的。它是内建在 flash.display 类库里的：

```
package {
    import flash.display.*;
    import flash.events.*;
```

我们需要记录炮弹、它的阴影（稍后详述）、地上的标靶还有加农炮的圈圈：

```
public class TargetPractice extends MovieClip {

    //影片剪辑
    private var ball:Ball;
    private var ballShadow:BallShadow;
    private var target:Target;
    private var cannonRings:Array;
```

我们把加农炮的位置和角度存储进下面这两个属性里。请注意位置和加农炮的 x 属性是一样的。y 属性是固定的（在地上），而 z 属性也根据游戏的需要进行了固定——你不能把炮移近移远：

```
    //加农炮的位置和角度
    private var cannonPosition:Number;
    private var cannonAngle:Number;
```

加农炮打出炮弹后，炮弹会获得一个向上和向前的推力，具体值取决于炮的角度。我们把这些值存在 dy 和 dz 里：

```
    //炮弹矢量
    private var dy,dz:Number;
```

14.2.3   开始游戏

为了使示例尽量短，这里并没有设置游戏开始或结束的帧，影片一打开游戏就直接开始了。我在这一章的例子里把焦点都放在让你学到 ActionScript 3.0 的 3D 方面的实操方面。

构造函数创建标靶、炮弹和阴影。它接着旋转阴影为-90°并把它放到纵坐标 350 的位置，让它平躺着——就如在地面的一切阴影那样：

```
public function TargetPractice() {

        //设置所有影片剪辑
        target = new Target();
        ball = new Ball();
        ballShadow = new BallShadow();
        ballShadow.rotationX = -90; //旋转阴影平躺在地面
        ballShadow.y = 350; //把阴影放到地上
        addChild(ballShadow);
        addChild(target);
        addChild(ball);
```

加农炮的圈圈存储在由库的 Sprite 组成的数组里，它们被放在屏幕上：

```
        //创建10个圈圈表示加农炮的方向
        cannonRings = new Array();
        for(var i=0;i<10;i++) {
                var cannonRing:CannonRing = new CannonRing();
                cannonRings.push(cannonRing);
                addChild(cannonRing);
        }
```

在把圈圈定位到屏幕上之前，我们需要设置好加农炮的角度和位置。因为要经常重新定位大炮，所以我们把代码都放在函数 drawCannon 里：

```
        //设置加农炮的初始位置和角度
        cannonAngle = -30;
        cannonPosition = 275;
        drawCannon();
```

另一个我们会反复使用的函数就是 setUpTarget 了。它让标靶放到随机的位置上：

```
        //设置第一个标靶
        setUpTarget();
```

最后，我们需要侦听按键。为保持游戏的简洁，我们使用 key-down 事件。这在简单的游戏里用起来很顺手，因为你可以按住键以重复事件：

```
        //接受键盘输入
        stage.addEventListener(KeyboardEvent.KEY_DOWN,keyPressedUp);
}
```

14.2.4   绘制加农炮和标靶

所谓绘制加农炮就是指如何定位这 10 个圈圈。不只如此，我们要以加农炮为基础来定位炮弹和阴影，好让它们准备发射。

这个基础就是由 cannonPosition 定义的横坐标，它可以被玩家通过按下左右方向键来改变。炮是放在地上的，也就是 350（y 值）。z 值-100 用来刚好将加农炮放在三维空间的前方：

```
public function drawCannon() {
        //定位炮弹
        ball.x = cannonPosition;
        ball.y = 350;
        ball.z = -100;

        //定位阴影
        ballShadow.x = cannonPosition;
        ballShadow.y = 350;
        ballShadow.z = -100;
```

每一个圈圈都有相同的横坐标值。不过纵坐标和深度值则取决于由 Math.sin 和 Math.cos 转换角度得来的坐标值。你了解它们最先是在 7.1 节。在这个例子里，我们设置 y 和 z 而不是 x 和 z。每一个圈圈离加农炮的基座间隔为 5 的倍数：0、5、10、15 等：

```
        //绘制加农炮的圈圈
        for(var i=0;i<cannonRings.length;i++) {
                cannonRings[i].x = cannonPosition;
                cannonRings[i].y = 350 + 5*i*Math.sin(cannonAngle*(Math.PI/180));
                cannonRings[i].z = -100+ 5*i*Math.cos(cannonAngle*(Math.PI/180));
        }
}
```

说明

因为 3D 旋转属性是用度数（0~360）衡量的，我们在 cannonAngle 属性里使用它们。不过 math 函数所需的是弧度（0~2π）。要把度转换成弧度，只需将它们乘以 Math.PI/180 即可。

绘制标靶就更简单了。我们甚至不需要旋转它，只需要把它放在场景里就行了。y 值是 350，让标靶在地面上。另外两个值每次都随机选取，这样就让标靶看上去都是指向场景中心的：

```
private function setUpTarget() {
        target.x = Math.random()*400-200+275;
        target.y = 350;
        target.z = Math.random()*1200+600;
}
```

14.2.5 移动加农炮

当玩家移动加农炮的时候，他们只是在改变 cannonPosition 属性并调用 drawCannon 来重绘圈圈，这和改变 cameraAngle（相机角度）是一样的：

```
public function keyPressedUp(event:KeyboardEvent) {
        if (event.keyCode == 37) {
```

```
        cannonPosition -= 5;
        drawCannon();
} else if (event.keyCode == 39) {
        cannonPosition += 5;
        drawCannon();
} else if (event.keyCode == 38) {
        cannonAngle -= 1;
        drawCannon();
} else if (event.keyCode == 40) {
        cannonAngle += 1;
        drawCannon();
} else if (event.keyCode == 32) {
        fireBall();
}

}
```

如果玩家按下空格键，函数 fireBall 被调用，你应该猜得到这个函数是做什么的。

14.2.6　打出炮弹

我们已经看过如何使用 Math.sin 和 Math.cos 把角度"翻译"成我们可以用来一步一步地移动炮弹的东西。这里我们再做一次并把值放到 dy 和 dz 里。我们把这些值乘以 15 以给炮弹一些推力，让它在 3D 空间里每帧移动大概 15 像素。之后我们开始侦听 ENTER_FRAME 事件并用它每步移动炮弹：

```
private function fireBall() {
        var f:Number = 15.0; //初始化推力

        //计算出基于力量和角度的矢量
        dy = f*Math.sin(cannonAngle*(Math.PI/180));
        dz = f*Math.cos(cannonAngle*(Math.PI/180));

        //逐帧移动炮弹
        addEventListener(Event.ENTER_FRAME, moveBall);
}
```

剩下的就只有 moveBall 函数了。它通过 dy 和 dz 增加炮弹的 y 和 z 属性。它同时也向 dy 加 1。这是在模拟重力加速度。

炮弹的阴影已经处于正确的 x 位置，而 y 值总是 350，因为阴影是在地面上的。唯一需要做的就是设置阴影的 z 属性，从而让它在加农炮弹下方贴着地面移动。

之后就看看炮弹的 y 属性是否超过了 350。若超过，则说明它已经着陆了。

```
private function moveBall(e:Event) {

        //炮弹的移动
        ball.y += dy;
        ball.z += dz;


        //让阴影跟着炮弹移动
```

```
ballShadow.z += dz;

//改变矢量以模拟重力
dy += .1;

//检查炮弹是否着陆
if (ball.y > 350) {
        removeEventListener(Event.ENTER_FRAME, moveBall);
        var dist:Number=Math.sqrt(Math.pow(ball.x-
        target.x,2)+Math.pow(ball.z-target.z,2));
        if (dist < 50) {
                setUpTarget();
        }
    }
}
```

如果炮弹已经着陆，距离将通过一般的距离公式算出来：两个平方和的开平方。这样就得到了以像素为单位的从炮弹着陆点到标靶位置点间的距离。

如果该值小于 50，我们就再次调用 setUpTarget 来将标靶移动到新的位置。

14.2.7 修改游戏

那么，接下来要怎么做呢？标靶训练只是一个开始而已。要让它成为一个真正的游戏，还需要设定某种目标。比如只给玩家 25 颗加农炮弹而要求他击中尽可能多的标靶。

当然，更多的信息会让游戏更好玩。例如，当加农炮弹着陆时，你计算了距离，为什么不把它放在文本字段里显示给玩家看呢？这可以让他们看看还差多少并作出调整。

也可以让玩家调整射击的力量大小。目前来说它是硬编码在 15。不过也许你可以让玩家以 0.1 的增量来调整它，并把增减力量的功能分配给 A 和 Z 键。

多些图形也不错。比如，你可以让标靶被击中时爆炸。然后它可以变成一个弹坑。你可以一开始就来 10 个（而非 1 个）标靶并且直到它们变成 10 个弹坑时游戏才告一段落。

14.3 3D 竞速游戏

源文件

http://flashgameu.com

A3GPU214_Racing3D.zip

我们的第一个游戏展示了少数一些物体向屏幕纵深移动的情况。在下面的例子里，我们将在玩家在场景中四处移动时改变玩家的视野。

实际上你并不能在 Flash 里那么做，因为没有"相机"让你拿着到处移动。那么我们就从相反的角度入手，移动场景而非移动观察点。

拿 12 章中的竞速游戏作为一个简单的例子，把它向屏幕内倾斜。只需设置游戏 Sprite 的

rotationX 值就可以让地面像多米诺骨牌般向后倒，通过这样给我们某种纵深感。不过我们可以通过沿着赛道种些直立的树和使用直立的车来给场景带来一些高低层次，如图 14-6 所示。

图 14-6　赛道以 90 度平躺，而树和车都直立起来了

当车动起来的时候，我们需要重新定位游戏世界里的所有物体，让风景任何时刻都出现在车的后面。如果车向前开，整个世界应该以等量向后移动；如果车向左开，整个世界都应该向右移动。

14.3.1　游戏元素

为专注于 Flash 游戏的 3D 方面，我们尽量让这个例子简明扼要。它没有开始和结束画面，只有一帧。主要的游戏元素就是 Ground 影片剪辑，如图 14-7 所示。

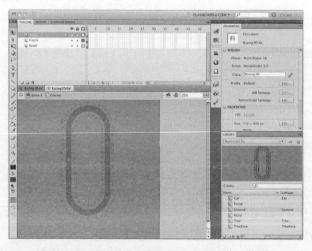

图 14-7　带有树放置点的 Ground 影片剪辑

Ground 影片剪辑里中间的赛道是 Road 这个库元件的一个副本。和第 12 章一样，我们用它来判断车是否驶出了道路。

另外，你可以看到在图 14-7 中的所有小圆点。这些是 TreeBase 影片剪辑的副本，也是树的位置。

14.3.2 建立影片

在导入基本类之后，我们建立了一对 Sprite。第一个保留所有的东西，名为 viewSprite。不过实际上它只放了 worldSprite，而 worldSprite 里面放了道路、树和车：

```
package  {
        import flash.display.MovieClip;
        import flash.display.Sprite;
        import flash.events.*;

        public class Racing3D extends MovieClip {
                private var viewSprite:Sprite; //所有东西
                private var worldSprite:Sprite; //道路、树和车
```

这样做的原因是，我们需要移动 worldSprite 以让车始终在屏幕前。所以当车要移动时就移动 worldSprite。同时，viewSprite 位置不变，在屏幕的中心。

下面，我们取得对对象的引用以便在程序里使用：

```
                //对对象的引用
                private var car:Car;
                private var ground:Ground;
                private var worldObjects:Array; //树和车
```

我们需要在之前的多个游戏中用过的键盘布尔值变量，以及车的方向和速度：

```
                //键盘输入
                private var leftArrow, rightArrow, upArrow, downArrow: Boolean;

                //车的方向和速度
                private var dir:Number;
                private var speed:Number;
```

3D 游戏的构造函数（或者说是游戏开始函数，这取决于你如何建立游戏）通常比我们所熟悉的要大。这是因为它们需要建立很多 3D 世界相关的细节。

构造函数从建立 viewSprite 开始。这个 Sprite 就位于屏幕的中心（275, 350）坐标上——稍微靠近底部好让我们轻微低头就可以看到地面：

```
public function Racing3D() {

                //创建环境并定中心位置
                viewSprite = new Sprite();
                viewSprite.x = 275;
                viewSprite.y = 350;
                addChild(viewSprite);
```

下面，我们添加 worldSprite。这就需要将它倾斜 90°好让地面平放。它使得 worldSprite

的 y 轴平面的前后成一直线，直接让地面平躺下来：

```
//添加一个内在 Sprite 来装载所有东西，将这个 Sprite 平躺
worldSprite = new Sprite();
worldSprite.rotationX = -90;
viewSprite.addChild(worldSprite);
```

地面需要覆盖大部分区域。所以就算库元件已经很大了，我们仍要把它放大 20 倍：

```
//把游戏地图当成地面添加到地形上，放大 20 倍
ground = new Ground();
ground.scaleX = 20;
ground.scaleY = 20;
worldSprite.addChild(ground);
```

现在 viewSprite 出现在屏幕上了，其中有向后倾斜含有 Ground 元件的 worldSprite。因此，如果我们到此为止的话，那么屏幕就只是展示了一块向里延伸的平地。

但是在 Ground 影片剪辑里的是一套 TreeBase 影片剪辑。这些小圆圈指明了树要放的位置。因此，我们遍历 Ground 的所有子元件，查找类型为 TreeBase 的影片剪辑实例。每当我们找到一个，就创建一个新的 Tree 影片剪辑并把它添加到 worldSprite 里 TreeBase 的位置上。

唯一不同的是，我们会将这些树旋转 90°，让它们竖直向上。默认是 0°，树平躺在地面的；在 90°的时候，我们让树都直立，使之垂直于地面，看上去好像就是长在地上一样。

```
//在树基的位置创建树
worldObjects = new Array();
for(var i:int=0;i<ground.numChildren;i++) { //遍历子元件
        if (ground.getChildAt(i) is TreeBase) { //找到一个树基
                var tree:Tree = new Tree();
                tree.gotoAndStop(Math.ceil(Math.random()*3)); //随机树形
                tree.x = ground.getChildAt(i).x*20; //定位
                tree.y = ground.getChildAt(i).y*20;
                tree.scaleX = 10; //设置树合适的大小
                tree.scaleY = 10;
                tree.rotationX = 90; //让树直立
                worldSprite.addChild(tree);
                worldObjects.push(tree); //把树登记起来
        }
}
```

说明

tree 影片剪辑被指定随机跳到帧 1、2 或 3 中的一帧。在示例影片里有 3 种树形，一帧一种。你可以方便地添加某种类型。甚至不是树也行。你可以使用石头、灌木、交警雪糕桶和路标等。

请注意，我们拥有可以向其中添加每一棵树的数组 worldObjects。这个数组里有树和车，稍后我们将把它用于特殊目的。

下面我们要添加车。这是一辆只有背视图的车，刚好位于 worldSprite 的 (0,0) 位置：

```
//添加车
car = new Car();
car.rotationX = 90; //stand up
worldSprite.addChild(car);
worldObjects.push(car);
```

用角度表示的车方向储存在 dir 里，而速度存储在 speed 里。我们在这里设置它们的初始值：

```
//初始化方向和速度
dir = 90.0;
speed = 0.0;
```

下面调用特殊函数 zSort，我们将在本节的最后讨论它：

```
//z 值索引排序
zSort();
```

接着这个构造函数以熟悉的几行结尾。设置键盘侦听器，再加上一个会每帧调用一个函数的侦听器。后者是该游戏的主流程：

```
//对键盘事件的响应
stage.addEventListener(KeyboardEvent.KEY_DOWN,keyPressedDown);
stage.addEventListener(KeyboardEvent.KEY_UP,keyPressedUp);

//推动游戏
addEventListener(Event.ENTER_FRAME, moveGame);

}
```

14.3.3 用户控制

出于完整性考虑，我在此列出了两个按键事件处理程序，和在第 12 章里用的是一样的：

```
//将方向键变量设置为真
public function keyPressedDown(event:KeyboardEvent) {
        if (event.keyCode == 37) {
                leftArrow = true;
        } else if (event.keyCode == 39) {
                rightArrow = true;
        } else if (event.keyCode == 38) {
                upArrow = true;
        } else if (event.keyCode == 40) {
                downArrow = true;
        }
}
//将方向键变量设置为假
public function keyPressedUp(event:KeyboardEvent) {
        if (event.keyCode == 37) {
                leftArrow = false;
        } else if (event.keyCode == 39) {
                rightArrow = false;
        } else if (event.keyCode == 38) {
```

14

```
            upArrow = false;
    } else if (event.keyCode == 40) {
            downArrow = false;
    }
}
```

4 个布尔值都设置好后，主函数每帧都会进行检查，看看要做些什么。

第一个要检查的就是左右方向键。其中一个被按下的话，turn 的值就变成 0.3。这将用于决定车是向左转还是向右转：

```
//游戏的主函数
public function moveGame(e) {


    //看看是左转还是右转
    var turn:Number = 0;
    if (leftArrow) {
            turn = .3;
    } else if (rightArrow) {
            turn = -.3;
    }
```

向上方向和向下方向键有一点不同。向上方向键让速度每帧增加 0.1。毕竟它是一个加速器，而不是速度开关。限制放在最大速度的设置里。

另外，如果加速器（向上方向键）没被按下，速度会每帧减少一点：

```
//如果按下了向上方向键，加速；否则减速
if (upArrow) {
        speed += .1;
        if (speed > 5) speed = 5; //上限
} else {
        speed -= .05;
        if (speed < 0) speed = 0; //下限
}
```

速度减少的另一个可能是车开出了主道。和在第 12 章中一样，我们使用一个 hitTestPoint 测试来看看车是否在 Road 影片剪辑之上。如果不是，我们以每帧 5% 的幅度减速：

```
//如果不是在主道上行驶，就减速
if (!ground.road.hitTestPoint(275,350,true)) {
        speed *= .95;
}
```

说明

那么 hitTestPoint 如何在 3D 空间里起作用呢？和 2D 空间其实没什么不同。事实上，它就是在 2D 空间里起作用。为了确定物体是否在屏幕的某个点上，它和我们的眼睛一样，查看的也是屏幕上的每一件东西，只不过它查看的是 2D 投影，即所有绘图的最终效果。所以通过询问点 (275,350)，我们其实也是在看道路在屏幕的那一点上是否可见。这对于这个游戏来说是一样有效的。

如果 speed 还有值的话，我们只需要让车移动并转向。我们在这儿调用那两个函数。多番尝试之后，我计算出了用-10 作为因子可以让移动更显真实。

对于转弯，我们要更多的速度来平衡转弯多出的部分。所以我们用 speed（最大值为 2.0）乘以 turn 来获取用来转弯的数值。这个数不必太逼真，允许主观调整。毕竟这只是一个游戏：

```
//如果在移动，那么移动并转向
if (speed != 0) {
        movePlayer(-speed*10);
        turnPlayer(Math.min(2.0,speed)*turn);
        zSort();

}

}
```

14.3.4　玩家的移动

移动玩家其实就是移动整个环境。（事实上是向着相反方向。）

接下来的两个变化是刚好相反的。首先环境被移动了，接着车被移动了，这使得车精确地保持在屏幕中的同一个位置上，因为这两种运动对于车来说相互抵消了。请注意车是在 x 和 y 方向上移动，而环境是在 x 和 z 上移动。这是因为环境已经被翻转了 90°：

```
private function movePlayer(d) {

        //通过反方向移动环境来移动玩家
        worldSprite.x += d*Math.cos(dir*2.0*Math.PI/360);
        worldSprite.z += d*Math.sin(dir*2.0*Math.PI/360);

        //把车向相反方向移动来保持原位
        car.x -= d*Math.cos(dir*2.0*Math.PI/360);
        car.y += d*Math.sin(dir*2.0*Math.PI/360);
}
```

转弯比较简单一点。要做的就是改变 dir，然后基于 dir 设置 viewSprite 的 rotationY：

```
private function turnPlayer(d) {

        //改变方向
        dir += d;

        //转动环境来改变视角
        viewSprite.rotationY = dir-90;
```

在 turnPlayer 的最后，我们来耍些"小聪明"。还记得那些树吗？它们是 2D 的，就像煎饼一样平。所以，玩家有时从正面观察它们，有时是从侧面看它们。在这种情况下，它们看上去就像雕成树样子的硬纸板一样。

现在我们要做的就是：沿着视角转动树。这就使得树总是面对我们。无论车如何转向，树看上去总是一样的。而因为树在真实生活里都是圆柱形的，所以这个效果非常棒：

14

```
//转动所有树和车以使其面向玩家
for(var i:int=0;i<worldObjects.length;i++) {
        worldObjects[i].rotationZ -= d;
    }
}
```

说明

这种在三维世界里使用二维图形，然后让图形总是面向玩家的技术在 20 世纪 90 年代的 3D 游戏中很普遍。它在 3D 游戏里使用非常漂亮的图形而避免采用复杂的模型来占用进程资源。

这对于从所有方向上看都差不多的物体最管用，比如树或柱子。它也适合于总是要正面对着玩家的有生命物（如怪物）。在一些情况下，多张 2D 图片可以用来提供物体不同角度的展示，例如每隔 45°。做得好的话，很难分辨这是 2D 图片还是 3D 模型。

14.3.5　z 索引排序

游戏这就基本完成了，只是还有一个讨厌的问题。Flash 是根据显示列表中的顺序显示对象的。第一个对象排在后面，下一个在它前面，以此类推。

这对于使用 3D 显示的对象也是一样。因此就算一棵树比另一棵树更靠近我们，它们也是按照在显示列表中的顺序被描绘出来的。

我们当然希望在后面的树可以先被画出来，然后更靠近我们的树画在它们前面。要让 Flash 做到这一点，我们需要对显示列表重新排序。

zSort 函数在构造函数里被调用，然后在每次车移动和转向时被调用。它先检查 worldObjects 里的每一个物体，并使用 getRelativeMatrix3D 计算物体和屏幕最前面之间的距离，把距离和索引值存储在一个数组里。因此，如果第一个物体是在 100 像素外的话，数组就是{z:100, n:0}；第二个在 50 像素外的位置上，数组就是{z:50, n:1}；以此类推。

然后它使用 sortOn 让这个列表以"z"值降序排序。得到的结果就是一列根据距离排序的物体。

最后，它使用 addChild 按恰当的顺序一个一个地移除和重填 worldSprite 的显示列表：

```
//重排所有物体，让最近的排在显示列表的最上面
private function zSort() {
        var objectDist:Array = new Array();
        for(var i:int=0;i<worldObjects.length;i++) {
                var z:Number =
                worldObjects[i].transform.getRelativeMatrix3D(root).position.z;
                objectDist.push({z:z,n:i});
        }
        objectDist.sortOn( "z", Array.NUMERIC ¦ Array.DESCENDING );
        for(i=0;i<objectDist.length;i++) {
                worldSprite.addChild(worldObjects[objectDist[i].n]);
        }
}
```

对 zSort 所做的事情还有疑惑？只需要运行这个带有两个添加了注释的对 zSort 的调用样例。开着车在赛道上兜一圈并观察树木即可。

14.3.6　修改游戏

这个例子只是简单地强调了 3D 方面。要让其成为一个真正的游戏，还要重温第 12 章的竞速游戏并重组游戏的各方面。最值得留意的是，你要增加路点系统好记下圈数。

接着当然是要增加速度和时间的标示，然后你可以添加开始和结束帧来美化游戏，而在玩家完成了一圈（或者 3 圈）之后提供一个真正的游戏结局。

你还可以改进车的图形。目前它只是一个静态图片。考虑一下在按下向左或向右方向键的时候让轮胎显得不同来表示车正在转弯如何？

14.4　3D 地牢冒险

源文件

http://flashgameu.com

A3GPU214_Dungeon3D.zip

我们现在接着看一个有代表性的 3D 游戏。这个第一人称游戏让玩家面对直立的墙，并允许他们在狭小的封闭空间里四处跑动。

这就是 3D 游戏出现时的样子，诸如《毁灭战士》（*Doom*）和《马拉松》（*Marathon*）的第一人称射击游戏。在这里我们不添加射击，但会采用第一人称视角的显示和移动。

图 14-8 展示了基本的构想。两边都有墙，有地板和天花板。看不到玩家，因为这是第一人称的视图，你是通过角色的眼睛观察外面。

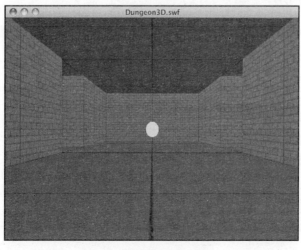

图 14-8　是时候探索地牢了

这个游戏有两大难点。第一个是墙体的摆放，第二个是检测碰撞以避免玩家行走时直接穿墙而过。

14.4.1   游戏元素

值得指出的是，这最后一个示例完全取材于前 14 章中的游戏。这时你已经有很多构建块，要做的就是将不同的元素放到一起来制作新游戏。

这个 3D 地牢游戏从前一个 3D 竞速游戏里取了很多东西，也从第 12 章的俯视图驾驶游戏里拿了很多元素。我们使用第 12 章的碰撞检测方法来阻止玩家穿越墙体。

图 14-9 展示了游戏里的 Map 影片剪辑。每个灰色方块就像俯视图驾驶游戏里的一个砖块。我们用它们来挡住玩家。而且我们用它们来决定墙的位置，就像在 3D 竞速游戏里使用 `TreeBase` 来放置树一样。

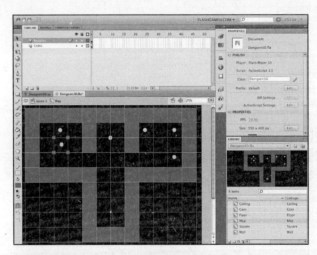

图 14-9   地牢的布局都在 Map 影片剪辑里了。网格已经设为显示以便放置方块

这种安排让建立和重设地图变得容易。只需要拖动并放下更多 Square 影片剪辑就可以建造更多墙体。而移动现有的东西就可以进行修改。

你应该注意到了地图上的圆形物体。这就是出现在这个游戏里的硬币。当遍历 Map 影片剪辑里的对象时，我们可以监测到它们并放置一个硬币在那个位置点上。实际上，我们是从地图里移动硬币到 3D 场景里。

库里的其余部分都是所需的图片：墙、地板砖、天花板砖块和硬币。

14.4.2   设置游戏

和俯视图驾驶游戏一样，我们使用 `Rectangle` 对象来决定碰撞。所以我们需要 ActionScript 3.0 的几何类库：

```
package {
    import flash.display.*;
    import flash.events.*;
    import flash.geom.*;
```

和在 3D 竞速游戏里一样，我们使用一个 viewSprite 和一个 worldSprite：

```
public class Dungeon3D extends MovieClip {
    public var viewSprite:Sprite; //所有东西
    public var worldSprite:Sprite; //墙、天花板、地板和硬币
```

要存储并方便地获得对象，我们使用接下来的变量。map 和 squares 变量是用来定位墙体的，也用来检测碰撞。worldObjects 数组在我们需要用墙体和硬币来进行显示列表排序和硬币碰撞检测时使用：

```
//对物体的引用
public var map:Map; //用于墙体和硬币定位的影片剪辑
public var squares:Array; //地图上的区块
public var worldObjects:Array; //墙体和硬币
```

因为在这个 3D 游戏里的视图是第一人称的，所以不用角色、车或其他物体来代表玩家。不过知道玩家在地图上的位置较为方便。为此我们采用变量 charPos：

```
private var charPos:Point; //玩家位置
```

就像在 3D 竞速游戏和其他游戏里一样，我们对方向键使用布尔值，还使用了方向和速度变量。我们在这里设置它们的初始值：

```
//键盘输入
private var leftArrow, rightArrow, upArrow, downArrow: Boolean;

//方向和速度
private var dir:Number = 90;
private var speed:Number = 0;
```

14.4.3　构造地牢

这个 3D 环境比前一个游戏里的稍微复杂些。我们必须检测地图并摆放很多墙体。不过首先，我们要创建 viewSprite。试验证明，下面的定位能为在地牢里走动的玩家提供较好的视野。接着我们创建一个 worldSprite 来保存所有物体：

```
public function Dungeon3D() {

    //创建世界并定位于中心
    viewSprite = new Sprite();
    viewSprite.x = 275;
    viewSprite.y = 250;
    viewSprite.z = -500;
    addChild(viewSprite);

    //添加内部 Sprite 来保存所有东西，把它放平
    worldSprite = new Sprite();
    viewSprite.addChild(worldSprite);
    worldSprite.rotationX = -90;
```

14

在查看地图并放置墙体前，让我们先把地板和天花板砖块放好。我们遍历需要摆放砖块的空间，并在天花板和地面摆上 200×200 的砖块：

```
//用天花板砖吊顶
        for(var i:int=-5;i<5;i++) {
        for(var j:int=-6;j<1;j++) {
                var ceiling:Ceiling = new Ceiling();
                ceiling.x = i*200;
                ceiling.y = j*200;
                ceiling.z = -200; //上面
                worldSprite.addChild(ceiling);
        }
}


//用地板砖铺底
        for(i=-5;i<5;i++) {
        for(j=-6;j<1;j++) {
                var floor:Floor = new Floor();
                floor.x = i*200;
                floor.y = j*200;
                floor.z = 0; //下面
                worldSprite.addChild(floor);
        }
}
```

现在是时候检查地图并添加墙体了。创建一个来自库的 Map 影片剪辑实例。不过我们不会把它添加到任何显示列表中。这个影片剪辑只用于引用而不可见：

```
//获得游戏地图
map = new Map();
```

接下来的代码遍历地图上的所有子元件，并对其中类型为 Square 或 Coin 的元件进行操作。把这两种对象都存储在 worldObjects 里，另外 Square 对象也同时存储在 squares 数组里。这两个数组稍后用得着：

```
//在地图上查找 square，并在每个位点放四面墙
//把硬币放上去并让它们转动起来
worldObjects = new Array();
squares = new Array();
```

在地图上遍历子元件的时候，我们把每一个都存储在临时变量 object 里：

```
for(i=0;i<map.numChildren-1;i++) {
        var object = map.getChildAt(i);
```

所以如果对象是一个方块，我们就在这个方块周围建 4 个墙体。更直观地说，我们把方块立成一个立方体。添加一面墙需要若干步骤，因此我们把这些步骤独立出来成一个叫 addWall 的函数。这个函数取得一个位置值、墙的长度值和一个旋转角度值，并把这个数据转化成 3D 世界里的一个新的元素。我们会马上查看它。不过请注意这个函数同时也把每一面墙添加到了 worldObjects 中。

说明

这个方法绝不是在 2D Sprite 里建立 3D 环境的唯一途径。可以完全用代码来创建这个环境，通过创建实例并放置它们来添加每一个物体。你可以把一列物体和位置都存储在 XML 文本里，并在读取之后在场景里重新创建它们。也完全可以在 2D 里通过设置纵轴位置并根据它们的实例名旋转来表现每面墙和其他物体。条条大路通罗马，一旦你理解了这个例子，就可以着手用自己的方式来实现它。

另外，所有 square 都放在用来进行碰撞检测的 squares 数组里：

```
if (object is Square) {
        //添加4面墙，square的每边一面
        addWall(object.x+object.width/2, object.y, object.width, 0);
        addWall(object.x, object.y+object.height/2, object.height, 90);
        addWall(object.x+object.width, object.y+object.height/2,
object.height, 90);
        addWall(object.x+object.width/2, object.y+object.height,
object.width, 0);

        //登记square以便检测碰撞
        squares.push(object);
```

如果物体是个硬币，我们就认为在那个位置有个硬币。实际上，我们不会创建硬币，而是从地图上“偷”一个并把它放到 worldSprite 里。同时，我们把它提升到 z 值为-50 并立起来旋转它。它像墙体一样被添加到 worldObjects 里：

```
} else if (object is Coin) {
        object.z = -50; //向上移
        object.rotationX = -90; //面向玩家
        worldSprite.addChild(object);
        worldObjects.push(object); //添加到zSort数组里
    }
}
```

我曾提到过 charPos 以及我们该如何使用它，我们在这儿设置它的开始位置。接着调用 zSort 按照与前面的距离为顺序来给显示列表排序，就像我们在前一个游戏所做的那样：

```
//记录角色在视觉上的位置
charPos = new Point(0,0);

//按距离对所有墙体和硬币进行排序
zSort();
```

在构造函数的末尾，我们会建立 3 个侦听器（两个针对键盘输入，一个针对游戏主函数）：

```
//响应键盘事件
stage.addEventListener(KeyboardEvent.KEY_DOWN,keyPressedDown);
stage.addEventListener(KeyboardEvent.KEY_UP,keyPressedUp);

//推进游戏
addEventListener(Event.ENTER_FRAME, moveGame);
}
```

14

下面是 addWall 函数。以 Wall 类创建一面新的墙。它被设好了位置，按照所赋的长度设好了宽度，转成直立并向内转入一定角度：

```
public function addWall(x, y, len, rotation) {
        var wall:Wall = new Wall();
        wall.x = x;
        wall.y = y;
        wall.z = -wall.height/2;
        wall.width = len;
        wall.rotationX = 90;
        wall.rotationZ = rotation;
        worldSprite.addChild(wall);
        worldObjects.push(wall);
}
```

14.4.4　游戏主函数

两个键盘事件侦听器函数在前一个游戏里说过了，在此不再赘述。而且，除了转动所有树都面向玩家的最后 3 行在这里没有采用之外，turnPlayer 函数和 3D 竞速游戏里的那个也是一样的。

因此我们直接来看 moveGame 函数。因为这种游戏里的转向是独立于运动速度之外的，所以我们在向左或向右方向键被按下时把 turn 设成较高的值。这样就可以不用看是否有向前的移动而径直执行转向：

```
public function moveGame(e) {

        //看看是否在左转或右转
        var turn:Number = 0;
        if (leftArrow) {
                turn = 10;
        } else if (rightArrow) {
                turn = -10;
        }

        //转向
        if (turn != 0) {
                turnPlayer(turn);
        }
```

移动和转向的流程是一样的。我们稍后看看 movePlayer 函数：

```
        //如果向上方向键被按下就加速，否则减速
        speed = 0;
        if (upArrow) {
                speed = 10;
        } else if (downArrow) {
                speed = -10;
        }

        //移动
        if (speed != 0) {
```

```
            movePlayer(speed);
    }
```

如果移动了，我们重排显示列表的顺序即可：

```
    //重排物体
    if ((speed != 0) ‖ (turn != 0)) {
            zSort();
    }
```

最后，调用 checkCoins，它将查看玩家是否已经碰到了硬币：

```
    //看看有没有硬币被碰到
    checkCoins();
}
```

14.4.5 玩家的移动

下一个函数与第 12 章中的俯视图驾驶游戏里的 moveCar 函数相似。

基本思路是创建一个矩形来代表玩家所占用的空间，然后复制它并在玩家作出移动的时候调整它来继续代表玩家所占据的空间。

以这两个矩形和所有 Square 来判定是否有碰撞出现在玩家和 Square 之间。如果有的话，玩家需要往后退来避免碰撞：

```
public function movePlayer(d) {
        //计算当前玩家区域

        //生成一个矩形来模拟玩家占用的空间
        var charSize:Number = 50; //粗略估计玩家的尺寸
        var charRect:Rectangle = new Rectangle(charPos.x-charSize/2,
        charPos.y-charSize/2, charSize, charSize);

        //为玩家未来的位置获取新的矩形
        var newCharRect:Rectangle = charRect.clone();
        var charAngle:Number = (-dir/360)*(2.0*Math.PI);
        var dx:Number = d*Math.cos(charAngle);
        var dy:Number = d*Math.sin(charAngle);
        newCharRect.x += dx;
        newCharRect.y += dy;

        //计算新位置
        var newX:Number = charPos.x + dx;
        var newY:Number = charPos.y + dy;

        //遍历 Square 来检查碰撞
        for(var i:int=0;i<squares.length;i++) {

                //获取障碍矩形，看是否有碰撞
                var blockRect:Rectangle = squares[i].getRect(map);
                if (blockRect.intersects(newCharRect)) {
```

14

```
//横向回退
if (charPos.x <= blockRect.left) {
        newX += blockRect.left - newCharRect.right;
} else if (charPos.x >= blockRect.right) {
        newX += blockRect.right - newCharRect.left;
}

//纵向回退
if (charPos.y >= blockRect.bottom) {
        newY += blockRect.bottom - newCharRect.top;
} else if (charPos.y <= blockRect.top) {
        newY += blockRect.top - newCharRect.bottom;
}
}
}

//移动角色的位置
charPos.y = newY;
charPos.x = newX;

//移动地面以展现恰当的视野
worldSprite.x = -newX;
worldSprite.z = newY;
}
```

这和我们在第 12 章所用的机制完全一样。如果你还不太确定它是如何避免碰撞的话，不妨重温一下第 12 章。

14.4.6　收集硬币

硬币地图里的小圆圈，我们只是把它从地图里取出来放进我们的 3D 环境里而已。当你打开演示影片时你无疑已经看见了，它悬在空中并转动着。

接下来的函数遍历所有的 worldObjects 并查看其中是否有类型为 Coin 的对象。接着它通过每次增加它们的 rotationZ 使之转动起来。

另外，距离公式是用来计算角色到硬币之间的距离的。如果足够接近（这里是 50），硬币就被从显示列表和 worldObjects 数组里移除：

```
private function checkCoins() {

        //查看所有对象
        for(var i:int=worldObjects.length-1;i>=0;i--) {

                //仅关注硬币
                if (worldObjects[i] is Coin) {

                        //使它旋转!
                        worldObjects[i].rotationZ += 10;

                        //检查角色到这儿距离
                        var dist:Number = Math.sqrt
```

```
            (Math.pow(charPos.x-worldObjects[i].x,2)+Math.pow
            (charPos.y-worldObjects[i].y,2));

        //如果足够近，移除硬币
        if (dist < 50) {
                worldSprite.removeChild(worldObjects[i]);
                worldObjects.splice(i,1);
        }
    }
  }
}
```

最后的函数是 zSort。因为和 3D 竞速游戏里的 zSort 函数一样，所以就不在这儿重复了。

14.4.7　游戏的局限性

我们这儿所创建的是一个小的 3D 游戏引擎。你可以修改地图来创造各种布局。你也可以添加和删除硬币。

但是在这个简单的系统里有诸多局限性。其中之一是我们只是依靠简单的 z 索引排序法来对物体进行前后排序。这样做看上去管用的原因是所有墙体都是放在漂亮网格里的简单立方体。如果我们开始时让墙彼此都摆得很近，那么 z 索引排序法并不会总适用。

此外，如果我们要尝试更大的物体，或者物体之间有相互穿过的话，它们不会恰当地显示出来，因为可能一个物体的一部分会比另一个物体的一部分更接近屏幕，但要先画一个，然后再画另一个。

所以，让这些物体保持小体型并相互隔有一定空间就会让游戏运行得很好。

而且，我们也必须认识到所有这种 3D 需要占用一定的处理器资源。初始时添加更多墙体或其他东西会让系统慢下来。

这个游戏几乎没有做优化。实际上，有很多浪费资源的地方。有必要画出所有立方体的全部四面墙吗？没有。其中的许多墙永远也不会被看到。因此，也许除了作为碰撞检测对象的 square 之外，我们可以为让线代表每一面墙。这样一来，一面墙就是一条线，我们只需要完全画出需要的墙就可以了。

同样的方式可以用于天花板和地板砖。也许 Map 影片剪辑的新图层可以包含代表天花板和地板的对象，并且它们只在需要的空间里出现。

这两样技巧都可以削减游戏需要绘出和跟踪的对象的数量。

14.4.8　扩展游戏

从这儿开始你可以向很多方向拓展。第一想到的可能要创建某种类型的挑战。也许某些硬币可以是钥匙，而某些墙可以是门。先要得到钥匙，然后靠近门去打开它（或让它消失）。

当然，很多人会想到添加怪物到这种游戏里。这会立即让游戏变得复杂。或者，也可以利用硬币和立方体的结合来简单地做。你通过捡起一把匕首并冲向一个静止的怪物来"干掉"它，并为此消耗一把匕首。接着在你清单里的怪物和匕首，还有之前挡住你路径的怪物脚下的方块都消失了。

你也可以向怪物开枪打出子弹（或射箭），在子弹飞行碰到怪物期间检测碰撞，有很多种实现的方式。

更简单地，扩展也可以是提供多种墙体图片。例如，一个墙体可以是一个控制面板——这个可以是 22 世纪火星上的地牢。你甚至可以让墙体是一个包含几个帧的影片剪辑以便让控制面板有闪烁和变化。

而如果墙体是 Sprite，那么它们的上面就可以有按钮。这样你就可以走向墙并使用鼠标单击按钮。你也可以在这些墙上放些迷你游戏，虽然这会切实增加处理器的负担。想象一下，当你要开门时，要先走向一面墙完成第 6 章里的滑动拼图。

※   ※   ※

从这个 3D 地牢游戏中可以看到我们已经学了多少东西了。我们从第 3 章的配对游戏（一个以鼠标单击为输入、记忆力为测试目标的翻牌猜谜游戏）启程，最后把沿途学到的许多技巧都用在这个简单的 3D 游戏里作为结尾。

这里展示了可以由 Flash 创建的多种多样的游戏。而且，如果你已经学好本书各章的话，那么它也展示了你能建立的游戏种类范围。

下一步该怎么做取决于你，修改学习本书时建立的游戏或从自己的设计出发开始制作自己的游戏。无论哪条路都好，如果想学到更多的话，记得来http://flashgameu.com看看有什么新东西。

为 iPhone 制作游戏

本章内容

- ❏ 开始 iOS 开发
- ❏ 设计和编程的注意事项
- ❏ 滑动拼图改编
- ❏ 弹子迷宫游戏
- ❏ 为 iOS 设备而优化
- ❏ iPhone 之外

在 Flash 里制作游戏的好处在于，制作的游戏人们几乎可以在任何 Web 浏览器里玩，至少在 Mac 和 PC 上是如此。可是越来越多的人正在用手机（如 iPhone）上网。而你可能知道，iPhone 上的 Web 浏览器并不支持 Flash。

但是，这并不意味着不可以为 iPhone 制作 Flash 游戏。通过在 Flash CS5 里为 iPhone 打包的新技术，你可以制作适合 iOS（在 iPhone、iPod Touch 和 iPad 上运行的系统）的应用。你甚至可以在苹果 App Store 里销售这些应用。

15.1 开始 iOS 开发

实际上为 iOS 制作游戏相对简单，而让它们到达玩家的手中倒是有一点困难。因为仅有的合法发布途径就是通过苹果 App Store，你必须克服许多困难才能让其他人玩到你的游戏。

说明

在 Flash CS5 发布之初，苹果公司是不允许开发者通过它或者类似的工具来制作 iPhone 应用的。不过在 2010 年 9 月，他们取消了这一禁令。

　　许多关于 iPhone 应用开发的书里都花了一整章甚至更多篇幅来讨论你需要完成的管理任务。但是把它印在书上并不是个好主意，因为这些信息在苹果公司的开发者网站上原本就有，而且内容经常会变。

　　这里只提及基本内容，最新的信息则需要你自己通过一些快速链接去查找。

15.1.1　需要准备什么

　　这里所需的东西中一部分是让你在一台 iOS 设备上测试游戏时用的，而其余的则在你准备将游戏提交到应用商店之前都不会用到。

□ **一个苹果 iPhone 开发者账号**——到 http://developer.apple.com/iphone/购买一个一年期的证书签名。没有开发者账号的话，你无法将应用提交到苹果 App Store，甚至不能在 iOS 设备上测试你的应用。

□ **一台 iOS 设备**——虽然技术上说不经过在 iPhone、iPod Touch 或 iPad 上的实地检验，就能进行开发、测试，并将应用提交到苹果 App Store，但这并不是个好主意。你真的需要看看你的应用在实际使用时的运行情况。

说明

如果你没有 iPhone 而且不打算弄一部的话，iPod Touch 可能是你为 iOS 开发所作的最好的选择。只涉及游戏和 Flash 开发的话，它几乎和 iPhone 是一样的。另一个选项就是 iPad，它可以让你开一个小窗显示 iPhone 应用或将其放大两倍。这样你就可以同时测试 iPhone 和 iPad 应用了。

□ **一个数字签名**——这个证书由你自己用 Mac 或 Windows 电脑上的另一个软件创建。可以访问 http://help.adobe.com/en_US/as3/iphone/，看看 "Getting Started Building AIR Applications for the iPhone"（开始建立 iPhone 的 AIR 应用程序）部分，并细读所有内容。

□ **一份供给配置文件（provisioning profile）**——这是你从你的苹果开发者账号上取得的文件。你很可能是在苹果公司的系统上注册应用，然后从过程中取得这个文件，查看相同的 Adobe 链接了解更多。

□ **一个分发配置文件（distribution profile）**——你需要从苹果开发者网站取得的另一个文件，不过不是用于在 iPhone 上测试，而是用在你要制作一个版本提交到 App Store 的时候。

❑ 图标——当你创建一个 iPhone 应用时需要开发出一套图标包含在 Publishing Settings（发布设置）里。需要有 29×29、57×57 和 512×512 的 PNG 文件。如果你在做一个 iPad 应用，则还需要 48×48 和 72×72 的 PNG 文件。

❑ 屏幕过渡图片——当应用在设备上加载时显示的图片。

❑ 一台 Mac 电脑——在本书写作时，用户可以在 Windows 开发游戏，在 Windows 上测试它，把它传到 iPhone 上，在 Windows 为提交应用前做所需的一切准备。不过要将应用文件上传到应用商店的话，用户需要运行一个只能在 Mac 上运行的程序。

说明

需要一部 Mac 电脑来将应用上传到应用商店通常来说并不是个问题。大部分应用是用 XCode，也就是只在 Mac 电脑上运行的苹果自己的开发环境开发的。Flash 是少数可以在 Windows 开发 iPhone 应用的途径之一。所以，对于绝大多数应用开发者来说，所谓的需 Mac 上传的问题从来就不是他们关心的。

现在，所有这些都是容易变化的。对于需要你向苹果开发者网站提供的东西和你从它上面取得的东西来说尤其如此。

如果遍览互联网上的 iPhone 开发者论坛的话，你会发现有很多痛苦是关于签名证书以及供应许可的。你必须仔细反复阅读苹果公司网站上的信息，并且有时需要几次尝试才能从正确的地方获得正确的文件。

如果希望成功建立 iPhone 应用的话，Adobe 网站上的 iPhone 应用开发页面值得你反复阅读。而且，Adobe 网站上的论坛也为创建 iPhone 应用的 Flash 开发者特别准备了专栏，你可以在上面找到同道的帮助和情谊：

Adobe 的 Packager for iPhone 文档：

http://help.adobe.com/en_US/as3/iphone/

Packager for iPhone 论坛：

http://forums.adobe.com/community/labs/packagerforiphone

你也要确保有最新版本的 Packager for iPhone。随 CS5 安装的那个很可能不是最新的。你可以在这儿找到它：

http://labs.adobe.com/technologies/packagerforiphone/

15.1.2　为 iOS 的发布

创建一个 iPhone 应用就是告诉 Flash 你想要发布一个.ipa（iPhone App）文件而不是一个.swf 文件。你要在 Publish Settings（发布设置）里告诉它。

再次快速浏览 1.8 节。在图 1-17 中，你可以看到播放器被设置为 Flash Player 10。这就意味着你的 Flash 影片被发布成能被上传到网页并通过 Flash 播放器播放的.swf 文件。

要创建一个 iOS 应用，你需要将这个播放器设置改为 iPhone OS。改了之后，那个项目右边的按钮变成了显示 Settings（设置），单击它。

1. 常规设置

图 15-1 显示了在 iPhone OS 设置对话框里的 3 个选项卡 (tab)。在这里，你可以定义文件名、应用程序名称和版本号。文件名不是非常重要，而应用程序名称就是玩家在他们 iPhone 里的图标下看到的名称。

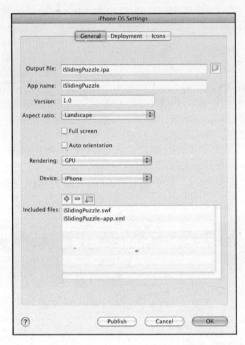

图 15-1　在 iPhone OS Setting 面板的 General（常规）选项卡下设置应用程序名称和其他属性

你现在需要将你的应用程序开始时的 aspect ratio（高宽比）设置为 Landscape（横向）还是 Portrait（纵向），并决定是让你的应用程序充满屏幕还是留些空间给状态栏。

如果勾选了 Auto orientation（自动方向），那么你的应用程序将能够在用户翻转设备的时候跟着旋转。而你需要编码让你的游戏能够应付这种变化——并非轻松的任务。

下面，你要将 Rendering（呈现）设置为 GPU，这意味着你的应用程序会使用 iPhone 的图形芯片。另一个选项是 CPU（中央处理器），也就是不使用图形芯片。如果选择要使用 GPU（图形处理器），你就需要努力优化你的游戏以利用硬件加速。相关方面请看 15.5 节。

在 Device（设备）一栏，选择 iPhone、iPad 或 iPhone and iPad（iPhone 和 iPad）。头两个设置成相应的屏幕尺寸，而最后一个选项让你可以为 iPad 进行合适的缩放。

Included files（包含的文件）部分让你捆绑其他文件到你的游戏，比如支持图片的 XML 文件等。

说明

想要给你的游戏一个载入界面吗？把它作为 Default.png 包含在 Included files 部分。这个图片会在你的应用被装载的同时显示出来并在应用程序准备好运行之前一直留在屏幕上。

2.部署设置

下一个选项卡是 Deployment（部署），如图 15-2 所示。这里是输入你的开发者证书和供给配置文件的地方。实际上你需要把证书导出成一个.p12 文件。到这里搜索".p12"研究最新方法：

http://help.adobe.com/en_US/as3/iphone/

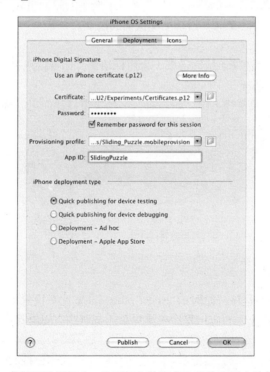

图 15-2　在部署设置部分，你要把你的证书和供给配置文件包含进去

每个证书都带有一个密码。你每次运行 Flash 的时候都需要在这里键入它。

App ID（应用程序 ID）必须匹配你在创建供给配置文件时使用的 ID。这儿是许多头痛问题的开始之处。当你第一次试着发布一个 iOS 游戏时，很可能有某些东西是不太正确的。可能是你的证书并未准确建立，你的供给配置文件和 ID 不匹配，也可能是其他情况。如果你第一次就全部做对了，那你太了不起了。

15

deployment type（部署类型）的设置根据开发阶段而有所不同。从 Quick Publishing for Device Testing（用于设备测试的快速发布）开始吧，这也是我们在这章的其余内容里所用到的。当你更进一步的时候，你就要选择后面两个部署设置中的一个来完成你的游戏并部署它。

说明

Flash 和 XCode 有设备测试和部署模式是有原因的。前一个模式创建一个理论上可以在用 XCode 编写的 iPhone 模拟器上生效的快速浮动文件。它在 Mac 的处理器和 iPhone 处理器上运行。后者是为专门在 iPhone 处理器运行而优化过的文件。

不必使用 iPhone 模拟器来测试你的游戏，因为我们可以使用 Flash 自己的模拟器。不过为你的影片创建一个设备测试的版本仍然比一个部署版本所需的时间更短。所以目前仍维持那个设置，不过最终你会在最后阶段在 iOS 设备上测试你的游戏。

3. 图标

最后的 iPhone OS 设置选项卡给你带来一个图标清单。你可以通过在清单里选择并在驱动器上查找图片来指定每一个图标。

图 15-3 显示了这个清单选择系统，它带有一个预览窗口让你可以确保找到正确的文件。

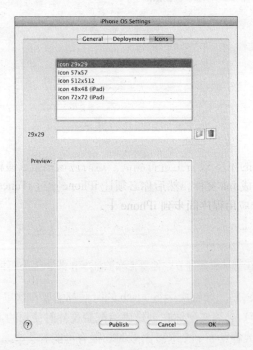

图 15-3   你需要至少放进 3 个图标，而如果想让游戏出现在 iPad 上的话还要更多

这些图标都是位图，通常为.PNG 文件。如果没有其他工具（如 Fireworks 或 Photoshop）的

话，你可以使用 Flash 来创建它们。创建一个 512×512 的 Flash 影片然后建立你的图标。接着，把它输出成各个尺寸的图片。这个 512×512 的图标在最终将你的应用程序提交到苹果 App Store 时要用到。

说明

制作图标的时候你无需操心通常在 iOS 应用图标上可以看见的圆弧边角和泡泡高光。苹果公司和 iOS 会自动添加的。只需创建一个平整的、方的、好看的图标就行了。

15.1.3 iOS 游戏的建立过程

iOS 游戏建立过程可分成几个阶段。

1. 开发游戏

这一部分和网页游戏开发一样。唯一的不同就在于你必须在开发时考虑到目标平台。

显然，你正在做的游戏是为 iPhone（或 iPad）屏幕建立的，要采用触摸而不是鼠标或键盘的输入方式。而基本类库、ActionScript 3.0 类、影片剪辑和游戏函数等都是不变的。

测试时还是使用同样的 Control（控制）→Test Movie（测试影片）菜单项，你仍然要做一个能带给玩家欢乐的优秀游戏。

2. 测试时使用 iOS 发布

当你接近完成游戏的时候，你就开始想要通过选择 Control→Test Movie→In AIR Debug Launcher(Mobile)进行测试了。这个选项只有在你选择 iPhone OS 作为你的播放器发布设置时才可用。

这个测试环境更近似地模拟你的游戏在 iPhone 上播放的情况。你也可以在 Device 菜单里选择模拟旋转选项。

3. 在 iPhone 上测试

下一步就是开始在你的 iOS 设备上进行测试。这时应该稍微放慢脚步。要在 iPhone 上测试的话，你必须把影片发布成.ipa 文件。然后你必须让 iPhone 通过 iTunes 连上电脑，把.ipa 文件拖到 iTunes 里，接着将那个应用程序同步到 iPhone 上。

这比用 Command+Return 做测试花的时间要多很多。发布成.ipa 文件至少需要一分钟。接着，你必须通过 iTunes 将文件移动到 iPhone 上。

如前所述，到 Adobe 网站查看关于整个过程的最新信息，因为可能有更新。

说明

有一种失败的情况发生在尝试让 iPhone 更新应用程序版本的时候。一般来说，你应该先用 iTunes 从 iPhone 中删除这个应用程序。然后在 iTunes 里用新的版本取代旧版本之后，再同步一次。

15

现在，为了让游戏在你的 iPhone 上运行，你需要让它知道你的供给配置文件。这时如果你的 Mac 上有 XCode 的话就会很方便，因此即使你不打算使用这个开发环境，我也推荐你下载并安装它。你可以方便地检查 iPhone 的供给配置文件并把它添加到你的游戏中去。

当项目接近尾声的时候，你要将发布设置从 Quick Publishing for Device Testing 改为 Deployment - Apple App Store。编译.ipa 文件需要更多时间，不过你可能会在提交应用程序之前发现其中的一些问题。

4. 发送给苹果公司网站

如果你已经正确地获得了证书和供给配置文件，而且已经在 iTunes 上测试了应用程序并确定运行良好的话，那就意味着你已经准备好提交给 App Store 了。

不过相信我，还有更多的麻烦。你必须获取一个新的供给配置文件，用于分发。你要从苹果公司网站上基本上相同的地方来获取它，接着需要上传你的应用程序到苹果公司网站，完整的包含了若干图标副本、截屏样图和最终应用的.zip 文件压缩包形式。

我没有深入这个过程的细节，因为最好由你自己去查看 Adobe 公司网站以及苹果公司网站上的东西。同时，你要与 Adobe 论坛上的其他开发者保持沟通来紧跟潮流。

那么，让我们忘掉所有这些管理性的东西重新回到 ActionScript 3.0 编程上来吧。

15.2   设计和编程的注意事项

在开始创建第一个游戏之前，让我们看看你必须清楚的关于设计和编程的一些特殊方面。iPhone 游戏开发与网页游戏开发有几点不同。

15.2.1   屏幕尺寸

幸好，Flash 的默认屏幕尺寸 550×400 和 iPhone 的默认屏幕尺寸差不了多少。横屏模式时，iPhone 屏幕是 480×320；直立时刚好相反，为 320×480。

说明

iPhone 和 iPod Touch 2010 年款，以及以后的大部分 iOS 设备都有个特别的"retina 显示屏"，它实际上有 640×960 的分辨率。不过，看上去屏幕好像是个 320×480 的，在每一个像素点里面有 4 个小像素。以游戏开发为目的的话，你可以把它当成 320×480 的屏幕。

另一方面，iPad 有个大很多的屏幕。它是 768×1024 或 1024×768，这取决于你持有它的方式。

所以，一般的做法是需要重新设置游戏尺寸，或从一开始就以某个屏幕尺寸为目标进行开发。

一般而言，可以在发布设置里关掉 Auto orientation（自动方向）并设定游戏以纵向或横向运行。然后，知道你的影片需要哪种尺寸的话，你就可以精确地设定影片为那种尺寸。

如果你希望你的游戏可以根据持有方向进行调整的话，到 Adobe 的 Packager for iPhone 文档里看看一些特别的 `Stage` 对象里针对屏幕的事件和属性。

15.2.2 非网页

你不再在网页上了。你的 Flash 影片现在就像 Mac 或 PC 上的独立程序一样，完全靠它自己运行了。甚至，由于 iOS 设备每次只能显示一个应用，你的应用对于用户来说就是唯一可见的内容。因此，如果你曾经依靠网页上的文字或链接给出如何玩的文档或信息的话，现在这类信息则必须全都放到你的影片里了。换句话说，它必须自备信息。

15.2.3 触摸

停止考虑单击转而考虑触摸。不过，它们基本上是相同的东西，不是吗？嗯，它们可以是一样的。例如，`MouseEvent.MOUSE_DOWN`、`MouseEvent.MOUSE_UP` 和 `MouseEvent.CLICK` 在 iPhone 上仍然有效。

你也可以使用新的事件如 `TouchEvent.TOUCH_TAP` 来指定对触碰的反应。它优于鼠标事件的地方在于，可以让你获得这些事件的 `stageX` 和 `stageY` 属性，精确地告诉你触摸发生的位置。

因此，你拥有一整套的触摸事件，它们的每一个都会返回一个位置。比方说，其中有 `TOUCH_BEGIN`、`TOUCH_END` 和 `TOUCH_MOVE` 等事件。你可以跟踪手指"画"过屏幕的过程。

而且，Flash 里某些手势会产生事件。例如，`GestureEvent.GESTURE_TWO_FINGER_TAP` 在用户用两个手指触摸的时候会被激活。想要对此进行研究的话，你可以在文档列出的内容里找到更多。

对于我们在此创建的游戏来说，并不需要标准的单击和触摸之外的交互。

要清楚我们放弃了什么。没有鼠标，屏幕上就没有光标。没有光标，也就没有光标位置。如果玩家不进行触摸，行为就没有焦点。这就排除了那些让物体跟随光标而不是对单击作出反应的游戏。

说明

当然，你也没有键盘。如果你有文本字段需要用户输入某些东西的话也会有一个键盘出现。但是，在我们的游戏里，键盘是被用来直接操纵游戏的，比如方向键或空格键的使用。你需要用屏幕按钮来代替这类控制或使用加速计来把倾斜角度翻译成转向指令。

15.2.4 处理器速度

虽然 iPhone 是个出色的设备，但它毕竟不是电脑。其中的微型处理器为电力消耗所作的优化远大于你的台式机或笔记本。所以，你可能会发现你的游戏在 iPhone 上运行并没有那么快。

我们在 15.5 节提供了一些优化 ActionScript 3.0 代码的方法。

15.2.5　加速计

没有光标、屏幕尺寸较小、处理器还更慢，听上去 iPhone 并不像是一个游戏设备。不过等等，我把最好的留在了最后说！

加速计是所有 iOS 设备里的动作检测传感器的集合。它们监测的是加速度，而不是位置，这也是大多数开发者会忽略的一个要点。

iPhone 如何知道它自己是被横置而非竖放的呢？嗯，别忘了重力加速度也是一种加速度形式。一部 iPhone 在竖放的时候承受的是一种重力加速度。它被横置时承受的又是另一个方向的重力加速度。无论你如何缓慢地转动你的 iPhone，它仍然清楚自己的朝向。

当你理解了加速计是在测量重力对于设备的影响之后，你就能明白来自 Accelerometer 类的数字了。或者，你可以猜测再测试并让你的游戏如你所期望的运行——那可能是许多开发者的工作方式。

Accelerometer 类定期发出 AccelerometerEvent.UPDATE 事件允许你捕获并利用。接着你可以得到每次事件的 accelerationX、accelerationY 和 accelerationZ 值。

你可以添加以下代码来观察加速计。它先检查加速计是否被支持，然后创建一个新的对象。接着它开始将事件发送到某个函数。

```
if (Accelerometer.isSupporte(d){
      accelerometer = new Accelerometer();
      accelerometer.addEventListener(AccelerometerEvent.UPDATE,
accelerometerHandler);
}
```

那个函数可以接着从中释放出所有 3 个方向的数据：

```
private function accelerometerHandler((e){
      var aX = e.accelerationX;
      var aY = e.accelerationY;
      var aZ = e.accelerationZ;
}
```

值都在-1 到 1 之间。例如，如果你把 iPhone 倾斜到一边，你会得到一个从 0 增加到 1 的 accelerationX 值。而当你把它倾斜到另一边时，值会降为-1。那就是在量度沿着 X 轴的重力加速度。

使用加速计的一个难点在于，如何在没有建立完整的.ipa 文件并同步到 iPhone 的情况下测试游戏。一个方法是为游戏提供可选的键盘控制在 Accelerometer.isSupported 为 false 时使用。

另一个方法是利用 Flash CS5 的设备中心功能。虽然这个功能是让你在各种平台下测试 Flash 影片的运行情况，但是它却并不支持 iPhone OS。不过你仍然可以用它来测试游戏。

把发布设置从 iPhone OS 改回 Flash Player 10。然后，选择 Control→Test Movie→In Device Central。右边有几个面板，其中一个是加速计模拟器，你可以在图 15-4 看到它。

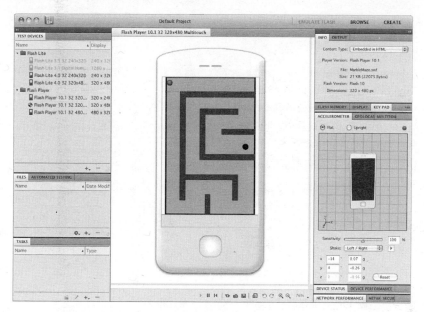

图 15-4 设备中心并非为 iPhone 测试而建，不过它用起来也很方便

下面我们来建立两个 iPhone 游戏示例。第一个例子展示出改编本书早前所做的一个游戏到 iPhone 上是多么的容易。第二个例子创建一个使用 iPhone 和移动设备特殊性能的采用加速计的游戏。

15.3 滑块拼图改编

这本书的很多游戏都可以容易地改编成 iPhone 版。我们拿第 6 章中的滑块拼图游戏来做例子说明。

要让这个游戏能在 iPhone 上运行，我们几乎不需要更改什么。我们所需要做的就是调整屏幕尺寸并确保包含了外部图片。

15.3.1 调整屏幕尺寸

这个游戏有 3 帧。第一帧和最后一帧在时间轴上布局。我们要在更改了屏幕尺寸之后再调整它们。

我们让这个游戏主要运行在横向模式是因为样例图片宽比高长。我们要一个 480×320 的文档尺寸，稍微比原始尺寸 550×400 小一点。

你可以选择 Modify→Document 菜单或在舞台被选定时单击属性查看器里 Size 属性旁的 Edit 按钮。图 15-5 展示了 480×320 的影片，其尺寸由舞台右侧定义。

在图 15-5 中，你也可以看到开始屏幕里的文本和按钮都重新根据新的文档尺寸进行了居中。游戏结束帧中的文本和按钮也需要进行同样的处理。

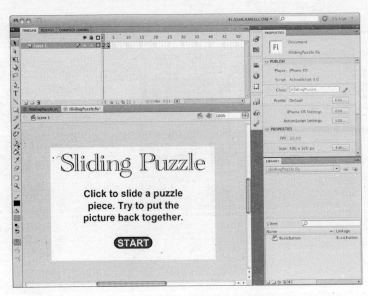

图 15-5   现在游戏是 480×320，而图片也为匹配它进行了调整

我们还需要调整代码。幸好图片本身已经足够小到可以适应新的文档尺寸，不过也需要重新居中。还记得我们在类的开始处如何在常量里设置横轴和纵轴的偏移量的吗？好了，现在改起来非常方便，因为我们只需要修改这些常量就可以重新定位拼图让它居中：

```
static const horizOffset:Number = 40;
static const vertOffset:Number = 10;
```

这是把 SlidingPuzzle.as 变成 iSlidingPuzzle.as 时唯一需要修改的两行代码。图片是 400×300 的，因此 (40,10) 的偏移量可以很好地让它在屏幕上居中。

15.3.2   更改发布设置

接下来，关键就在于更改发布设置让影片发布为一个 iPhone 应用而不是 .swf 文件。

在 15.1.2 节中提到了基本的方面。要让应用程序名称短些以恰好配合到屏幕上的图标，iSlidingPuzzle 刚好勉强满足要求。

然后，把屏幕比例设为 Landscape（横向）→Full Screen（全屏）。设不设自动旋转等很多其他设置都随你。当你让游戏在 iPhone 上进行第一次运行的时候，你可以试验其中的一些设置。

15.3.3   包含图片

网页版的滑动拼图的图片是和 .swf 一起存储在服务器里的 slidingimage.jpg。而作为 iPhone 游戏的话，我们需要把所有的外部文件都塞进 iPhone 应用包里。

我们可以通过先前看过的 iPhone OS 设置来做这些。通过选择 File（文件）→Publish Settings（发布设置），然后单击 Player（播放器）：iPhone OS 旁的 Settings 按钮，我们可以得到和图 15-1

所示一样的对话框。也可以在设置了让影片发布到 iPhone OS 之后选择 File→iPhone OS Settings 来打开这个对话框。

图 15-6 显示我们已经把 slidingimage.jpg 添加到了包含文件的清单里。我们是通过单击图上所见的+号按钮并选择文件来把它加进清单的。

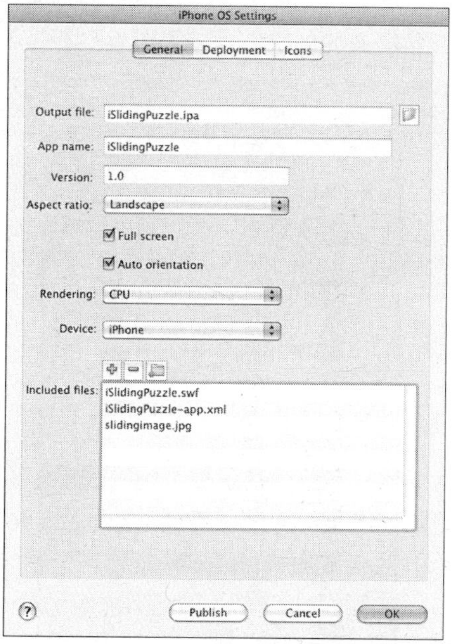

图 15-6　可以在 iPhone OS Settings 里的 General 选项卡下添加外部文件到 iPhone 应用里

15.3.4　发布

这时候试下发布。没有出现你见惯了的测试窗口，取而代之的是一个名叫 adl 的程序在运行，而你的影片就在那儿展示出来。如果方向错了，使用 Device（设备）菜单里的选项来调整它。

把这个文件拖进 iTunes 里并同步你的 iOS 设备。如果一切顺利的话，你应该可以看见它在 iPhone 上运行了，如图 15-7 所示。你需要把文件拖进 iTunes 右侧的库里面。

图 15-7　滑动拼图游戏在 iPhone 上可以运行了

15

15.4 弹子迷宫游戏

下面，我们从零建立一个游戏（呃，也不完全是从零了）。我们将采用和第 12 章的俯视图驾驶游戏里相同的碰撞检测概念。不过，这次玩的并非在路上的一辆车，而是在屏幕上滚来滚去的弹子。我们也不使用方向键来控制弹子，而是使用 iPhone 的加速计！

图 15-8 展示了这个游戏。在游戏开始时会在右上方有一个弹子。屏幕上的道路两旁都是墙。在中心有个让弹子钻进去的小洞。

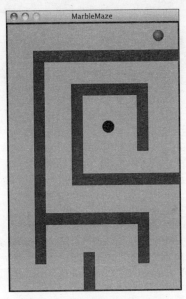

图 15-8 弹子迷宫游戏可以方便我们了解加速计在游戏里的使用

游戏创意是通过倾斜设备让球滚动。玩家要当作真的有个球在那里，而且通过倾斜设备，球是会向下滚动的。游戏目标是引导球到屏幕中间的洞里面。

15.4.1 建立类

影片用我们传统的三帧法建立：游戏开始、游戏和游戏结束帧。库里面有第 1 和第 3 帧所需的字体和按钮。还有一个 Marble 和 Hole 影片剪辑、一个 Block 影片剪辑和一个 GameMap 影片剪辑。最后两个和俯视图驾驶游戏里一样用来定义弹子可以滚动的区域。有需要的话马上回顾下第 12 章的例子。

除了导入之前游戏里你所认识的类之外，我们还需要 flash.sensors.Accelerometer 的类定义：

```
package {
    import flash.display.*;
    import flash.events.*;
```

```
import flash.text.*;
import flash.geom.*;
import flash.utils.getTimer;
import flash.sensors.Accelerometer;
```

为了做好碰撞检测，游戏的常量定义了弹子的最高速度和弹子的大小。holeDist 是从弹子中心到洞口中心之间的距离，它用于判断游戏的结束与否。地图的边界也在一个 Rectangle 对象里标注了：

```
public class MarbleMaze extends MovieClip {

        //常量
        static const speed:Number = .3;
        static const marbleSize:Number = 20;
        static const holeDist:Number = 5;
        static const mapRect:Rectangle = new Rectangle(2,2,316,476);
```

挡板（block）的位置都存储在 blocks 数组里：

```
        //游戏物体
        private var blocks:Array;
```

我们需要一个变量来保存 Accelerometer 对象，就像我们在另一个游戏里使用一个变量来保存 Timer 对象一样：

```
        //Accelerometer 对象
        private var accelerometer:Object;
```

剩下的变量中有一对属性是保存弹子速度的，而 lastTime 变量让我们可以使用基于时间的动画：

```
        //游戏变量
        private var dx,dy:Number;
        private var lastTime:int;
```

15.4.2　开始游戏

当游戏进行到 play 帧时，它会在时间轴调用 startMarbleMaze。该函数开始寻找在 GameMap 里的挡板，登记以供之后的检测碰撞使用：

```
public function startMarbleMaze() {

        //找出挡板
        findBlocks();
```

弹子开始时的速度设为 0，虽然并没有保持多久：

```
        //设好起始运动状态
        dx = 0.0;
        dy = 0.0;
```

随着帧的播放，我们推动弹子并查看是否碰到了洞：

```
//添加侦听器
this.addEventListener(Event.ENTER_FRAME,gameLoop);
```

现在是时候建立 Accelerometer 对象了，我们才可以从它那里获得事件。如果加速计不能启用的话，我们就设置一些键盘事件。这么做让我们至少可以在 Mac 或 PC 上测试游戏时移动弹子。

说明

要知道播放影片的设备是否有加速计，使用 Accelerometer.isSupported。它只在有加速计的情况下返回 true。你没准想开发既能在 Mac/PC 也能在 iPhone 上运行的游戏。这种情况下，在建立加速计事件之前先进行此番检查是很重要的。

```
//建立加速计或用方向键模拟
if (Accelerometer.isSupporte(d){
        accelerometer = new Accelerometer();
        accelerometer.addEventListener(AccelerometerEvent.UPDATE,
accelerometerHandler);
    } else {
        stage.addEventListener(KeyboardEvent.KEY_DOWN, keyDownFunction);
        stage.addEventListener(KeyboardEvent.KEY_UP, keyUpFunction);
        stage.focus = stage;
    }
}
```

findBlocks 函数遍历 gameSprite 里的所有对象，gameSprite 是放在影片第 2 帧即 play 帧的 GameMap 实例。函数把它们放到 blocks 数组里：

```
public function findBlocks() {
        blocks = new Array();
        for(var i=0;i<gamesprite.numChildren;i++) {
                var mc = gamesprite.getChildAt(i);
                if (mc is Block) {
                        blocks.push(mc);
                }
        }
}
```

15.4.3　游戏实操

在游戏开始之后，会从设备定期将事件发送到 accelerometerHandler。我们获得了在两个方向上的值之后分别把它们直接存储到 dx 和 dy 变量里：

```
private function accelerometerHandler((e){
        dx = -e.accelerationX;
        dy = e.accelerationY;
}
```

说明

反复的试验已经表明，我们需要反转 accelerationX 的值来让游戏如愿进行，比如斜向左边就是让球移到左边。在让加速计的输入符合你所预期的游戏对设备倾斜的反应的过程中，需要反复的试验。

目前如果我们在电脑上测试而且没有加速计的话，这些键盘函数会直接设置 dx 和 dy 的值。它们对于游戏实操来说并不精细，不过可以帮助你测试游戏：

```
public function keyDownFunction(event:KeyboardEvent) {
    if (event.keyCode == 37) {
        dx = -.5;
    } else if (event.keyCode == 39) {
        dx = .5;
    } else if (event.keyCode == 38) {
        dy = -.5;
    } else if (event.keyCode == 40) {
        dy = .5;
    }
}

public function keyUpFunction(event:KeyboardEvent) {
    if (event.keyCode == 37) {
        dx = 0;
    } else if (event.keyCode == 39) {
        dx = 0;
    } else if (event.keyCode == 38) {
        dy = 0;
    } else if (event.keyCode == 40) {
        dy = 0;
    }
}
```

游戏的主函数执行基于时间的移动而且也会检测弹子与洞的重合：

```
public function gameLoop(event:Event) {

    //计算所花的时间
    if (lastTime == 0) lastTime = getTimer();
    var timeDiff:int = getTimer()-lastTime;
    lastTime += timeDiff;

    //移动弹子
    moveMarble(timeDiff);

    //检查看看它是否在洞里
    if (Point.distance(new Point(gamesprite.marble.x,gamesprite.marble.y), new
Point(gamesprite.hole.x, gamesprite.hole.y)) < holeDist) {
        endGame();
    }
}
```

15

15.4.4 碰撞检测

防止弹子穿过挡板的代码和第 12 章大致相同。每一块板的矩形都被检测并和弹子的矩形之间进行度量。如果它们重叠了，弹子会退回一定的距离：

```
public function moveMarble(timeDiff:Number) {
        //计算弹子的当前区域
        var marbleRect = new Rectangle(gamesprite.marble.x-marbleSize/2,
gamesprite.marble.y-marbleSize/2, marbleSize, marbleSize);

        //计算弹子的新区域
        var newMarbleRect = marbleRect.clone();
        newMarbleRect.x += dx*speed*timeDiff;
        newMarbleRect.y += dy*speed*timeDiff;

        //计算新的位置
        var newX:Number = gamesprite.marble.x + dx*speed*timeDiff;
        var newY:Number = gamesprite.marble.y + dy*speed*timeDiff;

        //遍历挡板并检查碰撞
        for(var i:int=0;i<blocks.length;i++) {

                //获取挡板矩形，看是否有碰撞
                var blockRect:Rectangle = blocks[i].getRect(gamesprite);
                if (blockRect.intersects(newMarbleRect)) {

                        //横向退回
                        if (marbleRect.right <= blockRect.left) {
                                newX += blockRect.left - newMarbleRect.right;
                                dx = 0;
                        } else if (marbleRect.left >= blockRect.right) {
                                newX += blockRect.right - newMarbleRect.left;
                                dx = 0;
                        }

                        //纵向退回
                        if (marbleRect.top >= blockRect.bottom) {
                                newY += blockRect.bottom - newMarbleRect.top;
                                dy = 0;
                        } else if (marbleRect.bottom <= blockRect.top) {
                                newY += blockRect.top - newMarbleRect.bottom;
                                dy = 0;
                        }
                }
        }
```

我们也要检查 GameMap 的各个边。一个做法就是在玩的区域外围放置 Block 对象。

```
        //检查与各边的碰撞
        if ((newMarbleRect.right > mapRect.right) && (marbleRect.right <=
mapRect.right)) {
                newX += mapRect.right - newMarbleRect.right;
                dx = 0;
```

```
    }
    if ((newMarbleRect.left < mapRect.left) && (marbleRect.left >= mapRect.left)) {
        newX += mapRect.left - newMarbleRect.left;
        dx = 0;
    }
    if ((newMarbleRect.top < mapRect.top) && (marbleRect.top >= mapRect.top)) {
        newY += mapRect.top-newMarbleRect.top;
        dy = 0;
    }
    if ((newMarbleRect.bottom > mapRect.bottom) && (marbleRect.bottom <=
        mapRect.bottom)) {
        newY += mapRect.bottom - newMarbleRect.bottom;
        dy = 0;
    }

    //设置弹子的新位置
    gamesprite.marble.x = newX;
    gamesprite.marble.y = newY;
}
```

说明

这个游戏里没有提到的一个因素就是弹性。技术上来说，如果一个弹子滚向一面墙然后撞击它的话，它会弹回。但是因为游戏平面倾斜的方向和弹回的方向相反，玩家甚至并不会察觉到这种微乎其微的弹力。

15.4.5 游戏结束

当弹子进洞时，游戏在一系列的"清理工作"之后就跳到最后一帧。至于清理了什么就看我们用的是加速计还是键盘了：

```
public function endGame() {
    blocks = null;
    this.removeEventListener(Event.ENTER_FRAME,gameLoop);
    if (Accelerometer.isSupporte(d){
        accelerometer.removeEventListener(AccelerometerEvent.UPDATE,
accelerometerHandler);
        accelerometer = null;
    } else {
        stage.removeEventListener(KeyboardEvent.KEY_DOWN,keyDownFunction);
        stage.removeEventListener(KeyboardEvent.KEY_UP,keyUpFunction);
    }
    gotoAndStop("gameover");
}
```

15.4.6 修改游戏

像这样的游戏在 iPhone App Store 的头几个月里并不那么有趣以吸引下载。不过，你肯定想要增加更多功能使它吸引玩家。

多关卡是必需的。可以用不同的 GameMap 影片剪辑来实现，或者通过在 GameMap 里的一系列帧来实现。关卡可以变得越来越复杂。

而且，在一个关卡里可以不止有墙和一个洞。也可以有多个洞，分别具有不同的分值。或者，某些洞还可能意味着过关失败而非成功。

你也可以在游戏里放各种物体供收集以取代钻洞。设个计时器看看玩家可以以多快速度滚着弹子集齐所有物件。迷宫挡板可以变成禁止触碰的物体。那可以让游戏更具挑战性，实际上却让编程变得较简单。

15.5　为 iOS 设备而优化

Packager for iPhone 已经向开发者提供了对 Flash 游戏的封装。苹果 App Store 对开发者来说是个新的分发渠道和获利来源。但是这里并非 Flash 做主角，因为大多数应用都是用苹果公司的 XCode 环境下的本土语言 Objective-C 建立的。这些应用可以使用实时 3D 技术并且可以比作为 Flash 开发者的你更直接地访问 iPhone 处理器。

于是，许多 Flash 开发者正在寻找优化他们的游戏以获得更快速度的方法。方法有很多。我们看看其中一些。

说明

这些优化策略可以被所有 Flash 开发者采用，而不是仅仅用于制作 iPhone 游戏。如果你想要让 Flash 在网页上发挥最大性能，就应该知道如何使用这些技术。

15.5.1　利用 GPU 和位图缓存

今天所有的电脑都有一个专门的 GPU——从 CPU 独立出来的专门负责把图形放到屏幕上的一套芯片，而 CPU 则处理剩下的其他任务。而在不久前，Flash 还是在使用 CPU 画出所有图形并仅仅是把做好的"产品"交给 GPU。

现在，你可以让 Flash 利用 GPU 并在屏幕上更快地渲染图片了。对于 iPhone 应用，这就意味着你可以避开 CPU 的使用瓶颈直接把一些图片发给屏幕。这种速度提升在某些场合下是很惊艳的。

利用 GPU 的关键在于显示对象的 cacheAsBitmap 属性。每次 Flash 在屏幕上画一个物体时，它把矢量图片渲染成位图图片，然后把它添加到屏幕上的其他图片中。位图缓存强制这个位图图片留在内存里。下一次再要画这个物件的时候，Flash 会用这个图片而不用再做个新的。

显然，这对动态或以某种方式变化的影片剪辑并没有效。这些影片剪辑必须保持不变。而只能改变其在屏幕上的位置。

你有两种方法打开位图缓存。第一种就是在属性窗口设置这个属性。当你选中了在舞台上的一个影片剪辑时它就在 DISPLAY 项下面，如图 15-9 所示。当然，这只有在影片剪辑在时间轴上时才有效。

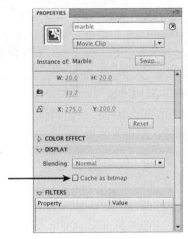

图 15-9　你可以用属性查看器将影片剪辑设置为 Cache as Bitmap

另一方面，如果是在使用 ActionScript 3.0 创建 Sprite，你需要在代码里设置 cacheAsBitmap 属性，如下所示：

```
var mySprite:MyLibraryObject = new MyLibraryObject();
mySprite.cacheAsBitmap = true;
addChild(mySprite);
```

我在这个例子里使用的是 Sprite，因为你很少想要把这个技术用在影片剪辑上。记住 Sprite 是只有一帧的影片剪辑，或是只停在特定帧的影片剪辑。如果目标是影片剪辑并且是动态的，缓存它毫无意义，因为图像需要持续更新。

位图缓存的一个更有力的变种就是 cacheAsBitmapMatrix。它在物体旋转或缩放时依然有效。你要激活这个更高级的位图缓存，就务必在代码里进行。下面是个例子：

```
var mySprite:MyLibraryObject = new MyLibraryObject();
mySprite.cacheAsBitmapMatrix = new Matrix();
mySprite.cacheAsBitmap = true;
addChild(mySprite);
```

说明

cacheAsBitmapMatrix 属性只在 iOS 设备或其他某些设备上使用。在 Mac 或 PC 上并不使用，因此你不会在网页测试时看到任何性能的提高。

当为 iOS 发布时，确保你在 iPhone OS 设置里的 General 选项卡上选了 Rendering set to GPU 以利用位图缓存。

15

该属性基本上是告诉 cacheAsBitmap 以特定的大小和方向存储位图。通过使用全新的 Matrix 对象，简单地把它存成了对象。

15.5.2   对象池

另一个提升性能的技术是池(pooling)。池指的是当你创建了一池子的显示对象时可以重用它们。

例如，假设你有个可以发射导弹的太空船。玩家可以对目标齐射一批导弹。有时屏幕上会出现一打甚至更多。它们出现了，移动，并很快从游戏里消失。

与其为每一颗导弹创建新对象，用 addChild 把它添加到显示列表，然后用 removeChild 移除它，你更希望重用这些对象。

在游戏或关卡的开始之时，创建一整套这类对象并把它们存储在一个数组里。把它们放到屏幕上，在可见区域之外的地方。当你需要其中一个的时候，只需要改变它的位置并把它放到你希望它出现的地方。当你用完了，把它再次移出视野即可。

这样做可以节省资源。与其不停地创建新对象并稍后就丢掉，Flash 只需不断重用对象。它在和 cacheAsBitmap 联用时效果特别好。

说明

如果背景是固定颜色的话，设置舞台颜色要比放一个固定颜色的矩形在底层要好。这样做意味着减少了一个显示对象，而 Flash 给背景涂颜色比给一个固定背景对象涂颜色要快。

15.5.3   简化事件

这本书的大部分游戏都是用单个大的类应用到影片本身。还记得第 4 章中的空袭游戏吗？在那个游戏里，子弹和飞机各自有自己的类。而在那个类里，它们各自侦听一个 ENTER_FRAME 事件并有个函数来处理它。

我们假设有 4 架飞机和七个子弹在屏幕上，那么就总共有 11 个事件侦听器，各自在每一帧激发一个事件。

但是，我们大部分游戏要比那更优化些。可能整个游戏就一个事件侦听器。那个函数可以在那个帧事件里处理所有需要移动或改变的东西。

这是处理事情的时候更优化的途径。限定只有一个 ENTER_FRAME 事件处理器要好过每个对象自己有一个。

而且，使用 ENTER_FRAME 事件要比使用计时器好。我们也在很多游戏里这么做了。一个 ENTER_ FRAME 事件激发一个函数移动基于时间动画的对象。

但是，一些程序员采用，定时激发的计时器。你在帧的间隙可以获得一个或更多事件，甚至是非计时器的事件。这取决于它的时间间隔和 Flash 引擎是否忙于做其他任务。

15.5.4　最小化屏幕重绘区

当你在 Flash 移动或改变某些东西的时候，引擎必须重绘那个区域。而所谓区域，我指的是矩形区域。

有时很容易就因为要对一个大图片作一个小改动就使得一个大的矩形区域随之变化——之后那个改变会在之后的每一帧里重复，惊人地拖慢游戏。

你可以在能看清屏幕何时于何处进行了重绘的模式下测试游戏。要激活这种模式有两种方式。

第一种只在你把影片发布给 Flash 播放器的时候有效。在那种情况下，在影片运行之后，你选择 View（视图）→Show Redraw Regions（显示重绘区域）。然后，如图 15-10 那样，你可以看到在重绘区域周围有个红色外框。

图 15-10　矩形框向你展示了屏幕上正在重绘的区域，这可以帮助你优化游戏

你也可以在 ActionScritp 3.0 代码里激活测试。用下面这行：

```
flash.profiler.showRedrawRegions(true);
```

在代码里这样做有很多好处。第一个好处是你可以在影片设为向 iPhone OS 发布时也可以在测试时看到矩形框。第二个好处就是你可以在游戏的特定时刻打开和关闭它。

15.5.5　更多优化方法

还有很多其他方法让你的 iPhone 游戏运行得更快。

1. 舞台质量设置
Flash 是通过花费大量处理器资源渲染图片来获得平滑的矢量图显示效果的。它实际上是以四倍于你所看到的分辨率来绘制整个屏幕。对于一个像素，它不是只绘了 1 像素而是 16 像素。之后，它把它缩小到原来的 25% 来显示。结果就是所有矢量图片的抗锯齿外观。

这确实是处理器的负担。你可以通过让 Flash 以 2 倍取代 4 倍渲染来显著提升游戏速度。换句话说，4 个像素对一个。然后缩小 50%。你所需的只是在游戏开头的这行代码。

```
stage.quality = StageQuality.MEDIUM
```

你可以用 LOW 代替 MEDIUM，不过那会如实渲染所有图片并且你将会注意到质量上明显缩水。

说明

你也可以设置任何显示对象的 opaqueBackground 属性为诸如 0x000000 的颜色，让 Flash 把它当作一个不透明带固定颜色背景的图片来渲染。这个可以用在背景图或固定的矩形图片上，例如游戏里始终位于顶部或底部的条块。这可以加速这种对象的绘制。

2. 停止事件传播

事件通常被发送到多个地方。比方说，当你单击一个影片剪辑，不只该剪辑获得了这个事件，在它之下的任何东西也都获得了这个事件，也包括舞台。

如果你在影片里有很多东西的话，在触摸屏上的一次触摸就可以发送事件给所有对象，而其中可能并没有任何一个对象有相应的侦听器来反应。

要在影片里阻止事件继续传播下去，可以使用 Event.stopPropagation() 函数。只需要把它放在侦听器函数的开头即可，像这样：

```
function clickSomething((e){
        e.stopPropagation();
```

3. 使用位图

在读到本章早前位图缓存的时候，你可能会想知道如果不用矢量图而直接导入位图的话会怎样。

Sprite 会比用矢量时表现更好，因为它们已经准备好被显示在屏幕上。

坏处就是 Flash 会在旋转或缩放它们的时候强制重新渲染一遍。对于大型的背景图片或一个小的"子弹"之类重复使用的图片，你都可以用一个位图版本测试一下。

使用位图明显的一个缺点就是它们并不好缩放。如果你的游戏放到未来更大屏幕的 iPhone 版本上，它可能就不那么美观了。

4. 观察变量类型

你可以跳过变量类型声明而让游戏依然有效：

```
var myVar = 7;
```

这意味着这个变量将会是个"对象"而更加复杂，因为它们要准备处理任何东西：整数、字符串和数组等。每次获取这个变量的时候，Flash 都要花些时间来解释存储在里面的值。

通过类型化变量，你就可以简简单单地提升取值速度：

```
var myVar:int = 7;
```

现在这个看上去并没有什么大不了的。你会多频繁地访问那样一个变量呢？但是，在一个持续检查对象属性的游戏里，每秒钟查看一个变量上百上千次是家常便饭的事。使用最简单的类型，例如用一个 int 而不是 Number，有助于提升这部分代码的速度。

5. 最小化文本更新

每次在文本字段里改变文本的时候，Flash 必须做很多工作来重新渲染图片。因此，尽量避免改变。

例如，与其每帧都更新文本域里的游戏时间，不如只在秒位数字发生改变时更新它。

6. 优化并平滑影片

你也应该近距离看看你的矢量图。它们需要那么复杂吗？

当你的游戏美工并不关心他的作品的曲线数时这样做是对的。而如果他关心游戏外观多过关心优化的话就不同了。

进到这些影片剪辑里并选择这些图形。你可以分别选择 Modify（修改）→Shape（形状）→Optimize（优化）和 Modify→Shape→Advanced Smooth（高级平滑）来减少点和曲线的数量。有时候你会发现使用了上千条曲线的图片在只用数百条曲线时还是那么好看。因为 Flash 会在所有这些曲线上一遍又一遍地渲染，所以这种简化可以极大地提升性能。

说明

也要避免滤镜。使用对象滤镜（如阴影投射、切斜边等）会降低性能。尝试在图片本身构建它自己所需要的所有效果吧。

7. 优化音频

确保你的音频元素不会太大并且是以恰当的比例压缩。256 Kbps 的 MP3 文件听上去不错，不过把它导入内存所用的时间是 128 Kbps 文件的两倍。在发布设置里改变音频设置并测试不同的水平来寻求一个平衡点。也可以试试用 AAC 压缩格式，它的表现更好些。

15.6　iPhone 之外

Adobe 不会止步于 iOS 设备。也可以用 Flash 为 Android OS 设备创建应用。

本书写作时，这个功能在 CS5 里并不是直接可用的，不过已经被承诺会出现在未来的更新里。你可以在下面网址的 Air for Android 里看看现状：

http://www.adobe.com/products/air/

为 Android 发布的能力是 Adobe Integrated Runtime（AIR）的一部分。同样的技术也让你可以为 Mac 和 PC 建立桌面应用程序。AIR 在操作系统里基本上扮演着成熟内置 Flash 播放器的角色。

15

　　苹果的开发限制使得需要有个特殊的为 iPhone 打包输出的选项来创建独立的.ipa 文件，就像用很多其他方法创建的其他 iPhone 应用一样。

　　但是为 Air for Android 发布的选项更像是一个 AIR 设置的普通发布。它产生了一个依赖于用户系统内安装 AIR 的文件。

　　AIR 现在已经在 Mac、PC 和 Android 设备上了，将来还有可能运行在更多的移动设备上。到那时，就会有更多的途径来分享我们制作的 Flash 游戏了。

站在巨人的肩上
Standing on Shoulders of Giants

TURING
图灵教育

www.ituring.com.cn

站在巨人的肩上
Standing on Shoulders of Giants

TURING
图灵教育

www.ituring.com.cn